现代表面工程技术丛书

现代化学转化膜技术

主　编　陈志民

副主编　李松杰　赵化冲

参　编　陈加福　付建伟　陈　永　王瑞娟　苗晋琦　夏　静
　　　　李孔斋　王　冲　方明明　李书珍　王朋旭　王鸿杰
　　　　翟德铭　陈　光　孙为云　霍方方　冯　丽　李　恒
　　　　李晓迪　禹润缜　吴奇隆　张冠宇　孙华为　赵　丹

机械工业出版社

本书以工艺类型为主线，系统地介绍了化学转化膜技术及其应用。全书内容包括化学转化膜技术基础、阳极氧化膜、化学氧化膜、微弧氧化膜、磷化膜、钝化膜、着色膜和染色膜、化学转化膜层性能检测技术、化学转化膜新技术等。本书内容全面，对各种化学转化膜技术，从基体材料、具体工艺方法、应用范围、特性、影响等方面进行了介绍。本书面向工业生产，侧重于实际应用，尽可能多地吸收了一些新的技术成果，实用性较强。

本书可供从事化学转化膜生产的工程技术人员、工人使用，也可供相关专业在校师生及研究人员参考。

图书在版编目（CIP）数据

现代化学转化膜技术/陈志民主编. —2 版. —北京：机械工业出版社，2018.6

（现代表面工程技术丛书）

ISBN 978-7-111-60152-4

Ⅰ.①现… Ⅱ.①陈… Ⅲ.①化学转化膜 Ⅳ.①TG174.4

中国版本图书馆 CIP 数据核字（2018）第 122261 号

机械工业出版社（北京市百万庄大街 22 号　邮政编码 100037）
策划编辑：陈保华　责任编辑：陈保华　王春雨　责任校对：陈　越
封面设计：马精明　责任印制：李　昂
河北鹏盛贤印刷有限公司印刷
2018 年 8 月第 2 版第 1 次印刷
184mm×260mm · 23.5 印张 · 577 千字
标准书号：ISBN 978-7-111-60152-4
定价：89.00元

前　言

随着工业技术的飞速发展，表面处理已成为材料防护及装饰的重要手段。钢铁通常通过电镀惰性金属层对表面进行保护，而铝合金、镁合金等金属材料，在大气中表面往往有层氧化膜，电镀金属层在其表面附着力不佳，难以达到理想的保护效果。但是，其表面却很容易因氧化而得到性能优异的化学转化膜。因此，在铝合金、镁合金等金属材料表面处理技术中，化学转化膜技术比电镀技术更具有应用价值。化学转化膜广泛应用于机械、电子、兵器、航空、仪器仪表及日用品生产等领域，作为防腐蚀、耐磨、减摩和其他功能性的表面覆盖层，集防腐、装饰、表面强化于一体。化学转化膜可凭借本身色彩起装饰作用，也可利用其多孔性而吸收物质而着色，常应用于建材和日用品装饰上。化学转化膜也可作为金属镀层的底层而提高镀层与基体的结合力。化学转化膜在金属冷作加工中，可以起润滑和减摩双重作用，而有利于在高负荷下进行加工。

本书是在《化学转化膜技术与应用》（机械工业出版社出版）的基础上修订而成的。《化学转化膜技术与应用》一书已出版十多年了，此次修订不仅按化学转化膜相关领域的技术进展情况，更新了一些工艺方法和技术参数，而且调整了章节结构，将原来的以被处理的金属及其合金为主线安排章节，改为以工艺类型为主线安排章节。

本书内容包括化学转化膜技术基础、阳极氧化膜、化学氧化膜、微弧氧化膜、磷化膜、钝化膜、着色膜和染色膜、化学转化膜层性能检测技术、化学转化膜新技术共9章。本书内容全面，对每种化学转化膜技术，从基体材料、具体工艺方法、应用范围、特性、影响因素等方面进行了介绍。本书面向工业生产，侧重于实际应用，尽可能多地吸收了一些新的技术成果，实用性较强。本书可供从事化学转化膜生产的工程技术人员、工人使用，也可供相关专业在校师生及研究人员参考。

本书由陈志民任主编，李松杰、赵化冲任副主编，参加编写工作的还有：陈加福、付建伟、陈永、王瑞娟、苗晋琦、夏静、李孔斋、王冲、方明明、李书珍、王朋旭、王鸿杰、翟德铭、陈光、孙为云、霍方方、冯丽、李恒、李晓迪、禹润缜、吴奇隆、张冠宇、孙华为、赵丹，全书由陈永统稿，潘继民对全书进行了认真审阅。

在本书的编写过程中，参考了国内外同行的大量文献资料和相关标准，谨向有关人员表示衷心的感谢！由于作者水平有限，不妥和纰漏之处在所难免，敬请广大读者批评指正。

作　者

目　　录

第1章 化学转化膜技术基础

在材料表面生成化学转化膜是表面处理的一种常用方法，一般应用在大气环境中，集防腐蚀、装饰、表面强化于一体，广泛应用于机械、仪器仪表、电子工业、汽车、船舶、航空航天和日用工业品的生产领域。随着科学技术的飞速发展，表面化学转化膜技术不断更新，出现了许多新方法、新工艺，成为材料防腐蚀和其他功能性表面处理的重要手段。

1.1 大气腐蚀概述

1.1.1 大气腐蚀的定义及分类

大气环境是金属材料最常遇到的暴露环境，据统计，80%的金属构件在大气环境中使用。工程设备、机械设备、武器装备、电子装备及历史文物等经常暴露于腐蚀性的大气环境中。大气腐蚀是金属材料设备最主要的腐蚀破坏形态之一。腐蚀还会污染人类的生存环境，造成资源和能源的严重浪费，甚至引发灾难性事故。例如，轮船由于腐蚀而沉没、飞机由于腐蚀而坠毁、石油管线由于腐蚀穿孔而引发爆炸等事故，都可能导致人员伤亡。因此，金属与合金的防大气腐蚀保护工作，在国民经济、国防建设和历史文化遗产保护等领域都占有极其重要的地位。

1. 大气腐蚀的定义

材料的腐蚀破坏是从材料与电解液接触的固-液界面开始的，然后逐步往材料内部发展。广义的腐蚀指材料与环境间发生的化学或电化学反应而导致材料受到损伤的现象。狭义的腐蚀是指金属与环境间发生物理-化学反应，从而使金属性能发生变化，导致金属、环境及其构成的系统功能受到损伤的现象。

大气腐蚀是指材料与它所处的大气环境之间，通过化学或电化学作用而引起的腐蚀破坏。金属腐蚀是一个十分复杂的过程，它不仅与环境介质因素（如介质的组成、pH、腐蚀性成分的浓度、温度等）有关，也与金属材料本身属性（如材料的化学成分、组织结构、表面状态、热处理状态、受力状态等）有关。由于昼夜温度、湿度的波动和气候变化的影响，液膜层内处于连续变化状态，随着金属表面上干—潮—湿的交替并呈周期性变化，大气电化学腐蚀一般受氧的去极化过程控制，其腐蚀产物多滞留在金属表面上，又会进一步加速大气腐蚀。金属在大气条件下发生腐蚀的现象，是最普遍的一种环境腐蚀形式。金属材料从原材料储存、工件加工到装配和储存过程中都会发生不同程度的大气腐蚀。大气腐蚀最为普遍，因为金属制品无论在加工、运输和储存过程中都与大气接触，时刻都有发生大气腐蚀的条件。

根据大气腐蚀多层区的概念，如气体区（G）/界面区（I）/液层区（L）/沉积区（D）/电极区（E）/固体区（S）的模型，可以看出大气腐蚀的复杂性。

根据大气腐蚀的发生情况，我国大致可分为5种区域类型。

（1）微腐蚀区　相对湿度小于60%，Q235钢平均腐蚀速率<8.0μm/a，包括新疆、西藏、青海、宁夏、甘肃、内蒙古等广大地区，占国土面积50%左右。

（2）弱腐蚀区　相对湿度为60%~70%，平均腐蚀速率为8~10μm/a，黄河以北广大地区，占国土面积15%左右。

（3）轻腐蚀区　相对湿度为70%~75%，平均腐蚀速率为10~15μm/a，黄河以南、长江以北广大地区，占国土面积14%左右。

（4）中腐蚀区　相对湿度为75%~80%，平均腐蚀速率为15~20μm/a，长江以南广大地区，占国土面积20%左右。

（5）较强腐蚀区　相对湿度大于80%，平均腐蚀速率为20~30μm/a，海南岛、雷州半岛及西双版纳热带湿润地区，占国土面积1%左右。

大气腐蚀具有多元性，除了要了解全国的腐蚀等级分布图外，还需要了解特定地区的腐蚀性等级图，在重点工业区域还需要做专门的腐蚀评估。与此同时，还要评估出经济高速发展区域的腐蚀趋势。在评估的基础上，选用合适的金属材料，采用合理的防护方法。

2. 大气腐蚀的分类

大气腐蚀指的是暴露在空气中金属的腐蚀，是金属材料在大气环境中发生的一种特殊的电化学腐蚀过程。多数情况下，大气腐蚀是由于潮湿的气体在物体表面形成一薄层液膜而引起的。所处环境湿度不同，在金属表面所形成液膜厚度也不同，因而所发生的大气腐蚀形式也就有所不同。在干燥的大气环境下或干燥的氧化环境中，液膜实际不存在，干燥氧化环境中铜或银失去光泽是干的大气腐蚀的实例，当大气湿度提高时，大气腐蚀速率加大，当湿度超过某一临界值后，暴露于大气中的金属表面便会形成肉眼看不见的薄电介质液膜，此时的腐蚀称为潮的大气腐蚀；在金属表面形成可见液膜时的腐蚀称为湿的大气腐蚀；当液膜进一步加厚时，相当于金属全浸于溶液中，为水溶液全浸腐蚀。大气腐蚀速率与金属表面液膜厚度的关系如图1-1所示。

区域Ⅰ：金属表面只有薄薄的一层吸附液膜，约1~10nm（几个水分子厚），没有形成连续的电解液，相当于干大气腐蚀，腐蚀速率很小。

区域Ⅱ：由于金属表面液膜厚度增加，液膜厚度约为几十或几百个分子层，形成连续电解液膜层，开始了电化学过程。又由于液膜很薄，氧气容易扩散进入界面，相当于潮大气腐蚀，腐蚀速率急剧增加。

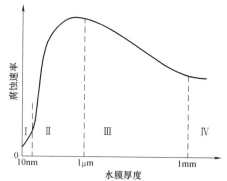

图1-1　大气腐蚀速率与金属表面液膜厚度的关系

区域Ⅲ：当金属表面液膜继续增厚（几十到几百微米），进入到湿大气腐蚀区，氧气通过液膜向金属表面扩散难度加大，腐蚀速率下降。

区域Ⅳ：金属表面的液膜变得更厚（大于1mm），相当于全浸在电解液中的腐蚀情况。腐蚀速率基本不变。

大气腐蚀的分类方法很多，根据金属试样表面的电解液膜厚度与大气腐蚀速率的关系，可把大气腐蚀分成三类。

（1）干大气腐蚀　指在非常干燥空气中表面不存在液膜层时的腐蚀。在非常干燥的大气环境中，金属表面完全没有吸附液膜层时的大气腐蚀称为干大气腐蚀，对应于图 1-1 中的 Ⅰ 区。由于金属表面上没有形成可发生电化学腐蚀的液膜，因此，它的腐蚀速率很慢。例如，将钢材长时间暴露在干燥的沙漠中，其表面仍然保持金属光泽。由于大气腐蚀比较简单，破坏性也小得多，主要是由纯化学反应引起的腐蚀。

干大气腐蚀的特点是在金属表面形成不可见的氧化物膜，某些金属（如铜、银等非铁金属）在被硫化物等所污染的空气中发生失色反应。

（2）潮大气腐蚀　当金属在相对湿度小于 100%，而大于临界相对湿度[⊖]时发生的大气腐蚀称为潮大气腐蚀，例如铁在没有被雨、雪淋到时的生锈，对应于图 1-1 中的 Ⅱ 区。在潮大气腐蚀的情况下，相对湿度足够高，金属表面存在着肉眼看不见的薄液膜层，这层液膜是通过吸附凝聚、毛细凝聚和（或）化学凝聚作用在金属表面上形成的。金属材料在不直接被雨淋时发生的腐蚀破坏就是潮大气腐蚀的例子。这时，金属表面上有一层连续的电解液膜，因此，在这种情况下，金属会发生电化学腐蚀，腐蚀速度会急剧提高。

金属表面上存在的薄电解液膜层及阴极去极化剂（如氧气等）是影响金属潮大气腐蚀的重要因素。此外，空气中所含的大气悬浮粒子（包括可溶性粒子、不可溶性粒子、惰性粒子等）和污染性气体等也对潮大气腐蚀有很大的影响。

（3）湿大气腐蚀　在金属表面存在着肉眼可见的凝结液膜时的腐蚀。在这种情况下，水分在金属表面上已凝聚成液滴，金属表面上存在着肉眼可见的液膜。当空气的相对湿度达到 100% 时或者当雨水直接落在金属表面上时，就发生这类腐蚀，对应于图 1-1 中的 Ⅲ 区。此时，氧气通过液膜到达金属表面变得困难，因此，腐蚀速率也逐渐下降。

图 1-1 中区域 Ⅳ 相当于金属完全浸入电解质溶液中（如液膜的厚度大于 1mm 以上时）。以电化学机理进行的大气腐蚀一般都是在区域 Ⅱ 和区域 Ⅲ 中进行的。当水分以雨、雪等形式直接落于金属表面时，便发生湿大气腐蚀。

应该指出，在实际大气腐蚀情况下，由于环境条件的变化，各种腐蚀形式可以相互转换。当金属试样表面的液膜厚度达到一定程度以上时，就不是大气腐蚀过程了，而是属于本体溶液中的腐蚀过程。而通常所说的大气腐蚀是指在常温下潮湿空气中的腐蚀，也就是只考虑潮大气腐蚀和湿大气腐蚀这两种主要的腐蚀形式。

1.1.2　大气腐蚀的影响因素

大气腐蚀的影响因素很复杂，它主要取决于大气的湿度、成分、温度以及大气中污染物质等气候条件，其中大气的相对湿度（RH）对大气腐蚀影响最大。

1. 气候因素

大气中的气候因素直接影响着大气的腐蚀作用，其中包括大气中的相对湿度、金属表面润湿时间、气温、日照时间、降雨等因素。

（1）大气的相对湿度　从腐蚀机理来看，大气腐蚀实质上是一种液膜下的化学或电化学反应，空气中的水分在材料表面凝聚形成液膜是发生大气腐蚀的基本条件之一，而液膜的形成又与大气中的相对湿度密切相关。因此，空气中的相对湿度是影响大气腐蚀的一个非常

⊖　水溶性化学药品在相对湿度较低的环境下，几乎不吸湿，而当相对湿度增大到一定值时，吸湿量急剧增加，一般把这个吸湿量开始急剧增加的相对湿度称为临界相对湿度。

重要的因素。相对湿度对金属材料大气腐蚀的影响不是线性的，而存在某一相对湿度值，当环境的相对湿度超过此值时，金属的腐蚀速率会迅速提高，这个值被称为临界相对湿度。不同的材料或同一材料的不同表面状态，对大气中水分的吸附能力是不同的，因此它们有着不同的临界相对湿度值。几种常用金属材料，如铁、钢、铜、锌、铝的腐蚀临界相对湿度在70%～80%之间。相对湿度的大小直接影响金属表面的状态。研究发现抛光的钢、锌、铜、铝样品表面吸附 SO_2 的能力与相对湿度有很大的关系。

（2）金属表面润湿时间　金属表面润湿是由露水、雨水、融化的雪水等因素引起的。而润湿时间定义为能引起大气腐蚀的电解质膜以吸附膜或液态膜形式覆盖在金属表面上的时间。很明显，润湿时间就是反映金属发生电化学腐蚀过程的时间，它对金属的大气腐蚀有着极为重要的作用。润湿时间的长短决定着金属腐蚀程度，润湿时间越长，腐蚀越严重。

（3）气温　环境温度及其变化影响着金属表面水蒸气的凝聚、液膜中各种腐蚀气体和盐类的溶解度、液膜的电阻以及腐蚀电池中阴、阳极过程的反应速率。同时，综合考虑温度与大气相对湿度的影响，当相对湿度低于金属临界相对湿度时，温度对大气腐蚀的影响很小，但当相对湿度达到金属的临界相对湿度时，温度的影响就十分明显。对一般化学反应而言，温度每升高 10℃，反应速度约提高 1 倍，因此热带、亚热带海洋地区的大气腐蚀现象尤为严重。

（4）日照时间　对金属材料而言，日照时间过长，会导致金属表面液膜的消失，降低表面润湿时间，使腐蚀总量减少，但对短期腐蚀影响不太明显。

（5）降雨　降雨对大气腐蚀主要有两个方面的影响：一方面由于降雨增大了大气中的相对湿度，使金属表面变湿，延长了润湿时间；同时雨水的冲刷作用破坏了腐蚀产物的保护性，加速了金属的大气腐蚀过程；另外在污染大气中的降雨往往形成酸雨，从而也会导致腐蚀加速。另一方面，由于降雨能稀释或冲洗掉金属表面的污染物和灰尘，因此也在一定程度上减缓腐蚀。

除以上影响腐蚀的因素外，风向、风速和降尘等直接影响材料的表面状况，因此也对金属的腐蚀有不可忽视的影响。

2. 大气中的污染物

大气中的污染物主要由含有 S、Cl、N 元素的气体以及其他固态颗粒组成。大气污染物的主要组成见表 1-1。

表 1-1　大气污染物的主要组成

气　　　体	固　　　体
含硫化合物：SO_2、H_2S	灰尘等细微颗粒物
氯和含氯化合物：Cl_2、HCl、$HClO$	$NaCl$、NH_4Cl、$(NH_4)_2SO_4$、$CaCO_3$ 等无机盐
含氮化合物：NO、NO_2、NH_3	Al_2O_3、ZnO 等金属氧化物粉末
含碳化合物：CO	

注：另外还有 O_3 及低相对分子质量的有机化合物（主要为 C_1～C_5 的化合物）。

（1）大气中有害气体的影响　大气污染物对金属的腐蚀影响极为重要，如 SO_2、NO_x、O_3、CO_2、有机卤代烃等。在大气污染物中，硫的氧化物 SO_x，影响最为严重，特别是 SO_2，在城市或工业区大气中含量非常高。各种大气中 SO_2 的沉积速率见表 1-2。石油、煤燃烧的废气中都含有大量的 SO_2。由于冬季用煤比夏季多，SO_2 的污染更为严重，对腐蚀的影响也更严重。如铁、锌等金属在 SO_2 气氛中生成易溶的亚硫酸盐化合物，它们的腐蚀速率和 SO_2 的含量呈直线关系，如图 1-2 所示。一般来说，金属表面液膜的 pH 在 2~7 之间。如果空气被 SO_2 等酸性气体严重污染时，pH 较低；当空气较为清洁时，pH 较高。

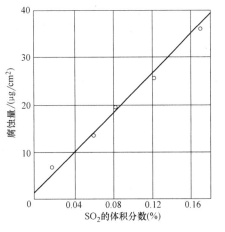

图 1-2　大气中 SO_2 含量对碳钢腐蚀的影响

表 1-2　各种大气中 SO_2 的沉积速率

大气种类	沉积速率/[mg/($m^2 \cdot$ d)]
乡村	10~30
城市	可达 100
工业区	可达 200

目前，SO_2 能加速金属腐蚀速率的机理主要有两种看法：其一是在高湿度条件下，由于液膜增厚，SO_2 参与了阴极去极化作用，当 SO_2 含量大于 0.5%（质量分数）时，此作用明显增大。虽然大气中 SO_2 含量很低，但它在溶液中的溶解度比氧气约高 1300 倍，对腐蚀影响很大。其二是认为有一部分 SO_2 被吸附在金属表面（如铁），与铁反应生成易溶于水的硫酸亚铁，硫酸亚铁进一步氧化并由于强烈的水解作用生成了硫酸，硫酸又和铁作用，整个过程具有自催化反应的特征。

H_2S 气体在干燥的大气中会使铜变色，在潮湿大气中会加速铜、镍、镁以及铁的腐蚀。H_2S 溶入水中形成电解质溶液使金属表面的液膜不仅酸化，而且增加导电性，从而加速腐蚀。

在目前工业发展较快的阶段，特别是随着石化、汽车工业的发展，大气中含氮、碳化合物的污染大增。有的地方可能已超过以往工业燃煤所产生的硫的污染，如 CO_2 在大气中的体积分数为 0.03%~0.05%，在液膜中的摩尔浓度约为 10^{-5} mol/L。因此含氮和碳的化合物对材料的腐蚀问题日益引起了人们的重视。

（2）酸碱盐的影响　环境介质酸碱性的改变，将影响去极化剂（如 H^+）的含量及金属表面膜的稳定性，进而影响腐蚀速率的大小。中性盐类对金属腐蚀的影响取决于很多因素，如腐蚀产物的溶解度、阴离子的特性，特别是氯离子。海盐粒子中的氯离子具有强烈的穿透性，容易穿过表面腐蚀产物层而渗透到基体。氯离子不但能破坏 Fe、Al 等金属表面的氧化膜，而且能增加液膜的导电性，使腐蚀速率增加。

（3）固体颗粒等因素的影响　固体颗粒的组成比较复杂，除海盐粒子外，还有碳和碳的化合物、氮化物、金属氧化物、砂土等。它们对腐蚀的影响，一般有四种情况：一是颗粒本身具有可溶性和腐蚀性，如铵盐颗粒，当其溶解于液膜中时成为腐蚀介质，会提高腐蚀速率；二是颗粒本身无腐蚀性，也不溶解，如炭粒，但它能吸附腐蚀性物质，当腐蚀性物质溶解于液膜时，能加速腐蚀过程；三是本身无腐蚀性和吸附性，但落在金属表面上可能使沙粒与金属表面形成缝隙，易于水分凝聚，使金属表面形成电解液薄膜，形成局部的氧气浓度差，加速金属腐蚀；四是腐蚀产物，经大气腐蚀后的材料表面上所形成的腐蚀产物膜，一般均有一定的"隔离"腐蚀介质的作用，因此，对于多数材料来说，腐蚀速率随暴露时间的延长而有所降低，但很少呈直线关系。这种产物保护现象对耐候钢尤为突出，其原因在于腐蚀产物中合金元素富集，使锈层结构致密，起到良好的屏蔽作用，但对于阴极性金属保护层，常常由于镀层有孔隙，在底层下生成的腐蚀产物，因体积膨胀而导致表面保护层的脱落、起泡、龟裂等，甚至发生缝隙腐蚀，此外，一些已经形成的腐蚀产物还会改变材料表面的吸湿性甚至影响表面对污染组分的吸收，进而对腐蚀过程产生复杂的影响。

对于不同的大气环境类型，其主要污染物也不相同。工业大气污染物中主要含有硫的化合物；海洋大气主要是含氯离子的海盐粒子为主，海洋工业大气是以既含有工业废气的有害杂质又含有海洋环境的海盐粒子为特征；而农村大气中不含有强烈的化学污染，主要含有有机物和无机物的尘埃，空气中的主要组分是水分及氧气、二氧化碳等组分，大气腐蚀性相对小些。所以不同大气环境中的不同污染物质对大气腐蚀有着不同的影响。

（4）金属表面因素　表面因素主要指材料表面粗糙度。粗糙的表面增加了金属表面的毛细效应、吸附效应和凝聚效应，使金属表面形成电解质溶液的条件发生了改变，直接影响其腐蚀行为。

初期：金属表面状态对空气中的水分吸附和凝聚有较大的影响。经过精细研磨和擦得比较光亮的金属表面，尤其是在腐蚀开始阶段，能提高其耐蚀性。粗糙加工的表面活性较强。此外，当表面存在污染物质，会吸附有害杂质更进一步促进腐蚀的进程，故金属表面的清洁度对腐蚀也有明显的影响。

后期：经过大气腐蚀后的金属表面上所形成的腐蚀产物膜，一般均有一定的"隔离"腐蚀介质的作用。例如耐候钢，腐蚀速率随暴露时间的延长而有所降低，其原因主要是内层腐蚀产物结构致密，对基体起到较好的保护作用。

1.1.3　大气腐蚀的机理

金属材料大气腐蚀的机理主要是金属材料受到大气所含水分、氧气和腐蚀性介质的共同作用而引起的电化学破坏。它是电化学腐蚀的一种特殊形式，是金属表面处于薄层电解液下的电化学腐蚀过程，既服从电化学腐蚀的一般规律，又有着与电化学腐蚀明显不同的特点。电解液薄膜是由于空气中水分在金属表面的吸附、凝聚及溶有空气污染物质而形成的。阴极过程是氧的去极化作用，而阳极过程是金属的溶解和水化，但常因阳极钝化及金属离子水化过程困难而受到阻滞。液膜的厚度及干湿变化频率和氧气扩散进入液膜与金属界面的速率决定了金属在大气中的腐蚀速率。大气腐蚀的机理如图1-3所示。

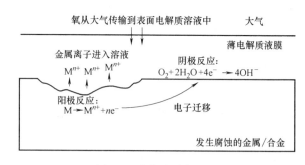

图 1-3　大气腐蚀的机理

1. 大气腐蚀初期的腐蚀机理

当金属表面形成连续电解液薄层时，就开始了电化学腐蚀过程。

（1）阴极过程　主要是依靠氧的去极化作用，反应为：$O_2+2H_2O+4e^- \Longrightarrow 4OH^-$。在薄层下的腐蚀过程中，虽然氧气的扩散速率相当大，但氧的阴极还原总速率仍然决定于氧气的扩散速率，即氧气的扩散速率控制着阴极上氧去极化作用的速率，控制着整个腐蚀过程的速率。在大气腐蚀条件下，氧气通过液膜对流或扩散到金属表面的速率很大，液膜越薄，氧气的传递速率越大，因而阴极上氧的去极化作用越易进行。但当液膜太薄时，水分不足以实现氧还原或氢放电的反应，则阴极极化过程将受到阻滞。在液膜下（即使在被酸性水化物强烈污染的城市大气中）进行大气腐蚀时，阴极反应以氧的去极化为主。在中性或碱性液膜下 $O_2+2H_2O+4e^-\Longrightarrow 4OH^-$，在酸性液膜下 $O_2+4H^++4e^-\Longrightarrow 2H_2O$。

（2）阳极过程　在薄液膜条件下，大气腐蚀阳极过程会受到较大阻碍，阳极钝化和金属离子水化过程的困难是造成阳极极化的主要原因。

总之，大气腐蚀的速率与电极极化过程的特征随着大气条件的不同而变化。随着液膜层厚度的变化，彼此的电极过程控制特征也不同。在湿大气腐蚀时，腐蚀速率主要受阴极控制，但这种阴极控制程度和全浸在电解液中的腐蚀情况相比，已经大大减弱，并随着电解液液膜的变薄，阴极极化过程变得困难。对于潮大气腐蚀，腐蚀过程主要是阳极过程控制。这是一般原则，腐蚀的具体机理还需要大量研究。

对 Q235 钢初期大气腐蚀动力学与初期腐蚀机理的研究表明，由于 NaCl 在 Q235 钢表面的沉积促进钢表面对水分的吸附，在 Q235 钢表面形成一层薄液膜，导致 Q235 钢表面迅速发生电化学腐蚀。NaCl 也会溶于薄液膜中增强溶液的导电性，所以 NaCl 会加剧 Q235 钢腐蚀。当潮湿的大气中有 SO_2 存在时，它也会被薄液膜所吸附形成亚硫酸，进而氧化为硫酸，该过程致使 Q235 钢表面薄液膜呈酸性，故 Q235 钢会发生均匀的化学溶解。随着时间的延长，Q235 钢表面逐渐形成了硫酸亚铁盐，该盐增大了薄液膜的导电性，促进了 Q235 钢表面电化学腐蚀反应，同时根据酸的再生循环机制，硫酸亚铁将与锈层吸附的 O_2 反应形成亚硫酸，后者又加速了 Fe 的溶解反应，因此 SO_2 加速 Q235 钢的大气腐蚀。当表面含 NaCl 的 Q235 钢暴露于含 SO_2 的大气中时，由于 NaCl 和 SO_2 各自的加速作用，其腐蚀速率将分别大于两者单独存在时的速率。由于 SO_2 氧化成 SO_4^{2-} 的这个过程致使薄液膜呈酸性，$Fe(OH)_2$ 在较短时间内就难以大量形成，这为阴、阳离子在腐蚀一段时间后仍能较大范围内自由移动提供了可能，故此种条件下后期电化学腐蚀减弱趋势没有 NaCl 单独存在时明显。

2. 金属表面形成锈层后的大气腐蚀机理

金属表面形成锈层后的大气腐蚀，其腐蚀产物会影响大气腐蚀的电极反应。有人认为，钢在大气腐蚀初期的铁锈层处于湿润条件下，成为强烈的阴极去极化剂。阳极反应发生在金属 Fe_3O_4 界面上：$Fe\Longrightarrow Fe^{2+}+2e^-$；阴极反应发生在 $Fe_3O_4/FeOOH$ 界面上：$6FeOOH+2e^-\Longrightarrow 2Fe_3O_4+2H_2O+2OH^-$。

当锈层干燥时，锈层和底部基体金属的局部电池成为开路，当条件允许时，反应不但在锈层表面进行，而且还可以在越来越厚的锈层孔壁上进行，同时发生 Fe^{2+} 氧化成 Fe^{3+} 的二次氧化反应：$4Fe^{2+}+O_2+2H_2O\Longrightarrow 4Fe^{3+}+4OH^-$。由此可见，在干湿交替的条件下锈层能加速钢的腐蚀。

一般来说，长期暴露在大气中的钢，其腐蚀速率是逐渐减小的，这是因为随着锈层厚度的增加，锈层电阻增大，氧的渗入变得困难，这就使得锈层的阴极去极化作用减弱。此外附着性好的锈层将减小活性阳极面积，增加了阳极极化，使得大气腐蚀速率降低。

在研究海南省万宁市大气环境下碳钢和低合金钢的大气腐蚀动力学规律时，发现与其他试验环境下不一样的特性。在万宁湿热海洋大气环境下，在试验的 1~2 年间，钢的腐蚀速率比干燥、轻度大气污染的北京乡村大气环境下还要低。但随试验时间延长，4年后腐蚀速率急剧升高，随后逐渐接近并超过大气腐蚀严酷程度较高的江津酸雨大气和青岛海洋大气环境。这是由于试验初期材料表面在太阳辐射较强、海风大的万宁海滨环境下，难以形成液膜，在初始1~2年，腐蚀不甚严重。然而随着暴露时间延长，加上万宁高温、高湿、表面干湿频繁变化、腐蚀产物逐渐增厚以后，液膜就容易形成，在氯离子作用下，腐蚀逐渐加剧，其腐蚀产物也逐渐变成非稳态，对基体保护性越来越差。

1.1.4　大气腐蚀的特点

由于大气腐蚀的特殊性，大气腐蚀的电化学过程与本体溶液中发生的电化学过程有以下三点差别：

1）在潮大气腐蚀时，阳极过程往往是可以控制腐蚀速率的环节，而阴极过程往往不受氧气扩散控制，其反应速率取决于氧气从大气中溶入金属表面的薄电解液层中的速度，而这个速度与金属表面电解液层中的盐浓度和大气温度有关。一般来说，温度越高，氧气的溶解速度越低；盐浓度越高，氧气的溶解速度越低。

2）阴极反应一般为吸氧反应，析氢反应一般不会在大气腐蚀中发生。这是因为大气腐蚀过程中，由于电解层一般都比较薄，易于得到氧气。只有在电解液层很厚的湿大气腐蚀，并且电解液层中盐的浓度较高时，才有可能发生阴极析氢过程。

3）金属表面的电解液层一般都很薄，因此在大气腐蚀过程中，电阻极化一般都很大。

金属在大气环境中的腐蚀涉及大气环境、表面状态和组织结构等多方面因素。大气环境的相对湿度和温度是影响金属大气腐蚀行为的主要因素，当金属表面存在电解液膜后，使得金属从化学腐蚀转化为电化学腐蚀。在相对湿度足够高的潮大气腐蚀中，金属表面存在着肉眼不可见的薄液膜层。在空气湿度较大的大气腐蚀中，或当水分以雨、雪等形式直接落在金属表面时，在金属表面存在着用肉眼可见的凝结液膜。由于金属表面液膜层厚度不同，腐蚀速率和行为也不相同。在这样的环境下，金属的早期腐蚀行为至关重要，对腐蚀的全过程影响很大。

1.1.5　钢的大气腐蚀

纯铁和碳钢是所有钢铁材料的基础。对纯铁和碳钢在模拟潮湿和湿热大气环境中初期腐蚀行为与规律的认识，是了解钢铁材料在大气环境中初期腐蚀行为与规律的基础。通过在实验室建立潮湿和湿热两种大气环境，对纯铁和碳钢在模拟大气环境中初期腐蚀行为进行研究。

尽管对碳钢和耐候钢在大气环境中形成的锈层的结构、组成以及生长动力学了解较多，但对初期的腐蚀行为了解得并不多。利用红外光谱仪可研究在模拟海洋环境中钢的初期阶段锈层的生长过程以及生成的腐蚀产物。在高湿度、高 Cl^- 的条件下，γ-FeOOH 转变为 α-FeOOH，在低湿度条件下，δ-FeOOH 部分转变为 α-FeOOH。在两层锈层中，δ-FeOOH 和非晶态水合氧化物是最主要的腐蚀产物。

研究表明，铁与铜的初期腐蚀行为有较大的差别：①在铁表面形成的是不均匀的腐蚀产物层，且表面的物理吸附水量比铜大；②在铁表面上最开始形成的腐蚀产物膜比铜表面的腐蚀产物膜更耐蚀；③当铁表面保护性的腐蚀产物膜失去保护作用后，腐蚀就会继续在表面的小区域发生，而铜表面趋向于形成均匀的膜层；④铁在腐蚀过程中的增重比铜低。

耐候钢相对于碳钢来说，有较好的耐大气腐蚀的性能，其原因是在表面形成了一层致密的氧化层，阻碍了腐蚀介质的进入。用扫描电镜、X 射线结构分析对普通碳钢与 Cu-P 系耐候钢生成的锈层结构进行了测定、分析和对比，发现耐候钢的锈层分为上下两层：上层为 γ-FeOOH、α-FeOOH；下层为极致密的非晶质尖晶石性氧化铁 Fe_2O_3。下层与钢的基体界面很光滑，Cu、P、Cr 等元素均富集在非晶质层内，Cr 促进尖晶石化合物的生成，Cu 促使尖晶石化合物非晶质化，即阻碍结晶化。在普通碳钢生成的锈层中发现许多处有 FeOOH 与钢基体直接相连，锈层多孔且有裂纹，普通碳钢表面的锈层种类见表 1-3。在含 SO_2 的污染大气中，SO_2 可促进锈层状态的转变。工业大气中潮湿的 SO_2 降低水的 pH，使锈层潮湿，溶解最初的腐蚀产物 γ-FeOOH，并且也促使 γ-FeOOH 向非晶态羟基氧化铁和 α-FeOOH 转变。反应方程式如下：

$$Fe = Fe^{2+} + 2e^-$$
$$SO_2 + O_2 + 2e^- = SO_4^{2-}$$
$$Fe^{2+} + SO_4^{2-} = FeSO_4$$
$$4FeSO_4 + 6H_2O + O_2 = 4FeOOH + 4H_2SO_4$$

表 1-3　普通碳钢表面的锈层种类

化合物名称 矿物名称	色调 晶粒直径	结晶系	注
Fe_3O_4 磁铁矿	黑色八面体 六面体	逆尖晶石 立方晶	黑锈轧制铁皮
α-FeOOH 针铁矿	褐色和黑色 针状	斜方晶	由于铬的置换结晶细化形成最终稳定锈层
β-FeOOH 赤铁矿	淡褐色 白色针状	正方晶	结晶中含有铬，有盐分存在时部分生成其他锈层
γ-FeOOH 磷铁矿	橙黄石 针状	斜方晶	红锈

1.1.6　铜的大气腐蚀

铜暴露于大气中，其表面通常形成绿棕色和蓝绿色的腐蚀薄层，俗称铜绿。铜绿较稳定，在生产生活中可作为装饰。铜绿层对铜基体有很强的吸附性，铜绿层不会因几次连续的 90°弯曲而破裂。通常情况下铜绿很稳定，但用丙酮湿润后，摩擦过的铜绿可能会起皮、剥落。在电路中，不允许有铜绿出现。

通过对铜绿化学组成研究发现，其组成并不直接与大气的组成相关。因为在腐蚀产物中可明显显示出大气中某几种腐蚀介质有选择的优势。

铜的腐蚀速率总体上低于钢、锌，但比铝略高一些。铜的大气腐蚀最初是氧化成粉红色，几个星期后铜表面变为暗棕色，并逐步加深变成黑色或接近黑色，最终形成蓝绿色的铜绿层。生成稳定铜绿层需要数年，或者二三十年。在丹麦首都，20 世纪 30 年代生成铜绿层需要 20~30 年，到 60 年代只需要 8 年。

铜绿中 $Cu_4SO_4(OH)_6$ 被认为是表征性物质。$Cu_4SO_4(OH)_6$ 的生成，至少需具有下列条件：一是铜离子的供给，离子供给和离子流动过程主要取决于腐蚀产物下面铜基体的冶金性能，如晶体结构、缺陷密度等；二是铜或其腐蚀产物表面上有液膜，在高湿条件下，通过吸收水蒸气形成，或者由雨、雪造成；三是有硫化物存在，可以来自大气、大气粒子或沉降的微量离子；四是有氧化剂，其存在于大气中或来自于某些沉降组分。

在大气条件下，铜的腐蚀与水分、氧化物、硫化物、氯化物等都直接相关。

1. 水分

暴露在大气中的铜氧化膜上，通常都有水的存在。在合适的湿度时，即使表面干净无尘埃沉降物，表面也会有几个单分子厚的水层。一般认为水层厚度一旦超过三个单分子厚度，就具有一定的水溶液性质，也即在较低的相对湿度下，也可以满足液相的化学反应。但少量的水一般不趋于分散，而是趋于聚积成片。不同条件下铜表面的水层状态见表1-4。

表1-4　不同条件下铜表面的水层状态

条　件	沉降质量/(g/m^2)	水层厚度/nm
清洁铜，RH60%，20℃	0.005	5
清洁铜，RH90%，20℃	0.001	10
带有沉降粒子的铜，临界 RH	0.01	10
RH100%下的铜	1.0	10^3
露水覆盖下的铜	10	10^4
雨水润湿的铜	10^2	10^5

注：RH—相对湿度

2. 氧化物

铜的1价氧化物（Cu_2O）是暴露于大气中铜表面的最初生成物。通过 X 射线检测得知，Cu_2O 是高度对称的立方晶体，即每个铜原子有两个邻近的氧原子，且每个氧原子被铜原子以四面体环绕。Cu_2O 不溶于水，微溶于酸。

在有氧化剂存在的条件下，Cu_2O 中 Cu^+ 在大气条件下是不可能大量稳定存在的。在大气中的氧化剂有 O_2、O_3、H_2O_2 等。

3. 硫化物

铜的腐蚀常与大气中二氧化硫相关，此外与大气中的 COS、H_2S、SO_4^{2-} 等也都相关。铜绿即硫酸盐，形成的过程如图1-4所示。

图 1-4 中空气层位于图的上部，表面水层位于中间，腐蚀的金属位于下部，由于沉降吸湿颗粒、大雾或雨能在金属表面任何地方形成相似的条件，所以铜绿的形成是均匀的。图中波浪线指铜离子。在图中用矩形框表示的是现场测量确认的组分，而没有矩形框的组分仅是可能存在的组分，

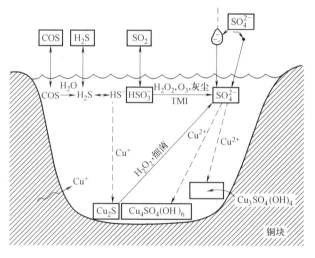

图 1-4　铜绿形成过程

但未能证实。同样在图中其带箭头实线的反应是已证实的，而虚线箭头的反应是尚未确定的反应。

4. 氯化物

在海洋附近形成的铜绿中，$Cu_2Cl(OH)_3$ 的含量大致与 $Cu_4SO_4(OH)_6$ 含量相当，有时还会略高一些。铜的氯化物形成过程如图 1-5 所示。大气中气态 HCl 和海盐中 Cl^- 进入液相区，导致 $Cu_2Cl(OH)_3$ 的形成。由于 $Cu_2Cl(OH)_3$ 溶于酸，所以仅存在于与水溶性表面膜隔离的地方。当有高浓度硫酸存在时，SO_4^{2-} 能取代 $Cu_2Cl(OH)_3$ 晶体中的 Cl^-，产生的 HCl 随之会蒸发。

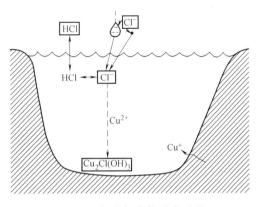

图 1-5　铜的氯化物形成过程

在含硫化物、氯化物的大气中，在遮蔽条件下铜腐蚀产物的组分形成结果如图 1-6 所示。图 1-6 上方的时间跨度反映了腐蚀产物生成所需的时间。中间结果代表了许多乡村和轻污染城市大气环境下的结果。

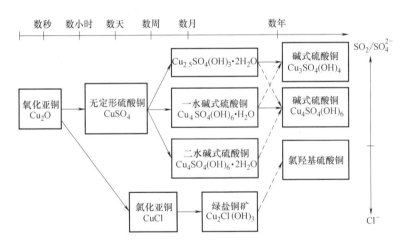

图 1-6　具有不同的硫污染（图的上部）和氯污染
（图的下部）等级的铜腐蚀产物的组分形成结果

1.1.7　铝的大气腐蚀

暴露于室内、室外的铝腐蚀通常比较缓慢，主要的问题是来自于铝和 Cl^- 的相互作用，这可能引起在制造过程中或在使用中产生一层薄膜。此外，铝对 SO_2 的敏感也引起大气环境条件下的腐蚀破坏。

在实验室中，铝在硫酸溶液中腐蚀，生成硫酸盐需用几个星期时间，但在大气现场中，一般不到三个月就可以形成肉眼可见的腐蚀坑，硫酸铝是表面腐蚀的基本产物。室内放置的铝会慢慢失去光泽，且其表面经常会积累一些含有高浓度 Cl^- 和 SO_4^{2-} 的黏着颗粒。室内铝的腐蚀受到相对湿度的影响，只有在相对湿度达到 70% 时，腐蚀才会发生。当相对湿度 ≥ 70% 时，铝的腐蚀产物会吸收足够水分，从而进一步腐蚀。在有水或水蒸气存在时，铝氧化膜的外表面转变成结晶水的形式，最终形成的膜有许多孔隙。膜一部分与水结合后转变成了氢氧化物，而其余的部分只是单纯地渗入水。水的渗入又形成一层薄的氧化物障碍物。这种障碍物可能有缺陷，而且容易在含水的表面上发生化学变化，在水溶液中，阴离子迅速地在缺陷或氧化膜形成的位置与铝结合。

铝的腐蚀基本上发生在缺陷或晶界处，而且腐蚀的结果是形成深的腐蚀坑，而不是表面的均一破坏。化学腐蚀的位置可能是材料机械缺陷而不是在冶炼过程中出现的缺陷。腐蚀坑通常是在热处理的过程中残留杂质析出的位置形成的。腐蚀坑的形成是由于 Cl^- 的作用，但在羧酸作用下也会有腐蚀坑出现。

γ-氧化铝是暴露在大气中首先形成的物质，其起始厚度为 2～3nm，当在水中或大气中放置几个月后，氧化物即被水软铝石薄层所覆盖，并进一步被 $Al(OH)_3$ 即 $Al_2O_3 \cdot 3H_2O$ 所覆盖，有时也会出现 $Al_2O_3 \cdot 1/4H_2O$ 和 $Al_2O_3 \cdot 1/2H_2O$ 氢氧化物。

非晶态的水合硫酸铝是铝暴露于工业大气和海洋大气中的主要腐蚀产物。铝在大气腐蚀过程中形成含硫化合物的过程如图 1-7 所示。

图 1-7 的上部为空气层，中部为表面—水层，下部为被腐蚀的金属。吸湿颗粒、浓雾或雨水可以在表面的任何位置产生腐蚀坑，带箭头的波浪线表示铝离子从基体金属经过氧化物扩散进入水溶液中，图 1-7 中被方框圈出的物质，都是已被测出的物质，没有被圈出的仅是可能的物质。圈中实线箭头为已证实的反应，而虚线表示还不能确定的过程。图 1-7 右上角分别为大气中水滴、尘埃，即悬浮颗粒。

铝表面腐蚀的一个重要原因是 Cl^- 的存在，由于含有氯化物的腐蚀产物是可溶的，因此不容易形成厚的氯化物腐蚀层。在室外大气条件下至今还未发现有含氯并含铝的腐蚀产物。铝在大气腐蚀过程中氯化物的形成过程如图 1-8 所示。

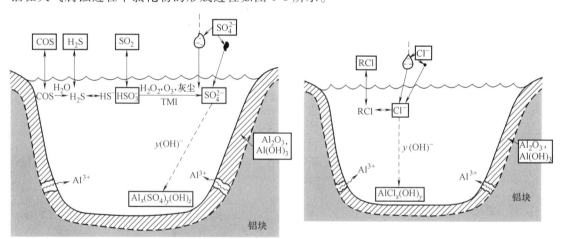

图 1-7　铝在大气腐蚀过程中形成含硫化物的过程　　　　图 1-8　铝在大气腐蚀过程中氯化物的形成过程

1.1.8　其他金属的大气腐蚀

1. 锌的大气腐蚀

锌被广泛应用于碳钢的涂镀层，使得许多研究者越来越关注其在污染环境中初期的腐蚀行为。通过对锌在各种不同室外暴露环境中的初期腐蚀的产物以及后期腐蚀行为的影响的研究发现，在海洋大气中 Cl^- 浓度较高且湿度较大，暴露一天后试样表面已形成了腐蚀产物，腐蚀产物为 $Zn_5(OH)_8Cl_2 \cdot H_2O$；在工业大气中，相对湿度是影响材料腐蚀行为的关键因素，暴露的第一天（24h）后在表面快速生成了 $Zn_4Cl_2(OH)_4SO_4 \cdot 5H_2O$ 腐蚀产物；在农村大气中，由于腐蚀性物质少且相对湿度较低，暴露 14 天后扫描电镜（SEM）和能谱仪（EDS）仍未探测到腐蚀层的形成；在城市大气中，暴露两天后表面形成了腐蚀产物 $Zn_4SO_4(OH)_6 \cdot nH_2O$。

在实验室模拟加速试验中使用了接近真实环境的 SO_2 浓度，研究了在腐蚀初期 Zn 与 SO_2 间的相互作用。研究发现，SO_2 的沉积与湿度紧密相关，并随时间的增加沉积量减少。

在室内研究了 $NaCl$、SO_2+NaCl、NO_2+NaCl、SO_2+NO_2+NaCl 四种环境中锌的初期大气腐蚀行为；利用石英晶体微天平、红外光谱、光电子能谱、扫描电镜等手段分析和研究了可溶盐 NaCl 沉积和 SO_2 在金属 Zn 初期大气腐蚀中的作用，探讨了它们的腐蚀过程和机理；从微观的角度分析了沉积的 NaCl 对锌初期腐蚀过程的影响，利用显微镜观察了在锌的初期腐蚀过程中，盐粒的生长和形成过程，盐粒吸湿后形成半球状的颗粒，还使用 Kelvin 探针测量盐粒扩展过程中的速率和电位。主要结论为：

1）NaCl 沉积加速锌的初期腐蚀。一方面 NaCl 会从潮湿的空气中吸收水，造成锌表面较快地形成一层电解液层，同时随着 NaCl 沉积数量的增加，薄液膜的导电性增强。随着反应的进行，Na^+ 向阴极区域移动。Cl^- 向阳极溶解区移动。在阳极溶解区，$Zn_5(OH)_8Cl_2 \cdot H_2O$ 逐渐形成，它会阻碍氧的扩散，因此在后期腐蚀中，不溶性的 $Zn_5(OH)_8Cl_2 \cdot H_2O$ 对锌的腐蚀起到阻碍作用，从而使其腐蚀速率降低。

2）在纯 SO_2 的大气环境中，腐蚀形态大多为均匀腐蚀，在潮湿的空气中锌和 SO_2、O_2 相互作用生成 Zn^{2+} 和 SO_4^{2-}，它们在酸性溶液中移动形成离子对，最终形成水合硫酸锌。在高湿度环境下，Zn 从潮湿的空气中吸收水分促进金属表面水溶液的形成，有利于电化学腐蚀过程的发生。随着反应的不断进行，锌表面生成的不溶性物质越来越多，在后期的腐蚀反应中阻碍腐蚀的进一步发生。

2. 镍的大气腐蚀

镍是比较耐大气腐蚀的一种金属，而且有很好的力学性能，在化工、汽车、电子等行业得到广泛的应用。镍是常见的电镀材料，能起到保护和装饰作用。

镍在大气中的腐蚀速率与暴露时间和室外 SO_2 的平均浓度有线性关系。镍在大气中，最初几周的腐蚀产物外观为灰白色并呈枝晶状。这种枝晶状大部分是由镍、氧和硫组成，随着时间延长，会结成薄的附着性好的膜。这层膜是良好的绝缘体，并有良好的抗大气腐蚀能力。因此镍在轻微的腐蚀环境中有很好的耐蚀性。

在 15~35℃，当相对湿度在 70% 以上时，镍表面上会吸附形成 2~3 个单分子层厚的水层。此时，即可发生电化学腐蚀。

含硫化合物是镍大气腐蚀中最常见的产物，在有遮盖条件下，经一年后形成的腐蚀产物主要是非晶态 $NiSO_4$，并逐渐转变成具有一定耐蚀性的晶态碱性硫酸镍 $Ni_3(SO_4)_2(OH)_2$。

与其他金属不同，在 H_2S 存在时，也不能确定有 NiS 产生，大气中的 HCl 和 CH_3Cl 也是相对惰性的。镍与其他金属相比，耐大气腐蚀性好，而且其腐蚀过程也比较简单。

悬浮颗粒、降水等物质中的 SO_2、SO_4^{2-} 是镍在大气腐蚀中的重要因素。因此在发达国家中，镍的大气腐蚀已在减轻；而在发展中国家，随着煤用量的增加，空气中含硫量增高，镍的大气腐蚀将会增加。

1.2　化学转化膜概述

1.2.1　保护膜的定义

　　将表面干净的钢片在其中一端加热，则因其受热不均而呈现各种颜色的"色干扰"，这表明钢片上产生了厚度不同且透明的膜。所产生的颜色自加热的一端起依次为：黄、橙、红、棕红、紫和蓝色。其他金属在某些气体中也可以生成保护膜。例如将银片放在干燥的碘蒸气中，经过短时间作用即可看到银的表面开始发生变化，起初见到的是绿色的薄膜，最后，保护膜变成深红褐色。由于科学的发展，目前不但能用人工的方法将厚膜取下，也可用实验方法将薄膜从金属上剥下，从而直接证实了金属表面确实存在不同厚度的膜。

　　金属表面保护膜是指直接在金属表面上产生和形成，防止金属表面产生腐蚀的膜。厚的保护膜用肉眼可以看到，甚至可用小刀片将其从金属表面取下，也可以测量膜的厚度，较薄的膜是看不到、摸不着的。金属与介质作用所产生的腐蚀产物大多数附在金属的表面上，形成了不同厚度的膜，这些膜层生成后，阻碍了金属本体与腐蚀介质的直接接触，使腐蚀反应的速度减慢或停止，使金属腐蚀的程度减轻。金属表面保护膜具有两个重要特点：一是保护膜是腐蚀反应过程的产物，是介质对金属表面产生腐蚀作用的结果；二是保护膜直接在金属表面上产生和形成，黏附、紧贴在金属表面上。几种不同金属及其表面的膜见表 1-5。

表 1-5　几种不同金属及其表面的膜

膜的类别	金属	生成条件		膜的厚度
薄膜	铁	室温时在干燥空气中放几天		1.5~2.5nm
	铁	室温时在浓硝酸中保持 60min		3~4nm
	不锈钢	暴露在空气中		1~2nm
	锌	室温时在干燥空气中放 500h		0.5~0.6nm
	汞	在干燥空气中		1.5~2nm
	铝	室温时在干燥空气中放几天		10nm
中间膜	铁	400℃时在空气中加热		
		加热时间/min	膜的颜色	
		1	黄色	40nm
		1.5	棕色	52nm
		2	红色	58nm
		2.5	紫色	68nm
		3	蓝色	72nm
	铝	600℃时在空气中加热 600h		200nm
厚膜	铁	900℃时在空气中加热 7 天		600μm
	铝	化学氧化		0.5~1μm
	铝	通常阳极处理		3~8μm
	铝	厚层阳极处理		200~500μm

从表 1-5 中可以看出，介质开始对金属作用时，可能只产生单分子层厚度的膜，也就是说膜厚等于所生成化合物的分子直径。如果这单分子层膜厚已经能完全阻隔金属与介质的接触，使介质无法透过膜层，则腐蚀自动停止。但事实上大多情况并非如此，大部分的膜在某种程度上都是可渗透的，介质都能穿过膜与金属进一步接触，并在金属与膜的界面上继续反应产生腐蚀产物。新的腐蚀产物加厚了膜层，对介质的渗透扩散又增加了阻力，当膜继续增厚时，介质的渗透阻力继续增大，更难以穿过膜层到达金属表面的原子层，从而使介质的腐蚀作用减弱，腐蚀速率随之下降，对金属表面起到更好的保护作用。

1.2.2　保护膜的形成条件

值得注意的是，并非在所有情况下金属与介质作用都能生成保护膜，只有当腐蚀产物能在金属表面牢固附着，而且能形成致密的、不与介质作用的膜时，这层由腐蚀产物形成的膜才能被称为保护膜。

金属在介质中腐蚀或产生化学反应后，其腐蚀产物或反应生成物覆盖在金属表面，在某种程度上能降低金属的腐蚀速度。表面保护膜要起到良好的保护作用，需具备以下四个条件。

1）保护膜必须是完整而又紧密的，把整个金属表面完全覆盖。若金属的体积为 V_1，表面氧化物所笼罩的体积为 V_2，它们两个的比值是衡量一种氧化膜是否完整的重要指标。以金属在空气中（主要是干燥的气体）被氧化为例，生成的氧化膜是否算完整，主要取决于这样的条件：氧化物所笼罩的体积必须大于金属的体积，也就是 $V_2>V_1$，当 $V_2/V_1>1$ 时，氧化膜才可能是完整的。当 $V_2/V_1<1$ 时，则氧化膜是不完整的。一般认为，金属保护膜在 $1<V_2/V_1<3$ 时，具有较好的保护性能。还必须强调，$V_2/V_1>1$ 时，仅仅是生成氧化膜完整的必要条件，而并非决定膜的保护性能的唯一条件，因为膜的保护性能好坏还受其他条件的影响。几种金属表面氧化物所笼罩的体积与金属的体积比见表 1-6。

表 1-6　几种金属表面氧化物所笼罩的体积与金属的体积比

金属	氧化物	$\dfrac{V_2}{V_1}$	金属	氧化物	$\dfrac{V_2}{V_1}$
钨	WO_2	3.59	镉	CdO	1.21
铁	Fe_2O_3	2.16	镁	MgO	0.79
铬	Cr_2O_3	2.02	钡	BaO	0.74
铜	Cu_2O	1.71	钙	CaO	0.64
镍	NiO	1.60	锂	Li_2O	0.60
锌	ZnO	1.57	钠	Na_2O	0.57
铝	Al_2O_3	1.24	钾	K_2O	0.41

2）保护膜的热膨胀系数必须和本体金属的膨胀系数接近，不能相差太大，否则膜的保护性能很差，容易破裂甚至脱落。

3）保护膜在介质中必须是不受溶解作用、稳定性好、耐介质腐蚀的。

4）保护膜和金属的结合力要强，并要有一定的强度和塑性，能承受一定的应力及冲击力。

另外，保护膜成长时需要的内应力、膜在金属上的附着力、膜的力学性能、膜的热膨胀系数、工作状态下膜产生的内应力还可影响金属保护膜的完整性。

1.2.3 化学转化膜的定义

利用化学或电化学的方法，在被保护金属自身表面生成一层结构致密的氧化膜保护层，使内层金属与工作环境介质隔绝而得到保护的方法称为化学转化膜法。化学转化膜的生成必须有基体金属的直接参与，因而膜与基体金属的结合强度较高。

化学转化膜是金属或镀层金属表层原子与水溶液介质中的阴离子相互反应，在金属表面形成含有自身成分附着性好的化合物膜。成膜的典型反应式如下：

$$m\mathrm{M}+n\mathrm{A}^{z-}\!\!=\!\!=\!\!=\!\mathrm{M}_m\mathrm{A}_n+nze^-$$

式中　M——与介质反应的金属或镀层金属；

A^{z-}——介质中价态为$-z$的阴离子。

转化膜是表层的基底金属直接与介质阴离子反应，形成的基底金属化合物（$\mathrm{M}_m\mathrm{A}_n$）。化学转化膜实际上是一种受控的金属腐蚀过程。上述反应式中，电子可视为反应产物，转化膜的形成可以是金属与介质界面间的化学反应，也可以是施加外电源进行的电化学反应。前者为化学法，后者为电化学法（阳极氧化）。采用化学法时，反应式产生的电子将传递给介质中的氧化剂；采用电化学法时，所产生的电子将传递给与外电源相接的阳极，以阳极电流方式脱离反应体系。实际上，化学转化膜成膜过程相当复杂，存在着伴生或二次反应。因此得到的转化膜的实际组成往往也不是按上式反应生成典型的化合物膜。例如，钢铁件在磷酸盐溶液中进行磷化处理时，所得到磷化膜的主要组成是二次反应生成的产物，即锌和锰的磷酸盐。尽管如此，考虑到化学转化膜形成过程的复杂性，以及二次反应产物也是金属基底自身转化的诱导才生成的，所以一般不再严格进行区分，都称为化学转化膜。

1.2.4 化学转化膜层与电镀层的区别

1）形成机理不同，化学转化膜层是金属表面的原子参与电化学或化学反应而形成化合物膜，这层膜不再是金属或合金，而是这些金属或合金元素的化合物；而电镀层是金属离子在基体金属上获得电子还原为金属原子，电镀层原子与基体金属原子并没有起任何反应，只是在其上沉积，因此又称电沉积层，电镀层是金属或合金。

2）化学转化膜层由基材金属原子变成金属离子，即膜层有基体金属直接参与；电镀层的基材在电镀中不参加反应。

3）化学转化膜层是金属离子在原金属表面位置上转化成膜，没有成核、长大等结晶过程；电镀层的形成是离子在电镀液及基材表面的迁移、成核及长大等结晶过程。

4）化学转化膜层形成过程所生成的电子，可以给介质中的氧化剂，或给外电源的阳极，以阳极电流的形式脱离反应体系；而电镀是由外电源供给电子的。

1.2.5 化学转化膜的分类

化学转化膜技术有很多分类方法，下面为按不同的分类方法进行的分类。

1）按其形成机理可分为化学转化膜和电化学转化膜。

2）按成膜时所用的介质，可分为氧化物膜、磷酸盐膜、铬酸盐膜、草酸盐膜等。

3）按其用途可分为各种功能性膜，如耐磨、减摩、润滑、电绝缘、冷成形加工、涂层基底及防护性、装饰性等化学转化膜。

4）以化学方法形成的有磷化膜、铬酸盐钝化膜、草酸盐膜、化学氧化膜等。

这些方法广泛用于处理钢铁、铝、锌等金属材料。化学方法成膜不需采用电源设备，只需将工件浸渍在一定的处理液中，在规定的温度下处理数分钟即可形成转化膜层。以电化学方法也可在金属表面上形成转化膜，即以工件作为阳极，在一定的电解液中进行电解处理而形成氧化层，称为阳极氧化膜。

1.2.6 化学转化膜的处理方法及适用范围

化学转化膜常用处理方法有：浸渍法、阳极化法、喷淋法、刷涂法等。其特点与适用范围见表 1-7 和图 1-9。在工业上应用的还有滚涂法、蒸汽法（如 ACP 蒸汽磷化法）、三氯乙烯综合处理法（简称 T.F.S 法），以及研磨与化学转化膜相结合的喷射法等。

表 1-7 化学转化膜常用方法、特点与适用范围

方法	特点	适用范围
浸渍法	工艺简单易控制，由预处理、转化处理、后处理等多种工序组合而成，投资与生产成本较低，生产率较低，不易自动化	可处理各类零件，尤其适用于几何形状复杂的零件，常用于铝合金的化学氧化、钢铁氧化或磷化、锌材钝化等
阳极化法	阳极氧化膜比一般化学氧化膜性能更优越，需外加电源设备，电解磷化可加速成膜过程	适用于铝、镁、钛及其合金阳极氧化处理，可获得各种性能的化学转化膜
喷淋法	易实现机械化或自动化作业，生产率高，转化处理周期短，成本低，但设备投资大	适用于几何形状简单、表面腐蚀程度较轻的大批零件
刷涂法	无需专用处理设备，投资最省，工艺灵活简便，生产率低，转化膜性能差，膜层质量不易保证	适用于大尺寸工件局部处理，或小批零件，以及转化膜局部修补

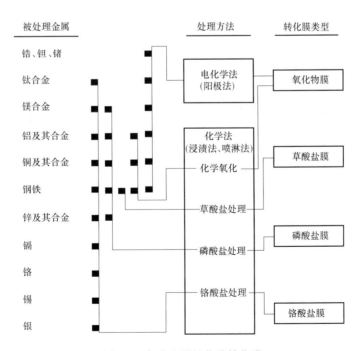

图 1-9 各种金属的化学转化膜

1.2.7　化学转化膜的防护性能及用途

化学转化膜作为金属制品的防护层，其防护功能主要是依靠将化学性质活泼的金属单质转化为化学性质不活泼的金属化合物，降低金属本身的表面化学活性，并提高它在介质中的热力学稳定性，如氧化物、铬酸盐、磷酸盐等，提高金属在环境中的热力学稳定性。对于质地较软的金属，如铝合金、镁合金等，化学转化膜还为金属提供一层较硬的外壳，以提高基体金属的耐磨性。除此之外，也依靠表面上的转化产物对环境介质的隔离作用。转化膜在金属表面的形成和存在，可以使金属本体和腐蚀介质隔离开来，免遭腐蚀介质的直接接触而腐蚀。

铬酸盐膜是各种金属上最常见、在多数金属上可生成的化学转化膜。这种转化膜即使在厚度很薄的情况下，也能极大地提高基体金属的耐蚀性。例如，在金属锌的表面上，如果存在仅仅为 $0.5mg/dm^2$ 的无色铬酸盐转化膜，其在盐雾试验箱中，每小时喷雾一次质量分数为 3% 的氯化钠溶液时，首次出现腐蚀的时间为 200h，而未经处理的锌，则仅 10h 就会发生腐蚀。由于试验所涉及的膜是很薄的，耐蚀性的提高是属于金属表面化学活泼性降低（钝化）所产生的效果，铬酸盐转化膜优异的防护性能还在于，当膜层受到机械损伤时，它能使裸露的基体金属再次钝化而重新得到保护，即具有所谓的自愈能力。

对于其他类型的化学转化膜，也或多或少像上述铬酸盐转化膜那样，依靠表面的钝化使金属得到保护。例如，钢铁的磷酸盐转化膜，无论所得的膜是属于厚度低于 $1\mu m$ 的转化型的，还是属于厚达 $15\sim20\mu m$ 的假转化型的，它们对钢铁的防护都同样地以形成由 γ-Fe_2O_3 和磷酸铁组成的钝化膜为特征。较厚的磷酸盐结晶膜层的防护作用，则是钝化和物理覆盖所起的联合效果。

化学转化膜的防护性能及功效主要取决于以下因素：

1）受转化处理的金属性质及其表面组织结构。

2）化学转化膜的种类、膜的成分和组织结构。

3）化学转化膜本身的性能，如与基体金属的结合力、在介质中的热稳定性等。

4）化学转化膜所要接触的环境介质及条件。

由于化学转化膜的致密性和韧性相对较差，所以其防护性能不及金属镀层等其他防护层。因此，金属在进行化学转化处理之后，如果防护功能要求高的，则还需要做其他的防护处理。最普通的就是在转化膜上再喷涂各种有机涂料，和其他的防护措施联合使用，提高防护效果。

化学转化膜已广泛应用于机械制造、仪器仪表、家用电器、国防兵器及航空航天等领域，作为防腐蚀和其他功能的覆盖层。转化膜还具有良好的涂漆性，可用于有机涂层的底层。其次是用于冷加工，在冷加工时，转化膜层可以起润滑作用并减少磨损，使工件能够承受较高的负荷；多孔的转化膜可以吸附有机染料或无机染料，染成各种颜色。而且有许多化学转化膜本身就显示不同的颜色，因此，转化膜不但可以防护、耐磨、润滑，还可以着色装饰。转化膜的用途主要体现在以下几个方面：

（1）防腐蚀　防腐蚀型的化学转化膜主要用于以下两种情况：一是对工件有一般的防锈要求，如涂防锈油等，转化膜作为底层，很薄时即可应用；二是对工件有较高的耐蚀性要求，工件又不受挠曲、冲击等外力作用，转化膜要求均匀致密，且以厚者为佳。

大部分的机器设备都是在大气环境中工作的。因此受大气的侵蚀很严重，特别是在南方，许多金属工件，特别是钢铁材料及其工件，锌、镁、铝等有色金属制品都很快腐蚀生锈，表面变质变色而破坏。有许多金属表面经化学转化后，提高了抗大气腐蚀的性能，起到良好的保护作用。例如钢铁工件经氧化处理（发黑或发蓝）后，表面变得又黑又亮，不但可以耐一般的大气腐蚀，还可以对抗手汗、暂时性的雨淋等环境作用，如枪炮身、许多紧固性的工件、机器外壳都是通过化学氧化处理进行防护的。又例如铝合金建筑型材经过阳极氧化处理后，可大大提高其耐蚀性，表面不易因受腐蚀而变色，能长期保持其表面的光亮度及所具有的色泽。锌合金制成的工件或各种工件的锌镀层，经过铬酸盐转化生成钝化膜后，其表面的抗大气腐蚀性能得以增强，同样能较长时间保持其表面色泽及完整。

如果金属制品只要求进行一般的防锈处理，则化学转化膜可以薄些并涂些防锈油，即可解决问题。而对于有较高的防腐蚀要求，又不能受挠曲、冲击等外力作用的工件，化学转化膜的厚度应适当增加，并且要求膜层均匀致密。

（2）耐磨减摩　某些化学转化膜除了能耐大气等环境介质的侵蚀，也具有一定的耐磨性，而且有些化学转化膜特别耐磨。此类耐磨型的化学转化膜被广泛应用于金属与金属面互相摩擦的部位。例如铝合金的硬质阳极氧化膜，其硬度与耐磨性与镀硬铬接近。另外金属上的磷酸盐膜有很小的摩擦因数，可以减少金属之间的摩擦力。同时这类磷酸盐膜还有良好的吸油性能，吸油后可以在金属的接触面上产生一层缓冲层，也阻隔了腐蚀介质的侵蚀，从化学和机械等方面保护了工件的金属基体，从而减少了工件的磨蚀。

（3）绝缘功能　具有绝缘功能的化学转化膜大多是电的不良导体，很早以前就已经有利用磷酸盐膜作为硅钢片绝缘层的例子，这种绝缘功能膜的特点就是占空系数小，而且耐热性好，在冲裁加工时可以减少模具的磨损，阳极氧化膜可以作为铝导线的耐高温绝缘层。铝制成的电线经阳极氧化后，既可以提高它的耐大气及湿气的性能，又可以提高它的外表绝缘性，具有防护绝缘的双重功能。用溶胶-凝胶法制得的膜层，目前多数是功能性的。在工程或机械的结构设计中，必须考虑到两种不同金属的工件接触时，产生电偶腐蚀的可能性，化学转化膜的应用可避免电偶腐蚀的发生，可以将两种金属绝缘。

（4）塑性加工中的作用　先将金属材料表面进行磷酸盐处理成膜，然后再进行塑性加工。在金属的冷加工中，化学转化膜有十分广泛的用途。采用这种方法对钢材进行拉拔加工时，可以减少拉拔力，延长拉拔模具的寿命，减少拉拔的次数。因为它可以同时起到润滑和减摩的作用，从而允许工件在较高负荷的情况下工作。

（5）防护底层的应用　化学转化膜用在金属制品的防护上时，大多数情况是同其他防护层联合组成多元的防护层系统，也有人称之为综合防护或联合防护。在这种多元防护系统中主要是作为防护底层。其作用一方面是使表面的防护层与金属基体结合良好；另一方面又可以在表面防护层局部损坏或被腐蚀介质蚀穿时，保护着金属的基体，免遭介质对金属基体的直接腐蚀，防止发生于表面防护层底下的金属腐蚀扩展。例如，以前的铝合金建筑型材主要是通过阳极氧化处理，使其表面产生阳极膜，达到既耐蚀又美观的目的。近年来，随着生活水平的提高，人们已不满足于这样的简单处理，在阳极氧化处理后，在阳极膜的表面上喷涂固体粉末涂料，使铝合金型材组成了多元的防护装饰系统，进一步提高了铝型材的性能与质量，深受广大用户的欢迎。

化学转化膜作为多元防护系统的底层时，主要是作为涂装的底层，如家用电器的铁壳，都是先进行磷化，使其生成一层耐蚀性良好，又对涂料有高附着力的磷化膜底层。然后再喷涂有色的固体粉末涂料或喷漆涂装。作为涂装底层的化学转化膜，要求膜层致密，质地均匀，晶粒细小，膜层的厚度适中。化学转化膜在涂装工业上已广泛应用。

化学转化膜在某些特定的情况下，也可用作金属镀层的底层。例如钛和铝及铝合金在电镀上的难题是表面极易钝化，因而导致镀层同基材的结合力差，容易脱层或者镀不上。采用有适当膜孔结构的化学转化膜作为底层，可使镀层同基材牢固地结合，是电镀易钝化金属时采用的有效方法之一。

（6）装饰用途　化学转化膜随着膜的组成成分不同，将显现出不同的颜色，有些构成转化膜的化合物是有颜色的，因此是有色转化膜。有些膜层是无色透明的。但在光的干涉下，不同厚度的膜也可显示不同的颜色，因此化学转化膜依靠它自身的装饰外观，用在各种金属制品的外观装饰上，特别是在日用工业制品上得到了广泛的应用。此外，有些化学转化膜虽然不能自身显色，但膜上有多孔性、能够吸附不同颜色的无机或有机染料，也可以使产品通过转化膜的染色而达到装饰的目的。

（7）其他作用　如化学转化膜的吸光性或反光性、染色性等。

综合上述，目前几乎所有工业上使用的金属及镀层金属，如铁、铜、铝、锌、镉、锡、铅、镁、钛及其合金，均有可能生成转化膜。目前，铬酸盐处理和磷酸盐处理已经成为钢铁材料及制品、镀锌钢板、镀锌工件及锌合金制品等生产中的重要工序。阳极氧化处理也已成为铝及铝合金，镁、钛及其合金，以及不锈钢材产品的重要生产过程及工序。通过各种转化膜处理，使各类金属产品提高了耐蚀性、耐磨性、表面硬度或润滑性能及绝缘性等各种物理力学性能，在着色装饰方面也显示了它的重要作用。

1.3　常用预处理

无论何种表面处理工艺，要获得理想的效果，清洁表面是首要的前提条件。因为送到表面处理车间的工件表面通常会存在各种磨痕、凹坑、毛刺、划伤等缺陷，带有润滑油迹或不同程度地覆盖着磨料。表面转化膜处理前如不清洗掉，就会在转化膜处理后暴露出来，影响膜的性能。因此清洁表面是化学转化膜处理工艺的首要工序。

1.3.1　清洗

1. 普通碱液清洗

普通碱液清洗的工艺见表1-8。

表1-8　普通碱液清洗的工艺

工艺号		1	2	3	4	5	6	7	8	9	10	11
组分浓度/（g/L）	NaOH	50～100	—	25～30	—	8～12	—	1～10	—	1～2	—	15
	Na₃PO₄	10～35	—	25～30	30～35	40～60	40～50	—	15～30	5～8	30	—
	Na₂CO₃	10～40	—	—	30～35	—	40～50	20～50	15～30	—	30	22.5
	Na₂SiO₃	10～30	30～40	5～10	—	25～30	20～30	20～30	10～20	3～4	—	—
	OP-乳化剂	—	2～4	—	—	—	—	—	—	—	—	—
	613乳化剂	—	—	—	15～20	—	—	—	—	—	—	—

（续）

工艺号		1	2	3	4	5	6	7	8	9	10	11
组分浓度/(g/L)	表面活性剂	—	—	—	—	—	—	适量	—	余水	—	—
	润湿剂	—	—	—	—	—	—	—	—	—	0.7	0.7
工艺条件	温度/℃	90	70~80	≈80	60~90	60~70	70~80	50~60	60~80	—	80~100	80~100
	时间/min	3~15	5~10	10~20	10~15	3~15	3~5	除净为止	除净为止	—	—	—
适用范围		钢铁材料		铜及铜合金		铝及铝合金		锌及锌合金		钢铁材料封存	镁及镁合金	

2. 电解碱液清洗

电解碱液清洗的工艺见表1-9。

表 1-9　电解碱液清洗的工艺

项　目		基　体							
		钢铁	铜及铜合金		锌及锌合金		铝及铝合金	镁及镁合金
		工艺号							
		1	2	3	4①	5	6②	7	8
组分浓度/(g/L)	NaOH	10~30	40~60	10~15	—	—	0~5	10	—
	Na_2CO_3	—	60	20~30	20~40	5~10	0~20	—	25~30
	Na_3PO_4	—	15~30	50~70	20~40	10~20	20~30	—	20~25
	Na_2SiO_3	30~50	3~5	10~15	3~5	5~10	—	40	—
	40%的直链烷基磺酸钠	—	—	—	—	—	—	5	—
	$Na_5P_3O_{10}$（三聚磷酸钠）	—	—	—	—	—	—	40	—
工艺条件	温度/℃	80	70~80	70~90	70~80	40~50	40~70	—	80~90
	电流密度/(A/dm²)	10	2~5	3~8	2~5	5~7	5~10	—	1~5
	阴极脱脂时间/min	1	5~8						
	阳极脱脂时间/min	0.2~0.5	5~10	0.3~0.5					

① 铝、镁、锌合金也适用。

② 铝合金也适用，溶液中应加适量缓蚀剂和较多的表面活性剂。

3. 擦洗

擦洗是指用棉纱或旧布蘸溶剂擦除工件表面油污的清洗方法。该方法简单，不需要专用设备，操作方便；但劳动强度大，劳动保护差，脱脂效果不好，只适用于生产条件较差、脱脂要求不高的场合。

4. 浸洗

浸洗是指将工件沉浸于有机溶剂中进行脱脂的清洗方法。该方法设备简单，操作方便，室温下施工，适合于中小型工件脱脂清洗。为了彻底去除工件表面油污，可将工件依次浸入两个或三个以上的有机溶剂槽中，并用毛刷刷洗。最后一个槽中应盛有完全洁净的溶剂，并及时更换。为了加快脱脂速度和提高清洗效果，还可采用溶剂超声波清洗法。

5. 超声波清洗

超声波是指频率高于16kHz的高频声波，常用频率范围为16~24kHz。当它照射到液体上时，交替产生正、负压力。当产生负压时，溶液中生成真空空穴，溶剂的蒸气或溶解于溶剂（液）中的气体进入其中形成气泡，气泡形成的下一瞬间，由于正压力的压缩作用，气泡被破坏而分散，这种形成空穴的现象称为气蚀，而气泡破裂的一瞬间所产生的冲击波会形成冲刷工件表面油污的冲击力。气泡破裂时，瞬间的温度极高，压力极大。超声波的脱脂作用，主要是利用冲击波对油污层的冲刷破坏，以及由于气蚀引起的激烈的局部搅拌。同时，超声波反射引起的声压对液体也有搅拌作用。此外，超声波在液体中还具有加速溶解和乳化的作用。因此，对于那些采用常规清洗法难以达到清洗要求，尤其是几何形状比较复杂的工件，超声波清洗效果会更好。

6. 蒸气清洗

溶剂蒸气清洗可归纳为四种类型：单一蒸气清洗、喷淋蒸气清洗、热溶剂蒸气清洗、沸腾溶剂+热溶剂蒸气清洗，如图 1-10 所示。

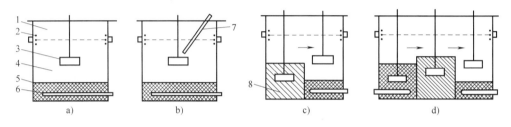

图 1-10　蒸气清洗示意图

a）单一蒸气清洗　b）喷淋蒸气清洗　c）热溶剂蒸气清洗　d）沸腾溶剂+热溶剂蒸气清洗

1—自由区　2—冷凝管　3—工件　4—蒸气区　5—沸腾溶剂　6—加热管　7—喷淋管　8—热溶剂

1）单一蒸气清洗如图 1-10a 所示，工件单纯在蒸气区经受蒸气冷凝作用清洗。该方法适合清洗形状简单、重、断面厚的工件和黏附力较小的油污。

2）喷淋蒸气清洗如图 1-10b 所示，工件在蒸气区中受溶剂喷淋后，停留至蒸气在其表面不再冷凝为止。该方法适用于清洗形状较复杂，如带沟槽和不通孔的工件，能清洗黏附力较强的油污。

3）热溶剂蒸气清洗如图 1-10c 所示，工件通过蒸气区进入热溶剂中浸洗后，升至蒸气区停留至蒸气在其表面不再冷凝为止。该方法适于清洗形状复杂、断面薄的工件的表面灰尘、油污等。

4）沸腾溶剂+热溶剂蒸气清洗如图 1-10d 所示，工件浸入沸腾溶剂中，被强烈的沸腾作用冲刷去油污和铁屑等，转入热溶剂中除去残留物和降温，再移至蒸气区，以蒸气冷凝做最终清洗。该方法适用于大批量、形状复杂或易重叠的工件。

7. 表面活性剂清洗

将表面活性剂加入水中，即使浓度很低，也能显著降低水的表面张力，并具有渗透、润湿、发泡、乳化和去污等特殊作用。常用的表面活性剂见表 1-10，表面活性剂复配的清洗剂见表 1-11。

表 1-10　常用的表面活性剂

名称	商品名称或商品牌号	类型	主要用途
脂肪醇聚氧乙烯醚	664 净洗剂	N	乳化、润湿、分散
烷基酚聚氧乙烯醚	OP-10	N	乳化、增溶、分散

（续）

名称	商品名称或商品牌号	类型	主要用途
失水山梨醇单油酸酯	司盘-80	N	乳化、助溶
聚氧乙烯失水山梨醇油酸酯	吐温-80	N	乳化、润湿、分散
聚氧乙烯聚丙烯醚	消泡剂 7010	N	消泡
十二烷基磺酸钠	—	A	乳化、发泡
十二烷基二乙醇胺	清洗剂 6501	N	乳化、润湿
三乙醇胺油酸皂	清洗剂 664、741	C	乳化、防锈
月桂醇聚氧乙烯醚	平平加 O-20	N	乳化、分散、洗涤

注：N 为非离子型；A 为阴离子型；C 为阳离子型。

表 1-11 表面活性剂复配的清洗剂

序号	药品名称	质量分数（%）	备　注
1	烷基苯磺酸铵盐	38	将清洗剂喷洒或涂刷在工件表面，泡一段时间，再用强烈的水流冲洗干净
	椰子醇聚氧乙烯（8）醚	9	
	焦磷酸钠	2.5	
	水	余量	
2	聚氧乙烯脂肪醇醚	10.8	使用浓度为 20~30g/L，温度为 70~75℃。浸洗
	聚氧乙烯辛烷基酚醚	5.4	
	十二烷基酸二乙醇酰胺	10.8	
	三乙醇胺油酸皂	55	
	水	余量	
3	聚氧乙烯脂肪醇醚	10	使用浓度为 30~50g/L，温度为 75~80℃。浸洗
	聚氧乙烯烷基酚醚	15	
	十二烷基酸二乙醇酰胺	12	
	三乙醇胺油酸皂	43	
	水	余量	
4	单乙醇胺	1~1.5	将 50~60℃的清洗剂喷洒或浸泡工件，再用热水冲洗
	烷基苯磺酸钠	0.01~0.05	
	石油溶剂	0.5~1.0	
	水	余量	
5	PA30-SL 低温高效复合脱脂剂（由多种表面活性剂和一种弱碱组成）	3~3.5	在 40~47℃下使用，适于喷洗
	水	余量	
6	PA30-IA 常温高效复合除油剂： A 组分（由表面调剂、无机添加剂组成）	1.5	在常温至 70℃下使用，适于浸洗
	B 组分（由表面活性剂组成）	3.5	
	水	余量	

1.3.2 除锈

1. 钢铁件化学除锈

钢铁件化学除锈工艺见表 1-12。

表 1-12　钢铁件化学除锈工艺

类　型		一般碳钢、低合金钢件	经热处理后有厚氧化皮的钢件	有氧化皮的低碳钢件	有黑皮的钢铁件	铸件	合金钢		光亮浸蚀
							预浸	浸蚀	
组分浓度 /(g/L)	硫酸(H_2SO_4, $\rho=1.84g/cm^3$)	$100\sim220$	20%[①]	$120\sim150$	—	$200\sim250$	75%[②]	230	—	$600\sim800$
	盐酸(HCl, $\rho=1.19g/cm^3$)	$100\sim200$	48%[①]	—	$150\sim200$	—	—	270	450	$5\sim15$
	硝酸(HNO_3, $\rho=1.41g/cm^3$)	—	—	—	—	—	—	—	50	$400\sim600$
	氢氟酸(HF, 40%[②])	—	—	—	—	—	25%[②]	—	—	—
	六次甲基四胺	—	—	—	$1\sim3$	—	—	—	—	—
	硫脲	—	—	—	—	$2\sim3$	—	—	—	—
	若丁	$0\sim0.5$	—	$0.3\sim0.5$	—	—	—	—	—	—
	磺化煤焦油	—	—	—	—	—	—	1%[①]	1%[①]	—
工艺条件	温度/℃	$40\sim60$	室温	$50\sim75$	$30\sim40$	$30\sim50$	室温	$50\sim60$	$30\sim50$	$\leqslant50$
	时间/min	$5\sim20$	$\leqslant60$	$\leqslant60$	至氧化皮除尽			1	0.1	$3\sim10s$

注：ρ—密度（g/cm^3），后同。

① 体积分数。

② 质量分数。

2. 不锈钢和耐热钢化学除锈

热处理后的不锈钢和耐热钢的表面常附有一层致密的氧化皮。除锈工序为：松动氧化皮 →活化→清除活化残渣。不锈钢和耐热钢松动氧化皮工艺见表1-13，活化工艺见表1-14，清除活化残渣工艺见表1-15。

表 1-13　不锈钢和耐热钢松动氧化皮工艺

工　艺　号		1	2	3
组分浓度 /(g/L)	硝酸(HNO_3, $\rho=1.41g/cm^3$)	$100\sim150$	—	—
	氢氧化钠(NaOH)	—	$600\sim800$	$600\sim800$
	硝酸钠($NaNO_3$)	—	$250\sim350$	—
工艺条件	温度	室温	$100\sim140℃$	$140\sim150℃$
	阳极电流密度/(A/dm²)	—	—	$5\sim10$
	时间/min	$30\sim60$	$30\sim60$	$8\sim12$

表 1-14　不锈钢和耐热钢活化工艺

工　艺　号		1	2	3	4	5	6
组分浓度 /(g/L)	硫酸(H_2SO_4, $\rho=1.84g/cm^3$)	—	$40\sim60$	$250\sim300$	—	$80\sim100$	—
	盐酸(HCl, $\rho=1.18g/cm^3$)	$300\sim500$	$130\sim150$	$120\sim150$	—	—	60
	硝酸(HNO_3, $\rho=1.41g/cm^3$)	—	—	—	$250\sim300$	$60\sim90$	$130\sim150$
	氢氟酸(HF, 37%[①])	—	—	—	$50\sim60$	$20\sim50$	$2\sim5$
	缓蚀剂	适量	适量	—	—	适量	适量

（续）

工　艺　号		1	2	3	4	5	6
工艺条件	温度/℃	室温	室温	室温	室温	室温	室温
	时间/min	20~40	30~40	30~60	20~50	20~40	20~40
	适用范围	对基体腐蚀缓慢，常用于预浸蚀		浸蚀效率高	对氧化皮有很强的溶解能力，对基体腐蚀小	用于精密零件的浸蚀	用于氧化皮较厚的不锈钢和耐热钢的浸蚀
		适用于马氏体不锈钢			适用于奥氏体不锈钢		

① 质量分数。

表 1-15　不锈钢和耐热钢清除活化残渣工艺

工　艺　号		1	2	3	4
组分浓度/(g/L)	硝酸（HNO_3，$\rho=1.41g/cm^3$）	40~60	—	—	—
	双氧水（H_2O_2，30%①）	15~25	—	—	—
	氢氧化钠（NaOH）	—	—	—	50~100
	铬酐（CrO_3）	—	100~150	70~100	—
	硫酸（H_2SO_4，$\rho=1.84g/cm^3$）	—	40~60	20~40	—
	氯化钠（NaCl）	—	4~6	1~2	—
工艺条件	温度	室温	室温	室温	70~90℃
	阳极电流密度/（A/dm^2）	—	—	—	2~5
	时间/min	0.5~1	5~10	2~10	5~15

① 质量分数。

3. 铜及铜合金化学除锈

铜及铜合金化学除锈工艺见表 1-16。

表 1-16　铜及铜合金化学除锈工艺

工艺号		1	2	3	4	5	6
组分浓度/(g/L)	硫酸（H_2SO_4）	1体积份	700~850	600~800	—	10~20	100
	盐酸（HCl）	0.02体积份	2~3	—	—	—	—
	硝酸（HNO_3）	1体积份	100~150	300~400	10%~15%①	—	—
	磷酸（H_3PO_4）	—	—	—	50%~60%①	—	—
	铬酐（CrO_3）	—	—	—	—	100~200	—
	醋酸（HAC）	—	—	—	25%~40%①	—	—
	氯化钠（NaCl）	—	—	3~5	—	—	—
	重铬酸钾（$K_2Cr_2O_7$）	—	—	—	—	—	50
	温度/℃	30	≤45	≤45	20~60	40~50	40~50
	适用范围	一般铜合金	铜、黄铜	铜、黄铜、低锡青铜、磷青铜等	铜、黄铜、铜-锌-镍合金	铜、铍青铜	薄壁铜材及合金

① 质量分数。

4. 铝及铝合金化学除锈

铝及铝合金化学除锈工艺见表 1-17。

表 1-17　铝及铝合金化学除锈工艺

工艺号		纯铝或含铜量高的铝合金件			含镁量高的铝合金	5	6	7
		1	2	3	4			
质量分数（%）	硫酸（H_2SO_4）	—	—	—	—	350g/L	—	—
	硝酸（HNO_3）	50	10~30	15	—	—	400~800g/L	75
	氢氟酸（HF）	—	1~3	—	—	—	—	25
	铬酐（CrO_3）	—	—	—	—	65g/L	—	—
	氢氧化钠（NaOH）	—	—	—	50~200g/L	—	—	—
	水（H_2O）	—	89~63	—	—	—	—	—
工艺条件	温度/℃	室温	80~90		60~80	60~70	室温	室温
	时间/min	0.1~0.3	2~3		0.1~2	0.5~2	3~5	0.1~0.5

注：1. 工艺 3 浸蚀后再用 50% 硫酸浸 5~10s。
　　2. 工艺 4 用于铝及含铜、镍、锰、硅等合金零件的侵蚀，但由于使用这些配方易过腐蚀，精度要求高的零件应采用配方 5，用此配方侵蚀不会减少零件的尺寸。
　　3. 含铜、硅、镍、锰的铝合金零件经侵蚀后，用工艺 6 出光。
　　4. 硅的质量分数 <10% 的铝合金采用工艺 6 出光。硅的质量分数 >10% 的铝合金最好采用质量分数为 50% 的 HNO_3 和 50% 的 HF 混合溶液出光。

5. 镁及镁合金化学除锈

镁及镁合金化学除锈工艺见表 1-18。

表 1-18　镁及镁合金化学除锈工艺

工艺号		1	2	3	4	5	6	7	8	9
组分浓度/（g/L）	铬酐（CrO_3）	150~250	—	80~100	—	—	120	180	180	60
	硝酸（HNO_3,65%[①]）	—	1.5%~3%[②]	—	—	—	11%[②]	—	—	9%[②]
	硝酸钠（$NaNO_3$）	—	—	5~8	—	—	—	—	—	—
	九水合硝酸铁[$Fe(NO_3)_3 \cdot 9H_2O$]	—	—	—	—	—	—	—	40	—
	氟化钾（KF）	—	—	—	—	—	—	—	3.5	—
	氢氟酸（HF,40%[①]）	—	—	—	—	—	8%~12%[②]	—	—	—
	氢氧化钠（NaOH）	—	—	—	—	350~400	—	—	—	—
工艺条件	温度/℃	室温	室温	40~50	70~80	室温	室温	16~93	16~38	室温
	时间/min	8~12	1~2	2~15	1~15	数秒	0.5~2	2~10	0.5~3	0.3~1
适用范围		一般镁及镁合金侵蚀或除旧氧化膜	铸造毛坯	消除变形镁金属表面润滑剂的燃烧残渣	去旧氧化膜	含硅镁合金	含铝的镁合金	适用于精密零件	适用于一般零件	一般镁合金化学镀镍前的侵蚀

注：1. 工艺 4 除去旧氧化膜后，还需用质量分数为 5%~15% 的铬酐溶液中和。
　　2. 侵蚀后的零件，应迅速进行氧化处理或镀前浸金属处理，否则极易发生腐蚀。
　　3. 在工艺 2 溶液中侵蚀时，反应极为激烈，必须严格控制溶液的浓度、温度和侵蚀时间；硝酸含量不得超过 3%（体积分数），否则容易引起零件尺寸超差。
　　4. 侵蚀用挂具、盛具，最好用镁合金或铝镁合金制造，并用绝缘材料隔离挂具与零件以免电化学腐蚀。
① 质量分数。
② 体积分数。

6. 锌、镉及其合金化学除锈

锌、镉及其合金化学除锈工艺见表 1-19。

表 1-19　锌、镉及其合金化学除锈工艺

工艺号		一般浸蚀		光亮浸蚀					
		1	2	3	4	5	6	7	8
组分浓度/(g/L)	硫酸(H₂SO₄)	50~100	—	2~4	—	0.2%~0.4%①	—	—	—
	硝酸(HNO₃)	—	—	—	10~20	6%~10%①	—	—	—
	铬酐(CrO₃)	—	—	100~150	—	200~250	240~600	200~300	250
	盐酸(HCl,37%②)	—	—	—	—	—	9.4%①	—	10%①
	硫酸钠(Na₂SO₄)	—	—	—	—	—	—	15~30	—
	氢氧化钠(NaOH)	—	50~100	—	—	—	—	—	—
工艺条件	温度/℃	室温	60~70	室温	室温	室温	室温	—	室温
	时间/min	<1	<1	0.5~1	<1	0.5~1	—	—	0.2~0.5
适用范围		锌、镉	锌	锌、镉	锌、镉	锌、镉	锌	锌	锌、镉

注：1. 工艺 6 零件浸渍 1min 并清洗，若表面有不鲜明的黄铜色泽，可在质量分数为 10%~20% 的铬酐溶液中，于室温下浸渍 1min 去除。

　　2. 工艺 7 浸蚀后的黄膜在纯碱或 8g/L 的硫酸溶液中去除。

① 体积分数。

② 质量分数。

7. 脱脂除锈二合一

脱脂除锈二合一工艺见表 1-20。

表 1-20　脱脂除锈二合一工艺

工艺号		1	2	3	4	5
质量分数（%）	H₂SO₄	13~20	16~23	15~17	18~28	46~59
	HCl	—	—	—	30~42	—
	硫脲	0.1	1~1.5	—	—	—
	6501-AS	2.9	—	—	—	—
	OP-10	0.3	—	0.01~0.2	—	—
	海鸥洗涤剂	—	4.8~6.5	—	—	—
	MC 洗涤剂	—	—	1~6	—	—
	PA51-L	—	—	—	4~5	—
	PA51-M	—	—	—	—	4~5
	水	余量	余量	余量	余量	余量
工艺条件	温度/℃	65~70	70~90	60~70	常温	45~60
	时间/min	8	10~20	4~6	10~30	7~9

1.3.3　表面机械整平

1. 喷砂

（1）喷砂的目的

1）除去铸件表面的新砂、锻件或热处理后工件表面的氧化皮。

2）除去工件表面的锈蚀、积炭、焊渣与飞溅、漆层及其他干燥的油类物质。

3）提高工件表面粗糙度，以提高油漆或其他涂层的附着力。

4）使工件表面呈漫反射的消光状态。

5）除去工件表面的毛刺或其他方向性伤痕。

6）对工件表面施加压应力，提高工件的疲劳强度。

（2）喷砂的种类　喷砂有干喷、湿喷两种。干喷设备简单，操作简单，但加工面比较粗糙，粉尘污染严重，是一种淘汰工艺。湿喷对环境污染较小，加工精度高，油污重时工件应先脱脂。

干喷砂用的磨料包括钢砂、氧化铝、石英砂、碳化硅等，最常用的是石英砂，使用前应烘干。应根据工件的材质、表面状态和加工要求，选用不同粒度的磨料。各种喷砂磨料的比较见表1-21。

表1-21　各种喷砂磨料的比较

磨料	相对成本	可用次数	硬度 HV
石英砂	—	1	≈400
铁熔渣	1	1	≈500
钢熔渣	2	≤10	≈500
冷硬铁丸	8	10~100	300~600
可锻铸铁丸	13	>100	≈400
钢丸	24	>500	400~500
小段钢丝	24	>500	≈400

湿喷砂用的磨料和干喷砂相同，可将磨料和水混合成砂浆，磨料的体积通常占砂浆体积的20%~35%。加工时需不断搅拌防止磨料沉淀，用压缩空气将砂浆经喷嘴喷至工件表面。也可将砂粒与水分别放在桶里，在流入喷嘴前混合，再喷到工件表面。

（3）喷砂工艺　喷砂的效果与喷吹距离、喷吹角度、压力、喷嘴大小和形状、磨料尺寸、磨料与水混合比例等因素有关。磨料粒度细小，可产生柔和无光的平滑表面；磨料粒度粗大，可产生粗糙灰暗的表面，用于消除面积较大，伤痕较深的表面缺陷。

喷砂所用磨料的尺寸及使用的压缩空气压力依据工件材料选择，见表1-22。

表1-22　喷砂所用砂粒尺寸及压缩空气压力

砂子直径/mm	压缩空气压力/MPa	适用范围
1.5~2.0	≈0.3	铸钢件和大型铸铁件
1.0~1.5	≈0.3	中小型铸铁件
0.7~1.0	≈0.3	有色金属
0.7~0.8	≈0.3	清理氧化皮
2.5~3.5	0.3~0.5	厚度在3mm以上的大型零件
1.0~2.0	0.2~0.4	中等铸件和厚度3mm以下的零件
0.5~1.0	0.15~0.25	小型薄壁黄铜零件
<0.5	0.10~0.15	厚度在1mm以下的板材，铝制零件等

2. 磨光

磨光是用磨光轮或磨光带对工件表面进行加工,去掉工件表面的毛刺、氧化皮、锈蚀等表面缺陷,提高工件的平整度。常用的精整磨料有刚玉、石灰岩屑、大理石屑、氧化铝、碳化硅、砂、铁粉及锌丸、木质球、坚果壳、玉米芯、锯末、碎皮革及碎毛毡等。各种磨料的特性见表 1-23,磨料的粒度选用见表 1-24。

表 1-23　各种磨料的特性

名称	成分	矿物硬度	韧性	外观
天然金刚石	C	10	脆	无色、透明
人造金刚石	C	9~10	脆	无色、透明
立方氮化硼	BN	9	脆	—
碳化硅	SiC	9.2	脆	绿色或黑色
碳化硼	BC	9.0	脆	黑色
刚玉	Al_2O_3	9.0	较韧	洁白至灰暗
硅藻土	SiO_2	6~7	韧	白色至灰红色
石英砂	SiO_2	7	韧	白色至黄色
铁丹	Fe_2O_3	6~7	韧	黄色至黑红色
石灰	CaO	5~6	韧	白色
氧化铬	Cr_2O_3	—	韧	—

表 1-24　磨料的粒度选用

分类	粒度/mm(目)	用　　途
粗磨	1.60~0.90 (12~20)	磨削量大,除去厚的旧镀层、严重的锈蚀等
	0.800~0.450 (24~40)	磨削量大,除氧化皮、锈蚀、毛刺、磨光很粗表面
中磨	0.355~0.180 (50~80)	磨削量中等,磨去粗磨后的磨痕
	0.154~0.100 (100~150)	磨削量较小,为精磨做准备
精磨	0.080~0.063 (180~240)	磨削量小,可得到比较平滑的表面
	0.056~0.040 (280~360)	磨削量很小,为镜面抛光做准备

选择适宜的磨料与工件的体积比,这对表面磨光质量和生产率影响很大。比值过低表面磨光质量不好,比值过高则生产率低。磨料与工件的体积比的选择见表 1-25。由表中查出材料、形状等各种因素的单个比值,然后相加,即得到所要求的磨料与工件的体积比。例如,铜合金工件,形状复杂,要达到抛光表面,进行功能性电镀,起装饰作用,单个质量为150g,从而查表 1-25 得:2+3+3+2+1+2 = 13,即磨料与工件的体积比为13。

3. 滚光

滚光是将工件放入盛有磨料和滚光溶液的滚筒中,借助滚筒的旋转,使工件与磨料、工件与工件相互摩擦达到清理工件表面的目的。滚光可以除去工件表面的油污和氧化皮,使工件表面光滑。滚光可以全部或部分代替磨光、抛光，但只适用于大批量表面质量要求不高的工件。

表 1-25　磨料与工件比的选择

因素	磨料与工件的体积比		
	1	2	3
材料	钢、铁	铜、锌	铝
形状	简单	较复杂	复杂
光饰要求	去刀痕、毛刺	去氧化皮、倒角	抛光
工件使用要求	装饰	结构件	受力件
工件电镀的种类	防护性	功能性	装饰性
单个工件质量/g	30~120	30~240	>240

滚光常用的磨料有铁屑、石英砂、铁砂、皮革碎块、浮石、陶瓷片等。磨料尺寸一般应小于或等于工件的孔直径的 1/3。

滚光时，如工件表面有大量的油污和锈蚀，应先进行脱脂和活化。当油污较少时，可加入碳酸钠、肥皂、皂荚粉等少量碱性物质或乳化剂一起进行滚光。工件表面有锈时可加入稀硫酸或稀盐酸，常用酸性滚光工艺见表 1-26。当工件在酸性介质中滚光结束后，应立即将酸性液冲洗干净。

表 1-26　酸性滚光工艺

类　　　型		钢铁零件		铜及铜合金	锌及锌合金
组分浓度	硫酸(体积分数,%)	1.5~2.5	2~4	0.5~1	0.05~0.1
	皂荚粉/(g/L)	3~10	—	2~3	2~5
	六次甲基四胺/(g/L)	—	2~4	—	—
	OP 乳化剂/(g/L)	—	2~4	—	—
工艺条件	滚筒转速/(r/min)	40~65	40~65	40~65	30~40
	时间/h	1~3	1~1.5	2~3	2~3

4. 刷光

刷光是使用刷光轮对工件表面进行加工的过程。刷光主要用于清除工件表面的氧化皮、锈蚀、残余油污、侵蚀残渣和毛刺，也用于在工件表面产生有一定规律的、细密的丝纹，起装饰作用。刷光轮常用金属丝、动物毛、天然或人造纤维制成。金属丝形状有直丝和波纹丝，波纹丝比直丝弹性大，使用寿命长。金属刷光丝的选择见表 1-27。刷光轮直径为 130~150mm 时，转速一般为 1500~1800r/min。刷光基体金属时采用质量分数为 3%~5% 的碳酸钠或磷酸三钠稀溶液、肥皂水、石灰水等刷光液。

表 1-27　金属刷光丝的选择

工件材料	刷光轮金属丝材料	金属丝直径/mm
铸铁、钢、青铜	钢	0.05~0.4
镍、铜	钢	0.15~0.25
锌、锡、铜、黄铜镀层	黄铜、铜	0.15~0.2
银和银镀层	黄铜	0.1~0.15
金和金镀层	黄铜	0.07~0.1

5. 机械抛光

机械抛光是用有抛光膏的抛光轮对工件表面进行加工，降低制品的表面粗糙度值，使制品获得装饰性外观。

机械抛光分为粗抛、中抛与精抛几类。粗抛是用硬轮对经过或未经过磨光的表面进行抛光，有一定的磨削作用，能除去粗的磨痕。中抛是用较硬的抛光轮对经过粗抛的表面做进一步的加工，能除去粗抛留下的划痕，产生中等光亮的表面。精抛是用软轮抛光获得镜面光亮的表面，磨削作用很小。

机械抛光时，抛光轮上应涂抛光膏或抛光液。常用抛光膏的特点及用途见表 1-28，其配方见表 1-29、表 1-30。抛光时的线速度比磨光时大些，表 1-31 是抛光轮的线速度与转速。

表 1-28　常用抛光膏的特点及用途

类型	特　点	用　途
白抛光膏	用氧化钙、少量氧化镁及黏结剂制成，粒度小而不锐利，长期存放易风化变质	抛光较软的金属（铝、铜等）和塑料，也用于精抛
红抛光膏	用氧化铁、氧化铝和黏结剂制成，硬度中等	抛光一般钢铁零件，对铝、铜零件做粗抛
绿抛光膏	用氧化铬、氧化铝和黏结剂制成，硬而锐利、磨削力强	抛光硬质合金钢、镀铬层、不锈钢

表 1-29　白抛光膏的配方

编号	配方（质量分数，%）						
	硬脂酸	石蜡	动物油	植物油	硬化油	米糠油	抛光用石灰
1	15.32	6.46	1.87	3.35	—	—	73.09
2	13.28	4.01	—	—	1.95	6.45	74.31
3	12.2	4.7	—	—	2.4	5.8	74.9

表 1-30　绿抛光膏的配方

编号	配方（质量分数，%）						
	三压硬脂酸	二压硬脂酸	脂肪酸	油酸	氧化铬	氧化铝	白泥
1	14.8	11.8	6	0.7	66.7	—	—
2	14.8	11.8	6	0.7	39.7	—	27
3	18.2	12.1	2.3	1.5	43.8	22.1	—
4	18.2	12.1	2.3	1.5	24.4	15.4	26.1

表 1-31　抛光轮的线速度与转速

材料类型	抛光轮线速度 /（m/s）	抛光轮直径/mm			
		300	350	400	500
		抛光轮转速/（r/min）			
复杂形状钢件	20~25	1592	1364	1194	955
简单形状钢件、铸铁、镍、铬	30~35	2228	1910	1671	1337
铜及铜合金、银	20~30	1910	1637	1432	1146
锌、铅、锡、铝及铝合金	18~25	1592	1364	1194	955

1.3.4 电抛光

1. 钢铁电抛光

钢铁电抛光工艺见表1-32。

表 1-32 钢铁电抛光工艺

	类 型	碳钢、低合金钢、不锈钢	碳钢、合金钢、铸铁	不含铬的钢	碳钢、含锰、镍的模具钢
质量分数(%)	磷酸(H_3PO_4,85%)	65~80	66~70	58	60~62
	硫酸(H_2SO_4,98%)	15~20	—	31	18~22
	铬酐(CrO_3)	5~6	12~14	—	—
	葡萄糖($C_6H_{12}O_6$)	—	—	2	—
	草酸($H_2C_2O_4 \cdot 2H_2O$)	—	—	—	10~15
	硫脲[$CS(NH_2)_2$]	—	—	—	8~12
	乙二胺四乙酸二钠($EDTANa_2 \cdot 2H_2O$)	—	—	—	1
	水(H_2O)	15~24	16~22	9	0~3
工艺条件	溶液密度/(g/cm^3)	1.70~1.74	1.70~1.74	—	1.6~1.7
	温度/℃	60~90	55~65	60~70	室温
	电流密度/(A/dm^2)	20~60	20~50	2.7~6.5	10~25
	电压/V		10~20	7~8.5	—
	时间/min	1~5	4~5	10	10~30

注:用铅做阴极。

2. 不锈钢电抛光

不锈钢电抛光工艺见表1-33。

表 1-33 不锈钢电抛光工艺

	工 艺 号	1	2	3	4
质量分数(%)	磷酸(H_3PO_4,85%[①])	50~60	40~45	11	56%[②]
	硫酸(H_2SO_4,98%[①])	20~30	34~37	36	40%[②]
	铬酐(CrO_3)	—	3~4	10	50g/L
	甘油($C_3H_8O_3$)	—	—	25	—
	明胶	—	—	—	7~8g/L
	水(H_2O)	15~20	17~20	18	—
工艺条件	溶液密度/(g/cm^3)	1.64~1.75	1.65	>1.46	1.76~1.82
	温度/℃	50~60	70~80	40~80	55~65
	电流密度/(A/dm^2)	20~100	40~70	10~30	20~50
	电压/V	6~8	—	—	10~20
	时间/min	10	5~15	3~10	4~5
	适用范围	适用于奥氏体不锈钢	适用于马氏体不锈钢,也可用于镍、铝	适用于不锈钢,溶液寿命长	适用于不锈钢,溶液寿命较长,抛光质量较好

① 质量分数。

② 体积分数。

3. 铜及铜合金电抛光

铜及铜合金电抛光工艺见表 1-34。

表 1-34　铜及铜合金电抛光工艺

	工 艺 号	1	2	3	4	5	6
体积分数（%）	磷酸（H_3PO_4，85%[①]）	70	76.5	42	67	47	35
	硫酸（H_2SO_4，98%[①]）	—	—	—	10	20	—
	乳酸（$C_3H_6O_3$，88%[①]）	—	1.5	—	—	—	—
	铬酐（CrO_3）	—	—	60g/L	—	—	—
	乙醇（C_2H_5OH）	—	—	—	—	—	62
	水（H_2O）	30	22	20	30	40	—
工艺条件	密度/（g/cm^3）	1.55~1.60		1.60~1.62	—	—	—
	温度/℃	20~40	18~30	20~40	20	20	20
	电流密度/（A/dm^2）	8~25	15~50	30~50	10	10	2~7
	电压/V	—	—	—	2.0~2.2	2.0~2.2	2~5
	时间/min	20~50	5~8	1~3	15	15	10~15
	适用范围	纯铜、黄铜、铝青铜、锡青铜、磷青铜以及质量分数低于3%的铍、铁硅或钴的青铜	纯铜及多种铜合金	纯铜、黄铜	纯铜、锡的质量分数低于6%的铜合金	锡的质量分数大于6%的铜合金	铅的质量分数达3%的铜合金

① 质量分数。

4. 铝及铝合金碱性溶液电抛光

铝及铝合金碱性溶液电抛光工艺见表 1-35。

表 1-35　铝及铝合金碱性溶液电抛光工艺

	工 艺 号	1	2	3
组分浓度/（g/L）	$Na_3PO_4 \cdot 12H_2O$	130~150	—	—
	碳酸钠	350~380	—	—
	NaOH	3~5	12	12
	EDTA	—	10	25~40
工艺条件	pH	11~12		
	电压 U/V	12~25	正向15，负向10，电流换向频率1Hz	7
工艺条件	阳极电流密度/（A/dm^2）	8~12		20
	温度/℃	94~98	40	45~50
	时间/min	6~10		
	适用范围	纯铝和LT66等	—	工业纯铝

注：1. 工艺1以不锈钢板或普通钢板作为阳极。溶液须搅拌或阳极移动。

2. 工艺2、3抛光后，零件表面反射率达到约90%，铝材损耗为 0.01~0.02g/cm^2。

5. 铝及铝合金磷酸基溶液电抛光

铝及铝合金磷酸基溶液电抛光工艺见表1-36。

表 1-36　铝及铝合金磷酸基溶液电抛光工艺

	工　艺　号	1	2	3	4	5	6	7	8①
质量分数(%)	磷酸(H_3PO_4,85%②)	86~88	60	60~70	43	36	400mL	600mL	75
	硫酸(H_2SO_4,98%②)	—	—	30~50	43	36	60mL	400mL	7
	铬酐(CrO_3)	14~12	20	6~8	3	4	—	—	—
	乙二醇($C_2H_6O_2$)	—	—	—	—	—	400mL	—	—
	甘油($C_3H_8O_3$)	—	—	—	—	—	—	10mL	15
	氢氟酸(HF,40%②)	—	—	—	—	—	—	—	3
	水(H_2O)	达到密度值	20	4~7	11	24	140mL	—	—
工艺条件	密度/(g/cm^3)	1.70~1.72	—	1.65~1.70	—	—	—	—	—
	温度/℃	70~80	60~65	60~80	70~80	70~90	85~95	70~80	室温
	电流密度/(A/dm^2)	15~20	40	15~75	30~50	20~40	15~25	20~30	≥8
	电压/V	12~15	—	—	12~15	12~15	—	—	12~15
	时间/min	1~3	3	5~10	2~5	2~5	5~7	3~5	5~10
适用范围		适于纯铝、Al-Mg、Al-Mg-Si合金	适于化学成分(质量分数)为Cu3%、Mg1.5%、Ni1%、Fe1%的合金	适于纯铝、Al-Mg、Al-Mn、Al-Cu合金	适于纯铝、Al-Cu合金	适于纯铝、Al-Mg、Al-Mn合金	适于纯铝及多种铝合金	适于纯铝及多种铝合金	适于含Si的铝压铸件

① 抛光后先于室温下在质量分数为 5% 的 NaOH 溶液中浸 5min 后再水洗,以防光亮度降低。
② 质量分数。

6. 钛及钛合金电抛光

钛及钛合金电抛光工艺见表1-37。

表 1-37　钛及钛合金电抛光工艺

	工　艺　号	1	2	3	4	5	6	7	8	9
质量分数(%)	磷酸(H_3PO_4,85%①)	75~80	60~80	—	—	—	—	—	70~80g/L	—
	氢氟酸(HF,48%①)	15~20	10~15	10~18	20~25	6	20~30	10%②	170~200g/L	50~55g/L
	硫酸(H_2SO_4,98%①)	—	—	80~85	40~50	—	50~65	—	—	950~960g/L
	铬酐(CrO_3)	—	—	—	—	—	—	400g/L	450~500g/L	—
	甲醇(CH_3OH)	—	5~30	—	—	—	—	—	—	—

（续）

工　艺　号	1	2	3	4	5	6	7	8	9
质量分数（%）　氟化氢铵（NH_4HF_2）	—	—	—	—	—	—	—	—	185~190g/L
氨基磺酸（HNH_2SO_3）	—	—	—	—	—	—	—	—	65~70g/L
氟钛酸钾（K_2TiF_6）	—	—	—	—	—	—	—	—	18~20g/L
乙二醇（$C_2H_6O_2$）	—	—	—	22~28	88	—	—	—	—
乙醇胺（C_2H_7NO）	—	—	—	1~2	—	—	—	—	—
硝酸（HNO_3）	—	—	—	—	—	7~16	—	—	—
草酸钛钾	—	—	—	—	—	—	—	2.5~5	—
工艺条件　温度/℃	15~20	15~20	15~20	40~65	25~40	20~40	15~20	10~60	25~50
电流密度/（A/dm²）	50~100	50~100	50~100	100~140	8~10	80~100	20~50	20~60	40~60
电压/V	6	8~17	5~6	8~13	—	8~15	3~7	—	8~10
时间/min	—	—	—	2~3	数分钟	0.5~1	数分钟	3~5	数分钟

注：1. 工艺 2 溶液不加水，而用甲醇代之，以降低对基材的侵蚀。

　　2. 工艺 1、3、4 溶液成分含量为体积分数，余量为水。

① 质量分数。

② 体积分数。

7. 镍及镍合金电抛光

镍及镍合金电抛光工艺见表 1-38。

表 1-38　镍及镍合金电抛光工艺

工　艺　号	1	2	3	4
组分浓度/（g/L）　磷酸（H_3PO_4）	15%①	—	—	75%①
铬酐（CrO_3）	250	72~75	60	900
硫酸（H_2SO_4）	10.5%①	0.2%~0.3%①	—	—
甘油（$C_3H_8O_3$）	—	2~3	—	—
柠檬酸（$C_6H_5O_7 \cdot H_2O$）	—	—	4%①	—
柠檬酸铵［$(NH_4)_2HC_6H_5O_7$］	—	—	—	60
水（H_2O）	余量	1.8%~2.5%①	3%①	2%①
工艺条件　溶液密度/（g/dm³）	—	1.62~1.65	1.60~1.62	—
温度/℃	10~30	20~30	35~40	20~25
时间/min	1~2	1~3	1~3	1~2
阳极电流密度/（A/dm²）	30~40	30~40	30~40	15~20

注：1. 工艺 1、工艺 2 适合于镍镀层和镍基体的抛光。

　　2. 工艺 3 适合于镍基体的抛光。

　　3. 工艺 4 适合于镍和镍铁合金的抛光。

① 体积分数。

8. 通用电解液电抛光

通用电解液电抛光的工艺见表 1-39。该方法适用于多种金属同时进行电抛光，但抛光质量与专用电解液相比较差。

表 1-39　通用电解液电抛光的工艺

工艺号	电解液成分和含量		温度/℃	电流密度/(A/dm²)	电压/V	时间/min	说　明
1	磷酸（H₃PO₄）	328g/L	94	5~70	—	数分钟	不同金属的电流密度与抛光时间为
	铬酐（CrO₃）	372g/L					
	硫酸（H₂SO₄）	25g/L					
	硼酸（H₃BO₃）	8.3g/L					
	氢氟酸（HF）	33g/L					
	柠檬酸（C₆H₈O₇·H₂O）	12g/L					
	邻苯二甲酸酐（C₈H₄O₃）	4.3g/L					
2	磷酸（H₃PO₄,98%）	86%~88%	30~100	2~100	—	数分钟	可抛光钢铁、铜、黄铜、青铜、镍、铝、硬铝
	铬酐（CrO₃）	12%~14%					
3	乙醇	144mL	20	5~30	15~25	—	可用下列任一方法对铝及铝合金、钴、镍、锡、钛、锌电抛光 1）抛光1min后热水洗，如此反复数次 2）上下迅速移动阳极，持续3~6min
	三氯化铝（AlCl₃）	10g					
	氯化锌（ZnCl₂）	45g					
	丁醇（C₄H₁₀O）	16mL					
	水	32mL					
4	硝酸（HNO₃,65%）	100mL	20	100~200	40~50	0.5~1	可抛光铝、铜及铜合金、钢铁、镍及镍合金、锌。使用时应冷却，溶液有爆炸危险。若有浸蚀现象，可降低电流密度
	甲酸（CH₃OH）	200mL					

表 1-39 工艺 1 说明内部表格：

金属	电流密度/(A/dm²)	抛光时间/min
钢	17~40	2~4
铁	10~15	3.0~3.5
轻合金	12~40	2
青铜	18~24	2.0~2.5
铜	5~15	1.5
铅	30~70	6
锌	20~24	2.0~2.5
锡	7~9	1.5~3.0

注：表中百分数均为质量分数。

1.3.5　化学抛光

1. 钢铁化学抛光

钢铁化学抛光工艺见表 1-40。

表 1-40　钢铁化学抛光工艺

工　艺　号		1	2	3	4	5
组分浓度/(g/L)	硝酸（HNO₃,65%①）	130~140	—	—	—	10%②
	硫酸（H₂SO₄,98%①）	100~110	—	0.5	0~10体积份	30%②
	磷酸（H₃PO₄,85%①）	—	—	—	—	60%②
	缩合磷酸（含P₂O₅,72%~75%①）	—	—	—	90~100体积份	—
	盐酸（HCl,37%①）	50~60	—	—	—	—
	过氧化氢（H₂O₂,30%①）	—	70~80	230	—	—
	氟化氢铵（NH₄HF₂）	—	20	50	—	—
	尿素[CO(NH₂)₂]	—	20	20	—	—

（续）

工　艺　号		1	2	3	4	5
组分浓度/(g/L)	苯甲酸(C_6H_5COOH)	—	1~1.5	—	—	—
	铬酐(CrO_3)	—	—	—	—	5~10
	酸性橙黄染料	5~10	—	—	—	—
	OP-10 乳化剂	2	0.05	0.2	—	—
工艺条件	pH	—	1.1	2	—	—
	温度/℃	70~75	15~30	15~40	180~250	120~140
	时间/min	2~5	0.5~2	0.5~2	数秒至数分钟	<10
适用范围		铁素体钢	低碳钢、中碳钢		高碳钢	低碳钢、中碳钢、合金钢

① 质量分数。

② 体积分数。

2. 不锈钢化学抛光

不锈钢化学抛光工艺见表 1-41。

表 1-41　不锈钢化学抛光工艺

工　艺　号		1	2	3	4	5	6
组分浓度/(g/L)	硫酸(H_2SO_4,98%①)	100~110	—	—	—	260~270	—
	硝酸(HNO_3,65%①)	60~65	4.5%~5.5%②	132	65	70~80	—
	盐酸(HCl,37%①)	40~50	4.5%~5.5%②	60	—	30~40	—
	磷酸(H_3PO_4,85%①)	—	15%②	—	250	—	—
	草酸($H_2C_2O_4 \cdot 2H_2O$)	—	—	—	—	—	180~200
	氢氟酸(HF,40%①)	—	—	25	—	—	—
	聚乙二醇(M>6000)	—	35	—	40	—	—
	酸性橙黄染料	5~10	—	—	—	5~10	—
	OP-10 乳化剂	2~3mL/L	—	—	—	0.2%~0.3%②	0.5%~1%②
	磺基水杨酸($C_7H_6O_6S \cdot 2H_2O$)	—	3.5	—	—	—	—
	烟酸($C_6H_5O_2N$)	—	3.5~4	—	—	—	—
	六次甲基四胺($C_6H_{12}N_4$)	—	—	2	—	—	—
	三乙醇胺($C_6H_{15}NO_3$)	—	—	—	10	—	—
	苯并咪唑($C_{10}H_6N_2$)	—	—	—	3	—	—
	聚丙烯酰胺	—	—	—	—	2~10	—
	乙醇(C_2H_5OH)	—	—	—	—	—	6~10
	硫脲[$CS(NH_2)_2$]	—	—	—	—	—	10~15
工艺条件	温度/℃	70~85	90~95	<40	80~90	55~65	50~60
	时间/min	2~5	1~3	3~10	3~5	5~6	3~5
适用范围		奥氏体不锈钢		较粗糙的奥氏体不锈钢零件	表面粗糙度较低的奥氏体不锈钢零件	低含碳量铬不锈钢	抛光效果好

① 质量分数。

② 体积分数。

3. 铜及铜合金化学抛光

铜及铜合金化学抛光工艺见表 1-42。

表 1-42　铜及铜合金化学抛光工艺

<table>
<tr><td colspan="2">工 艺 号</td><td>1</td><td>2</td><td>3</td><td>4</td></tr>
<tr><td rowspan="6">组分
浓度
/(g/L)</td><td>硫酸(H_2SO_4,98%[①])</td><td>26%~28%[②]</td><td>—</td><td>—</td><td>—</td></tr>
<tr><td>硝酸(HNO_3,65%[①])</td><td>4%~5%[②]</td><td>10</td><td>6~8</td><td>6%~30%[①]</td></tr>
<tr><td>磷酸(H_3PO_4,85%[①])</td><td>—</td><td>54</td><td>40~50</td><td>70%~94%[①]</td></tr>
<tr><td>醋酸(CH_3COOH)</td><td>—</td><td>30</td><td>35~45</td><td>—</td></tr>
<tr><td>铬酐(CrO_3)</td><td>180~200</td><td>—</td><td>—</td><td>—</td></tr>
<tr><td>盐酸(HCl)</td><td>0.3%[②]</td><td>—</td><td>—</td><td>—</td></tr>
<tr><td rowspan="2">工艺
条件</td><td>温度/℃</td><td>20~40</td><td>55~65</td><td>40~60</td><td>25~45</td></tr>
<tr><td>时间/min</td><td>0.5~3</td><td>3~5</td><td>3~10</td><td>1~2</td></tr>
</table>

注：工艺 1 适用于精密部件；工艺 2 适用于铜及黄铜部件；工艺 3 适用于铜及黄铜部件，当温度降至 20℃时，可用于抛光白铜部件；工艺 4 适用于铜铁组合体。

① 质量分数。

② 体积分数。

4. 铝及铝合金磷酸基溶液化学抛光

铝及铝合金磷酸基溶液化学抛光工艺见表 1-43。

表 1-43　铝及铝合金磷酸基溶液化学抛光工艺

<table>
<tr><td colspan="2">工 艺 号</td><td>1</td><td>2</td><td>3</td><td>4</td><td>5</td><td>6</td><td>7</td></tr>
<tr><td rowspan="9">组分
浓度
/(g/L)</td><td>磷酸(H_3PO_4,85%[①])</td><td>800</td><td>805</td><td>850</td><td>700</td><td>750</td><td>500</td><td>440</td></tr>
<tr><td>硫酸(H_2SO_4,98%[①])</td><td>100</td><td>—</td><td>—</td><td>—</td><td>—</td><td>400</td><td>60</td></tr>
<tr><td>硝酸(HNO_3,65%[①])</td><td>60</td><td>35</td><td>50</td><td>100</td><td>70</td><td>100</td><td>48</td></tr>
<tr><td>醋酸(CH_3COOH)</td><td>—</td><td>—</td><td>100</td><td>—</td><td>—</td><td>—</td><td>—</td></tr>
<tr><td>氢氟酸(HF,38%[①])</td><td>—</td><td>—</td><td>—</td><td>—</td><td>40</td><td>—</td><td>—</td></tr>
<tr><td>柠檬酸($C_6H_8O_7 \cdot H_2O$)</td><td>—</td><td>—</td><td>—</td><td>200</td><td>—</td><td>—</td><td>—</td></tr>
<tr><td>硫酸铜($CuSO_4 \cdot 5H_2O$)</td><td>—</td><td>—</td><td>—</td><td>—</td><td>—</td><td>—</td><td>0.2</td></tr>
<tr><td>硫酸铵[$(NH_4)_2SO_4$]</td><td>—</td><td>—</td><td>—</td><td>—</td><td>—</td><td>—</td><td>44</td></tr>
<tr><td>尿素[$CO(NH_2)_2$]</td><td>30</td><td>—</td><td>—</td><td>—</td><td>—</td><td>—</td><td>31</td></tr>
<tr><td rowspan="2">工艺
条件</td><td>温度/℃</td><td>90~110</td><td>≈80</td><td>80~100</td><td>80~90</td><td>80~90</td><td>100~115</td><td>100~120</td></tr>
<tr><td>时间/min</td><td>1~2</td><td>0.5~5</td><td>2~5</td><td>3~5</td><td>0.5</td><td>数分钟</td><td>2~3</td></tr>
<tr><td colspan="2">适用范围</td><td colspan="5">纯铝，锌的质量分数小于 8%、铜的质量分数小于 4%的铝锰锌合金和铝铜镁合金</td><td>铝的质量分数大于 99.5%的纯铝，抛光能力差</td></tr>
</table>

① 质量分数。

5. 铝及铝合金非磷酸基溶液化学抛光

铝及铝合金非磷酸基溶液化学抛光工艺见表 1-44。

表 1-44　铝及铝合金非磷酸基溶液化学抛光工艺

工艺号		1		2		3		4	
组分浓度 /(g/L)		氢氧化钠	280	氢氧化钠	500	硝酸	130	硝酸	25~50
		硝酸钠	230	硝酸钠	300	氟化氢钠	160	氟化氢铵	60
		亚硝酸钠	170	氟化钾	30	硝酸铅	0.5	铬酐	6
		磷酸钠	110	磷酸钠	20	—		乙二醇	6
		硝酸铜	0.15	—		—		—	
工艺条件	温度/℃	130~140		110~120		45~65		93~98	
	时间/min	0.5~2.0		0.5~1.0		15~30s		4~5	

第 2 章　阳极氧化膜

2.1　概述

铝及铝合金的阳极氧化就是将工件挂在阳极上，将其浸在硫酸溶液中，在电流的作用下，基体金属表面生成一层附着性非常好的氧化膜。这层氧化膜即为氧化铝。

氧化膜是在铝的表面形成的，但用来产生氧化层的酸对膜层又有溶解作用，所以膜呈孔状结构（见图 2-1）。当氧化膜的成膜速度与溶解速度达到动态平衡时，氧化层的厚度就不会再增加。图中氧化膜孔隙晶格结构的孔径尺寸或晶格尺寸取决于溶液的组成、溶液的温度和使用的电流密度。由于这些因素的变化，产生的氧化膜也不同。例如，浓度较高的硫酸和较高的操作温度，所产生的氧化膜结构比较疏松，易于染色。反之，浓度较低的硫酸和较低的操作温度，可产生比较致密的氧化层，膜层比较坚硬，耐蚀耐磨。

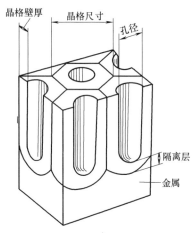

图 2-1　氧化膜的孔状结构

阳极氧化多应用于以下方面：

1. 装饰性加工

由于阳极氧化膜的多孔性，对染料有极好的吸附性能，因此可对铝材进行氧化着色。又由于氧化膜透明、坚硬的特点，对铝表面施以抛光、丝纹、砂面、刷白处理，氧化后可获得光亮、半光亮、亚光或瓷白的效果，具有极佳的装饰性能。

2. 防护性加工

在只需耐蚀的场合，采用铬酸阳极氧化，工件可获得优良的防腐耐蚀性，满足航空、航海及特殊机械工件需要。

3. 建筑用铝型材氧化

铝型材经化学精饰、硫酸阳极氧化、电解着色后，具有较好的装饰、防护性能，被广泛应用于现代豪华建筑的门、窗及室内装潢。

4. 满足特殊需要的氧化加工

采用不同的氧化工艺可获得特硬、高阻抗、高孔隙率的氧化膜，以满足耐磨、高电阻、吸油润滑等特殊工件要求。

阳极氧化是在金属和合金上产生一层厚而且稳定的氧化物膜层的电解工艺。这种膜层可用于提高油漆在金属上的附着力，作为染色的前提条件或作为一种钝化处理。为了获得耐磨和耐蚀膜层，必须对阳极氧化膜进行封孔。这可以通过水合碱性金属物沉积进入孔隙来密封多孔的氧化物膜层。还可通过在热水中煮沸、蒸汽处理、重铬酸盐封孔和油漆封孔等来完成。阳极氧化膜层不适合于单独作为铸造镁合金最终使用的表面处理膜层，但是，它们能为腐蚀保护体系提供极好的油漆基底。

将铝及铝合金置于适当的电解液中作为阳极进行通电处理，此处理过程称为阳极氧化。经过阳极氧化，铝表面能生成厚度为几微米至几百微米的氧化膜。这层氧化膜的表面是多孔蜂窝状的，比起铝合金的天然氧化膜，其耐蚀性、耐磨性和装饰性都有明显的改善和提高。采用不同的电解液和工艺，就能得到不同性质的阳极氧化膜。

2.2　阳极氧化原理

铝及铝合金在阳极氧化过程中作为阳极，阴极只起导电和析氢作用。当铝合金的合金元素或杂质元素溶于电解液后，有可能在阴极上还原析出。常见的电解液为酸性，一般主要成分为含氧酸。进行阳极氧化时，阳极的电极反应是水放电析出原子氧，原子氧有很强的氧化能力，它与阳极上的铝作用生成氧化物，并放出大量热。

$$H_2O-2e^- \Longrightarrow [O]+2H^+$$
$$2Al+3[O] \Longrightarrow Al_2O_3$$

同时，金属铝和电解液的酸反应，产生氢气，氧化铝在酸中溶解。

$$2Al+6H^+ \Longrightarrow 2Al^{3+}+3H_2\uparrow$$
$$Al_2O_3+6H^+ \Longrightarrow 2Al^{3+}+3H_2O$$

氧化铝的生成与溶解是同时进行的，如果有足够长的时间，生成的氧化铝可以完全溶于电解液中，氧化膜是阳极表面来不及溶解的氧化铝，只有当氧化铝的生成速度大于溶解速度时，膜才能增厚。

氧化膜的成长过程包含两个相辅相成的方面，膜的电化学生成过程与膜的化学溶解过程，两者缺一不可。并且，膜的生成速度必须大于膜的溶解速度，才能获得足够厚度的氧化膜。但究竟是氧离子迁移通过阻挡层到达基体进行反应，还是铝离子迁移通过阻挡层到达膜层-溶液界面进行反应呢？过去，许多学者认为，膜的成长发生在阻挡层-基体界面处，即认为迁移通过阻挡层的是氧离子。1988年，徐源、Thompson 及 Wood 用透射电镜、标记原子及等离子发射光谱定量分析等技术研究了铝阳极氧化膜生长过程中的离子迁移分数及其对膜形态的影响，发现膜层形成过程中铝离子和氧离子沿相反方向漂移穿过膜层，在同一电解质溶液中铝离子的真实迁移分数基本恒定。

在 200g/L 的 H_2SO_4 溶液中，阳极电流密度 D_A 为 $1A/cm^2$，22℃ 时测出

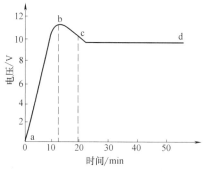

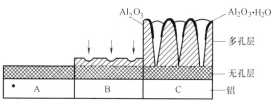

图 2-2　阳极氧化特性曲线与氧化膜生长示意图

的电解电压与时间的关系曲线，即阳极氧化特性曲线，如图 2-2 所示。利用该曲线，可以对氧化膜的生长规律进一步说明。

1）曲线 ab 段。在通电后数秒内，电压急剧上升，这是因为在工件表面形成连续、无孔的氧化铝膜。无孔膜电阻大，阻碍反应进行，此时膜层厚度主要取决于外加电压的高低。电压越高，厚度越大，在一般氧化工艺中采用 13 ~ 18V 的槽电压时，膜厚度为 0.01 ~ 0.015μm，其硬度也比多孔层高。

2）曲线 bc 段。电压上升达到的最大值 b 主要取决于电解液的性质和温度，溶解作用越大，电压峰值就越低。电压达到最高值后，开始下降，一般可比最高值下降 10% ~ 15%。这是因为膜层局部被溶解或被击穿，产生了孔穴，氧化膜的电阻下降，电压随之下降，使反应继续进行。

3）曲线 cd 段。电压下降到 c 点后，不再继续下降，趋于平稳，不再变化。氧化膜的生成和溶解速度在一个基本恒定的比值下进行，膜层孔穴的底部向金属内部移动。随着时间的延长，孔穴加深变成孔隙，孔隙之间膜层加厚，成为孔壁，孔壁与电解液接触部分氧化膜不仅被溶解，而且被水化成为 $Al_2O_3 \cdot H_2O$ 氧化膜，变成导电的多孔层结构，厚度达几十到 100μm，有时甚至更高。当膜的化学溶解速率（随表面多孔膜的暴露面积增大而增加）等于膜的生成速率（随膜的电阻增加和副反应的效应而降低）时，膜层便达到一定的极限厚度而不再增加。极限厚度与溶液成分及操作条件有关，比如加大电流密度，平衡将会打破。徐源等人通过研究还首次提出了极限电流密度的概念，即当电流密度大于极限电流密度时，形成壁垒型膜（或称阻挡型膜）。只有当电流密度小于极限电流密度时，形成的才是多孔膜。

2.3 阳极氧化膜表面要求

阳极氧化膜应该均匀地覆盖全部工件表面，无擦伤及其他无规则的损害，除了电连接点以外，膜层无缺损处。对于相同的合金来说，同一槽处理的工件，以及不同槽相同工艺处理的工件，其膜层的性质和颜色要基本一致。不同的镁合金可以是不同的颜色。

经过阳极氧化处理，随着氧化膜的生成，工件的尺寸是增加的。各种阳极氧化膜的典型厚度和变化范围见表 2-1。当氧化膜的厚度超出表中的氧化膜厚度时，并没有更大的优点。

表 2-1 阳极氧化每面增加的尺寸

阳极氧化类型	每面增加的尺寸/μm	
	范围	典型值
类型Ⅰ，种类 A	2.5 ~ 7.6	5.1
类型Ⅰ，种类 C	2.5 ~ 12.7	7.6
类型Ⅱ，种类 A	33 ~ 73	38
类型Ⅱ，种类 D	23 ~ 41	30

注：典型值是用 AZ31B 镁合金测定的。

如果工件的尺寸是可变的或形状不规则，氧化膜的厚度不便测量。也可以用测量膜重的方法确定阳极氧化膜的质量，这时先应该用各种合金的标准试片做出膜重与膜厚的关系曲线，然后找出工件不同膜重下对应的膜厚。

2.4 阳极氧化工艺

阳极氧化处理的工艺流程如下：

工件→机械抛光→水洗→化学脱脂→水洗→酸洗除膜→水洗→电解抛光→水洗→弱活化→水洗→阳极氧化→水洗→硬化处理→水洗→封闭→水洗→干燥→检验。

阳极氧化所得的膜层结构较疏松，硬度不高，耐磨性及耐蚀性都不够高。可以通过钝化处理（封闭处理）进一步提高膜层的硬度，增强其耐磨性及耐蚀性。封闭处理有化学加温封闭处理、电解封闭处理及有机涂料处理等。

（1）化学加温封闭处理 阳极氧化膜加温化学封闭工艺见表 2-2。

表 2-2 阳极氧化膜加温化学封闭工艺

溶液配方及工艺	参数	溶液配方及工艺	参数
重铬酸钾（$K_2Cr_2O_7$）	15g/L	溶液温度	65~80℃
氢氧化钠（NaOH）	3g/L	封闭时间	2~3min
溶液 pH	6.5~7.5		

（2）电解封闭处理 阳极氧化膜电解封闭工艺见表 2-3。

表 2-3 电解封闭工艺 （单位：g/L）

溶液成分及工艺条件	1	2	3
铬酐（CrO_3）	230~270	240~260	200~300
硫酸（H_2SO_4）	2~3	—	—
磷酸（H_3PO_4）	—	2.5~2.6	—
二氧化硒（SeO_2）	—	—	2~3
阳极电流密度/（A/dm^2）	0.2~0.3	0.2~0.4	0.3~0.5
阴极材料	铅,不锈钢	铅,不锈钢	铅,不锈钢
溶液温度/℃	30~40	35~40	40~50
通电时间/min	3~6	3~5	5~6

2.5 阳极氧化设备

1. 槽

铬酸法一般采用软钢或合金钢槽，其他溶液通常采用衬铅的钢或不锈钢槽。槽子必须容易排水，并应向出口处倾斜以便排水和清洗。如槽壁作为阴极，工件与槽壁及槽底间必须保持足够的距离。过滤设备也有此装置。

2. 温度控制系统

温度控制在阳极氧化中最为重要，溶液温度的变化应保持在±20℃以内。通常溶液必须冷却，即使操作温度高于室温，由于氧化膜的电阻大，仍可能产生局部高温。一般用冷水在冷却管中循环冷却已经足够，但在硬阳极氧化时通常需制冷系统。在一般阳极氧化中，如果有良好的搅拌设备且槽子又小，可采用流动冷水的水套。如用冷却管，它们必须用铅制造，且应沿槽壁安放装置而不能直接放在槽底。

槽子也可在同样情况下加热，即用热水或蒸汽在槽内通过旋管或水套加热。如有可能，采用自动温度控制比较适宜。

3. 搅拌和排气系统

电解液通常采用空气搅拌，这与电镀中的情况一样，且所用空气必须纯净（除去油等）。此外可采用移动阳极棒的机械搅拌法。

与电镀铬中所用的装置相似，铬酸和硫酸溶液都需装上排气设备，对于铬酸槽液所需的排除装置，有相关法律规定。

4. 阴极

槽壁时常用作阴极，可是这种方法会造成槽壁腐蚀，因而并不介绍使用。而且，某些影响电解液寿命的重要电解反应，往往需要阳极-阴极间维持适当的面积比例。大槽需要用多个分开的阴极，这样还可以使槽子更加容易清洁。在实际使用硫酸槽时，如以槽壁作为阴极，会有穿孔危险。

阴极材料在铬酸溶液中都采用不锈钢，在硫酸溶液中则采用铅，在草酸溶液中采用碳、铅、铁或钢。当然，在交流法中不需要阴极，工件都作为电极，并轮流变成阴极和阳极，交替地被阳极氧化。

5. 溶液的控制

一般认为下列几个因素可用于阳极氧化溶液的常规控制：

1）蒸发损失。

2）水雾损失。

3）工件取出时所引起的损失。

4）由于溶解的铝和杂质与溶液发生中和的损失。

5）由于电解反应（阴极和阳极的）的损失，以及由于污物引起的化学副反应的损失，带入清洗溶液等。

槽的控制与电镀中的相似，它包括：恢复槽内原来液面，补充蒸发所引起的损失，测定 pH 或对溶液中的含酸量进行定量分析，测定含铬量和氯化物、有机杂质等。除了溶液的控制外，可以在阳极氧化过的工件上进行物理和机械试验，这包括膜的厚度、孔隙度、耐蚀性和耐磨性、柔韧性、反射率等的控制。这些试验和阳极氧化溶液的分析方法将在以后叙述，且它们彼此间经常要互相补充，因所需的特有性质多少取决于其余的槽液成分和操作条件。

所有的槽子、管道、阀门、泵等其他有可能接触槽液的设备，都应该采取表 2-4 规定的材料或结构方式。

表 2-4　槽子等设备的材料要求

分类		可以使用材料	不宜使用材料
类型Ⅰ，种类 A 和类型Ⅱ，种类 A 工艺	阳极氧化槽 阀 氟化氢盐-重铬酸盐槽 夹具 导电杆	黑铁 黑铁或纯铜 槽子衬聚乙烯或类似的惰性材料 镁或镁合金 纯铜	镀锌铁、黄铜 青铜、锡、锌 橡胶、所有易氧化的材料
类型Ⅰ，种类 C 和类型Ⅱ，种类 D 工艺	槽子 挂具	未衬钢槽或衬人造橡胶、乙烯基材料槽 镁、镁合金或 5052、5056 铝合金	纯铜、镍、铅、铬、锌、铝、蒙乃尔铜-镍合金

（1）处理槽　每一个工件在处理期间必须单独悬挂，不允许互相接触。工件到槽壁的距离不能小于 51mm。

（2）加热和冷却设备　为了保证阳极氧化处理时，温度在规定的范围之内并保持恒定，需要安装加热和冷却设备，可以用泵将槽液抽出，在槽外用热交换器将槽液温度调整到额定值，然后再循环回到槽中，也可以在槽中安装蛇形管通冷水、热水、蒸汽、制冷剂等一切可以用来加热或冷却的介质。

（3）运动工件的润滑　润滑油、润滑脂等润滑剂不能用于阀、泵及其他运动工件的润滑。因为这些润滑剂会污染槽液，或导致槽液化学成分的改变。

（4）挂具　阳极氧化处理的挂具应该使用表 2-4 规定的材料，挂具的溶液-空气界面部分必须用聚氯乙烯绝缘带缠绕，防止挂具腐蚀、烧断。镁合金挂具重复使用时，必须用质量分数为 20% 的铬酸溶液脱膜处理。如果使用前用锉除去挂具触点的氧化膜，则可以不进行脱膜处理。如果使用铝制挂具，通常不用清理触点。

2.6　氟化物阳极氧化

氟化物阳极氧化处理，本质上是一个阳极氧化处理，然后用后处理工艺将阳极氧化膜腐蚀脱去，再做转化膜处理，以获得保护作用。氟化物阳极氧化和脱膜工艺，可以用于所有镁合金和所有的加工形式。工艺中的阳极氧化处理适用于除去合金喷砂、抛丸清理后表面留下的铸造砂，阳极氧化处理还可以除去工件表面的杂质。采用氟化物阳极氧化处理时，喷砂、抛丸清理后的酸性腐蚀可以省去。

要进行阳极氧化处理的工件不需要采用常规的方法清洗，铸件表面疏松的砂粒可以用敲击和刷的方法将其除去。工件浸入阳极氧化处理溶液前，必须用有机溶剂除去厚的油脂层。镁合金必须悬挂在阳极氧化溶液中处理。工件要成对固定在槽中，分别与电源两极连好，并与槽子绝缘。工件悬挂深度不少于 23cm，连接工件两极排列的面积要大致相等。所有浸入槽液液面下的夹具必须采用镁合金制造，如 AZ31、AZ63A、AZ91 或 EZ33A。因为膜层在相对高的电压中形成，同时溶液具有极好的极化特性，所以溶液在阳极氧化成膜期间具有强烈的清洁镁表面的作用，进一步除去镁合金表面微量的外来物质、石墨、腐蚀产物和其他非金属膜。保持良好的电连接是这一步操作的关键。为了维持一定的电流密度，处理电压要不断提高，电压一直上升到极限值（120V），然后保持在最高电压，直到阳极氧化处理完成。开始时电流很大，但随着镁合金表面杂质的除去和该区域形成的氟化镁膜层的破裂，电流迅速下降，这时可以认定处理已经完成。如果处理的电流已经达到额定值，保持电压直到处理时间达到 10~15min，或电流下降到低于 $0.5A/dm^2$，然后将工件取出，用流动热水洗，吹热风快速干燥。

阳极氧化处理产生厚度低于 $2.5\mu m$ 的薄氟化镁膜层。膜的厚度本身不能测量，但工件接近尺寸极限时，处理会导致不可预计的尺寸误差，引起装配困难。这种氟化物膜，将在后续工艺或其他铬酸盐处理中脱去。

2.6.1　氟化物阳极氧化处理工艺

氟化物阳极氧化工艺见表 2-5。

表 2-5　氟化物阳极氧化工艺

溶液	组成		时间/min	温度/℃	最小电流密度/（A/dm²）	电压/V	槽子材料
	材料	含量					
阳极氧化	酸性氟化铵（NH_4HF_2）	143~285g/L	10~15	16~30	0.5	0~120（AC）	钢、陶瓷衬橡胶或衬乙烯基材料
铬酸	铬酐（CrO_3）	71~143g/L	1~15	88~99			衬铅钢槽、不锈钢，1100 铝
重铬酸盐-硝酸	重铬酸钠（$Na_2Cr_2O_7 \cdot 2H_2O$）硝酸（$\rho=1.42g/cm^3$）	71~143g/L 19.9%~25%[①]	2~30	16~32			钢、陶瓷衬人造橡胶或衬乙烯基材料
重铬酸盐	重铬酸钠（$Na_2Cr_2O_7 \cdot 2H_2O$）	97.5~112.5	40~60	沸腾			钢

注：重铬酸盐-硝酸处理的时间应足够腐蚀工件表面 50.8μm 的深度。

① 体积分数。

2.6.2　氟化物阳极氧化后处理

（1）铬酸溶液腐蚀　工件用氟化物阳极氧化处理之后，应在铬酸腐蚀溶液中煮沸 1~15min，脱去工件表面的氟化镁膜层，然后用流动冷水清洗。

（2）重铬酸盐处理　经过脱膜和清洗的工件应该浸入酸性氟化物溶液，在室温下处理 5min。工件经过清洗后，浸入沸腾的重铬酸盐溶液中处理 30min。经过这样处理，工件应该用流动冷水清洗、浸热水、沥干或用热空气干燥。

镁合金阳极氧化产生的氟化物膜，不能直接进行常温重铬酸盐溶液处理。这是因为常温下，镁合金的氟化物膜被铬酸盐膜取代非常缓慢。只有氟化物阳极氧化膜已用沸腾的铬酸溶液除去，才能进行重铬酸盐溶液处理。在铬酸处理之后，被取代的氟化物阳极氧化膜表面会留下细微触摸不到的粉状物或污迹。这不会影响最后有机涂层与基体的结合力。如果太严重，它也可以用软布擦去。最佳的处理是重铬酸盐转化膜取代所有氟化物膜，这是由于疏松的氟化物膜会被其表面吸附的潮气腐蚀。

2.6.3　氟化物阳极氧化处理的常见故障及解决方法

1）在处理过程中，如果电流总是趋于下降，并下降到低于额定值，即使电压达到 120V也这样，应该检查溶液浓度是否太低，是否镶嵌、铆接或附加有其他金属材料，槽液液面下的挂具是否是镁合金，或其合金牌号是否正确，或工件是否严重污染。在极少的情况下，它可能是工件进行过太猛烈的喷丸处理或铸件还含有部分焊剂造成的。在最后的污染物、铁件除去以后，阳极氧化处理电流应该可以恢复到正常值。

2）铸件处理时间太短，膜层发白或呈浅灰色，工件表面有些区域还没有发生反应。

3）槽液如果连续使用，在每一批次处理完之后，必须用木质的或塑料的棍棒搅拌，使槽液上层与下层混合均匀。这是因为槽液上层消耗较小，并且温度较高。槽液也可以采用更有利的空气连续搅拌。空气连续搅拌时空气流量不能太大，否则会产生大的电解电流，导致发热量增加，槽液循环不需要过于猛烈。

4）合金铸造后，表面不可能完全不含有铸造型砂，有型砂的部分一般更黑。如果铸件阳极氧化处理后,表面一些区域还有铸造型砂或污染物,可以用金属丝或硬毛刷等将其除去,然后再进行短时间的氟化物阳极氧化处理。

5) 较厚的膜层,说明溶液引入了氟离子以外的酸根。不能将外来物质、有机物、盐或其他酸根引入槽液中。工件如果发生点蚀,说明槽液中可能含有氧离子。

6) 工件涂装以后,一般不能进行阳极氧化处理,除非已将涂层大部分除去。有机涂层在处理过程中会与槽液反应而软化,镍和铜的电镀层会在阳极氧化过程中被除去。除非采用了预防措施,否则这些杂质的引入会导致槽液效能的下降或丧失。

7) 阳极氧化处理后,如果工件有腐蚀,说明槽液温度太高,工作电压可能太高或槽液中氟化氢铵的含量太低。氟化氢铵的含量不能低于正常值的10%,更高的含量虽然无害,但会造成浪费。

8) 如果电压太低或处理时间太短,将得到非常薄的半透明膜层。在机械加工面或锻件的表面,这样薄的膜层可以接受。

9) 有空腔或凹角的工件,凹陷处聚积气体会使局部发黑。在这种情况下,要将工件翻转几次,确保槽液充满工件的所有空腔或凹角。

2.7　瓷质阳极氧化

瓷质阳极氧化是合金在草酸、柠檬酸和硼酸的钛盐、锆盐或钍盐溶液中阳极氧化,溶液中盐类金属的氢氧化物进入氧化膜孔隙中,从而使制品表面呈现出与不透明而致密的搪瓷或具有特殊光泽的塑料相似的外观处理过程。瓷质阳极氧化工艺及膜层性能见表 2-6。

表 2-6　瓷质阳极氧化工艺及膜层性能

方法	溶液组成/(g/L)	温度 /℃	电流密度 /(A/dm²)	直流电压 /V	处理时间 /min	氧化膜性能		
						膜厚 /μm	颜色	显微硬度 /MPa
1	草酸钛钾 $TiO(KC_2O_4)_2 \cdot 2H_2O$　　40 硼酸 H_3BO_3　　8 草酸 $C_2H_2O_4$　　1.2 柠檬酸 $C_6H_8O_7 \cdot H_2O$　　1	55~60	开始 3 ↓ 终了 1	115~125	30~40	10~16	灰色	4000~5000
2	铬酐 CrO_3　　30 硼酸 H_3BO_3　　2	45~50	0.3~1	60~115	40~60	11~15	灰色	4000~5000
3	硫酸锆 $Zr(SO_4)_2 \cdot 4H_2O$ 按氧化锆计　　5% 硫酸 H_2SO_4(1840kg/m³)　　75%	34~36	1.5~2.0	16~20	40~60	15~25	白色	400~4500
4	铬酐 CrO_3　　30 草酸 $C_2H_2O_4 \cdot 2H_2O$　　0.5~1.0 柠檬酸 $C_6H_8O_7 \cdot H_2O$　　3 硼酸 H_3BO_3　　1.5~2.0	45~60	1.0~2.0	120	60	12~20	暗灰	4500~5000
5	铬酐 CrO_3　　100	40~45	1~1.2	30	30	—	—	—

注:1. 方法 2 溶液配制是先将钛盐溶解在 50~60℃纯水中,后加其他的材料。
　　2. 方法 3 制品浸入及取出是带电进行。

　　瓷质阳极氧化处理工艺流程与常规硫酸阳极氧化基本上一致，不同的是瓷质阳极氧化是在高的直流电压（115~125V）和较高的溶液温度（50~60℃）、电解液经常搅拌、经调节pH使之处于1.6~2范围内的条件下进行的。

2.8　钢铁的阳极氧化

2.8.1　概述

　　钢铁是目前世界上用量最大、用途最广的金属材料。由于钢铁的电位负、化学性能活泼，很容易和氧结合生成氧化物，所以钢铁材料制成的各种产品很容易在各种工作环境中遭到腐蚀。因此，绝大多数的钢铁产品都必须进行各种防护处理。而主要的防护方法是采用表面覆盖层遮盖表面，其中有金属覆盖层、电镀、化学镀、衬镀、浸镀、喷涂等。

　　非金属覆盖则主要是各种有机涂料。虽然钢铁容易氧化，但生成的氧化膜质量很差，耐磨性、耐蚀性也不好。因此利用转化膜作为钢铁防护方法的制品不多，尤其是应用阳极氧化法更少，但如特殊需要也可进行阳极化处理，以满足钢铁类产品的多样化要求。

2.8.2　钢铁工件的阳极氧化工艺流程

　　钢铁工件的阳极氧化工艺流程如下：

　　钢铁工件→抛光→脱脂→清洗→酸活化→清洗→中和→清洗→阳极氧化→水洗→干燥→涂油（或蜡）→检验。

2.8.3　钢铁工件的阳极氧化预处理

　　阳极氧化预处理如下：

　　1）钢铁工件的表面抛光。经过机械加工或整平的工件，如果其表面仍未达到技术要求的表面粗糙度时，可以用机械抛光、化学抛光甚至电解抛光等方法，使表面达到设计要求的程度。

　　2）脱脂。钢铁工件经过机械加工及机械抛光后，表面上黏附有各种油污必须清除干净。油污厚重的应先用有机溶剂脱脂，再用化学脱脂；若表面油污较少，可以直接用化学脱脂或电解脱脂。化学脱脂工艺见表2-7。

表2-7　化学脱脂工艺

溶液配方及工艺	变化范围	溶液配方及工艺	变化范围
硅酸钠（Na_2SiO_3）	3~10g/L	磷酸钠（$Na_3PO_4 \cdot 12H_2O$）	20~60g/L
碳酸钠（$Na_2CO_3 \cdot 10H_2O$）	20~60g/L	溶解温度	60~85℃
氢氧化钠（NaOH）	10~60g/L	脱脂时间	5~25min

　　3）酸活化。钢铁工件表面有氧化皮或锈迹时，要用酸活化，以便除掉表面的氧化物。活化的方法可以采用化学活化，也可以用电解活化，有氢脆危险的工件不能采用酸活化或阴极电解活化，最好用吹砂的方法除氧化皮、除锈。酸活化的溶液通常为80~150mL/L的硫酸或盐酸，在室温下浸泡1~5min，除去氧化皮为止。

　　4）碱液中和。酸活化后水洗干净，但可能还有极少量的酸残留在表面，因此还必须进行中和处理。中和是在含 30~100g/L 碳酸钠的稀碱溶液中浸渍 5~10s，然后用水清洗干净，并进入阳极氧化槽中，通电进行处理。

2.8.4　钢铁阳极氧化处理

钢铁阳极氧化工艺见表 2-8。

表 2-8　钢铁阳极氧化工艺

溶液配方及工艺	数值或变化范围	溶液配方及工艺	数值或变化范围
氢氧化钠（NaOH）	37.5g/L	电流密度	0.2A/dm²
亚砷酸（H₃AsO₃）	37.5g/L	氧化时间	2~4min
氰化钠（NaCN）	7.5g/L	膜层颜色	蓝色

2.8.5　钢铁在铜盐电解液中的阳极氧化

（1）阳极氧化工艺流程　钢铁在铜盐电解液中阳极氧化，所得到的氧化膜不但耐蚀，还可以根据不同的工艺得到不同颜色的膜层，使钢铁产品具有很好的装饰效果。

其阳极氧化工艺流程如下：

钢铁工件→脱脂→热水洗→冷水洗→酸活化→水洗→电解抛光→水洗→弱活化→水洗→阳极氧化→水洗→干燥→检验。

（2）阳极氧化预处理　阳极氧化预处理工艺如下：

1）脱脂。脱脂要彻底，油污厚重的应先用有机溶剂脱脂，再用化学脱脂；表面油污较少的，可以直接用化学脱脂或电解脱脂。具体根据表面的油污附着情况，采用有效的方法。

2）酸洗除锈。钢铁表面很容易生锈，一般都有氧化膜或新旧锈迹，因此要用酸液除锈，可以根据表面的锈层厚度选择酸的浓度及处理时间，一般的表面锈可在室温下用 8%~20%（体积分数）的硫酸或盐酸浸 1~5min 即可。

3）电解抛光。表面抛光可用机械抛光、化学抛光及电解抛光等方法。为了得到光滑均匀的膜层，应采用电解抛光。电解抛光工艺见表 2-9。

表 2-9　电解抛光工艺

溶液配方及工艺	数值或变化范围	溶液配方及工艺	数值或变化范围
硫酸（H₂SO₄，98%①）	10%~20%①	电流密度	15~90A/dm²
磷酸（H₃PO₄，85%①）	60%~65%①	处理时间	8~15min
水（H₂O）	余量		

① 质量分数。

（3）阳极氧化溶液配方及工艺　钢铁在铜盐电解液中的阳极氧化工艺见表 2-10。

表 2-10　钢铁在铜盐电解液中的阳极氧化工艺

溶液配方及工艺	数值或变化范围	溶液配方及工艺	数值或变化范围
硫酸铜（CuSO₄·5H₂O）	0.15mol/L	溶液 pH	13~13.5
络合剂	0.45mol/L	电流密度	10~20A/dm²
稳定剂	1.5mol/L	溶液温度	20~30℃
处理时间	根据需要而定		

（4）影响氧化膜层质量的主要因素　影响氧化膜层质量的主要因素如下：

1）处理时间的影响。同一种电解液在 pH 相同，溶液温度为室温，电流密度为 $10A/dm^2$ 的操作条件下，阳极氧化的时间不同，得到的膜层颜色也不同。时间由短至长，所出现的膜层色泽依次为紫红、紫蓝、蓝、黄绿、黄、橙黄。因此，根据需要选择处理时间，可以得到需要色泽的氧化膜。

2）溶液 pH 的影响。当溶液为室温，电流密度为 $10A/dm^2$ 的情况下，溶液的 pH 不同所得膜层的色泽也不同。pH<12 时，膜层无色；pH≈12 时，可以得到棕黑色；pH=12.5 时，可以得到多种颜色的膜，但色泽不均匀；pH=13 时才能得到色泽均匀的膜层。

2.9　不锈钢的阳极氧化

2.9.1　概述

不锈钢是由铁、铬、镍、钛等金属元素组成的，其表面很容易生成一层薄的氧化膜。这层膜随着所含的合金元素量不同，加工工艺不同，以及时间的长短不同，其厚度也不同。这层氧化膜具有一定的耐蚀性、耐磨性和谐调的色泽，使其在工艺上用途很广。

近年来随着人民生活水平的提高，生活用品及建筑采用不锈钢的越来越多。但是不锈钢也并非完全耐蚀，在一般的大气条件下和含氧介质中比较耐蚀，但在特殊的环境介质中也会遭受侵蚀。不锈钢表面的自然膜有一定的防护能力，但由于膜层太薄，在加工及搬运过程中很容易被破坏，反而加速本体金属的腐蚀。

为了提高不锈钢制品的耐蚀性和装饰性，可以对其进行化学转化膜处理和阳极氧化处理，使其表面生成致密、厚度均匀而有一定色泽的膜层。

2.9.2　不锈钢阳极氧化工艺流程

不锈钢阳极氧化处理的工艺流程如下：

不锈钢工件→机械抛光→水洗→化学脱脂→水洗→酸洗除膜→水洗→电解抛光→水洗→弱活化→水洗→阳极氧化→水洗→硬化处理→水洗→封闭→水洗→干燥→检验。

2.9.3　不锈钢阳极氧化预处理

（1）化学脱脂　不锈钢工件经机械加工、机械抛光后，表面残留有油脂，如果油污严重，可以先用有机溶剂浸洗除去大部分的油脂；如附着的油脂较少，或经溶剂初步脱脂后，可用化学碱液浸泡脱脂。碱液脱脂工艺见表 2-11。

表 2-11　碱液脱脂工艺

溶液配方及工艺	数值或变化范围	溶液配方及工艺	数值或变化范围
氢氧化钠（NaOH）	20~50g/L	硅酸钠（Na_2SiO_3）	15~45g/L
碳酸钠（Na_2CO_3）	20~40g/L	脱脂温度	40~50℃
磷酸钠（$Na_3PO_4 \cdot 12H_2O$）	50~70g/L	处理时间	油污除尽为止

（2）酸洗除膜　酸洗除膜介绍如下：

1）普通不锈钢薄膜的清除。普通不锈钢工件在氧化膜比较薄的情况下，可用表 2-12 所示的不锈钢氧化膜清除工艺除膜。

表 2-12　不锈钢氧化膜清除工艺

化学成分及工艺条件	1	2	3	4
浓硝酸	$200 \sim 250 g/L$	$100 g/L$	4%（质量分数）	—
浓盐酸	—	—	36%（质量分数）	—
柠檬酸钠	—	—	—	10%（质量分数）
氯化钠	$15 \sim 25 g/L$	—	—	—
氟化钠	$15 \sim 25 g/L$	$4 g/L$	—	—
溶液温度/℃	室温	$60 \sim 70$	$35 \sim 40$	$30 \sim 50$
除膜时间/min	$15 \sim 90$	除尽为止	$3 \sim 6$	$3 \sim 10$
适用范围	普通不锈钢	普通不锈钢	热处理后的氧化膜	不锈钢产品存放期的膜

2）厚氧化膜的清除。不锈钢表面氧化膜较厚的情况下，可以先进行预浸泡处理，然后再用酸浸泡去除氧化膜。预浸泡主要是先把氧化膜浸松，既可以用碱液，也可以用酸液进行。

对膜层更厚、更难清除的不锈钢氧化皮，可以先用碱液浸煮，使氧化皮松动，然后再用酸洗进一步清除。碱液的组成为 60%～70%氢氧化钠、25%～35%硝酸钠和 5%氯化钠。工件在 450～500℃的碱液中处理 8～25min，使铬的氧化物与碱发生反应，成为易溶于水的铬酸钠。其反应如下：

$$Cr_2O_3 + 2NaOH === 2NaCrO_2 + H_2O$$

$$2NaCrO_2 + 3NaNO_3 + 2NaOH === 2Na_2CrO_4 + 3NaNO_2 + H_2O$$

从反应式中可以看到，生成的亚铬酸钠与硝酸钠作用时生成易溶于水的铬酸钠。而铁的氧化物和尖晶石型氧化物，可与碱液中的硝酸盐作用，使铁的氧化物结构发生改变，变成疏松的 Fe_2O_3，容易在酸液中除去。其反应如下：

$$2FeO + NaNO_3 === Fe_2O_3 + NaNO_2$$

$$2Fe_3O_4 + NaNO_3 === 3Fe_2O_3 + NaNO_2$$

$$2(FeO \cdot Cr_2O_3) + NaNO_3 === Fe_2O_3 + 2Cr_2O_3 + NaNO_2$$

不锈钢的氧化皮在碱液处理过程中，部分溶解、松动后剥落，并以沉渣的形式沉入槽底。部分未脱落的氧化皮可用 10%～18%盐酸、15%硝酸钠及 2.5%氯化钠水溶液活化直至清除干净。

若用 2%硫酸、15%硝酸钠及 2.5%氯化钠混合水溶液活化也可以取得同样的除膜效果，但温度要在 70～80℃，浸渍时间 3～5min。对于 12Cr13、12Cr17 等不锈钢的处理，溶液温度以 50～60℃为宜。

厚的不锈钢氧化膜，先用体积比为 6～8 份硫酸、2～4 份盐酸、100 份水的混合酸液进行预浸泡，使氧化膜变得疏松易脱。然后再用体积比为 20 份盐酸、5 份硝酸、5 份磷酸、70 份水的混合酸溶液进行酸洗浸洗。这样可以直接得到有光泽的不锈钢裸露面。

3）常温无毒害不锈钢氧化膜的清除。一些传统的清除不锈钢氧化膜的配方及工艺多是采用硝酸、氢氟酸、铬酸、亚硝酸等有毒有害化学剂。除膜后的废液不好处理，设备腐蚀严重，要采取有效的防护措施。利用下述的无毒害常温清除剂可避免这类问题。常温无毒害不锈钢氧化膜清除工艺见表 2-13。

表 2-13　常温无毒害不锈钢氧化膜清除工艺

溶液配方及工艺	数值或变化范围	溶液配方及工艺	数值或变化范围
硫酸(H_2SO_4)	19%~24%(体积分数)	乌洛托品[$(CH_2)_6N_4$]	适量
盐酸(HCl)	28%~33%(体积分数)	溶液温度	20~35℃
双氧水(H_2O_2)	23%~28%(体积分数)	处理时间	除尽为止
乙醇(C_2H_5OH)	11%~13%(体积分数)		

4)电解法清除氧化膜。除了用化学溶液活化清除不锈钢表面的氧化膜之外,也可以用电解法处理。特别是当化学除锈、机械喷射及机械抛磨等方法都不能完全清除氧化膜的情况下,选用电解法可以解决问题。电解法使用的电解液成分比较简单,主要依靠析出的气体强化除膜作用。电解法除膜工艺见表 2-14。

表 2-14　电解法除膜工艺

化学成分及含量	1	2	3
硫酸(H_2SO_4)	10%[1]	2~3g/L	40%[2]
磷酸(H_3PO_4)	80%[1]	—	48%[2]
硫酸钙(含铬)	100g/L	200~250g/L	—
非离子型表面活性剂	—	—	1%[2]
复合添加剂	—	—	0.2%[2]
水(H_2O)	10%[1]	余量	余量
溶液温度/℃	70~75	30~50	50~80
阳极电流密度/(A/dm^2)	70~75	40~50	40~100
电压/V	—	—	12~14
阴极材料	铅板	铅板	铅板
时间/min	5~10	3~10	1~3
适用范围	普通不锈钢	奥氏体不锈钢	不锈钢表面带油及氧化膜

① 体积分数。
② 质量分数。

(3)电解抛光　不锈钢表面经过各种方法清除旧氧化膜后,可检查其表面粗糙度是否达到要求。如果不够光亮平滑,可以进行电解抛光。采用磷酸-硫酸型混合液进行电解抛光,可获得平整光亮的表面。电解抛光工艺见表 2-15。

表 2-15　电解抛光工艺

溶液配方及工艺	数值或变化范围	溶液配方及工艺	数值或变化范围
硫酸(H_2SO_4,$\rho=1.84g/cm^3$)	15%~20%(质量分数)	溶液温度	45~55℃
磷酸(H_3PO_4,$\rho=1.70g/cm^3$)	63%~67%(质量分数)	电流密度	15~45A/dm²
水(H_2O)	余量	处理时间	5~10min

(4)弱活化　不锈钢经除旧膜及抛光后的表面很易重新生成氧化膜,因此在阳极氧化处理前做弱活化处理以便除去表面的氧化物,使表面活化,弱活化用化学溶液活化。

2.9.4 不锈钢阳极氧化处理

（1）不锈钢阳极氧化溶液配方及工艺 不锈钢阳极氧化溶液配方及工艺见表 2-16。

表 2-16 不锈钢阳极氧化溶液配方及工艺

	工 艺 号	1	2	3
组分浓度 /（g/L）	重铬酸钠（$Na_2Cr_2O_7 \cdot 2H_2O$）	60	20~40	—
	硫酸（H_2SO_4）	300~450	—	25%（体积分数）
	硫酸锰（$MnSO_4$）	—	10~20	—
	硫酸铵〔$(NH_4)_2SO_4$〕	—	20~50	—
	铬酐（CrO_3）	—	—	60~250
	硼酸（H_3BO_3）	—	10~20	—
工艺条件	溶液 pH	—	3~4	—
	溶液温度/℃	70~90	25~35	70~90
	阳极电流密度/（A/dm²）	0.05~0.1	0.15~0.3	0.03~0.10
	处理时间/min	10~40	10~20	20~30
膜层颜色		黑色	黑色	多种色泽

（2）操作注意事项 操作注意事项如下：

1）配方 1 若开始从 8A/dm² 的电流密度冲击活化，则得到黑色无光泽的膜层。

2）配方 2 中重铬酸钠可用重铬酸钾代替，操作时应以带电出入槽，用铝丝装挂工件。操作时开始电压用 2V，然后逐步升至 4V，以保证电流的恒定，处理终止前 5min 左右可使电压恒定不变。

3）配方 3 的阳极氧化膜色泽与溶液温度有关。溶液温度低，膜的颜色较浅，溶液温度升高，则颜色加深，最佳温度为 80~85℃。氧化时间对膜层颜色也有影响，5min 前无色，5min 后便开始上色，以后随时间延长颜色加深，到 20min 后颜色基本稳定。硫酸对铬酐的浓度比例对颜色也有很大影响，若铬酐浓度高，膜层呈金黄色，浓度更高则变紫红色。电流密度对膜层颜色也有影响，阳极电流密度为 0.03A/dm² 时，所得的膜层为玫瑰色，若用 0.05A/dm² 时则为金色。

2.9.5 不锈钢阳极氧化后处理

不锈钢阳极氧化所得的膜层结构较疏松，硬度不高，耐磨性及耐蚀性都不够高。可以通过钝化处理（封闭处理）进一步提高膜层的硬度，增强其耐磨性以及耐蚀性。封闭处理有化学加温封闭处理、电解封闭法处理及有机涂料处理等。

（1）化学加温封闭 不锈钢阳极氧化膜加温化学封闭工艺见表 2-17。

表 2-17 不锈钢阳极氧化膜加温化学封闭工艺

溶液配方及工艺	数值或变化范围	溶液配方及工艺	数值或变化范围
重铬酸钾（$K_2Cr_2O_7$）	15g/L	溶液温度	65~80℃
氢氧化钠（NaOH）	3g/L	封闭时间	2~3min
溶液 pH	6.5~7.5		

（2）电解封闭法处理　电解封闭法处理如下：

1）溶液配方及工艺。不锈钢阳极氧化膜电解封闭工艺见表2-18。

表 2-18　不锈钢阳极氧化膜电解封闭工艺

溶液成分及工艺条件	1	2	3
铬酐（CrO_3）/（g/L）	230~270	240~260	200~300
硫酸（H_2SO_4）/（g/L）	2~3	—	—
磷酸（H_3PO_4）/（g/L）	—	2.5~2.6	—
二氧化硒（SeO_2）/（g/L）	—	—	2~3
阳极电流密度/（A/dm^2）	0.2~0.3	0.2~0.4	0.3~0.5
阴极材料	铅、不锈钢	铅、不锈钢	铅、不锈钢
溶液温度/℃	30~40	35~40	40~50
通电时间/min	3~6	3~5	5~6

2）封闭工艺的影响。

①封闭溶液成分：各种溶液中的硫酸、磷酸、二氧化硒是作为促进剂用的，主要是稳定膜层的色彩，效果不错。②封闭时间：封闭时间同样会影响封闭膜的质量，封闭时间太短，达不到封闭质量的要求，膜层质量差。封闭时间过长，颜色会随时间改变，而且浪费能源及时间，一般封闭时间控制在3~5min以内。③溶液的温度：溶液的温度高，封闭的速度快，封闭的效果也很好，但是颜色也变深，颜色不好控制。如果要求装饰性能好的，应注意控制封闭溶液的温度。但温度太低时，封闭膜的质量不好，效果差。④电流密度：电流密度对封闭膜的质量有一定的影响，电流密度高，封闭的速度快，效果也较好，但会使膜层的颜色变深，如果对色泽有较高要求时，电流密度不能高，控制在$0.2~0.5A/dm^2$较合适。

2.10　铝及铝合金的阳极氧化

2.10.1　铝及铝合金阳极氧化机理

铝的阳极氧化实际上就是水的电解，如图2-3所示。

阳极氧化一开始，工件表面立即生成一层致密的具有很高绝缘性的氧化铝，厚度为$0.01~0.1\mu m$，称为阻挡层。随着氧化膜的生成，电解液对膜的溶解作用也就开始了。由于膜不均匀，膜薄的地方首先被电压击穿，局部发热，氧化膜加速溶解，形成了孔隙，即生成多孔层。电解液通过孔隙到达工件表面，使电解反应连续不断进行。于是氧化膜的生成，又伴随着氧化膜的溶解，反复进行。部分氧化膜在电解液中溶解将有助于氧化膜的继续生成。因为氧化膜的电绝缘性将阻止电流的通过，而使氧化膜的生成停止。

膜的溶解与电解质的性质、反应生成物的

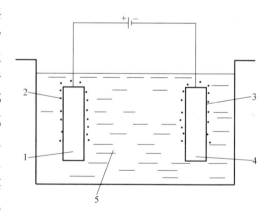

图 2-3　铝的阳极氧化

1—铝阳极　2—产生氧气　3—释放氢气　4—阴极　5—氧化电解液

结构、电流、电压、溶液温度及通电时间等因素有关。

2.10.2 铝及铝合金阳极氧化膜的结构

自 1923 年阳极氧化工艺问世以来，许多研究者都对其形成机理和组成结构进行了研究。电子显微镜观察表明，多孔膜为细胞状结构，其形状在膜的形成过程中会发生变化。观察结果证明，采用铬酸、磷酸、草酸和硫酸得到的阳极氧化膜结构完全相同。

氧化物细胞状结构的大小在决定氧化膜的多孔性和其他性质时都非常重要。受阳极氧化条件的影响，细胞大小可以用下式表示：

$$C = 2WE + P$$

式中　C——细胞尺寸（0.1nm）；

　　　W——壁厚（0.1nm/V）；

　　　E——形成电压（V）；

　　　P——孔隙直径（0.1nm），大约 33nm。

表 2-19 列出了不同氧化膜中细胞或孔隙数目。

表 2-19　不同氧化膜中细胞或孔隙数目

电解液	硫酸 15%（质量分数），10℃			草酸 2%（质量分数），24℃			铬酸 3%（质量分数），49℃			磷酸 4%（质量分数），24℃		
电压/V	15	20	30	20	40	60	20	40	60	20	40	60
每平方厘米孔隙数/10^8	772	518	277	357	116	58	228	81	42	188	72	42

图 2-4 所示为铝及铝合金阳极氧化膜的多孔蜂窝结构，在其膜层上，微孔垂直于表面，其结构单元的尺寸、孔径、壁厚和阻挡层厚等参数均可由电解液成分和工艺参数控制。

另外，阳极氧化膜分为两层，内层靠近基体的是一层厚度仅有 $0.01 \sim 0.05 \mu m$ 的纯氧化铝（Al_2O_3）薄膜，硬度较高，能阻挡外界侵蚀；外层为多孔的氧化膜层，由带有一定的结晶水的氧化铝（Al_2O_3）组成，硬度较低。

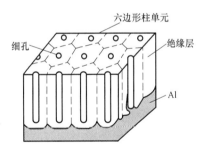

图 2-4　铝及铝合金阳极氧化膜层结构示意图

铝阳极氧化膜硬度与其他材料的硬度比较见表 2-20。

表 2-20　铝阳极氧化膜硬度与其他材料的硬度比较

材　料	显微硬度/GPa	材　料	显微硬度/GPa
刚玉	20	工具钢	3.6
纯铝氧化膜	15	2618 铝合金氧化膜	9.3
淬火后工具钢	11	$w(Cr)$ 为 7% 的铬钢	3.2
淬火后再回火（300℃）工具钢	6.4	2618 铝合金	3.5
工业纯铝氧化膜	6	工业纯铝板	3.0

2.10.3　铝及铝合金阳极氧化分类

1）按操作温度可分为：常温阳极氧化和低温阳极氧化。

2）按电解液的主要成分可分为：硫酸阳极氧化、草酸阳极氧化、铬酸阳极氧化等。

3）按性能及用途可分为：普通常用阳极氧化和特种阳极氧化，如硬质阳极氧化、瓷质阳极氧化。

4）按氧化膜的颜色可分为：银白色氧化、有色膜氧化等。

5）按氧化膜的成膜速度可分为：普通阳极氧化法、快速阳极氧化法。

6）按氧化膜的功能可分为：耐磨膜层、耐腐蚀膜层、胶接膜层、绝缘膜层、瓷质膜层、装饰膜层等。

2.10.4　铝及铝合金常用的阳极氧化电解液

铝及铝合金的阳极氧化可在硫酸、铬酸盐、锰酸盐、硅酸盐、碳酸盐、磷酸盐、硼酸、硼酸盐、酒石酸盐、草酸、草酸盐及其他有机酸盐的电解液中进行。

2.10.5　各种因素对氧化膜性能的影响

（1）铝合金成分的影响　铝合金的化学成分，不仅对膜层的耐蚀能力有影响，而且对膜层厚度，外观颜色影响较大。在相同情况下纯铝得到的氧化膜比合金的氧化膜厚、色泽好。硅铝合金较难氧化，膜层发暗。含铜量高的硬铝也难氧化，并且产生黑色。

（2）杂质的影响　杂质主要是 Al^{3+} 和 Cl^-、F^-、NO_3^- 离子。

1）Al^{3+} 离子的影响。适当的 Al^{3+} 对氧化膜形成有好处，但含量不能过高，否则电阻太大。

2）Cl^-、F^-、NO_3^- 离子的影响。这些杂质存在时，氧化膜的孔隙增加，形成粗糙而疏松的表面，因而生产中一定注意用水的质量，防止这些有害阴离子被带入氧化槽。

（3）硫酸的影响　氧化膜的形成包括溶解与生成两个过程，膜的生成速度取决于这两个过程的比率。电解液浓度的变化对膜在电解过程中的溶解产生很大的影响。当硫酸浓度高时，膜的化学溶解速度加快，所以膜层薄、不密实、防护性能下降，但氧化膜孔隙率大，便于着色；当硫酸浓度低时，膜生成速度快，膜层密实、孔隙小、吸附能力差、防护性能高。

（4）温度的影响　温度对氧化膜质量影响较大，温度越高，氧化膜溶解速度越快，膜层薄，且疏松多孔，有粉末；温度过低，膜层密实，硬度高而脆，氧化时间长。

（5）电流密度的影响　提高电流密度可以加大膜的生长速度，但电流密度过高会使工件表面过热，局部溶液温度升高，加速氧化膜溶解；电流密度过低，氧化膜生成速度慢，时间延长。

（6）时间的影响　试验表明，在 60min 以内可得到一定厚度的氧化膜，在 30~40min 时质量最好，但染色的工件要延长到 65~75min，对于阳极氧化可取下限，铝合金时间则需延长。

为了提高阳极氧化膜的耐蚀性和耐磨性，在阳极氧化后常对膜层封闭和填充。常用的有水合封闭、重铬酸盐封闭、水解金属盐封闭、双重封闭、低温封闭和有机物封闭等。

2.10.6　铝及铝合金阳极氧化工艺流程

铝合金型材（或制品）→抛光→装挂→脱脂→热水洗→冷水洗→碱蚀→热水洗→冷水洗→酸洗出光→冷水洗→阳极氧化→冷水洗→热水洗→封闭（封孔）→热水洗→冷水洗→干燥→拆卸→检验→包装。

2.10.7　铝及铝合金阳极氧化预处理

（1）表面抛光　铝及铝合金型材或制件，视表面粗糙度情况及客户或产品设计的要求进行抛光处理，如表面已经达到理想的表面粗糙度，则不必再抛光。如需要抛光，可根据具体情况及生产条件进行机械抛光、电解抛光或化学抛光。

（2）脱脂　铝及铝合金制件可根据表面的油污情况选择脱脂方法，如果油污厚重，可以先用有机溶剂脱脂，然后再进行化学脱脂。如果表面油污很少，可直接用碱液化学脱脂。通用的碱液脱脂工艺见表 2-21。

表 2-21　通用的碱液脱脂工艺

碱液配方	脱脂温度	处理时间
氢氧化钠（NaOH）		
碳酸钠（Na_2CO_3）	$45 \sim 60 \, ℃$	$3 \sim 5 min$
磷酸钠（Na_3PO_4）		

（3）冷热水洗　在脱脂、碱蚀、酸洗出光等处理后都需要进行水洗。热水洗是在 $40 \sim 60 ℃$ 的自来水槽中漂洗，冷水洗是在常温的自来水槽中清洗。

（4）碱腐蚀　铝合金制件表面经脱脂及热水、冷水洗净后，表面仍有一层旧的氧化膜，这层膜在阳极氧化前要用碱蚀清除。具体操作方法是放入 $40 \sim 50 g/L$ 的氢氧化钠溶液中，在 $50 \sim 60 ℃$ 下浸泡 $2 \sim 5 min$，并且要不断地搅动工件，加快除膜的速度。

（5）酸洗出光　酸洗是在除膜并清洗干净后放入 $10\% \sim 30\%$（质量分数）硝酸溶液中，在室温下浸 $2 \sim 5 min$，一方面可以清除黏附在表面的腐蚀产物，使表面显出光泽，另一方面也可以中和表面残留的碱液，所以称为酸洗出光或中和。对含硅的铝合金，在碱蚀后表面会有硅的化合物黏附在表面，不易清除，如果单纯用硝酸不能清洗干净使表面光亮时，酸液中应添加少量的氢氟酸，增加出光的效果。

2.10.8　铝及铝合金阳极氧化处理及后处理

铝及铝合金阳极氧化处理的方法及种类很多，一般用硫酸法、草酸法和铬酸法等。硫酸处理方法的应用最多、最普遍。

（1）铝合金制件阳极氧化后处理　当铝合金制件经过阳极氧化处理后，可以根据产品的用途及要求处理。如果产品需要原来的色泽，氧化后可以进行清洗，然后进行封闭。如果产品需要着色，则不能马上封闭，而是用各种方法使表面着色，然后再封闭。总之后处理的工序必须根据产品的需要设计氧化后的工序。

（2）阳极氧化后封闭　由于铝及铝合金阳极氧化膜有很多小孔，所以膜层松软，耐磨性及耐蚀性较差，而且容易吸附环境中的各种油污或腐蚀介质。因此必须把铝表面的小孔径紧缩起来，以便提高膜层的硬度、耐磨性、耐蚀性及防污性能，所以封闭实际上就是封孔。封孔的方法也有很多，有热封和冷封，也有水封和药物封闭及油类等封闭。最简单、最实用而应用较广泛的是传统的热水封闭。

热水封闭是将铝及铝合金阳极氧化后的制件放进 90℃ 以上的纯水中煮 20～30min，然后取出。自然蒸发干燥，或用热风吹干，干燥的速度更快，生产率更高。

2.10.9 铝及铝合金硫酸阳极氧化

1937 年，在英国首先出现硫酸阳极氧化法对铝的表面进行电化学处理，对铝合金制品装饰、保护和表面硬化。

硫酸阳极氧化法，是指用稀硫酸作为电解液的阳极氧化处理。也可添加少量的添加剂以提高膜层的性能，硫酸阳极氧化法在生产上应用最广泛。

硫酸阳极氧化法获得的氧化膜较厚、无色透明，孔隙多、吸附性好，易于染色，其电解液成分简单、成本低、性能稳定、操作方便，火箭弹上的铝及铝合金工件大都采用硫酸阳极氧化。

1. 铝及铝合金的硫酸阳极氧化工艺

（1）铝及铝合金的硫酸阳极氧化的溶液组成及工艺规范　硫酸阳极氧化工艺具有溶液成分简单、稳定性高、操作维护容易、生产成本低等优点。硫酸阳极氧化工艺所获的氧化膜无色透明，有很强的化学吸附性，易于染色，并且也有良好的耐磨性和耐蚀性。铝及铝合金的硫酸阳极氧化的溶液组成及工艺规范见表 2-22。

表 2-22　铝及铝合金的硫酸阳极氧化工艺

工 艺 类 型		直流氧化	交流氧化
组分浓度 /（g/L）	硫酸（H_2SO_4）	150～220	130～150
	铝离子（Al^{3+}）	<20	
工艺条件	温度/℃	13～26	15～25
	电压/V	12～22	18～28
	电流密度/（A/dm^2）	0.8～2.5	1.5～2.5
	氧化时间/min	20～60	40～50
	阴极材料	铅板或纯铝板	
	阴阳极面积之比	1～1.5	
	搅拌条件	压缩空气搅拌	

（2）硫酸阳极氧化的其他溶液组成及工艺规范　由于硫酸阳极氧化方法的应用日益增加，所以各单位所用的溶液配方及工艺也有所不同，不过多是大同小异。表 2-23 列举了一部分其他的工艺规范。

表 2-23　硫酸阳极氧化工艺 　　　　　　　　（单位：g/L）

溶液成分及工艺条件	1	2	3	4	5
硫酸（H_2SO_4,98%[①]）	160～200	150～200	100～120	150～200	180～350
草酸（$H_2C_2O_4$）	—	—	—	5～6	5～15
甘油添加剂	—	—	—	—	5%～10%（体积分数）

（续）

溶液成分及工艺条件	1	2	3	4	5
铝离子浓度（Al^{3+}）	<20	<20	<20	<20	<20
溶液温度/℃	14～25	0～7	13～25	15～28	5～30
槽电压/V	13～22	13～22	15～24	18～25	18～25
电流密度/（A/dm²）	0.6～2.5	0.5～2.0	1～2	0.8～1.5	4～8
阴极材料	铝或铅	铝或铅	铝或铅	铝或铅锡	铅或铝
阴、阳极面积比	1.5∶1	1.5∶1	1∶1	1.5∶1	1.2∶1.0
处理时间/min	20～60	30～60	25～60	20～60	30～60
搅拌方式	空气	空气	空气	空气	空气
所用电源	直流	直流	交流	直流	交流

① 质量分数。

硫酸阳极氧化槽液配制：根据电解槽容积计算所需硫酸量→在槽内先加入 3/4 容积蒸馏水或去离子水→搅拌的同时缓缓加入硫酸→加水至规定容积→冷却到室温。使用试剂级或电池级硫酸，若用工业硫酸，则配制后需加过氧化氢（0.1%，体积分数）处理。

2. 硫酸阳极氧化的特点及应用范围

（1）硫酸阳极氧化的特点　硫酸阳极氧化的特点如下：

1）电解液毒性小，废液处理容易、环境污染小。

2）处理成本低，包括电解液成本低和电解能耗低，操作容易，槽液分析维护简单。

3）氧化膜一般为无色透明，但铝材含硅或其他重金属合金元素时，氧化膜也会显出颜色，颜色随氧化条件而异。即当电流密度、溶液温度等电解条件改变时，氧化膜的颜色也会改变。在高温产生灰白至乳白色不透明膜，低温与高电流密度时形成灰至黑色氧化膜。

4）氧化膜的透明度高，硫酸阳极氧化膜一般无色，透明度高。高纯度铝可以得到无色透明的氧化膜，合金元素 Si、Fe、Cu、Mn 会使透明度下降，Mg 对透明度无影响。

5）氧化膜的耐蚀性、耐磨性高，膜的硬度高，着色容易，颜色鲜艳，效果好。表 2-24 所示为硫酸浓度和氧化膜耐磨性、耐蚀性、膜厚的关系。表 2-25 所示为电流密度、时间与氧化膜耐磨性、耐蚀性的关系。

表 2-24　硫酸浓度和氧化膜耐磨性、耐蚀性、膜厚的关系

合金			1070A （L1）	1100 （L5-1）	3A21 （LF21）	4A01 （LT1）	5A02 （LF2）	6061 （LD30）	6063 （LD31）	7A01 （LB1）
硫酸浓度（质量分数，%）	5	膜厚/μm	12.9	12.8	12	11.3	12.8	12.1	12.5	12.4
	10		12.3	12	11.7	12.9	12.4	12.5	12.2	12.6
	15		12.3	12	10.6	13.4	12.5	12.7	12.3	12.2
	20		12.3	12.5	12	12.9	12.3	11.3	12.5	12.3
	25		12.4	12.3	12.4	12.8	12.3	11.8	12.2	11.8
	30		13.1	12.2	11.5	12.6	11.9	11.8	12.5	12.4
	5	耐蚀性/s	300	330	200	165	540	390	420	330
	10		300	210	180	180	360	360	270	330
	15		240	255	180	165	300	210	270	270
	20		240	180	210	180	300	180	240	270
	25		195	225	210	105	255	180	195	180
	30		165	150	135	90	195	120	165	150

（续）

合金		1070A (L1)	1100 (L5-1)	3A21 (LF21)	4A01 (LT1)	5A02 (LF2)	6061 (LD30)	6063 (LD31)	7A01 (LB1)
硫酸浓度（质量分数，%）	5	耐磨性/s	1193	1093	940	607	1050	670	902	878
	10		960	990	683	566	968	927	909	669
	15		1175	1108	962	604	982	650	1059	741
	20		603	617	591	360	595	563	690	358
	25		610	562	510	361	494	615	535	437
	30		440	485	573	543	543	555	537	437

表 2-25　电流密度、时间与氧化膜耐磨性、耐蚀性的关系

合金	电流密度/(A/dm²)	时间/min	平均耐蚀性/s	平均比耐蚀性/(s/μm)	平均比耐磨性/(s/μm)	合金	电流密度/(A/dm²)	时间/min	平均耐蚀性/s	平均比耐蚀性/(s/μm)	平均比耐磨性/(s/μm)
1100 (L5-1)	0.5	60	61	3.6	22.4	5A02 (LF2)	0.5	60	113	15.7	22.5
		120	90	6.3	26.1			120	98	7	17.5
	1	30	53	6.8	26.4		1	30	123	16.4	36.3
		60	193	12.6	41.3			60	346	22.9	42.3
	2	15	56	7.5	36		2	15	124	15.8	43.3
		30	185	12.2	52.4			30	321	21.2	58.5
	4	7.5	55	6.5	28.1		4	7.5	106	13.1	43.6
		15	175	11.8	62.1			15	324	19.1	59.9
3A21 (LF21)	0.5	60	73	10.3	20.6	6063 (LD31)	0.5	60	65	8.9	20.7
		120	86	6.3	27.3			120	61	4.2	29.9
	1	30	81	10.9	30.3		1	30	48	6.4	26.3
		60	181	12.4	45			60	143	5.8	53
	2	15	73	9.7	36		2	15	53	6.8	37.5
		30	198	13.4	53.6			30	148	8.8	52.8
	4	7.5	63	6.8	23		4	7.5	66	7.5	44.8
		15	183	12.3	53.2			15	161	8.6	56.6

（2）硫酸阳极氧化的应用　应用如下：

1）用于要求外观颜色及光亮并且有一定耐磨性的工件。

2）用于形状简单的对接气焊件。

3）用于 w (Cu)>4% 的铝-铜合金防护。

4）用于纯铝散热器件的防护。

5）用于建筑铝型材的装饰与防护。由于硫酸阳极氧化铝型材具有上述的优点，所以被大量应用于建筑铝型材的生产及应用上，用于制造各种建筑物的门框、窗框及护栏等。

6）在铝合金工件上的应用，有许多工业及民用的铝及铝合金制品需要有优良的耐大气腐蚀的性能，以便保护铝制件的外表色泽或特种颜色要求。

3. 影响阳极氧化膜层质量的因素

（1）硫酸浓度的影响　硫酸的浓度高，膜的化学溶解速度加快，所生成的膜薄且软，空隙多，吸附力强，染色性能好；降低硫酸的浓度，则氧化膜生长速度较快，而空隙率较低，硬度较高，耐磨性和反光性良好。因此，稀硫酸有利于膜的生长，而且得到的膜致密、

孔隙率低，耐磨及耐蚀性好。在初期，浓硫酸中膜生长速度比较快；但一定时间以后，稀硫酸中膜生长的速度又较快。而且，在浓硫酸中，初期得到的氧化膜因生长速度快，膜不致密、孔隙率大，而且硬度及耐磨性差。

　　由此可见，应根据产品的要求选择适当的硫酸浓度，要得到硬而厚、耐磨性好的膜层，则应选用硫酸浓度的下限值；要得到吸附力好且有弹性的氧化膜，可用溶液组成配方中硫酸浓度的上限值。

　　各种质量分数的硫酸对氧化膜溶解速度的影响如图 2-5 所示。

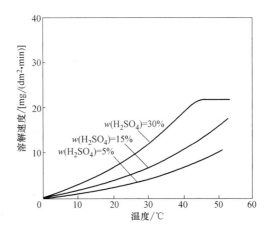

图 2-5　各种质量分数的硫酸对氧化膜溶解速度的影响

　　各种硫酸阳极氧化膜的性能见表 2-26。

表 2-26　各种硫酸阳极氧化膜的性能

硫酸浓度 （质量分数，%）	温度/℃	时间/min	电流密度/ （A/dm²）	弯曲角/ （°）	耐蚀性/min	氧化电压/V
30	26	10	2	13	11.75	8.8
20	30	10	2	13.5	12	9.6
10	27	10	2	14	12.75	10.7
5	20	10	1	15.5	13.5	10.1

　　硫酸的质量分数与电解电压的关系如图 2-6 所示。

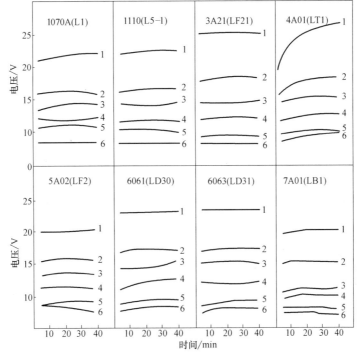

图 2-6　硫酸的质量分数与电解电压的关系

1—$w(H_2SO_4)=5\%$　2—$w(H_2SO_4)=10\%$　3—$w(H_2SO_4)=15\%$　4—$w(H_2SO_4)=20\%$　5—$w(H_2SO_4)=25\%$　6—$w(H_2SO_4)=30\%$

（2）合金成分的影响　铝合金成分对膜的质量、厚度和颜色等有着十分重要的影响，一般情况下铝合金中铝以外的其他元素使膜的质量下降。对 Al-Mg 系合金，当镁的质量分数超过 5% 且合金结构又呈非均匀体时，必须采用适当的热处理，使合金均匀化，否则会影响氧化膜的透明度；对 Al-Mg-Si 系合金，随硅含量的增加，膜的颜色由无色透明经灰色、紫色，最后变为黑色，很难获得颜色均匀的膜层；对 Al-Cu-Mg-Mn 系合金，铜使膜层硬度下降，孔隙率增加，膜层疏松，质量下降。在同样的氧化条件下，在纯铝上获得的氧化膜最厚，硬度最高，耐蚀性最好。

（3）温度的影响　电解液的温度对氧化膜质量影响很大，当温度为 10~20℃ 时，所生成的氧化膜多孔，吸附性能好，并富有弹性，适宜染色，但膜的硬度较低，耐磨性较差。如果温度高于 20℃，则氧化膜变疏松并且硬度低。温度低于 10℃，氧化膜的厚度增大，硬度高，耐磨性好，但孔隙率较低。因此，生产时必须严格控制电解液的温度。

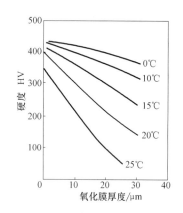

电解液温度与阳极氧化膜的关系如图 2-7~图 2-9 所示，从图中的曲线可以看出 18~22℃ 时所获得的氧化膜综合性能最好。在这个温度范围内所得到的膜层耐蚀性较好，多孔且吸附力强，有弹性，适合着色装饰用。溶液温度过高时，应降低温度。

图 2-7　溶液温度与氧化膜硬度的关系（电流密度：1.5A/dm²）

图 2-8、图 2-9 显示出温度与氧化膜厚及耐磨性的关系。从图中可以看出，随着溶液温度的上升，膜的厚度下降，耐磨性也下降。所以温度应根据对膜层厚度及性能的要求而选定。

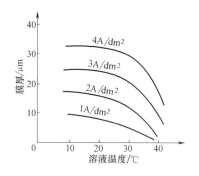

图 2-8　溶液温度、电流密度与膜厚的关系

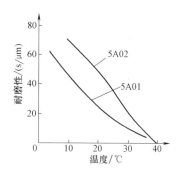

图 2-9　溶液温度与耐磨性的关系

（4）时间的影响　阳极氧化时间可根据电解液的质量浓度、温度、电流密度和所需要的膜厚来确定，阳极氧化时通常处理的时间在 25~60min。在相同条件下，随着时间的延长，氧化膜的厚度增加，孔隙增多。但达到一定厚度后，生长速度会减慢下来，到最后不再增加。若所需膜层较薄，则处理的时间短，若所需的膜层厚，则延长处理的时间，但是膜层太厚，内应力增大，容易产生裂纹。另外氧化时间的长短除了根据膜厚的需要外，还要考虑到溶液中硫酸的浓度、溶液的温度、阳极电流密度等工艺。

（5）电流密度的影响　提高电流密度则膜层生长速度加快，氧化时间缩短，膜层化学溶解量减少，膜较硬，耐磨性好。但电流密度过高，则会因焦耳热的影响，使膜层溶解作用增加，反而导致膜的生长速度下降，如图 2-10 所示。其原因主要是电流密度增大时，膜孔内热效应加大，从而加速膜的溶解。在操作过程中，电流密度允许有 $\pm 0.5A/dm^2$ 的波动，刚氧化时应先以所需电流密度的一半氧化 30s，然后再逐步提高到所需要的电流。电流密度过低，氧化时间较长，使膜层疏松，硬度降低。

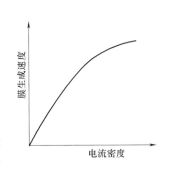

图 2-10　电流密度与膜生长速度关系

如果在 $0.5A/dm^2$ 的低电流密度下长时间氧化，由于化学溶解时间长，使膜层耐蚀性、耐磨性下降，因此，一般电流密度控制在 $1.2\sim 1.8A/dm^2$ 范围内。

（6）搅拌的影响　在阳极氧化的过程中会产生大量的热，使溶液的温度升高，导致膜层的质量下降。搅拌能促使溶液对流，使温度均匀，避免因金属局部升温而导致氧化膜的质量下降。搅拌的设备有空压机和水泵。

一般来说，如果其他阳极氧化工艺恒定，槽液温度变化会产生如下影响：

1）槽液温度在一定范围内提高，获得的氧化膜重量减小，膜变软但较光亮。

2）槽液温度较高，生成的氧化膜外层膜孔径和孔锥度趋于增大，会造成氧化膜封孔困难，也易起封孔"粉霜"。对 6063 铝合金建筑型材，为确保封孔质量，温度不宜高于 23℃。

3）降低槽液温度，得到的氧化膜硬度高、耐磨性好，但在阳极氧化过程中维持同样电流密度所需的电解电压较高，普通膜一般采用 18~22℃。

4）槽液温度较高，生成的氧化膜容易染色，但难保持颜色深浅的一致性，一般染色膜的氧化温度为 20~25℃。

槽液温度是阳极氧化的一个重要工艺参数，为确保氧化膜的质量和性能要求恒定，一般需严格控制在选定温度± （1~2）℃范围内，控制和冷却槽液温度有下列四种方法。

1）制冷机中的制冷剂借助热交换器冷却槽液循环系统中的槽液，如图 2-11 所示。在正常生产中槽液循环不停运行，利于槽液浓度和温度均匀，循环量一般为每小时 2~4 倍槽液。

这种方法要一台专用的热交换器适合中小型氧化厂使用，也应注意一旦热交换器出现意外破损，槽液直接进入制冷机，会造成制冷机严重故障。

2）用槽液循环系统间接冷却装置，即制冷机冷却冷水池中的水，再用冷水借助热交换器冷却槽液循环系统中的槽液，如图 2-12 所示。

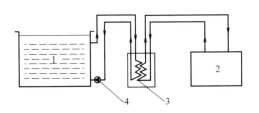

图 2-11　用槽液循环系统直接冷却装置
1—阳极氧化槽　2—制冷机　3—热交换器　4—酸泵

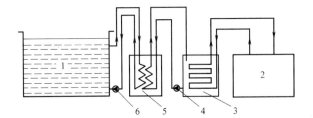

图 2-12　用槽液循环系统间接冷却装置
1—阳极氧化槽　2—制冷机　3—冷水池
4—水泵　5—热交换器　6—酸泵

这种方法涉及两个热交换过程，使整个装置更复杂、更昂贵，但控制槽液温度比较容易，普通大型氧化厂大多采用这种方法。

3）制冷机中的制冷剂与安装在氧化槽内的蛇形管连通，直接冷却，如图 2-13 所示。

这种方法的优点是装置简单、冷却效率高，适宜小型工厂对槽液冷却，但一旦蛇形管出现意外破损，制冷剂泄漏进入氧化槽液内，会对槽液造成致命污染，因此一般工厂不采用这种冷却方法。

4）用蛇形管间接冷却装置，即制冷冻机冷却冷水池中的水，再用水泵将冷却后的水打入氧化槽中蛇形管内冷却槽液，如图 2-14 所示。

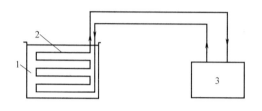 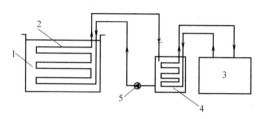

图 2-13　用蛇形管直接冷却装置	图 2-14　用蛇形管间接冷却装置
1—阳极氧化槽　2—冷却蛇形管　3—制冷机	1—阳极氧化槽　2—冷却蛇形管 3—制冷冻机　4—冷水池　5—水泵

这种方法虽没有制冷剂污染槽液的危险，但因蛇形管冷却表面积有限，且占据氧化槽内相当一部分位置，所以也仅适合小型氧化厂使用。

4. 硫酸阳极氧化常见的氧化膜缺陷及纠正方法

在硫酸阳极氧化处理时，经常会产生一些缺陷，其产生原因及纠正方法见表 2-27。

表 2-27　常见的氧化膜缺陷及纠正方法

缺陷名称	产生原因	纠正方法
膜厚未达预定值	电流密度过低或氧化时间不足	根据膜厚与电流密度和时间的关系式，合理控制电流密度和处理时间
	辅助阴极不合适	根据空心制品内腔形状，选择适当形状、大小的辅助阴极
	电接触点太少或接触不良	增加电接触点，改进夹具
	阴极面积不足或分离阴极导电状况不一致	根据极比要求，增大阴极面积，加强检查维护保证阴极导电良好
	导电杆脱膜不彻底	氧化后导电杆应彻底脱膜，经检测合格后才可投入使用
	电解液温度过高或局部过热	充分冷却电解液，加强搅拌和循环
	合金中铜、硅含量过高	选用正确的铝合金，严格控制合金中各元素的含量，并保证材料均匀一致
膜厚不均匀	工件装挂过于密集	合理装挂，保证工件有一定间距，防止阳极区局部过热，工件应处于匀强电场中防止边缘效应，与阴极间距尽量一致，以减少不同工件之间的膜厚差，这对于提高化学着色质量尤为重要
	电流部分不均	
	极间距离不适当	
	极比（阴/阳）过大	
	空心工件（如管材）腔内电解液静止或流速降低，造成腔内膜厚不均；槽内电解液搅拌能力太小或不均匀	增加腔内电解液流速，以降低温差。提高槽内电解液的搅拌能力，搅拌管合理布孔，疏通孔道，使搅拌均匀

（续）

缺陷名称	产生原因	纠正方法
膜厚不均匀	电解液温度升高	增加制冷量和槽液循环量
	工件表面附有化学品或油脂等杂物	加强工件表面的清洗，严禁用手或带有油脂脏物的手套擦拭已预处理的工件表面，防止污染
	电解液中有油污	及时分离槽中的油污，或更换槽液、并查找油污来源
	辅助阴极长度不够或穿插不到位	按工件长度确定辅助阴极的长度、穿插应到位
	合金成分的影响	根据铝合金成分的不同，选择合理的处理工艺
	部分阴极导电不良	及时进行清洗、恢复所有阴极的导电能力
膜层局部腐蚀	电解液中氯离子含量太高	更换槽液
	电流上升速度太快	缓慢调整，防止电流冲击，使初始形成的膜层均匀稳定
	氧化后表面清洗不干净	加强清洗
膜层出现斑点	挤出制品冷却不均，如 6063（LD31）合金制品挤出后与出料台局部接触，导致 Mg_2Si 微粒沉淀	均匀冷却
	硝酸出光不彻底	提高硝酸浓度或延长中和时间
	电解液中有悬浮杂质	过滤电解液或更换电解液
	交流阳极氧化时，溶液中 Cu^{2+} 含量太高	用低电流电解槽液以除去铜离子，或更换槽液
	氧化后清洗不净就进行封孔	加强氧化后的清洗
膜层粉化或起灰	电解液浓度高，温度高，铝离子浓度高，处理时间太长，电流密度太高	合理控制阳极氧化的各工艺参数，工件间应有适当距离，以改善散热条件
	氧化后清洗不彻底	增加清洗次数，延长清洗时间
	封闭溶液污染严重	更换封闭槽液
膜层暗色	合金成分的影响	装饰材料尽量用纯铝、Al-Mg、Al-Mg-Si 或 Al-Zn-Mg 合金
	工件进槽后长时间没通电	缩短中间停留不通电时间
	氧化过程中断电，然后又给电	保证供电系统稳定
	电解液浓度太低	提高浓度
	阳极氧化电压过高	电压控制在规定范围内
	表面预处理质量低	提高预处理的质量
膜层裂纹	阳极氧化温度太低	提高电解液温度
	进入沸水封闭槽前工件温度太低	采用温水清洗，以避免工件表面温度急剧变化
	膜层受到强烈碰击	轻拿轻放
	干燥温度过高	干燥温度不应超过 110℃
指印	手指接触未封闭处理的氧化膜	避免手指接触，应戴干净手套
气体或液体流痕	工件装挂倾斜度不够	应保持一定的倾角，一般凹槽面朝上，电解液搅拌、循环，以利气体排出
	碱液控制不当，或碱洗后清洗水中含碱量增加，或碱洗后停留时间太长	控制碱液浓度，碱洗后及时用清水清洗

（续）

缺陷名称	产生原因	纠正方法
膜层耐磨性、耐蚀性降低	电解液浓度过高	使用适当浓度的电解液
	电解液温度过高	冷却电解液,提高搅拌或循环强度,也可通过添加草酸的办法提高阳极氧化温度
	氧化时间太长	严格控制氧化时间,可适当提高电流密度以缩短氧化时间
	电流密度太低	选择合适的电流密度
	电解液中铝离子含量过高或过低	按工艺要求控制
	合金材料不同	采用合适的铝合金
电烧伤	阴阳极接触,造成短路	管料内表面氧化前,应检查阴极杆是否与内壁接触(用手电检查),先循环管内电解液后送电,防止工件与外阴极接触
	工件电接触不良	改善接触,提高夹紧力

2.10.10 铝及铝合金草酸阳极氧化

草酸阳极氧化就是在质量分数为 2%～10% 的草酸溶液中,通以直流、交流或交直流叠加电流进行铝及铝合金的阳极氧化。作为防腐蚀用途的阳极氧化膜一般多采用直流法。草酸阳极氧化可以在不同的工艺下,得到不同颜色的膜层。草酸阳极氧化膜的耐蚀性和耐磨性比硫酸阳极氧化膜均有所提高,容易获得较厚的氧化膜,厚度约为 8～40μm,见表 2-28。其装饰性也优于硫酸阳极氧化膜,且孔隙率低、绝缘性能好、富有弹性。但由于草酸电解液的电阻比硫酸、铬酸的大,阳极氧化时槽电压高,阳极氧化过程中耗电量大,而且电解易发热,需要有专门的冷却装置,故生产成本高。

表 2-28 草酸阳极氧化膜与硫酸阳极氧化膜的厚度、硬度与耐磨性比较

阳极氧化类型	工艺条件			膜厚/μm	硬度/N	耐磨性(往返移动次数)
	温度/℃	电压/V	电源			
草酸法	19	40～60	直流	35.3	105	44000
	35	30～35	直流	39	410	40000
	30	20～60	直流	14.7	149	5700
	25	40～60	交直流	5.9	52	4000
硫酸法	19	15～30	直流	14.7	38	8500

注:硬度衡量指标为划穿膜层所需的力,单位为 N（牛）。

此外草酸溶液有一定的毒性,草酸在氧化过程中在阴极上被还原并在阳极上被氧化成 CO_2,电解液的稳定性比较差。故草酸阳极氧化的工艺的应用范围受到一定的限制,一般只在特殊情况下应用。例如,用于铝锅、铝盆、铝壶、铝饭盒,电气绝缘的保护层,近年来在建材、电器工业、造船业、日用品等行业也有较为广泛的应用。

1. 草酸阳极氧化工艺

（1）工艺流程 草酸阳极氧化工艺流程如下:

铝及铝合金制件,上挂具→碱洗→水洗→硝酸出光→水洗→草酸阳极氧化→水洗→卸

下→清洗→封闭→干燥→检验。

（2）草酸阳极氧化的工艺规范　铝及铝合金草酸阳极氧化的工艺规范见表2-29。

表 2-29　铝及铝合金草酸阳极氧化工艺规范

工　艺　号		1	2	3	4	5
组分浓度/(g/L)	草酸($C_2H_2O_4 \cdot 2H_2O$)	50~70	30~50	40~50	80~85	30~40
	铬酐(CrO_3)	—	—	1	—	—
	甲酸(CH_2O_2)	—	—	—	55~60	—
工艺条件	温度/℃	25~32	15~18	20~30	12~18	20~30
	电流密度/(A/dm^2)	1~2	2~2.5	1.5~4.5	4~4.5	直流 0.5~1 交流 1~2
	电压/V	40~60	100~120	40~60	40~50	直流 25~30 交流 80~120
	氧化时间/min	30~40	90~150	30~40	12~35	20~60
	电源类型	直流	直流	直流或交流	直流或交流	交直流叠加
适用范围		淡金黄色膜，用于表面装饰	电气绝缘	一般应用	淡黄色至黄棕色装饰性快速阳极氧化	日用品表面装饰

注：氧化时工件应带电入槽，并阶梯式升压。阴极采用石墨板，阴阳极面积比为1：(5~10)。要用压缩空气不断搅拌强制冷却的方法控制好溶液温度。

（3）草酸阳极氧化溶液的配制及维护　溶液的配制及维护如下：

1）溶液的配制。将要配制溶液体积3/4的纯水（用蒸馏水或去离子水）加入氧化槽中，并且加热至60~70℃，再慢慢地加入草酸等化学试剂，并搅拌直至全部均匀溶解，然后加水至所需要的体积，再搅拌至均匀。

2）溶液的维护。草酸溶液对氯化物非常敏感，氯离子含量过高，膜层会出现腐蚀斑点，一般情况下Cl^-的含量应小于0.04g/L，如果大于此值必须进行稀释，清除氯离子或者更换溶液。氯离子主要是从洗水来的，所以清洗工件的用水要注意水质及控制带来的杂质污染。

由于铝溶解在溶液中会生成草酸铝，并直接影响到溶液的氧化能力，因此要经常分析草酸的含量并补充被消耗掉的部分。草酸的添加量可以根据电量的消耗来考虑。根据经验，1A·h（3600C）的电量大约耗用0.13~0.14g的草酸，而每通过1A·h电量则有0.08~0.09g的铝进入溶液，铝溶解后生成草酸铝。所以每溶解一定量的铝，需要补充相应量的草酸。溶液中Al^{3+}的含量超过2g/L时，则要除Al^{3+}或稀释溶液甚至更换溶液。

（4）操作注意事项　草酸阳极氧化膜致密、电阻高，因此只有在高电压的情况下，才能获得较厚的氧化膜，但在电压的调整过程中又必须十分小心，否则会影响成膜的质量，下面从制取绝缘用的氧化膜为例说明。

1）铝合金制件在阳极氧化时应带电下槽，但电流密度要小，然后逐步升高电压，以防止膜层生长不均匀及局部被击穿。

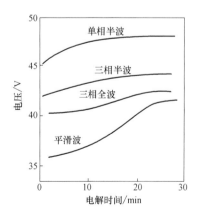

图 2-15　草酸直流氧化时电源波形与电解电压的关系

草酸阳极氧化的电解电压与电解电源的波形有很大的关系，电源波形与电解电压的关系，如图 2-15 所示。

升电压采用梯形升压方式，即 0~60V（5min，电流密度 2~2.5A/dm²）→70V（5min）→90~110V（15min）→110V（60~90min），最终不允许超过 120V。由于草酸氧化膜致密、不易溶解、电阻高，所以只有升高电压，才能得到较厚的氧化膜。氧化后要先断电才能取制件，防止意外发生。

2）在阳极氧化进行的过程中，若发现电流突然上升或电压下降，可能是膜被击穿所致。为避免膜被击穿，要注意温度的控制及溶液搅拌。如果要绝缘效果更好，可以在氧化膜上再涂上绝缘漆。

2. 草酸阳极氧化膜的特点及应用

草酸阳极氧化一般可获得黄色到黄褐色氧化膜。这种颜色耐光性非常好，在阳光下长期曝晒也不会褪色，因此，可用于室外建筑铝材的表面处理。铝合金草酸氧化膜的色调见表 2-30 和表 2-31，硬度和耐磨性见表 2-32。

表 2-30　铝合金在不同浓度草酸中形成的草酸氧化膜的色调

合金	草酸 3%~5%（质量分数）	草酸 9%~10%（质量分数）	合金	草酸 3%~5%（质量分数）	草酸 9%~10%（质量分数）
1100（L5-1）	淡黄色	暗黄色	5083（LF4）	暗黄色	
3A21（LF21）	黄褐色		6061（LD30）	灰黄色	
4A01（LT1）	带绿灰色	带绿灰色	6063（LD31）	浅黄色	暗黄色
5A02（LF2）	黄色		7A09（LC9）	暗灰褐色	

表 2-31　铝合金草酸氧化膜的色调

合　　金	氧化膜色调	合　　金	氧化膜色调
1050A（L3）、1100（L5-1）	金→褐色→灰褐色	5083（LF4）	金色
3A21（LF21）	黄褐色	6061（LD30）	金色
5A02（LF2）、5056（LF5-1）	金色	6063（LD31）	金色
2A10（LD10）、2A11（LY11）、2A12（LY12）	浅褐色		

表 2-32　草酸氧化膜的硬度与耐磨性

氧化膜类型	工艺条件			膜厚/μm	硬度[①]/N	耐磨性（往返移动次数）/次
	温度/℃	电压/V	电源			
草酸法	19	40~60	直流	35.3	105	440000
	35	30~35	直流	39	410	40000
	30	20~60	直流	14.7	149	57000
	25	40~60	交直流	5.9	52	4000
硫酸法	19	15	直流	14.7	38	85000

① 划穿膜层所需的力。

（1）草酸阳极氧化膜的特点　氧化膜的特点如下：

1）氧化膜较厚。草酸溶液对氧化膜层的溶解度小，所以膜层孔隙率低，膜厚可达 10~40μm。

2）膜层色泽好。只要改变草酸阳极氧化工艺参数，可以直接获得不同颜色的膜层，如黄铜色、银白色、黄褐色等，不必染色或再电解着色。

3）膜层性能好。草酸阳极氧化膜富有弹性，其硬度、耐磨性及耐蚀性与硫酸阳极氧化膜接近，甚至更好。

4）生产成本高。草酸阳极氧化所需的生产成本比较高，这是因为溶液中的草酸比较贵且在生产中用电量大、能耗高所致。

（2）草酸阳极氧化膜的应用　草酸阳极氧化膜的性能较好，但由于其生产成本高，操作也比较繁杂，所以很难得到推广应用。它的应用范围主要是一些有特定要求的铝合金制品。通常用量大又没有特殊要求的铝合金制品都不采用这种方法。因此它的应用范围有限，主要有两方面的应用：

1）要求有较高绝缘性能的铝线材及仪器零件。

2）要求有较高硬度及耐磨性能的仪表零件及日用品等。

厚度小于 0.6mm 的铝及铝合金板材和有焊接头的铝合金工件上不适合用草酸阳极氧化法处理。

3. 草酸氧化的影响因素

（1）温度和电解液 pH 的影响　温度升高，膜层减薄，如果在较高温度时，升高电解液的 pH，膜的厚度可增加，最佳的 pH 在 1.5~2.5 之间，温度在 25~40℃ 之间。

（2）电压和电流的影响　在草酸氧化过程中，电流和电压的增加应该缓慢，如上升太快，由于新生成氧化膜不均匀，会造成电流集中，导致该处出现严重的电击穿，引起金属铝的腐蚀。生产中一旦发现电流突然上升或电压突然下降，说明产生了电击穿，应立即降低氧化电流终止氧化，等待片刻后重新开启电流，调至额定值。

（3）草酸浓度的影响　草酸浓度过低，氧化膜会变薄；草酸浓度偏高，则氧化膜会变得疏松。

（4）杂质的影响　草酸阳极氧化对氯离子杂质非常敏感，氯离子含量不能超过 0.2g/L，否则氧化膜会发生腐蚀或烧蚀。氯离子主要来自自来水或冷却盐水。铝离子不能超过 3g/L，否则氧化电压上升并容易烧蚀。如果草酸电解液中的氯离子、铝离子含量太高，应更换槽液。

4. 草酸阳极氧化膜常见缺陷、产生原因及解决方法

草酸阳极氧化膜常见缺陷、产生原因及解决方法见表 2-33。

表 2-33　草酸阳极氧化膜常见缺陷、产生原因及解决方法

膜的缺陷	产生原因	解决方法
氧化膜薄	①溶液的草酸浓度低 ②溶液温度太低<10℃ ③电压低于 110V ④氧化时间不足	①添加草酸 ②调整好溶液温度 ③调高电压 ④增加氧化时间
膜层疏松，并且可以溶解	①溶液的草酸含量太高 ②Al^{3+} 浓度>3g/L ③Cl$^-$ 浓度>0.2g/L ④温度>21℃	①调整草酸浓度 ②降低 Al^{3+} 的含量 ③降低 Cl$^-$ 的含量 ④降低溶液温度至 20℃ 下
膜层电腐蚀	①电接触不良 ②电压升得太快 ③搅拌用的空气量太小 ④材料问题	①改善接触 ②逐步升高电压 ③增加压缩空气量 ④缩短氧化时间
膜层有腐蚀斑点	Cl$^-$ 浓度>0.2g/L	更换溶液

2.10.11　铝及铝合金磷酸阳极氧化

磷酸阳极氧化膜很薄，一般仅为 $3\mu m$，孔隙率低，但孔径较大（$30\sim40\mu m$），故有很好的黏附性，是油漆和电镀的良好底层，也用于铝合金黏结表面的预处理。此外，含铜量高的铝合金特别适合进行磷酸阳极氧化，磷酸阳极氧化工艺规范见表 2-34。

表 2-34　铝及铝合金磷酸阳极氧化工艺规范

工　艺　号		1	2	3
组分浓度 /（g/L）	磷酸（H_3PO_4）	200	$250\sim350$	$100\sim140$
	草酸（$C_2H_2O_4\cdot2H_2O$）	5	—	—
	十二烷基硫酸钠（$NaC_{12}H_{25}SO_4$）	0.1	—	—
工艺条件	温度/℃	$20\sim25$	$30\sim60$	$10\sim15$
	电流密度/（A/dm^2）	2	$1\sim2$	—
	电压/V	25	$30\sim60$	$10\sim15$
	氧化时间/min	$18\sim20$	10	$18\sim22$
	阴极材料	铅板	铅板	铅板
	电源	直流	直流	直流
适用范围		电镀底层	电镀底层	黏结表面处理

2.10.12　铝及铝合金铬酸阳极氧化

英国是最早使用铬酸氧化的国家，后来经过许多工作者的不断修改，使该方法在工业上获得广泛应用。

铬酸阳极氧化膜厚度通常只有 $2\sim5\mu m$，膜层质软，弹性好，基本上不降低基体材料的疲劳强度，且能保持工件原有精度和表面粗糙度。氧化膜外观呈不透明的灰白色或深灰色，孔隙率很低，故常不需封闭而直接使用。氧化膜的孔隙极少，吸附能力差，染色困难，其耐磨性能不如硫酸氧化膜。但是如果在同样厚度条件下，铬酸阳极氧化膜的耐蚀能力比未经封闭的硫酸氧化膜高。它可作为油漆良好的底层，广泛应用于橡胶黏结件。

1. 铬酸阳极氧化工艺

（1）铬酸阳极氧化工艺流程　铬酸阳极氧化工艺流程如下：

铝及铝合金制件→机械抛光→上挂→脱脂→清洗→酸洗→清洗→碱腐蚀→热水洗→冷水洗→出光→铬酸阳极氧化→清洗→下挂→干燥→检验。

（2）铬酸阳极氧化溶液配方及工艺　铬酸阳极氧化工艺见表 2-35。

表 2-35　铬酸阳极氧化工艺

工　艺　号		1	2	3	4
铬酐（CrO_3）浓度/（g/L）		$50\sim60$	$30\sim35$	$50\sim55$	$95\sim100$
工艺条件	pH	<0.8	$0.65\sim0.8$	<0.8	<0.8
	温度/℃	35 ± 2	40 ± 2	39 ± 2	37 ± 2
	电流密度/（A/dm^2）	$1.5\sim2.5$	$0.2\sim0.6$	$0.3\sim0.7$	$0.3\sim0.5$

（续）

工　艺　号		1	2	3	4
工艺条件	电压/V	40~50	40	40	40
	氧化时间/min	60	60	60	35
	阴极材料	铅板或石墨	铅板或石墨	铅板或石墨	铅板或石墨
	电源	直流	直流	直流	直流
适用范围		适用型	尺寸公差小或抛光的零件	机加工件、钣金件	焊接件或作为涂装底层

（3）铬酸阳极氧化方法　铬酸阳极氧化方法主要有恒电压法和 BS 法两种。

1）恒电压法。恒电压法始于美国，是一种强化型铬酸阳极氧化。电解液为质量分数为 5%~10% 的铬酸，在 40V 恒压电解，溶液寿命长。

2）BS 法。BS 法实际上是分阶段提高电解电压进行处理的方法，如图 2-16 所示。

首先在 10min 内使电压升到 40V 进行电解处理，保持约 20min，然后在 5min 内将电压升到 50V 进行电解处理。这时电流密度为 $0.3~0.4A/dm^2$，可得到 $2~5\mu m$ 的氧化膜。处理铸件时，溶液温度为 25~30℃，在 10min 内使电压升到 40V，然后在此电压下电解 30min。BS 法操作复杂，生产中不常用。

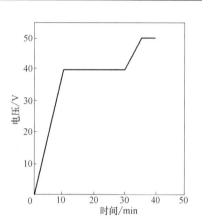

图 2-16　BS 分段提高电压法

（4）溶液配制及维护　溶液的配制及维护方法如下：

1）溶液的配置。首先计算槽的容积及铬酐的用量，然后往槽内加入欲配容积 4/5 的蒸馏水（或去离子水），将称好的铬酐缓慢加入槽中，并搅拌至铬酐完全溶解，然后加蒸馏水（或去离子水）至所需要的体积，再搅拌至均匀。溶液配制好后进行分析和试生产，合格后即可使用。

2）溶液的维护。铬酸的含量过高或过低均会降低氧化能力。随着氧化过程的进行，铝不断溶入电解液内，与铬酸结合，生成铬酸铝 $[Al_2(CrO_4)_3]$ 和碱式铬酸铝 $[Al(OH)CrO_4]$。因此，游离铬酸的含量将随着加工时间延长而减少，电解液的氧化能力也随之下降。应定时往电解液内补充铬酸，也可以用测量 pH 的方法来分析，调整溶液，如图 2-17 所示。

铬酸阳极氧化法电解液中杂质为硫酸根、氯离子和三价铬。当硫酸根含量大于 0.5g/L 或者氯离子含量大于 0.2g/L 时，氧化膜外观粗糙。当硫酸含量太多时，可加入氢氧化钡或碳酸钡，生成硫酸钡沉淀，通过过滤即可

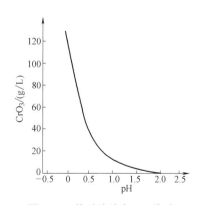

图 2-17　铬酸溶液与 pH 关系

去除。氯离子太多时，通常用稀释溶液的方法来解决。三价铬是六价铬在阴极上还原而产生的，三价铬的积累会使氧化膜变得暗色无光。当三价铬多时可采用通电处理，将三价铬氧化

成六价铬。其处理工艺为阳极电流密度为 $0.25A/dm^2$，阴极电流密度为 $10A/dm^2$。阳极用铅板，阴极用钢板。

2. 铬酸阳极氧化膜的特点及应用

（1）铬酸阳极氧化膜的特点　铬酸阳极氧化膜的特点如下：

1）铬酸阳极氧化膜的厚度比硫酸法及草酸法所得的膜层薄，只有 $2\sim5\mu m$。

2）膜层质软、弹性高、致密，不用封闭也能使用。

3）铬酸阳极氧化膜不透明，颜色由灰白到深灰色或彩虹色，而膜本身无孔，不能染色。

4）铬酸溶液的成本比较高，生产过程耗电量很大，由于含铬，所以废液处理比较困难，容易造成环境污染。

（2）铬酸阳极氧化膜的应用　铬酸阳极氧化膜的应用如下：

1）适合用于铝硅合金工件的防护。

2）用于气孔率超过二级的铸件处理。

3）适用于疲劳性能要求较高的工件处理。

4）适用于蜂窝结构面板，以及需要胶接的工件处理。

5）用于形状简单的对接气焊工件防护处理。

3. 铬酸阳极氧化膜常见故障及解决方法

铬酸阳极氧化膜常见故障、产生原因及解决方法见表 2-36。

表 2-36　铬酸阳极氧化膜常见故障、产生原因及解决方法

故障	原因	解决方法
氧化膜烧蚀	1. 工件和夹具间的导电不良 2. 工件与阴极接触 3. 电解电压太高	1. 夹紧夹具及改进接触 2. 防止工件与阴极意外接触 3. 降低电压
工件被腐蚀成深坑	1. 铬酸含量太低 2. 铝合金材质不合适	1. 调整铬酸含量 2. 更换工件材质
氧化膜薄，并有发白现象	1. 工件和夹具间的导电不良 2. 氧化时间太短 3. 电流密度太低	1. 夹紧夹具及改进接触 2. 保证足够的氧化处理时间 3. 提高电流密度
氧化膜上有粉末	1. 电解液温度太高 2. 电流密度过大	1. 降低温度 2. 降低电流密度
氧化膜发黑	1. 工件上抛光膏未洗净 2. 铝合金材质不合适	1. 加强脱脂工艺 2. 更换工件材质

2.10.13　铝及铝合金瓷质阳极氧化

在阳极氧化电解液中加入某些物质，使其在形成氧化膜的同时被吸附在膜层中，从而获得光滑且有光泽、均匀的不透明类似瓷釉和搪瓷色泽的氧化膜，故称瓷质阳极氧化。瓷质阳极氧化又称仿釉氧化，是铝及铝合金精饰的一种方法。其处理工艺实际是一种特殊的铬酸或草酸阳极氧化法。它的氧化膜外观类似瓷釉、搪瓷或塑料，具有良好的耐蚀性，并能通过染色获得更好的装饰效果。瓷质阳极氧化一般采用较高的电解电压（25~50V）和较高的电解液温度（48~55℃）。

瓷质阳极氧化溶液主要分为两类:

1) 在草酸或硫酸电解液中添加稀有金属元素 (如 Ti、Zr 等) 盐类。在氧化过程中, 主要依赖于所添加盐类的水解作用, 产生发色物质沉积于整个氧化膜的孔隙中, 形成似釉的膜层。膜层质量好, 硬度较高, 但电解液价格贵, 使用周期短, 且对工艺的控制要求十分严格。

2) 以铬酸酐为基础的混合酸电解液。它具有成分简单、价格低廉、形成的膜层弹性好等优点, 但是膜层硬度比较低。

1. 瓷质阳极氧化的工艺规范

瓷质阳极氧化工艺规范见表 2-37。

表 2-37　瓷质阳极氧化工艺规范

工　艺　号		1	2	3
组分浓度 /(g/L)	草酸钛钾 $[TiO(KC_2H_4)_2 \cdot 2H_2O]$	35 ~ 45	—	—
	柠檬酸 $(C_6H_8O_7 \cdot 2H_2O)$	1 ~ 1.5	—	—
	草酸 $(C_2H_2O_4 \cdot 2H_2O)$	2 ~ 5	—	5 ~ 12
	硼酸 (H_3BO_3)	—	30 ~ 35	35 ~ 40
	铬酐 (CrO_3)	8 ~ 10	1 ~ 3	5 ~ 7
工艺条件	温度/℃	24 ~ 28	38 ~ 45	45 ~ 55
	电流密度/(A/dm^2)	开始 2 ~ 3 终止 0.6 ~ 1.2	开始 2 ~ 3 终止 0.1 ~ 0.6	0.5 ~ 1
	电压/V	90 ~ 110	40 ~ 80	25 ~ 40
	氧化时间/min	30 ~ 40	40 ~ 60	40 ~ 50
	阴极材料	炭棒或纯铝板	铅板、不锈钢板或纯铝板	铅板或不锈钢板
	电源	直流	直流	直流
膜厚/μm		10 ~ 16	11 ~ 15	10 ~ 16
颜色		灰白色	灰色	乳白色
适用范围		有耐磨要求的高精度零件	制作装饰表面	制作装饰表面

2. 瓷质阳极氧化的影响因素

(1) 草酸　草酸含量过低, 膜层变薄; 含量过高, 会使溶液对氧化膜的溶解过快, 氧化膜变得疏松, 降低膜层的硬度和耐磨性。随着草酸含量的增加, 膜层的色泽逐步加深, 但当其质量浓度超过 12g/L 时, 膜层的透明度重新增加, 其外观类似黄色的草酸氧化膜。草酸含量对于瓷质氧化膜厚度的影响, 如图 2-18 所示。

(2) 铬酸　随着铬酸添加量逐步增加, 膜层的透明度随之降低, 并向灰色方向转化, 仿瓷质效果提高。当铬酸含量在工艺控制的范围之内时, 瓷质氧化膜的色泽最佳。铬酸含量达 55g/L 时, 效果下降, 并对铝表面发生腐蚀作用。铬酸含量与氧化膜厚度的关系, 如图 2-19 所示。

(3) 柠檬酸和硼酸　适当提高柠檬酸和硼酸的含量, 可提高氧化膜的硬度和耐磨性, 增加硼酸含量, 能显著改善氧化膜的成长速度, 同时膜层向乳白色转化, 但当其含量超过

10g/L 时，氧化速度反而降低，膜层向雾状透明转化。

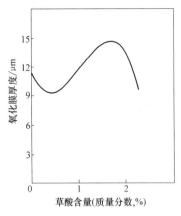

图 2-18 草酸含量与氧化膜厚度的关系

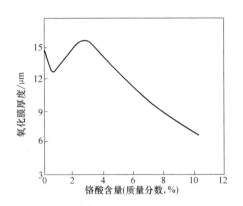

图 2-19 铬酸含量与氧化膜厚度的关系

（4）草酸钛钾 当其溶液中草酸钛钾的含量不足时，所得氧化膜是疏松的，甚至是粉末状的。草酸钛钾的含量需控制在工艺范围内，从而使膜层致密、耐磨和耐蚀性好。

（5）铝合金成分 为获得优质的瓷质阳极氧化膜，最重要的因素之一是选择合适的铝合金材质，最合适的铝合金（合金中百分含量为质量分数）是：Al-Mg（3% ~ 4%）、Al-Zn（5%）-Mg（1.5% ~ 2%）、Al-Mg（0.8%）-Si（1.8%）、Al-Mg（0.8%）-Cr（0.4%）。

（6）电压 电压影响膜层的色泽。电压过低时，膜层薄而透明；电压过高时，膜层由灰色转变为深灰色，达不到装饰的目的。

（7）温度 瓷质氧化的操作温度对阳极氧化膜有很大的影响。温度升高，膜的成长速度加快，而当温度过高时，膜层的厚度会下降，膜层表面粗糙而无光泽。

（8）氧化时间 氧化开始阶段膜层增加较快，当膜厚达到 16μm 时，膜的生成速度极其缓慢。

2.10.14 铝及铝合金硬质阳极氧化

阳极氧化的膜层按硬度分类见表 2-38。

表 2-38 阳极氧化的膜层分类

类别	HV
超硬质	≥4500
硬质	3500 ~ <4500
半硬质	2500 ~ <3500
普通	1500 ~ <2500
软质	<1500

通常情况下，将厚度大于 25μm，硬度高于 3500HV 的阳极氧化称为硬质阳极氧化。硬质阳极氧化的目的是得到硬度高，耐磨性、耐蚀性更好，膜层比普通阳极氧化膜厚得多的氧化膜。硬质阳极氧化膜的最大厚度可达 250 ~ 300μm，故这种方法又称为厚膜阳极氧化法，图 2-20 所示为硬质氧化工件。

硬质阳极氧化的工艺过程及作用机理与普通阳极氧化无原则上的不同，其主要的差别是阳极氧化的电解液配方和工艺有所不同。实际上硬质阳极氧化膜和普通阳极氧化膜同样是由壁垒层和多孔层两层组成的蜂窝状结构，其孔径约为 12nm，与普通的硫酸法阳极氧化膜相似。但硬质膜的孔数少而孔壁厚，故有更高的硬度和致密性。

获得硬质阳极氧化膜的方法如下：

1）降低电解液的温度。降低电解液的温度就是把硫酸阳极氧化的操作温度降至 10℃ 以下，此时即可获得

图 2-20 硬质氧化工件

硬质膜，主要是利用了低温状态下膜的溶解速度变慢，生成的膜厚且致密。同时，在温度较低时，氧化膜表面铝的活性小、活化中心小并且散布在表面，膜层的生长相互干扰，不整齐地排列，此时成膜的结构为棱柱状，孔隙率降低而硬度提高，生长得更厚。

2）改变氧化溶液的成分。在硫酸中添加柠檬酸、酒石酸、苹果酸、氨基水杨酸、乳酸、丙二酸等有机酸，再把阳极氧化的操作温度适当提高，可提高阳极氧化膜的硬度，并能改善其工艺性能。

3）提高电流密度。一般提高至普通阳极氧化电流密度的 2~3 倍。

4）搅拌。搅拌的目的主要是降温。硬质阳极氧化溶液的配方有很多种，其中最简单的是硫酸法，其溶液稳定，操作方便，成本较低，适用于多种铝材，但为了保持低温，需要有制冷设备，采用混酸法则可以在接近常温下操作，膜的质量也有所提高。

1. 硬质阳极氧化的工艺

（1）硬质阳极氧化的工艺过程　工艺过程如下：

铝及铝合金工件→化学脱脂→清洗→中和→清洗→硬质阳极氧化→清洗→封闭→干燥→检验→成品。

（2）硬质阳极氧化的工艺特点　硬质阳极氧化的工艺特点如下：

1）溶液的冷却和搅拌。硬质阳极氧化过程中 Al_2O_3 的生成是放热反应，尤其是当电压和电流密度增加时，Al_2O_3 的生长加速，由电能而转化的热量使槽内的溶液温度迅速升高。但是硬质膜又必须在低温下才能生成，故在生产设备上必须装有强的冷却系统。通常是在槽内装盘管冷却或用热交换器冷却。为使溶液的温度均匀及冷却效果好，必须不断地搅拌溶液。

2）硬质阳极氧化的温度低。硬质阳极氧化的溶液和工件温度都比较低，对低温硫酸阳极氧化的操作温度一般是 $-5 \sim +10℃$ 的范围，这是获得硬而厚的氧化膜的必要条件。对于混合酸阳极氧化来说，虽然可以在常温下操作，但温度也不宜过高，否则膜的溶解加速，成长速度慢，硬度和耐磨性都有影响。

3）工件的尺寸变化。由于硬质阳极氧化产生厚膜，而且膜厚达 $300\mu m$，它会增大工件的尺寸。因此，对于尺寸要求严格的工件，必须设计好阳极氧化前的尺寸，以便在阳极氧化后工件符合规定的公差范围。

4）电压的控制。由于生成的膜层致密并逐渐增厚，随着膜的不断增长而电阻增大，为了保持一定的电流密度和氧化的进行，必须逐步增大电压，开始时电压较低，但终止时电压

较高。所以在硬质阳极氧化过程中槽电压是变化的。

2. 硬质阳极氧化膜的特性及应用

（1）硬质阳极氧化膜的特性 硬质阳极氧化膜的特性如下：

1）硬度高。硬质阳极氧化膜的硬度要比普通阳极氧化膜高得多，铝合金上的硬度可达400~600HV。在纯铝上可达1500HV以上，在铝合金中，7A04合金最易获得硬质阳极氧化膜。

2）耐磨。硬质阳极氧化膜具有很高的硬度，膜层多孔，能吸附和贮存润滑油，因此耐磨性优越。表2-39列出了各种材料与硬质阳极氧化膜的耐磨性比较。表2-40列出了7A04铝合金硬质阳极氧化膜各种摩擦偶的摩擦性能。

表 2-39　各种材料与硬质阳极氧化膜的耐磨性的比较

材料	1A85(LG1)	1100(L5-1)	5A02(LF2)	硬质镀铬层（947HV）	硬质镀铬层（1003HV）	硬质氧化膜
磨耗量/mg	632	540.8	388.2	45.6	29.1	12.3

注：表中数据为20000次回转磨耗量，磨耗轮为CS-17，压力10N。

表 2-40　7A04（LC4）铝合金硬质阳极氧化膜各种摩擦偶的摩擦性能

摩擦偶	摩擦类型	膜的类型	膜损量/mg	平均摩擦因数
50钢-7A04(LC4)	滚动	常温膜	0.3/43.8 0.1/50.9	0.35
		低温膜	1.1/20.5 0.8/11.0	0.51
7A04(LC4)-7A04(LC4)	滚动	常温膜	5.2/4.9 2.5/1.2	0.44
		低温膜	26.4/4.3 14.4/107.4 15.0/7.6	0.44
7A04(LC4)-7A04(LC4)	干滑动	常温膜	1.2/48.6 2.0/49.4	0.10
		低温膜	5.1/77.8 6.8/113.5	0.13

注：1. 7A04（LC4）合金常温硬质阳极氧化工艺：H_2SO_4（200g/L），$C_4H_6O_5$（17g/L），$C_3H_8O_2$（12mL/L），$Al_2(SO_4)_3$（16g/L）；$3A/dm^2$；12~14℃；70min。

2. 7A04（LC4）合金低温硬质阳极氧化工艺：H_2SO_4（200g/L），-4℃，150min。

3. 干滑动摩擦条件：负荷9.8N，转速190r/min，时间30min，试样左右摆动。

4. 滚动摩擦条件：负荷157N，转速190r/min，时间30min，试样左右摆动。

3）耐热。硬质阳极氧化膜的熔点高达2050℃，热导率很低，是良好的绝热体，能在短时间内承受1500~2000℃的高温热冲击。膜层越厚，耐热冲击的时间越长，可用于铝合金活塞顶部承受燃烧室的火焰冲击。硬质阳极氧化膜耐直接冲击的能力见表2-41。

4）绝缘。硬质阳极氧化膜具有很高的电绝缘性，采用较高的电解电压，增加氧化膜的厚度，氧化后用高绝缘材料封闭，都能提高氧化膜的绝缘性能。但是，膜层中的成分偏析，重金属的夹杂，会降低氧化膜的电绝缘性能。铝-镁（质量分数为3.5%）合金硬质阳极氧化膜的击穿电压见表2-42。

表 2-41 各种铝合金硬质阳极氧化膜耐直接冲击的能力

合　　金	膜层厚度/mm			
	0.025	0.051	0.076	0.127
	损坏时间/min			
6061(LD30)	0.49~0.52	0.52~0.60	0.74~0.86	0.85~0.87
2A12(LY12)	0.50~0.56	0.70~0.71	0.73~0.90	0.97~1.02
2A12(LY12)(包铝)	0.55	0.64~0.79	0.76~0.77	1.02~1.10
7A09(LC9)	0.48~0.49	0.66~0.68	0.78~0.82	0.94~0.98
Al-Si 合金	2.55	3.08	4.06	5.81
Al-Mg(质量分数为 10%)合金	2.55	3.29	5.20	3.10

表 2-42 铝-镁合金硬质阳极氧化膜的击穿电压　　　　　　（单位：V）

膜厚/μm	未封闭	沸水封闭	沸水和石蜡浸渍封闭
25	250	250	550
50	950	1200	1500
75	1250	1850	2000
100	1850	1400	2000

5）对工件疲劳性能的影响。硬质阳极氧化处理对铝合金一般力学性能影响不明显，但随着氧化膜厚度的增加，基体金属厚度会相应地减少，合金的伸长率有所下降，下降最多的是疲劳性能。铝合金疲劳强度下降的幅度取决于硬质氧化处理工艺和合金成分见表 2-43。

表 2-43 硬质阳极氧化处理时各种铝合金疲劳强度下降的幅度（%）

合金	膜层厚度/μm				
	20	60~70	71~80	100	170
2A12(LY12)	0	26	—	—	—
7A04(LC4)	24	50	—	—	—
2A01(LY1)	0	—	45	—	—
2A70(LD7)	0	—	60	33	—
5A02(LF2)	0	—	—	—	45

疲劳强度下降是因为氧化膜的裂纹和尖端应力集中所造成的。直流阳极氧化对疲劳强度的影响小于交流阳极氧化，超硬铝下降的幅度最大。如 7A04（LC4）合金硬质阳极氧化处理后，疲劳强度可下降 50%左右。硬质阳极氧化对铝合金的高应力疲劳性能影响较大，但对铝合金低应力疲劳性能影响不大。

6）耐腐蚀。硬质阳极氧化膜的耐蚀性比普通阳极氧化膜高一些。但是，并不是膜层越厚耐蚀性越好，因为膜层太厚容易产生裂纹，同时膜层的孔隙会吸附水分和腐蚀性物质，而使其耐蚀性降低。2A02（LY2）铝合金铬酸氧化膜和硬质氧化膜的耐蚀性见表 2-44。

表 2-44 2A02（LY2）铝合金铬酸氧化膜和硬质氧化膜的耐蚀性

处　理　方　法	开始腐蚀时间 /h	片状腐蚀面积达 50%，并 有腐蚀产物堆积时间/h
铬酸阳极氧化	90	300
硫酸硬质阳极氧化	90	800
混合酸硬质阳极氧化	500	1000
混合酸硬质阳极氧化后喷丸	300	1000

（2）硬质阳极氧化膜的用途　硬质阳极氧化膜的特性使这种表面技术在机械制造业、航天航空工业、国防工业和其他部门获得很多的重要用途，而且主要是用于要求耐磨、耐热、绝缘的铝合金工件上，如气缸、活塞、轴承、导轨、滚棒、飞机货舱的地板等。缺点是膜层过厚时，铝合金的疲劳强度下降。

（3）硬质阳极氧化适用范围　硬质阳极氧化适用范围如下：

1）适用范围。要求高硬度的耐磨性工件；要求电绝缘好的工件；要求经受瞬间高温的工件；要求耐气流冲刷的工件。

2）不适用范围。厚度小于0.8mm的板材；螺距小于1.5mm的螺纹件；硅含量高的压铸件；2A11合金材料。

3. 硫酸硬质阳极氧化工艺

许多工业化硬质阳极氧化采用直流技术，Glenn L. Martin公司早期开发的MHC工艺是最熟知的硫酸溶液直流阳极氧化工艺之一，即在15%硫酸溶液中，温度为0℃，以电流密度为$2 \sim 2.5 A/dm^2$的直流阳极氧化。为了维持恒定的电流密度，电压从初始的$20 \sim 25V$增加到$40 \sim 60V$。

图2-21表示MHC硬质阳极氧化膜的生长速度，此外MHC工艺的另一重要特征是采用二氧化碳对槽液进行搅拌，因此特别适宜于生产较厚的硬质阳极氧化膜，但是实践表明对于2000系铜含量很高的铝合金仍然具有相当的难度。

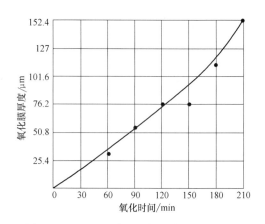

图2-21　MHC硬质阳极氧化膜的生长速度

（1）硫酸硬质阳极氧化工艺　硫酸硬质阳极氧化工艺见表2-45。

表2-45　硫酸硬质阳极氧化工艺

工艺号		1	2	3	4	5
组分浓度/(g/L)	硫酸(H_2SO_4)	120~300	200	5~12	—	—
	苹果酸($C_4H_6O_5$)	—	—	30~50	—	—
	磺基水杨酸($C_7H_6O_6S \cdot 2H_2O$)	—	—	90~150	—	—
	草酸($C_2H_2O_4 \cdot 2H_2O$)	—	20	—	40~50	—
组分浓度/(g/L)	丙二酸($C_3H_4O_4$)	—	—	—	30~40	—
	硫酸锰($MnSO_4 \cdot 5H_2O$)	—	—	—	3~4	—
	丙三醇	—	50	—	—	—
	蒽	—	—	—	—	10~15
	乳酸	—	—	—	—	25~35
	柠檬酸	—	—	—	—	35~45
工艺条件	温度/℃	5~15	10~15	变形铝15~20 铸铝15~30	10~15	5~35
	电流密度/(A/dm^2)	1.5~3	2.5~2.5	变形铝5~6 铸铝5~10	2.5~3	1.5~2.5

（续）

工 艺 号		1	2	3	4	5
工艺条件	电压/V	0~120	0~27	—	0~100	0~120
	氧化时间/min	30~120	30~50	变形铝 30~100 铸铝 30~100	60~100	30~80
	阴极材料	铅板				
	电源	直流				
	搅拌条件	压缩空气强烈搅拌				

（2）硫酸硬质阳极氧化的溶液配制及操作要点 硫酸硬质阳极氧化的溶液配制及操作要点如下：

1）硫酸电解液的配制。用纯水（蒸馏水或去离子水）先装至槽规定容积的 2/3，然后缓慢加入量取好的硫酸，边搅拌边倒入，倒完后再加水至所需的容积，搅拌均匀后冷却待用。

硬质阳极氧化膜操作开始前，要先打开溶液的冷却装置，使溶液温度冷却下降至所规定的最低温度，才能放进工件进行操作。

2）操作要点。将装挂好的工件放入槽中，工件与工件之间，工件与阴极之间应保持一定的距离，避免互相接触，然后打开压缩空气搅拌，并正式通电。

开始氧化时的电流密度为 0.5A/dm²，在 25min 内分 5~8 次逐步升高至 2.5A/dm²，此后大约隔 5min 调整一次电压，使电流密度保持在规定上限。开始电压为 8~12V，最终电压应根据铝材的种类及要求膜层的厚度而定。氧化结束后，需先断电后取出工件。

在氧化过程中要经常注意电压和电流的状况，若有电流突然增大或电压突然降低的现象发生，应立即停电，检查工件找出原因，一般来说是由于膜层溶解造成的。检查后将膜层溶解的工件取出来，其余的工件可以继续通电氧化。

对挂具和夹具应有一定的要求，所有挂具与工件触点均由铝、铝镁合金、铝硅合金制造，要求导电性好，其余部分则必须进行绝缘处理。

工件的表面粗糙度应低于 0.8μm；所有的锐边、锐角均应倒圆，半径不小于 0.5mm；有螺纹表面不得划伤，螺纹的顶部和根部应倒圆，其半径为 0.2mm。

要设计专用夹具，保证与工件保持良好的电接触，并可耐高电压和大电流。

工件需进行局部阳极氧化时，应对其余部分进行绝缘保护。其方法是将配好的绝缘胶喷涂（或浸、刷）于需保护部位，刷一次烘干一次，需 2~4 次。氧化后，绝缘胶可用 50~70℃热水洗去。

4. 影响硫酸阳极氧化膜质量的因素

（1）溶液浓度 硫酸的含量一般控制在 10%~30% 的范围比较适宜，浓度低时所得膜的硬度高、耐磨性好，特别是纯铝的工件更是如此，对含铝量较高的铝铜合金（2A12 除外），可用高浓度（200~300g/L）硫酸溶液氧化处理。

硫酸浓度对铝板成膜效率的影响，如图 2-22 所示。

（2）溶液温度 溶液的温度对膜层质量影响极大，一般情况下温度上升，膜的硬度及耐磨性能都下降；只有温度下降，膜的硬度及耐磨性才能提高，温度应控制在设定值±2℃范围内波动为宜。

溶液温度对铝板成膜效率的影响，如图 2-23 所示。

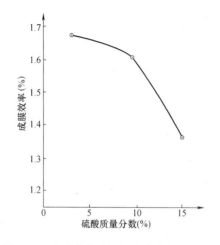

图 2-22　硫酸浓度对铝板成膜效率的影响

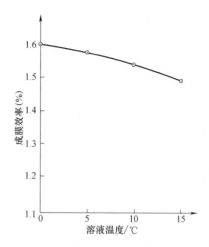

图 2-23　溶液温度对铝板成膜效率的影响

（3）阳极电流密度　阳极电流密度增大，氧化膜生长速度快，氧化时间短，膜层的硬度及耐磨性也会提高。但超过了极限电流密度时，氧化过程放热量增大，温度升高，特别是阳极工件的界面温度过高，膜的溶解速度加快，膜的质量下降。

（4）材料的合金成分　铝材中合金元素及杂质影响膜的均匀性及质量，如硅影响膜的颜色。对 $w(Cu)>3\%$ 或 $w(Si)>7.5\%$ 的铝合金，不适用于阳极氧化处理。但如果提高电流密度，采用交直流重叠法或脉冲电流法氧化，可以获得成功。

5. 铝及铝合金硫酸硬质阳极氧化膜常见缺陷及处理方法

铝及铝合金硫酸硬质阳极氧化膜常见缺陷、产生原因及解决方法见表 2-46。

表 2-46　铝及铝合金硫酸硬质阳极氧化膜常见缺陷、产生原因及解决方法

膜的缺陷	产　生　原　因	解　决　方　法
氧化膜硬度低不够硬	①溶液温度太高 ②电流密度过大 ③膜的厚度太厚	①降低溶液的温度 ②减小阳极电流密度 ③缩短操作时间
氧化膜薄、不够厚	①氧化时间不够 ②电流密度不够大 ③氧化面积计算不准确	①延长氧化时间 ②增大阳极电流密度 ③重新计算氧化的面积
氧化膜被击穿烧坏	①合金的铜含量过高 ②工件散热不好，局部过热 ③挂具与工件接触不良 ④氧化时通电太急，太突然	①更换铝合金材料 ②加强溶液的搅拌 ③改善工件与挂具的接触 ④改善电流操作

6. 非硫酸溶液的硬质阳极氧化

铝的硬质阳极氧化最常用的槽液是硫酸溶液，硫酸溶液虽然成本低，但对铝阳极氧化膜的腐蚀性较大，由于硬质氧化膜特殊性能的要求，并且还要增加铝合金硬质氧化膜的品种，所以寻找腐蚀性较小的非硫酸电解溶液是很有必要的。

（1）以酒石酸为基础的硬质阳极氧化　日本开发过以酒石酸为基础的电解液，以 1mol/L 酒石酸、苹果酸（羟基丁二酸）或丙二酸为基础，加入 $0.15\sim0.2mol/L$ 的草酸作为硬质

阳极氧化的溶液。这种槽液可在温度 40~50℃、外加电压 40~60V、电流密度维持在大约 5A/dm² 的条件下生成硬质膜而不至于粉化，其维氏硬度可达到 300~470HV。尽管有机酸的成本较高，而该工艺可在高于室温时实现，避免了由于冷却到低温而消耗大量电能，因此从节能这一方面可降低操作成本。

（2）以草酸为基础的有机混合酸溶液的硬质阳极氧化　单一草酸溶液进行硬质阳极氧化时，有些铝合金材料成膜比较困难，或不易生成厚膜。所以有时在草酸溶液中加入某种添加剂，目的在于降低阳极氧化过程中的外加电压，同时有利于生成致密的硬质阳极氧化膜。在 50g/L 草酸溶液中添加 0.1g/L 氟化钙、0.5g/L 硫酸和 1g/L 硫酸铬，进行硬质阳极氧化可以得到耐磨性和硬度均佳的阳极氧化膜。草酸中加入少量硫酸也可以在温度为 5~15℃ 时得到硬质阳极氧化膜。另外，草酸与甲酸的混合电解溶液 ［例如，w（草酸）= 5%~10%，φ（甲酸）= 2.5%~5%］ 在 20~80V 电压下，采用 4~10A/dm² 的电流密度进行阳极氧化处理，可以较快地生成厚的硬质阳极氧化膜。

（3）磺酸为基础的硬质阳极氧化　早期，为了获得较致密的硬质阳极氧化膜，德国用磺酸部分代替硫酸以减轻硫酸对于氧化膜的腐蚀作用，已经在室温下得到耐磨的硬质阳极氧化膜。第二次世界大战后，以磺酸为基础的槽液曾经在美国被用于建筑铝型材阳极氧化的整体着色，但是由于成本等原因，整体着色后来被电解着色所替代，然而，以磺酸为基础的溶液可生成比较致密的硬质阳极氧化膜却是不争的事实。

混合酸硬质阳极氧化工艺是在硫酸或草酸溶液的基础上，添加一定量的有机酸或无机盐，如丙二酸、苹果酸、乳酸、酒石酸、甘油、磺基水杨酸、硼酸、硫酸锰等。这样就可以在常温下获得较厚的硬质阳极氧化膜，而且阳极氧化膜的质量有所提高。混合酸硬质阳极氧化工艺见表 2-47。

表 2-47　混合酸硬质阳极氧化工艺　　　　　　　　　　（单位：g/L）

溶液成分及工艺条件	1	2	3	4	5	6
硫酸（H_2SO_4,98%）	200	20%	—	160	5~12	150~240
草酸（$C_2H_2O_4 \cdot 2H_2O$）	—	2%	35~50	15~30	—	—
苹果酸（$C_4H_6O_5$）	17	—	—	—	30~50	—
丙二酸（$C_3H_4O_4$）	—	—	25~30	—	—	—
乳酸（$C_3H_6O_3$）	—	—	—	—	—	12~24
酒石酸（$C_4H_6O_6$）	—	—	—	40~60	—	—
磺基水杨酸（$C_7H_6O_6S \cdot 2H_2O$）	—	—	—	—	90~150	—
硫酸锰（$MnSO_4 \cdot 5H_2O$）	—	—	3~4	—	—	—
硅酸钠（Na_2SiO_3）	—	—	—	—	少许	—
硫酸铝［$Al_2(SO_4)_3 \cdot 18H_2O$］	—	—	—	—	—	8
甘油（$C_3H_8O_3$）	12mL/L	2%	—	—	—	8~16
溶液温度/℃	16~18	10~15	10~30	15±2	15~30	9~20
阳极电流密度/（A/dm²）	3~4	2~2.5	3~4	2.5~3.5	5~10	10~15
槽电压/V	22~24	25~27	40~130			35~70
处理时间/min		40~50	60~100		30~100	
适用范围	适用 7A04 等合金	适用于 2A02、2A12 等合金	适用于 7A04、5A03、ZL6、ZL10 等合金	适用于 7A04、2A12、2A70 等合金	变形铝铸铝合金	适用于 2A11、2A12、2A50、ZL113 等合金

2.10.15　铝及铝合金阳极氧化的其他方法

1. 快速阳极氧化

普通阳极氧化处理方法，电流密度低、电解时间长，在经济上是不合算的。要使氧化膜生长速度快，就要采用大电流密度的快速阳极氧化法，快速阳极氧化装置如图2-24所示。

快速阳极氧化工艺为：硫酸（浓度为150~180g/L），添加剂（浓度为45~85g/L），温度15~45℃，电流密度1.5~6.0A/dm²，加强搅拌。其特点是：氧化槽液温度范围宽，电流密度范围宽，氧化速度快，可达0.5~1.8μm/min，不需专用制冷设备，成本低，且氧化膜性能较好。

快速阳极氧化法与普通阳极氧化法比较见表2-48~表2-50。

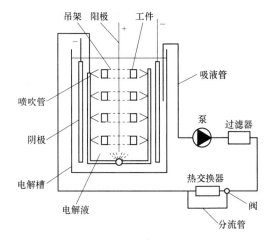

图2-24　快速阳极氧化装置

表2-48　普通阳极氧化法与硬质阳极氧化法电解条件的比较

氧化膜	硫酸量（质量分数,%）	温度/℃	电流密度/(A/dm²)	时间/min	膜厚/μm
普通	30	30±2	3~10	3~20	3~30
硬质	30	30±2	3~10	10~100	30~200

表2-49　快速阳极氧化法与普通阳极氧化法电解速度的比较

方法	硫酸(质量分数,%)	温度/℃	电流密度/(A/dm²)	时间/min	膜厚/μm	氧化膜生长速度/(μm/min)	K 值
普通	15	20±2	1	60	15	0.25	0.25
快速	30	30±2	3	15	15	1	0.33
	30	30±2	5	7	15	2.2	0.43

注：K 为氧化膜生长效率，K＝膜厚/（电流密度×时间）。

表2-50　不同处理温度下的氧化膜硬度

处理温度/℃	3	10	20	30
HV	500~550	450~500	330~400	220~300

2. 碱性阳极氧化

碱性电解液常用的有磷酸三钠（$Na_3PO_4 \cdot 12H_2O$）和氢氧化钠等电解液。单独使用碱性溶液得到的阳极氧化膜薄，耐磨性差。但如果在碱性溶液里添加双氧水或某些金属盐、有机酸等，就会改变碱性阳极氧化处理条件，得到的碱性氧化膜并不比酸性氧化膜差。例如，在氢氧化钠溶液里添加双氧水能提高氧化膜硬度、耐碱性和成长率，这主要是因为双氧水电离提供氧离子，能促进氧化作用。

碱性阳极氧化膜有如下特点：

1）通过电子衍射法观察，发现膜是由非晶态物质和 γ-Al_2O_3 构成的，类似于硫酸液氧化膜。

2）耐碱腐蚀性非常好，在酸性介质中也同样具有好的耐蚀性。

3）柔性很好，不容易出现裂纹，因此适合于加工成形。

4）属于多孔质氧化膜。但结构不规则，表面粗糙，孔的密度小，孔径大，可以染色，且二次电解着色和染色比酸性氧化膜快，颜色也深。

3. 硝酸阳极氧化

硝酸是强氧化剂，对铝腐蚀严重，提高溶液温度可明显降低表面腐蚀程度。一般采用的处理方法是：60%~62%（质量分数）的硝酸溶液，温度20℃，电流密度 1~3A/dm²，电解时间 1~10min，生成的氧化膜是多孔质无色透明膜，可以着色。

4. 溴酸阳极氧化

溴酸阳极氧化法是最早采用的阳极氧化法。根据铝合金种类的不同，溴酸氧化膜可以从透明黄色到青铜色。溴酸阳极氧化膜着色性不如硫酸氧化膜，且操作复杂，耗电量大。由于溴酸价格较高，所以成本也高。溴酸阳极氧化法有直流电、交流电、交直流重叠电解法三种，其中以交直流电解法使用较多，表2-51是溴酸氧化膜的处理条件。

表 2-51　溴酸氧化膜的处理条件

项　　目	标准处理条件	允许差	最佳条件
电解液	游离溴酸:2%~5%（质量分数）	±1%	游离溴酸:3%（质量分数）
铝/（g/L）	<20	—	5
溶液温度/℃	15~35	±4	28±2
电流密度/（A/dm²）	直流+交流:直流 0.4~3.5 直流:0.4~7 交流:0.8~7	±7%	直流+交流: 直流:1 交流:1
时间/min	根据氧化膜厚度而定	—	6μm:25 9μm:38
电压/V	设定电压	±15%	直流:25;交流:80

注：1. 溴酸不含结晶水。

　　2. 交流电密度是平均单位面积上的有效值。

　　3. 设定电压是根据材料、电解液组成、溶液温度、处理面积来确定的。

用含少量铬酸的溴酸溶液处理的方法称为 Eloxal 法。Eloxal 法的主要特征见表2-52。

表 2-52　Eloxal 法的主要特征

电流性质	电压/V	溴酸浓度 （质量分数,%）	电流密度 /（A/dm²）	温度/℃	时间/min	氧化膜厚度 /μm	色调
直流	40~60	3~5	1~2	15~20	40~60	20~30	深黄色
直流	30~35	3~5	1~5	30~35	20~30	10~20	绿色+黄色
交流	40~60 30~60	3~5	DC 2~3.5 AC 2~3	25~35	40~60	20~40	黄色
交直流重叠	40~60	3~5	1~2	20~30	15~20	10~20	黄色

溴酸电解容易受到溶液中杂质的影响，氯离子超过 0.04g/L 就会对电解有害；混入重金属离子会引起腐蚀；少量硫酸根离子使氧化膜色调变暗，如图 2-25 所示，但是当硫酸根离子的浓度超过某一限值时，氧化膜的颜色又会逐渐由暗变亮。

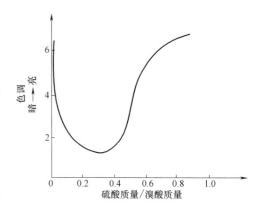

图 2-25　向溴酸添加硫酸对氧化膜色调的影响

5. 铝及铝合金的微弧等离子体氧化技术

（1）概述　微弧等离子体氧化陶瓷层制备技术是专用于 Al、Mg、Ti、Zr、Ta 等有色合金的表面处理技术，又称为微弧氧化或阳极火花沉积。铝及铝合金的微弧等离子体氧化是将铝及铝合金置于电解质的水溶液中，通过高压放电作用，使材料微孔中产生火花放电斑点，在热化学、电化学和等离子化学的共同作用下，在其表面形成一层以 $\alpha\text{-}Al_2O_3$ 和 $\gamma\text{-}Al_2O_3$ 为主的硬质陶瓷层的方法。由于它是直接在金属表面原位生长而成的致密陶瓷氧化层，因而可改善材料自身的防腐、耐磨和电绝缘的特性。用这种方法得到的 Al_2O_3 膜层，通过工艺加以调整，厚度可达 $10\sim300\mu m$，显微硬度达 $1000\sim2500HV$，绝缘电阻大于 $100M\Omega$，且陶瓷层与基体的结合力强。

微弧等离子体氧化技术的研究开始于 20 世纪 50 年代中后期，到 80 年代中后期，它已成为国际研究热点并开始进入实用阶段。自 20 世纪 80 年代德国学者利用火花放电在纯铝表面获得 $\alpha\text{-}Al_2O_3$ 的硬质膜层以来，微弧等离子体氧化技术的研究取得了很大进展。

（2）微弧等离子体氧化的基本原理及工艺过程　自 1950 年以来，对微弧等离子体氧化技术机理的研究取得了很大的进展。该技术的基本原理类似于阳极氧化技术，所不同的是利用微弧等离子体弧光放电增强了在阳极上发生的化学反应。普通阳极氧化处于法拉第区，如图 2-26 所示，所得膜层呈多孔结构；微弧等离子体氧化处于电火花放电区中，电压较高，所得膜层均匀致密，孔隙的相对面积较小，膜层综合性能得到提高。

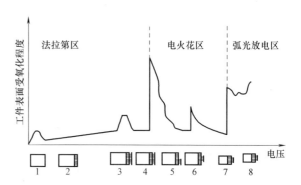

图 2-26　膜层结构与对应电压区间的关系模型

1—酸侵蚀过的表面　2—钝化膜的形成　3—局部氧化膜的形成　4—二次表面的形成　5—局部阳极 ANOF 膜（ANOF 膜为火花放电阳极氧化的德文缩写）的形成　6—富孔的 ANOF 膜　7—热处理过的 ANOF 膜　8—被破坏的 ANOF 膜

当阳极氧化电压超过某一值时，表面初始生成的绝缘氧化膜被击穿，产生微区弧光放电，形成瞬间的超高温区域（$2000\sim8000℃$），在该区内氧化物或基底金属被熔融甚至汽化，在与电解液的接触反应中，熔融物激冷而形成非金属陶瓷层。但当外加电压大于 $700\sim800V$ 时，进入弧光放电区，样品表面出现较大的弧点，并伴随着尖锐的爆鸣声，它们会在膜表面形成一些小坑，破坏膜的性能。因此，微弧等离子体氧化的工作电压要控制在弧光放电区以下。

近期国外研究表明，微弧等离子体氧化包含以下几个基本过程：空间电荷在氧化物基体中形成；在氧化物孔中产生气体放电；膜层材料的局部熔化；热扩散、胶体微粒的沉积；等离子体化学与热化学反应等。

根据电化学理论可知，当铝合金处于阳极状态下，可发生如下反应

$$Al - 3e^- === Al^{3+}$$

Al^{3+}在碱性溶液中经一段时间的积累，达到一定浓度时，即可发生以下反应，形成胶体物质，即

$$Al^{3+} + 3OH^- === Al(OH)_3$$

$$Al(OH)_3 + OH^- === Al(OH)_4^-$$

氧化时，$Al(OH)_4^-$在电场力的作用下，向阳极（即工件）表面迁移，$Al(OH)_4^-$失去OH^-，变成$Al(OH)_3$而沉积在阳极的表面，最后覆盖全表面。当电流强行流过阳极表面形成这种沉积层时会产生热量，这个过程促进了$Al(OH)_3$脱水转变为Al_2O_3。Al_2O_3沉积在试样的表面形成介电性高的障碍层，即高温陶瓷层。

微弧等离子体氧化技术会将金属基体表层变为金属基体氧化物，图 2-27 为样品经微弧等离子体氧化处理后外形尺寸变化示意图。

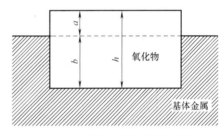

图 2-27　样品经微弧等离子体
氧化处理后外形尺寸变化

a表示陶瓷氧化膜向外生长部分，即试样尺寸增加部分；b表示向基体内部氧化的深度，a、b之间的界面为样品初始表面位置，h为氧化膜总厚度。使用涡流测厚仪可以测出氧化膜厚度h；用精度为 0.001mm 的螺旋测微计测定试样氧化前后的尺寸变化，从而计算出a、b的大小。

螺旋测微仪测出δ_1与δ_0（δ_1代表氧化后试样的厚度，δ_0代表氧化前试样的厚度），则$a = \delta_1 - \delta_0$；涡流测厚仪测出h，由图 2-27 可知，$h = a + b$，则$b = h - a$。

对同一样品，每隔Δt测一次数据，每次测量均在试样上任选位置并采集多个数据，取这些数据的平均值为每个样品的测量值。虽然在测量中存在一定误差，但对分析膜层生长规律仍然有效。

微弧等离子体氧化过程中电解液的成分、浓度、外加电压、电流密度的不同，会对弧光产生时间、色彩、亮度等有所影响。微弧等离子体氧化过程从现象上看，可以分为三个阶段：氧化膜生成阶段、微弧等离子弧阶段以及熄弧阶段（弧点减少直至熄灭阶段）。开始时，在两极间施加一定的电压，可以看到浸在电解液中的工件表面有许多微小的气泡生成，金属光泽逐渐消失，此阶段为氧化膜生成阶段；随着施加电压的升高，气泡开始增多并急剧上升至液面，当电压升至一定值达到起弧电压时，工件表面开始出现密集的、十分微小的淡黄色火花，此时进入了微弧等离子体阶段。当电压进一步升高时，可以发现火花开始变黄变亮，且更为密集。经过一段时间后，工件表面的氧化膜逐渐增厚，微弧等离子体的火花逐渐变稀直至熄灭，此时即为微弧等离子体氧化的最后一个阶段：熄弧阶段。

在该氧化过程中，保持一定电压，峰值电流的变化规律如图 2-28 所示。

可见，在不同的时间段内，峰值电流不同。其变化也可分为三个阶段：①峰值电流急速下降，即为氧化膜生成阶段；②电流由低谷上升，微弧等离子体出现，之后反应稳定进行；③膜层逐渐增厚，在工作电压不能继续提高时，微弧等离子体逐渐变稀直至熄灭。

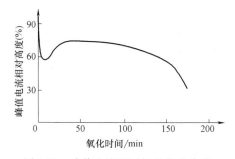

图 2-28　峰值电流随时间的变化曲线

微弧等离子氧化工艺通常有恒流操作和恒压操作两种方式。

恒流操作如图 2-29 所示，将电流设置在某一定值（即电流密度与工件表面积的乘积），在工作过程中，随着膜层厚度的增加而自动增加电压，直至达到所要求的膜层厚度为止。

恒压操作如图 2-30 所示，将电压快速上升至某一定值，在氧化过程中，随着膜层的增厚电流会先升后降，直至反应停止。

在实际应用中一般采用恒流操作。也有在反应开始时采用恒流操作方式，当达到最高电压时，再采用恒压操作的方式。

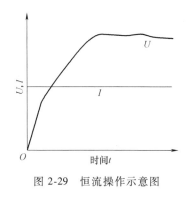

图 2-29　恒流操作示意图

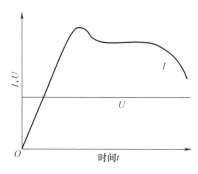

图 2-30　恒压操作示意图

2.10.16　铝及铝合金阳极氧化的应用实例

1. 铝及铝合金日常用具常温硬质阳极氧化

珠江三角洲某铝合金日用制品厂，生产的铝合金日用具，为了提高制品的耐磨性、耐蚀性和耐污性，得到原色至深灰色金属光泽，采用了常温硬质阳极氧化工艺。其工艺流程如下：

铝制品→脱脂→温水洗→水洗→碱蚀→温水洗→水洗→中和出光→水洗→常温硬质阳极氧化→水洗→纯水洗→纯热水封闭→检验→产品。

（1）阳极氧化预处理　先在浓度为 150~180g/L 的硫酸中脱脂，水洗干净后，在质量分数 5% 的 NaOH 溶液中，在 65℃活化除膜 3min，先用热水洗再用冷水清洗干净，然后再在质量分数为 20%~30% 的硝酸溶液中浸泡 1.0~1.5min，中和出光，得到光亮的铝表面。在纯水中浸 0.1~0.5min，立即进入阳极氧化槽氧化。

（2）常温硬质阳极氧化　常温硬质极氧化可以获得与低温阳极氧化相近的硬质氧化膜和原色至深灰色光泽。常温阳极氧化工艺见表 2-53。

（3）影响硬质阳极氧化膜的主要因素　影响硬质阳极氧化膜的主要因素如下：

表 2-53　常温阳极氧化工艺

溶液配方及工艺	变化范围
硫酸(H_2SO_4, $\rho = 1.84g/cm^3$)	$12 \sim 18g/L$
草酸($H_2C_2O_4 \cdot 2H_2O$)	$3 \sim 5g/L$
铬酐(CrO_3)	$0.2 \sim 0.5g/L$
溶液温度	$25 \sim 35℃$
槽电压(直流)	$25 \sim 30V$
阳极电流密度	$1.5 \sim 2.0A/dm^2$
处理时间	$60 \sim 85min$

1）溶液成分的影响。

铬酸浓度的影响：铬酸浓度对氧化膜的色泽有较大影响，可使膜的颜色由半透明到深灰色。铬酸能提高溶液的导电能力和氧化作用；也可以提高溶液中铜离子的允许含量，使允许含量达到 $0.3 \sim 0.4g/L$。

硫酸浓度的影响：硫酸浓度升高，膜的溶解速度加快，孔隙率也升高，对要求着色或染色的制品有利，但硬度及耐磨性稍差；降低硫酸浓度以使孔隙率降低，提高膜的致密性及硬度，使膜坚硬耐磨，适合没有着色要求的产品。

草酸浓度的影响：草酸的加入可以使氧化的温度适当升高时膜的质量不发生大的变化，从而能在常温下得到与低温条件相近的硬质膜。草酸的浓度变化对氧化膜溶解作用影响不大，但会随草酸浓度的增加，影响氧化膜的颜色，并使色泽加深至草绿色。

2）电流密度的影响。

提高电流密度，膜的生长速度加快，氧化时间可以缩短，膜层的溶解减弱，膜层的硬度及耐磨性提高。但电流密度和成膜质量的关系比较复杂，电流密度过高，发热量增大，溶液温度升高又带来不利影响，因此电流密度要控制在合理的范围内。

3）溶液的温度影响。

溶液的温度升高，膜的溶解速度加快，得不到优质的硬质氧化膜，所以要控制在低于 $35℃$ 的水平。为了控制槽液温度，可以采用水冷方式。

4）氧化时间的影响。

氧化时间主要取决于对膜层厚度的要求。在一定的膜层厚度基础上，氧化时间延长，膜层增厚，但生产成本增加，生产率降低。因此，应根据产品不同的用途及对膜层厚度的要求来确定氧化时间。

（4）硬质阳极氧化膜封闭　铝合金制品经常温硬质阳极氧化处理后，水洗除去表面的电解液，然后用 $95 \sim 110℃$ 的纯热水浸煮 $15 \sim 30min$，或者用蒸汽蒸 $15 \sim 25min$，取出自然蒸发、干燥，或用热风吹干。

2. 铝合金涡旋盘的硬质阳极氧化

铸造硅铝合金流动性好，适合于制造各种形状复杂的工件，而且密度小，因而被广泛应用于汽车空调上。广州市某压缩机有限公司新开发的制冷剂为 R134a 汽车空调用涡旋压缩机，采用了高硅铸铝工件作为压缩机的运动涡旋盘。涡旋盘的工作环境要求其具有耐磨、储油等功能，但高硅铸铝不经过相应的表面处理是不可能满足这种要求的。硅铝合金经过阳极氧化处理后则具有多孔、高硬度的特点,正满足了工件需要耐磨、储油等要求。

（1）硬质阳极氧化处理工艺流程 铸铝合金工件硬质阳极氧化工艺流程如下:

硅铝合金工件→化学脱脂→热水洗→冷水洗→碱蚀→热水洗→冷水洗→出光→冷水洗→阳极氧化→冷水洗→热水洗→烘干。

（2）硬质阳极氧化溶液配方及工艺 硬质阳极氧化工艺见表2-54。

表 2-54 硬质阳极氧化工艺

溶液配方及工艺	变化范围
硫酸（H_2SO_4）（工业纯）	$170 \sim 210g/L$
溶液温度	$-5 \sim 2℃$
阳极电流密度	$1.5 \sim 3.0A/dm^2$
处理时间	$45 \sim 60min$
搅拌方式	通洁净的压缩空气

（3）影响硬质阳极氧化膜层质量的因素 影响硬质阳极氧化膜层质量的因素如下:

1）硅铝合金铸件的材质的影响。铝合金中所含的各种合金元素对膜层的质量影响很大,例如铜含量过高,阳极氧化过程中会产生局部过热,生成的氧化膜软而且疏松,而且还会被溶解。进行硬质阳极氧化的工件中铜的质量分数应小于3%。

2）工件热处理的影响。工件热处理的方式对膜层质量有很大影响。同一种材质采用不同的热处理方式,即使表面氧化工艺相同,膜的质量也截然不同。如 A356 材料工件 T4 处理后,氧化膜厚度为 $30 \sim 35\mu m$,硬度在 380HV 以下;T6 处理后,氧化膜厚度在 $35\mu m$ 以上,硬度在 390HV 以上。

3）溶液中硫酸的浓度的影响。硫酸浓度增加,氧化膜的生长速度加快,硬度提高,但硫酸浓度提高时,氧化膜的溶解速度也加快,当溶解速度过生长速度时,会导致氧化膜质量下降。对经 T6 处理的材质为 A356 的工件,在一定条件（温度-3℃,电流密度 $2.5A/dm^2$,氧化时间为 50min）下进行阳极氧化,硫酸浓度为 185g/L 时,膜的硬度为 350HV,膜厚 $20\mu m$;硫酸浓度为 230g/L 时,硬度为 380HV,膜厚 $25\mu m$。

4）溶液温度的影响。溶液温度在$-7 \sim -2℃$范围内波动时,氧化膜的硬度和厚度没有明显的变化,因此,通过温度来调节膜的硬度和厚度效果并不明显。在超出控制范围时会产生重要的影响,当氧化温度过高时,则会对氧化膜的质量产生重大影响,使膜的质量下降。

5）极电流密度的影响。电流密度与膜的成长速度成正比,提高电流密度不仅可以加快氧化膜的成长,而且能增加其厚度,并提高膜的硬度。但是电流密度过大,会使工件产生过热现象,局部过热会使氧化膜溶解,并使膜层疏松、不均匀,甚至破坏。对经 T6 热处理、材质为 A356 的工件,在硫酸 210g/L、温度-3℃下进行阳极氧化,电流密度为 $2A/dm^2$ 时所得的膜硬度为 385HV,膜厚 $20\mu m$;电流密度为 $3A/dm^2$ 时,所得膜的硬度为 395HV,膜厚 $57\mu m$。

6）溶液中的添加剂的影响。溶液中加进某些添加剂对氧化膜的厚度、硬度质量没有明显的提高。但是添加剂可以改善氧化工艺与膜的质量。例如添加草酸以后,可以使氧化的温度范围放宽,膜层均匀,光泽也好,同时也可以抑制电解液对氧化膜的溶解,使膜层致密。

7）氧化时间的影响。在一般的情况下延长氧化时间,可以增加氧化膜的厚度。但氧化时间过长，膜的溶解速度会增大，使氧化膜变薄，而且膜层疏松多孔。

3. 铝合金滑板车的阳极氧化

铝-锌-镁合金等具有较高的硬度和良好的机械加工性能，故应用十分广泛。某表面处理公司生产的铝与铝合金滑板车铝型材，符合外商 ISO 标准，经国内某公司做 CASS 试验，符合国家标准，耐磨性按 GB/T 12967.1—2008 等检验，符合客户的要求。

（1）铝滑板车阳极氧化工艺流程　铝制品→机械抛光→趁热抹去抛光蜡→上挂具或夹具→化学脱脂→2 次清洗→淋洗→晾干→热化学抛光→清洗 3 次→去除旧膜→清洗 2 次→阳极氧化→出槽清洗 3 次→弱碱中和→清洗 2 次→沸水封闭或染色后封闭→清洗→检验→产品。

（2）阳极氧化预处理　阳极氧化预处理过程如下：

1）机械抛光。铝合金短型材、锻造件可采用界面弹性好的麻轮进行粗抛，磨料为低于 260 目的 SiO_2，如用黄色抛光膏应少加、勤加。用软布轮精抛后，可达镜面光亮，抛光的润磨料为含 CaO 微粉级白抛光膏。

2）化学抛光。化学抛光工艺决定着滑板车的外观，必须要注意铝材料的选择及严格控制工艺参数。酸性化学抛光材料通常硝酸及硫酸含量较高，高温操作，工作环境较差，故应降低硝酸的含量，并添加增光剂、抑雾剂等。化学抛光溶液配方及工艺见表 2-55。

表 2-55　化学抛光溶液配方及工艺

溶液成分及工艺条件	普通铝	合金铝
磷酸（H_3PO_4，85%）	75%（质量分数）	75%～85%（质量分数）
硫酸（H_2SO_4，96%）	10%（质量分数）	8%～13%（质量分数）
硝酸（HNO_3，60%）	5%（质量分数）	0～6%（质量分数）
草酸（$H_2C_2O_4 \cdot 2H_2O$）	0～3%（质量分数）	—
复合增光剂 GN	5%（质量分数）	适量
尿素等抑雾剂	2%～3%（质量分数）	适量
溶液温度/℃	90～115	90～110
操作时间/min	1.5～3.0	1～3

3）化学脱脂。化学脱脂精密件用质量分数为 3%～5% 的 Na_3PO_4 和质量分数为 1%～2% 的 Na_2CO_3 溶液，对砂面状或亚光型工件，用 NaOH 作为主盐脱脂，添加适量复合乳化增溶剂。脱脂温度 45～55℃，时间 3～4min。

（3）铝与铝合金滑板车阳极氧化　普通硫酸法阳极氧化是采用质量分数为 15%～20% 的硫酸。对 1000 系列纯铝、3000 系列铝锰和 5000 系列铝镁制作本色耐磨产品，硫酸浓度取下限；如氧化后需要着色的装饰品，则硫酸质量分数应取 10%～12% 较好。为解决 2000 系列铜合金、6000 系列二元合金的阳极氧化，并降低冷冻机能量损耗，在中等浓度的硫酸基溶液中添加适量含镍羧酸盐，可使得工作温度上限由 20℃ 提高至 28℃；含铜合金温度取上限，电压取上限，氧化时间 25min，锌镁合金中氧化膜厚度大于 20μm，硬度在 380～430HV 之间。

（4）阳极氧化后处理　铝合金滑板车阳极氧化后在 95～100℃ 的纯净沸水中浸煮 3～8min，进行封闭。如要着色产品，可在阳极氧化后先清洗进行电解着色或染色，然后再在上述热水中封闭。

4. 铝合金型材的阳极氧化

随着人民生活水平的不断提高，铝及铝合金建筑型材，及用于各种用途的铝材需求量及铝型材的品种不断增加。

（1）铝合金型材阳极氧化的生产工艺流程　整个生产工艺流程如下：

铝型材→上挂具→脱脂→温水洗→碱蚀除膜→热水洗→水洗→中和出光→水洗→阳极氧化→冷水洗→纯水洗→交流电解着色（或送电泳车间电泳，或送固体粉末喷涂车间涂膜，或有机物封闭）→冷水洗→纯水洗→常温封闭→水洗→干燥→成品。

（2）阳极氧化预处理　先在 $150\sim180g/L$ 硫酸中脱脂，经水洗干净后，在 $60\sim65℃$ 质量分数为 $4\%\sim6\%$ 的 NaOH 溶液中碱活化 $2\sim3.5min$ 除膜，然后用热水洗，冷水洗干净后，再在质量分数为 $20\%\sim30\%$ 的硝酸中中和 $1\sim2min$ 出光，并水洗后浸入氧化槽。

（3）铝型材的阳极氧化　铝型材经硝酸出光后，经水洗浸入阳极氧化槽，浸在 $150\sim180g/L$ 的硫酸溶液中，在 $25\sim35℃$ 温度下进行阳极氧化，电流密度为 $1.2\sim1.8A/dm^2$，通电 $30\sim60min$。

（4）阳极氧化后的处理　阳极氧化后的处理如下：

1）对于要求保留铝合金外观原色的产品，在阳极氧化成膜后进行水洗。水洗干净后，用 $95\sim105℃$ 的纯热水进行封闭，然后自然晾干或用热风吹干，即得到原色的铝合金型材产品。

2）粉末涂料封闭。需要用固体粉末涂料涂装的铝型材，经阳极氧化后，水洗干净并晾干然后送到喷涂车间，先在表面上喷涂有色固体粉末涂料，并送入固化炉中固化，即得到表面光亮、色泽鲜艳的铝合金型材。

3）电泳漆封闭。部分经过阳极氧化后的铝合金型材，马上送到电泳涂漆车间，进入电泳漆槽，进行阴极电泳涂漆封闭，电泳成膜后经水洗后干燥，即可得到各种光亮平滑并带有各种颜色的型材。

4）交流电解着色。需要着青古铜、古铜或黑色的装饰铝型材，在电解着色车间进行交流电解着色处理。

交流电解着色的溶液配方及工艺：经阳极氧化后的铝合金型材经水洗后，在纯水中浸泡 $1\sim2s$ 后取出并放入电解着色槽中处理。交流电解着色工艺见表 2-56。

表 2-56　交流电解着色工艺

溶液配方及工艺	变化范围
硫酸（ H_2SO_4 ）	$12\sim16g/L$
硫酸亚锡（ $SnSO_4$ ）	$10\sim13g/L$
着色稳定剂	$8\sim12g/L$
交流电压（逐步升高）	$0\sim12V$
电流频率	50Hz
处理时间	$2\sim3min$（古铜色）

常温封闭：经交流电解着色后的铝型材可以得到由青古铜→古铜→黑色的色泽，取出后水洗干净放在常温封闭液中封闭。封闭工艺见表 2-57。

着色膜封闭的效果：封闭前，膜层的断面中孔隙呈空洞或疏松状态；常温封闭后，膜层的断面中孔隙已基本填满、填平。

表 2-57　封闭工艺

溶液配方及工艺	变化范围
醋酸镍 [Ni(CH₃COO)₂]	$5\sim8g/L$
氟化钠（NaF）	$1\sim2g/L$
表面活性剂	$0.2\sim0.5g/L$
添加剂	$5.0\sim6.0g/L$
溶液 pH	$5.5\sim6.5$
封闭时间	$10\sim15min$

浸泡试验：将常温封闭的产品试样分别浸泡在 5%的盐酸溶液和 10%氢氧化钠溶液中，经两个月（60 天）后取出，并冲洗干净、吹干。观察产品表面的色泽无变化，也无腐蚀痕迹，表明阳极氧化的着色膜经常温封闭后耐蚀性良好且稳定。

中性盐雾试验：将常温封闭的产品试样放进 YQ-250 盐雾试验箱中，以 24h 为一周期。连续 8h 喷雾，间隙 16h，试验温度为 $25\sim30℃$，经 28 天后取出观察，产品试样颜色无变化，也无腐蚀迹象，则表明耐大气腐蚀的性能良好。

（5）阳极氧化常见故障和处理方法　阳极氧化常见故障、产生原因和处理方法见表 2-58。

表 2-58　阳极氧化常见故障、产生原因和处理方法

常见故障	产生原因	处理方法
氧化膜呈红色	①氧化时间过短	①增加氧化时间
	②阳极电流密度过低	②增大电流密度
	③导电不良，电流局部过大	③改善导电系统，使电流分布均匀
阳极氧化膜发灰	①铝合金中含硅太高	①优选合格的铝合金材料
	②挤压棒铸造偏析	②改进成形技术，自然人工时效处理
	③装挂参差不齐，靠近阴极	③改进装挂方式
氧化膜发暗不亮	①挂具接触不良	①改进挂具的接触
	②氧化时间过长，温度过高	②改进工艺条件
	③Ni²⁺与添加剂不足	③按工艺要求添加
	④配液水中含 Cl⁻，重金属及有机杂质多	④分析调整
氧化膜有黑斑或条纹	①有固态凝絮状悬浮物	①进行过滤除去
	②表面油污、锈迹未除干净	②加强前处理工作
	③杂质含量（Cu²⁺、Fe²⁺）过多	③电解或置换去除
氧化膜有泡沫或网状花纹	①去膜、出光做得不好	①改进操作
	②除油剂中 Na₂SiO₃ 过多	②改进除油工艺
工件被局部电弧灼伤	①接触处短路	①退挂具增加截面积
	②零件彼此碰到或碰到阴极	②改善工件之间的放置
	③部分阴极板接触不良	③改善阴极的电流分布
冷冻管被击穿或腐蚀	①阴极板靠冷冻管太近	①适当调整，用 PP 网隔开
	②冷冻管耐蚀性不好	②涂装防腐涂料

（续）

常见故障	产生原因	处理方法
铝基体表面局部过腐蚀阻挡层被击穿	电解液中含 Cl^-、F^- 太多	①进行化学处理,降低 Cl^-、F^- 含量
		②更换电解液
热水封闭后仍沾上手指印	①热水的温度不够高,时间短	①提高温度,增加封闭时间
	②封闭液的 pH 不对	②调整 pH
	③阳极氧化时,温度太高	③降低氧化温度
热纯水或蒸汽封闭后有纹路	①热水水质太硬,含矿物质	①改用无离子水、蒸馏水等软水
	②氧化的电解液中含 Al^{3+} 高	②减少电解液中的 Al^{3+} 含量
	③电解液太脏	③过滤或清除电解液中的污物

2.10.17 铝及铝合金阳极氧化处理存在的问题

1. 铝及铝合金阳极氧化膜着色

铝及铝合金在工业领域及日常生活中的应用日益广泛,其功能性和装饰性的要求也越来越高。过去只要求耐蚀、耐用的产品,随着生活品位的提高,对装饰作用的要求也日益强烈,也就是对各类铝制品既要求耐蚀耐用,又要美观好看,故在生产上提出了阳极氧化着色的各种要求。例如大型建筑物的幕墙,若为银白色,其反射光太强,会影响空中和地面交通,造成严重的光学污染,希望用较暗和比较柔和的古铜色或其他颜色;一些室内器皿、用具或灯饰,则希望有各种颜色;对太阳能吸热板,则需要采用黑色,以利于吸热。

铝及铝合金阳极氧化膜的着色方法主要有三种类型:一种是氧化膜的吸附法着色,也就是用有机或无机染料染色;另一种是电着色,也就是在阳极氧化后、封闭之前进行电解使膜产生各种不同的颜色;第三种就是在阳极氧化时膜便产生了颜色,不需要再着色,这种方法也称为自然着色。

2. 铝及铝合金阳极氧化膜的封闭

铝及铝合金阳极氧化(包括氧化后着色)生成的有色或无色膜,除极少数外,大部分的膜层是多孔的,孔隙率为 5%~30%。

这种刚生成的膜硬度较低,耐磨及耐蚀性差,容易吸附环境中的污物使表面变脏。为了提高膜层的耐磨性、耐蚀性、防晒及防热、防污性能,有必要将多孔质层的孔隙加以封闭,也就是封孔处理。封闭处理的方法很多,通用的主要有如下几种。

(1) 有机涂层封闭 铝及铝合金阳极氧化膜的封闭,可以应用有机物质,如透明清漆、各种树脂、干性油及熔融石蜡等,对阳极氧化膜进行浸漆处理,使这些有机物渗入膜的孔隙中固化,从而填充孔隙,达到封闭的目的。这不仅可以提高耐磨性、耐蚀性及绝缘性等,而且还有很好的装饰效果,使铝及铝合金制件的表面更光亮,色泽范围更宽,而且防污性能更好。其中最常用的是水溶性丙烯酸透明漆封孔,操作方法可选择浸渍清漆或静电喷漆,也可采用电泳涂漆等。

(2) 水合封闭 铝及铝合金阳极氧化膜的水合封闭是利用氧化膜在高温的条件下与水反应生成水合氧化铝,伴随体积膨胀而收紧孔隙口,使其孔隙封闭。其主要反应如下:

$$Al_2O_3 + nH_2O = Al_2O_3 \cdot nH_2O$$

Al$_2$O$_3$ 在封闭前的密度约为 3.42g/cm^3，封闭后 Al$_2$O$_3$ · n H$_2$O 的密度为 3.014g/cm^3，式中的 n 等于 1 或 3。当 $n=1$ 时，形成一水合氧化铝 Al$_2$O$_3$ · H$_2$O，其密度小于封闭前的 Al$_2$O$_3$，故体积增大约 33%；而 $n=3$ 时，形成三水合氧化铝 Al$_2$O$_3$ · 3H$_2$O，其密度更小，体积增大近 100%。因此，膜孔由于 Al$_2$O$_3$ 发生水合作用使体积增大而封闭。图 2-31 是水合封闭示意图，这是一种吸热反应，故必须在 80℃ 以下进行。

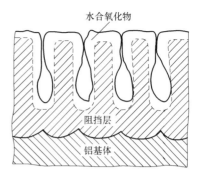

图 2-31　水合封闭示意图

铝及铝合金阳极氧化膜水合封闭所用的介质可以是纯热水，也可以用水蒸气。热水封闭是在 80℃ 以上的水温下进行的，也可以用直接煮沸的方法，浸煮时间 20~30min，pH = 6.5~7.5。封孔用水必须用纯净水并严格控制水质，因为普通水中所含的硫酸根、氯离子、磷酸根等活性阴离子会使膜层的耐蚀性降低。另一方面，水中的钙离子、镁离子等阳离子又会沉积于孔内，使膜层的透明度降低，或改变膜层的色泽。故应采用蒸馏水或去离子水。

（3）蒸汽封闭　蒸汽封闭是在密闭的压力容器中进行的，蒸汽温度为 100~120℃，压力 0.1~0.3MPa，时间 20~30min。蒸汽封闭的质量要比热水好。特别是着色氧化膜不会发生流色，但是需要锅炉及压力容器，设备投资和生产成本都比热水法高，因此在一般情况下都用热水封闭。只有在着色膜的处理和要求比较严格的情况下，有条件地使用蒸汽封闭。

（4）无机盐封闭　它是利用无机盐水溶液在较高的温度下将封闭的工件浸渍，其操作方法与热水封闭相似。但是它的封闭原理除了有水合作用之外，还有无机盐溶液在膜层的孔隙中发生水解而产生沉淀，进而对孔隙填充。但这种方法封闭后的膜，其光泽及颜色都有较轻微的变化，只能用于对色泽没有严格要求的产品，所用的无机盐中有硼酸盐、硅酸盐、磷酸盐、醋酸盐和铬酸盐等多种，用得较多的是重铬酸盐和水解盐类。

1）氧化膜的常温封闭。前面所举的铝及铝合金阳极氧化膜封闭工艺都是在加热的条件下进行的。这些方法是传统工艺，实用易行，但是能耗大，操作条件较差，也容易污染环境。为克服上述种种缺陷，近年来研究并开发出各种常温封闭工艺，并且有了很大的发展，目前，已经成为铝及铝合金阳极氧化膜封闭的主要处理手段。

常温封闭就是在室温或略高于室温的情况下进行的，在诸多的常温封闭专利配方中都含有镍、钴、锌或钛等金属离子和氟等活性阴离子。这些成分的基本作用主要是：①水合作用，由于有镍、钴等离子的加速，使得在较低的温度下仍能进行水合作用；②水解作用，在加速氧化铝水合作用的同时，金属离子也发生了水解生成氢氧化物沉淀，而对膜孔起填充作用；③化学转化作用，封闭剂与膜孔内一些微溶的铝离子反应生成稳定的化学转化膜，如 Al-Si-O、Al-Zn-F 等类型的难溶化合物而起封闭作用。

常温封闭溶液的主要成分是氟化镍、醋酸镍、硫酸钴等盐类，并含有一定量的 F$^-$，再加入少量的络合剂和表面活化剂等。现在市场出售的封闭剂都是按专利配方配好的试剂，如 GKC-F、Ni-5 等，可以直接稀释并按说明书使用。

表 2-59 列出了常用的常温封闭工艺。

表 2-59 常用的常温封闭工艺 （单位：g/L）

溶液成分及工艺条件	1	2	3	4
氧化镍（NiF）	1.5~2.0	—	—	—
硫酸钴（CoSO$_4$）	0.2~2.7	—	—	—
醋酸镍[Ni(CH$_3$COO)$_2$]	—	3~5	—	—
多聚磷酸钠	—	0.1~0.15	—	—
表面活化剂	适量	—	—	—
NF-2 络合剂	—	9~16	—	—
GKC-F 封闭剂（体积分数，%）	—	—	1.7~2.2	—
NF-5 封闭剂	—	—	—	1~5
F$^-_{有效}$	>0.5	—	—	—
NH$_4^+$	<4	—	—	—
Al^{3+}	<4	—	—	—
溶液 pH	5.5~7	6~7	5.5~7	—
溶液温度/℃	30	60~70	25~45	20~45
处理时间/(min)	1	30	10~20	10~20

注：F$^-_{有效}$=F$^-_{游离}$+F$^-_{络合}$。

2）重铬酸盐封闭。铝及铝合金阳极氧化膜在高温的重铬酸盐溶液中处理时，有水合封闭和填充的双重作用，也即在膜中的氧化铝与水反应生成水合氧化铝的同时，还发生如下的反应：

$$2Al_2O_3+3K_2Cr_2O_7+5H_2O \Longrightarrow 2Al(OH)CrO_4\downarrow +2Al(OH)Cr_2O_7\downarrow +6KOH$$

这两种反应所生成的一水合氧化铝、三水合氧化铝、碱式铬酸铝和碱式重铬酸铝一起使膜层的孔隙封闭。铬酸盐封孔处理前应将工件清洗干净，否则残存在膜上的硫酸阳极氧化溶液会被带入封闭液中，而使氧化膜的颜色变淡，并影响膜的透明度。由于重铬酸盐和铬酸盐对铝及铝合金有缓蚀作用，所以用铬酸盐溶液进行封闭的氧化膜耐蚀性将有所提高，可以用于以防护为目的的阳极氧化膜封闭，但不适宜用于着色氧化膜的封闭。因为它会使颜色改变，重铬酸盐封闭后的膜层会出现黄色，而且不利于环境保护，用过的废液处理困难，已经逐步被淘汰。用钼酸盐代替进行封孔的，环保处理比较简单。

3）水解盐封闭。铝及铝合金阳极氧化膜在接近中性和加热的水解盐溶液中进行封闭时，一方面可以加速氧化膜的水合反应，使处理温度降低；另一方面，这些金属盐（镍、钴等）溶液在膜孔中水解、生成沉淀而把孔隙填充。例如在以硫酸镍为水解盐的封闭液中进行处理，硫酸镍水解生成氢氧化镍填入孔隙中，反应式如下：

$$NiSO_4+2H_2O \xrightarrow{水解} Ni(OH)_2\downarrow +H_2SO_4$$

在用钴盐进行水解反应封闭时，也有类似的反应及作用。

表 2-60 列出了常用在阳极氧化膜封闭中的水解盐封闭工艺。

在氧化膜孔隙中生成的少量镍和钴的氢氧化物几乎无色，因此水解盐封闭不会影响氧化膜的原来色泽。而对于有机染料吸附着色的氧化膜，这些氢氧化物沉淀还可以与染料分子发生反应而形成金属络合物，提高了染料的稳定性。故这种方法对着色氧化膜的封闭，特别是染料着色膜的封闭最适用。

表 2-60　常用水解盐封闭工艺

溶液配制成分及工艺条件	1	2	3	4
硫酸镍（$NiSO_4 \cdot 7H_2O$）	3~5	4~6	—	—
醋酸镍［$Ni(CH_3COO)_2 \cdot 3H_2O$］	—	—	5.5	—
硫酸钴（$CoSO_4 \cdot 7H_2O$）	—	0.5~0.8	—	—
醋酸钴［$Co(CH_3COO)_2 \cdot 4H_2O$］	—	—	1.0	1~2
醋酸钠（$NaCH_3COO \cdot 3H_2O$）	3~5	4~6	—	3~4
硼酸（H_3BO_3）	3~4	4~5	8	5~6
溶液 pH	5~6	4~6	5.5	4.5~5.5
溶液温度/℃	70~80	80~85	沸腾	80~90
处理时间/min	10~15	10~20	25~30	10~25

　　除此之外，还有无机盐两步封孔法，它是先在镍盐或钴盐溶液中封闭处理，使膜孔吸附相当数量的镍盐或钴盐水解物，清洗后再放入铬酸盐溶液中进行第二次封密处理，并与铬酸盐反应生成溶解度较小的铬酸镍沉淀。既保护了膜层，又与膜孔中的残酸中和，减少了残酸的量。此法可使膜的耐蚀性提高 5~10 倍，适用于耐蚀性要求高的阳极氧化处理。

3. 不合格阳极氧化膜的褪除

　　在电解抛光、阳极氧化、着色处理、封孔处理等工序中，由于处理不当或受到污染，使氧化膜着色不均匀，或耐蚀性等不符合要求，需要除去氧化膜，以便重新进行阳极氧化和着色处理，这种除去氧化膜的方法称为褪膜工艺。

　　根据工件的具体情况，可选用表 2-61 中所示的配方之一进行除膜。但材料厚度小于 0.8mm 的铝材不宜返修。硬质阳极氧化膜一般不允许返修，仅当尺寸公差较大，经除膜返修后仍能满足尺寸要求时才可返修。

表 2-61　褪除阳极氧化膜工艺

配方编号	溶液组成	质量浓度/(g/L)	温度/℃	时间/min	备　　注
1	氢氧化钠 NaOH	5~10	50~60	膜褪尽为止	适用于一般精度及表面粗糙度要求不高的零件
	磷酸三钠 Na_3PO_4	30~40			
2	磷酸 H_3PO_4	30~40mL	70~90	膜褪尽为止	适用于精度较高的零件
	铬酐 CrO_3	15~20			
3	磷酸 H_3PO_4	310~340	室温	膜褪尽为止	适用于除硬质阳极氧化膜以外的其他氧化膜层
	铬酐 CrO_3	40~60			

2.11　镁合金的阳极氧化

2.11.1　概述

1. 镁合金的性质及用途

　　镁合金导热性和导电性能优良；具有无磁性与电磁屏蔽特性；比强度和比刚度高，良好的阻尼性、切割加工性能、减振性能和很强的衰减性能；优良的铸造性能、焊接性能和激光切割性能、挤压成形性能，生产过程对环境不会造成不良的影响。因此，镁合金是一种理想的轻质材料，早已被广泛应用于航空航天工业。

目前已推广应用于交通车辆、光学仪器、电子及通信、日用电器及音响设备等领域，并将推向更广泛的工业制造及日用品生产上应用。

但是镁合金耐蚀性比较差，在各种环境介质中均有可能遭到腐蚀氧化，如果这个问题不解决，将极大限制它的应用范围。因此必须采取有效的防护措施增强其表面的耐磨性、耐蚀性，才能使镁合金得到更加广泛的应用。

2. 阳极氧化的实质

镁合金的电化学转化又称为镁合金的阳极氧化，所制得阳极氧化膜除了对基体金属具有一定的防护作用外，主要是作为油漆、涂料的良好底层。

镁合金阳极氧化包括阳极氧化以及在此基础上发展起来的微弧氧化。与化学转化膜和金属镀层相比，经阳极氧化后的样品耐蚀性更好，另外，阳极氧化膜还具有与基体金属结合力强、电绝缘性好、光学性能优良、耐磨损等优点。同时，阳极氧化膜具有多孔结构，能够按照需要进行着色、封孔处理，并能为进一步涂覆有机涂层（如油漆等）提供优良基底，是一种很有前途的镁合金表面处理技术。

3. 镁合金与铝合金阳极氧化处理技术比较

镁合金的阳极氧化处理技术远不如铝合金那么成熟，但二者的工艺流程有许多是相同的。镁合金与铝合金阳极氧化处理的工艺流程比较见表2-62。

表 2-62　镁合金与铝合金阳极氧化处理的工艺流程比较

镁合金	铝合金
(1)有机溶剂除油； (2)弱碱洗； (3)碱性溶液阳极氧化； (4)着色(染色)； (5)封孔	(1)水溶液脱脂； (2)碱洗(50g/L NaOH)； (3)去灰(HNO_3[①])； (4)硫酸阳极氧化； (5)着色(电解着色或染色)； (6)封孔(沸水封孔或冷封孔)

① 质量分数68%的浓硝酸与水以体积比1∶1配制。

铝在阳极氧化时形成的膜层是规则的六边形孔洞组成的多孔结构。这些孔洞能使膜的生长持续到相当的厚度，当进行硬质阳极氧化时，有时膜层厚度大于 $200\mu m$。过渡金属离子或有机染料可以被嵌入这些孔洞，随后被密封，很容易获得范围广泛的颜色。铝阳极氧化膜还可以通过产生光学干涉效果被着色。这需要仔细控制膜厚和折射系数。这种膜层在生成耐晒色方面极其有效，而有机染料易于受紫外线的影响。在铝的硫酸阳极氧化过程中形成的多孔结构则是形成的氧化铝层在电解液部分溶解的结果，孔径大约为 $0.1\mu m$。

镁合金的阳极氧化过程与铝合金有很大的不同。在镁合金阳极氧化过程中，随着膜的形成，电阻不断增加，为了保持恒定电流，阳极电压随之增加，当电压增加到一定程度时，会突然下降，同时形成的膜层破裂。故镁的阳极电压-时间曲线呈锯齿形。同铝合金的阳极氧化膜相比，镁合金的这种有火花的阳极氧化产生的膜层粗糙、孔隙率高、孔洞大而不规则，膜层中有局部的烧结层。镁合金阳极氧化膜的着色、封孔也不像铝合金那样可以很方便地采用多种工艺。

2.11.2　镁合金阳极氧化膜的性质

在镁合金上制得的阳极氧化膜，其耐蚀性、耐磨性以及硬度一般都比用化学氧化法制得的要高，其缺点是膜层的脆性大，而且对于复杂的工件难以获得均匀的膜层。阳极氧化膜的结构及组成决定了膜层的性质，而不同的阳极氧化电解液及合金成分对于膜层的组成和结构又有很大的影响。

（1）微观结构和组成　由各种阳极氧化工艺制得的氧化膜的微观结构和氧化膜的组成见表 2-63。

表 2-63　氧化膜的制备工艺和膜层组成之间的关系

合金类型	制备工艺或电解液成分	膜层的组成和结构
各种镁合金	Dow-17 法	镁合金氧化膜的微观结构类似于铝的阳极氧化膜中的 Keller 模型，是由垂直于基体的圆柱形空隙多孔层和阻挡层组成，膜的生长包括在膜与金属基体界面上镁化合物的形成以及膜在孔底的溶解两部分
Mg-Al 合金	KOH、KF、Na_3PO_4 和铬酸盐	氧化膜由镁、铝、氧组成，膜层中铝来源于电解液和基体，膜层中铝的含量随电压的升高而增加
Mg-Mn 合金	KOH、KF、Na_3PO_4、$Al(OH)_3$ 和 $KMnO_4$	氧化膜主要由镁、氧组成，膜为 MgO 和 $MgAl_2O_4$ 组成的无序结构，且无序度随着铝的含量增加而增大

（2）在碱性电解液中形成的膜　$w(Mn)=2\%$ 的 Mg-Mn 合金在碱性电解液中阳极氧化得到的膜层，其主要组成为 $Mg(OH)_2$，它的结晶为六方晶格（$a=0.313nm$，$c=0.475nm$），由于合金组成不同以及溶液成分不同，使得膜层中除 $Mg(OH)_2$ 以外，还含有少量合金元素的氢氧化物、酚以及水玻璃等，见表 2-64。膜层的厚度和孔隙率随合金类型和电解液组成而定，经封闭处理后其防护性能进一步提高。

表 2-64　在 ML5 合金上碱性阳极氧化膜的成分

成分	H_2O	$Mg(OH_2)$	$Al(OH)_3$	$Mn(OH)_2$	$Cu(OH)_2$	$Zn(OH)_2$	Na_2SiO_3	C_6H_5ONa	NaOH	总量
质量分数(%)	4.25	81.51	3.61	0.08	0.10	0.04	8.62	0.05	1.00	99.26

（3）在酸性电解液中形成的膜　镁合金阳极氧化所用的酸性电解液是由铬酸盐、磷酸盐和氧化物等无机盐所组成。其所生成的膜中含有这些盐的酸根，对应的镁盐在酸性介质中均相当稳定。酸性膜的组成比较复杂，大致含有磷酸镁、氟化镁以及组成不明的铬化物。膜层的孔相当多，必须在含有铬酸盐和水玻璃的溶液里进行封闭处理。这种膜的耐热性十分好，在 400℃ 的高温下受热 100h，其性能和与基体金属的结合力均不受影响。用 Dow-17 法制得的氧化膜与 HAE 法相似。随终止电压的不同，可以得到 3 种性能不同的膜层，见表 2-65。

（4）膜层硬度　镁合金经阳极氧化处理后，随着膜层厚度的增长，其硬度明显下降，见表 2-66。

表 2-65　终止电压与膜层的性能

方法	终结电压/V	膜层类型	时间/min	膜层性质
HAE	9	软膜	15~20	膜薄、硬度低、韧性好、同基材结合好、耐蚀性差
Dow-17	40		1~2	
HAE	60	轻膜	40	同基材结合良好，耐蚀性较高，可作为油漆底层
Dow-17	60~75		2.5~5	
HAE	85	硬膜	60~75	硬度高,耐磨性和耐蚀性好,脆性大

表 2-66　镁合金上阳极氧化膜的显微硬度与厚度之间的关系

合金牌号	阳极氧化时间/min	厚度/μm	显微硬度 HV
M15	10	20	365
	20	30	263
	30	50	226
	50	60	160
	60	—	149

（5）抗氯化钠溶液的防护性能　在镁合金上形成的阳极氧化膜和铬酸盐钝化膜的抗氯化钠溶液的防护性能，如图 2-32 所示。

可以看出，用重铬酸盐进行封闭处理，其防护性能明显提高（曲线 4）。在实际生产中推荐使用质量分数为 0.1％ 的 $K_2Cr_2O_7$ 和质量分数为 0.65％ 的 Na_2HPO_4 溶液。

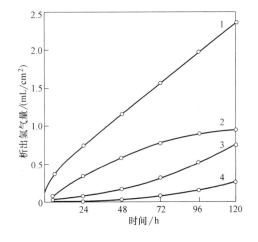

图 2-32　在 0.5％NaCl 中镁合金上产生的阳极氧化膜和铬酸盐钝化膜防护性能的比较

1—未经处理的镁合金　2—铬酸盐钝化膜　3—阳极氧化膜　4—阳极氧化膜并经重铬酸盐封闭处理

2.11.3　镁合金阳极氧化的典型方法

镁合金的阳极氧化既可以在碱性溶液中进行，也可以在酸性溶液中操作。在碱性溶液中，氢氧化钠是这类阳极氧化处理液的基本成分。在只含有氢氧化钠的溶液中，镁合金是非常容易被阳极氧化而成膜的，膜的主要成分是氢氧化镁，它在碱性介质中是不溶解的，但是，这种膜层的孔隙率相当高。在阳极氧化过程中，膜层几乎随时间呈线性增长，直至达到相当高的厚度。由于这种膜层的结构疏松，它与基体结合不牢，防护性能很差，因此在所有研究提示的电解液中都添加了其他组分，以求改善膜的结构及其相应的性能。添加的组分有碳酸盐、硼酸盐、磷酸盐以及氟化物和某些有机化合物。碱性的阳极氧化处理液获得实际应用的并不多，为 HAE 方法是一种很有代表性的方法，它是在氢氧化钾溶液中添加了氟化物等成分。酸性阳极氧化法以 Dow-17 法为代表。

（1）HAE 法阳极氧化工艺　HAE 法（碱性）适用于各种镁合金，其溶液具有清洗作用，可省去预处理中的酸洗工序。溶液的操作温度较低，需要冷却装置，但溶液的维护及管理比较容易。

溶液的组成、工艺及形成的膜层厚度见表 2-67。

表 2-67　溶液的组成、工艺及形成的膜层厚度

溶液组成/(g/L)	工艺条件				膜厚/μm
	温度/℃	电流密度/(A/dm)	电压/V	时间/min	
KOH 165；KF 35；Na$_3$PO$_4$ 35；Al(OH)$_3$ 35；KMnO$_4$ 20	室温	1.9~2.1	AC：0~60	8	2.5~7.5
			AC：0~85	60	7.5~18
	60~65	4.3	AC：0~9	15~20	15~28

采用该工艺时需注意以下几方面：

1）镁是化学活性很强的金属，故阳极氧化一旦开始，必须保证迅速成膜，才能使镁基体不受溶液的活化。溶液中氟化钾和氢氧化铝促使镁合金在阳极氧化的初始阶段能够迅速成膜。

2）用该工艺所得的膜层硬度很高，耐热性和耐蚀性以及与涂层的结合力均良好，但膜层较厚时容易发生破损。

3）在阳极氧化开始阶段，必须迅速升高电压，维持规定的电流密度，才能获得正常的膜层。若电压不能提升，或提升后电流大幅度增加而降不下来，则表示镁合金表面并没有被氧化生成膜，而是发生了局部的电化学溶解，出现这种现象，说明溶液中各组分含量不足，应加以调整。

4）高锰酸钾主要对膜层的结构和硬度有影响，使膜层致密，提高显微硬度。若膜层的硬度下降，应考虑补充高锰酸钾。当溶液中高锰酸钾的含量增加时，氧化过程的终止电压可以降低。

5）氧化后可在室温下的含 NH$_4$HF$_2$（100g/L）和 Na$_2$Cr$_2$O$_7$·2H$_2$O（20g/L）的溶液中浸渍 1~2min，进行封闭处理，中和膜层中残留的碱液，使它能与漆膜结合良好，并可提高膜层的防护性能。另外，也可用 200g/L 的 HF 来进行中和处理。

（2）Dow-17 法　尽管目前提出的酸性电解液比碱性的要少得多，但目前广泛采用的是属于这一类的电解液，Dow-17 法（酸性）是其中有代表性的工艺，该工艺也适用于各种镁合金，与 HAE 法相类似，溶液也具有清洗作用。该溶液的具体组成见表 2-68。

表 2-68　Dow-17 法溶液的具体组成

溶液类型	溶液组成	用直流电时浓度/(g/L)	用交流电时浓度/(g/L)
溶液 A	NH$_4$HF$_2$	300	240
	Na$_2$Cr$_2$O$_7$·2H$_2$O	100	100
	H$_3$PO$_4$（85%[①]）	86	86
溶液 B	NH$_4$HF$_2$	270	200
	Na$_2$Cr$_2$O$_7$·2H$_2$O	100	100
	Na$_2$HPO$_4$	80	80

① 质量分数。

使用 Dow-17 法，需要说明的是：

1）该工艺可以使用交流电，也可以使用直流电，前者所需设备简单，使用较为普遍，但阳极氧化所需的时间约为采用直流电的 2 倍。电流密度为 $0.5A/dm^2$，操作温度为 70～80℃。

2）当阳极氧化开始时，应迅速将电压升高至 30V 左右，此后要保持恒电流密度并逐渐升高电压。阳极氧化的终止电压视合金的种类及所需膜层的性质而定。一般情况下，终止电压越高，所得的膜层就越硬。如终止电压为 40V 左右时，所得的膜层为软膜；60～75V 时，得到的为较软膜；75～95V 时，得到的是硬膜。

3）用该工艺处理的工件若在恶劣环境下使用时，表面可涂有机膜。可用 529g/L 水玻璃在 98～100℃的温度下进行 15min 的封闭处理，以提高其防护性能。

4）用该工艺所得的膜层硬度略低于 HAE 法，但膜的耐磨性和耐热性能均良好。膜薄时柔软，膜厚时易产生裂纹。

5）因该工艺所得氧化膜属于酸性膜，故不需要中和处理。

（3）MEOI 法　据北京航空航天大学材料学院钱建刚等人的报道，他所研究的 MEOI 工艺是属于环保型的镁合金阳极氧化成膜工艺，其阳极氧化液中不含有对人体和环境有害的六价铬成分，也没有锰、磷和氟等污染环境的物质。

MEOI 法的溶液成分和工作条件为：

1）溶液成分：铝盐 50g/L，氢氧化物 120g/L，硼盐 130g/L，添加剂 10g/L。

2）工作条件：电压 65V，时间 50min。

封闭处理工艺时的封闭处理液为 50g/L 的水玻璃，处理温度为 95～100℃，处理时间为 15min。

影响膜层性能的因素有：

1）溶液成分的影响。阳极氧化溶液中加入添加剂后，阳极氧化膜的耐蚀性有了很大的提高。

MEOI 工艺可在压铸镁合金 AZ91D 获得银灰色的氧化膜层，其耐蚀性和结合力接近传统的含铬工艺所形成的膜层。该工艺形成的膜层主要由 $MgAl_2O_4$ 组成，呈现不规则孔洞的粗糙膜结构特点，其孔径远大于传统的铝合金表面硫酸阳极氧化后的孔径。在氧化膜的成长过程中，阳极氧化电压和成膜剂是影响氧化膜性能的主要因素；通过成膜剂的开发和阳极氧化电压的选择可以改进镁合金阳极氧化膜的结构与性能。

2）电压的影响。不同的阳极氧化电压，形成的膜层表面结构是不同的。40V 时，开始产生电火花，形成的膜很薄，只有 5.6～6.2μm，膜的耐蚀性很差；50V 时电火花变多，膜层厚度增加，耐蚀性有所提高；60V 时电火花很剧烈，膜层厚度增加较快，膜的结构发生了突变，形成了多孔层结构，膜的耐蚀性有较大提高；65V 时膜的结构与 60V 时相似，但膜层厚度增加较快，膜的耐蚀性明显提高。

3）封闭影响。阳极氧化膜经封闭后，大多数的孔洞得到了堵塞，膜层的耐蚀性得到了提高。

（4）TAGNITE 法　TAGNITE 法是另一种阳极氧化法，基本上取代了早期的 HAE 和 Dow-17 技术。HAE 法和 Dow-17 法生成的表面氧化层的孔隙多、孔径大，它们的槽液分别含高锰酸盐和铬酸盐。而用 TAGNITE 法在碱性溶液中特殊波形下生成的白色硬质氧化物的膜

层厚度为 $3\sim23\mu m$，其盐雾腐蚀试验 336h（14 天）不显示腐蚀迹象（按 ASTM B117 标准试验）。TAGNITE 法对镁合金表面涂装有很好的附着性，可以作为漆膜的底层。TAGNITE 法的表面粗糙度虽不尽如人意，但明显优于 HAE 和 Dow-17 法，其性能数据比后者分别高出 4 倍和 1 倍。

（5）UBE 法　针对一般的镁合金阳极氧化膜的孔洞较大、膜层疏松和密度较低等情况，日本学者做了大量的研究工作来改善它的致密性。他们发现，加入碳化物和硼化物都能提高镁阳极氧化膜的密度，在此基础上开发了新的阳极氧化工艺。这套工艺包括 UBE-5 和 UBE-2 两种方法，它们的电解液主要成分和阳极氧化处理条件见表 2-69。

表 2-69　UBE 法工艺参数

方法	电解液主要成分	电流密度/（A/dm）	温度/℃	时间/min
UBE-5	Na_2SiO_3、碳化物、氧化物	2	30	30
UBE-2	$KAlO_2$、KOH、KF、碳化物、铬酸盐	5	30	15

用 UBE-5 处理的镁合金工件，其阳极氧化膜以 Mg_2SiO_4 为主，呈白色。用 UBE-2 法得到的膜层以 $MgAl_2O_4$ 为主，颜色为白色或淡绿色。两种方法得到的阳极氧化膜的致密性都明显高于普通的阳极氧化工艺，膜的孔洞较小、分布比较均匀。而用 UBE-5 法制得的氧化膜其耐蚀性和耐磨性都高于 UBE-2 法。

（6）Anomag 法　Anomag 法是近年来开发的一种无火花的阳极氧化，据称是目前世界上最先进的镁阳极氧化工艺技术。在一般的镁合金阳极氧化过程中，等离子体放电的火花发生位置与工件表面的距离在 70nm 之内，这种局部的高温冲击会对工件材料的力学性能产生不利影响，而且形成的膜层总是粗糙多孔，并伴有部分烧结的涂层，法拉第效率只有 20% 左右。而 Anomag 法采用适当的电解液，避免了等离子体放电的发生，其阳极氧化和成膜过程与普通的阳极氧化过程相同，形成的膜层孔洞比普通阳极氧化的膜孔细小，且分布比较均匀，膜层与基体金属的结合强度更大。Anomag 法膜层在表面粗糙度、耐蚀性和抗磨性等方面是现有几种阳极氧化法中最好的。

Anomag 法的电解液不含铬盐等有害物质，膜的生长速度快，可达 $1\mu m/min$，它的法拉第效率较高。在镁合金 AZ91D 上生成的 $5\mu m$ 厚的膜层，经过 1000h 盐雾试验可达 9 级。介电击穿电压大于 700V，横截面中间的显微硬度 HV 为 350（镁合金基体的 HV 为 $98\sim105$），它的抗磨性在 CS17 Taber 磨损机上载荷 10N 可经历 $2800\sim4200$ 次循环。

这种阳极氧化工艺解决了镁合金着色的难题，把镁的阳极氧化膜的形成与着色结合起来，一步完成了氧化和着色这两个过程。可以按照用户的要求，向用户提供各种颜色的镁合金制品。这种膜层经封孔后可单独使用，也可作为有机涂层的底层。在工件的棱角、深孔等部位，这种膜层都能很好地覆盖。Anomag 工艺操作控制简单，在工件上不会发生火花点蚀现象，还可以覆盖和抑制铸造缺陷和流线，是一种很有发展空间的新工艺。

（7）Magoxid-Coat 法　Magoxid-Coat 法是一种硬质阳极氧化工艺，电解液是弱酸性的水溶液，产生的膜层由 $MgAl_2O_4$ 和其他化合物组成，膜层厚度一般为 $15\sim25\mu m$，最高可达 $50\mu m$。Magoxid-Coat 膜可分三层，类似于铝的微弧氧化膜，表层是多孔陶瓷层，中间层基本无孔，提供保护作用，内层是极薄的阻挡层。处理前后工件的尺寸变化很小。该膜硬度较高，耐磨性好，对基体的黏附性强，有很好的电绝缘性能。膜的介电击穿电压达 600V；

500h 盐雾腐蚀试验后未见腐蚀；抗磨性能也接近铝的阳极氧化膜水平。通常，膜的颜色为白色，也可以在电解液中加入适当的颜料，改变它的色彩。例如加入黑色尖晶石就可得到深黑色的膜层，也可以进行涂漆、涂干膜润滑剂（MoS_2）或含聚四氟乙烯（PTFE）。这种工艺成膜的均匀性很好，无论工件的几何形状如何复杂，都可适用，而且对于目前所有标准牌号的镁合金材料都能应用。

（8）Starter 法　阳极氧化是镁及镁合金最常用的一种表面防护处理方法。镁的阳极氧化成膜效果受以下因素的影响：电解液组分及其浓度，电参数（电压、电流）类型、幅值及其控制方式，溶液温度，电解液的 pH 以及处理时间等。其中电解液的组分是镁阳极氧化处理的决定因素，它直接关系到镁阳极氧化的成败，极大地影响镁阳极氧化成膜过程及膜层性能。至今为止，镁阳极氧化所用的电解液大致可以分为两类，一类是以含六价铬化合物为主要组分的电解液，如欧美的 Dow-17、Dow-9、GEC 和 Cr-22 等传统工艺及日本的 MX5、MX6 工业标准所用电解液；另一类是以磷酸或氟化物为主要组分的电解液，如 HAE 及一些美国专利申请所述的电解液。

由于六价铬化合物及氟化物对环境及人类健康有着不同程度的危害，而磷酸盐的使用又会对水资源造成较大程度的污染，为解决上述问题，顺应人类可持续发展的要求，开发无铬、无磷、无氟及无其他有毒、有害组分的绿色环保型电解液已成为镁的阳极氧化技术的一项重要而紧迫的研究内容。据中国科学院金属研究所张永君等人的报道。他们研制的 Starter 工艺为镁阳极氧化绿色环保型新工艺。

表 2-70 列出了 Starter 工艺以及经典的阳极氧化工艺 Dow-17、HAE 和其他工艺的对比情况。

表 2-70　镁阳极氧化工艺比较

工艺	电解液组成	阳极氧化条件及其他
Starter	20～300g/L 氢氧化物 5～100g/L 添加剂 M 10～200g/L 添加剂 F	控制温度 0～100℃，直流电流密度为 0.002～1A/cm²；处理时间为 10～120min，获得银灰色均匀光滑膜；在温度为 80～100℃的 20～300g/L 的 $Na_2SiO_3 \cdot 9H_2O$ 溶液中封孔 10～60min
美国专利	2～12g/L KOH 2～15g/L KF 5～30g/L K_2SiO_3	先在 pH 为 5～8，温度为 40～100℃的 0.3～3.0mol/L NH_4HF_2 水溶液中预处理 15～60min；阳极氧化电流密度为 10～90mA/cm²，处理时间为 10～60min，获得灰色不均匀膜，局部特别粗糙
HAE	135～165g/L KOH 34g/L $Al(OH)_3$ 34g/L KF 34g/L Na_3PO_4 20g/L $KMnO_4$	控制温度 15～30℃，电压 70～90V，电流密度 20～25mA/cm²，恒电流通电 8～60min，获得褐色较均匀、粗糙膜；在温度为 21～32℃的 20g/L $Na_2Cr_2O_7 \cdot 2H_2O$、100g/L NH_4HF_2 溶液中封孔处理 1～2min
Dow-17	240～360g/L NH_4HF_2 100g/L $Na_2Cr_2O_7 \cdot 2H_2O$ 90mL/L H_3PO_4（86%[①]）	控制温度 71～82℃，电压 70～90V，直流电流密度 5～50mA/cm²，恒电流通电 5～25min，得绿色均匀光滑膜；在温度为 93～100℃的 53g/L 硅酸盐溶液中处理 15min

① 质量分数。

2.11.4　镁合金阳极氧化工艺流程

镁合金工件阳极氧化处理的工艺流程如下：
镁合金工件→上挂→脱脂、除膜→热水洗→冷水洗→弱酸活化→水洗→阳极氧化→水洗→封闭→干燥→检验。

2.11.5 镁及镁合金阳极氧化预处理

（1）脱脂 对于表面油污较重的镁合金，可以使用有机溶剂将表面的油污去除干净。

（2）除膜 镁合金化学活性高，在一定的条件下表面很容易形成氧化膜。

一般在处理之前需要除去这层氧化膜，以提高阳极氧化膜的结合力。除膜可以采取化学或电化学的方法。由于镁合金是两性的，除膜溶液既可以是碱性的又可以是酸性的，而且在除膜的同时，还能清除表面残存的油污。因此，对表面污染不太严重的镁合金，可以同时完成脱脂、除膜的任务。常用脱脂除膜工艺见表 2-71。

表 2-71 常用脱脂除膜工艺

组成及条件	化学法			电化学法
	1	2	3	
铬酐（CrO_3）/（g/L）	180	100~150	150~200	
氟化钾（KF）/（g/L）			3~4	
硝酸铁[$Fe(NO_3)_3 \cdot 9H_2O$]/（g/L）			40	
硝酸（HNO_3）/（g/L）		100~120		
氢氧化钠（NaOH）/（g/L）				10~12
碳酸钠（Na_2CO_3）/（g/L）				20~30
槽电压/V				5~7
温度/℃	30~90	20~30	20~30	80~90
时间/min	3~10	0.5~3.0	0.5~3.0	2~5
适用范围	精密镁合金零件	含铝高的镁合金	一般的镁合金	镁合金零件

（3）弱酸活化 由于镁合金较活泼，表面在除膜后很容易又生成氧化膜，为了保证阳极氧化膜的结合力，在阳极氧化前需要在弱酸溶液中活化，除去薄的氧化膜，活化表面。活化的工艺方法随脱脂除膜方法的不同而不同，具体见表 2-72。

表 2-72 镁及镁合金的弱酸活化工艺

条件\适用	磷酸（H_3PO_4）φ（%）	氟化氢铵（NH_4HF_2）/（g/L）	酸性氟化铵（NH_4F）/（g/L）	温度/℃	时间/min
化学除膜后	20	100	—	20~30	0.5~1.5
电化学除膜后	20	—	100	20~30	0.5~1.5

2.11.6 镁及镁合金的阳极氧化处理

（1）镁及镁合金的阳极氧化溶液 镁及镁合金的阳极氧化溶液既可以是酸性的，又可以是碱性的，工艺见表 2-73。

（2）日本工业用镁合金阳极氧化配方及工艺 日本是使用镁合金阳极氧化处理方法较早的国家，其工业上所用的阳极氧化溶液配方及工艺已基本规范化。表 2-74 为该国技术资料中公布的参考配方及工艺。

表 2-73　镁及镁合金的阳极氧化工艺

工艺类型		酸性电解液	碱性电解液	
			1	2
组分 /（g/L）	氟化氢铵（NH_4HF_2）	200~250	—	—
	铬酐（CrO_3）	35~45	—	—
	氢氧化钠（NaOH）	8~12	—	—
	磷酸（H_3PO_4,85%[①]）	55~65mL/L	—	—
	锰酸铝钾	—	20~50	—
	磷酸三钠（$Na_3PO_4 \cdot 12H_2O$）	—	40~60	—
	氟化钾（KF）	—	80~120	—
	氢氧化铝[$Al(OH)_3$]	—	40~60	—
	氢氧化钾（KOH）	—	140~180	—
	氢氧化钠（NaOH）	—	—	140~160
	水玻璃	—	—	1.5%~1.8%（体积分数）
	苯酚（C_6H_5OH）	—	—	3~5
工艺 条件	温度/℃	70~80	<40	60~80
	电流密度/（A/dm^2）	1~3	1~5	0.5~1
	电压/V	50~95	30~85	4~6
	氧化时间/min	15~30	15~60	20~30
	电源	交流电	交流电	直流电
膜厚/μm		10~40	20~50	7~15
膜层特点		薄膜为稻黄色；厚膜为深绿色，粗糙多孔	薄膜为浅绿色；厚膜为深棕色至棕黑色，膜层粗糙多孔，耐磨性较好	灰色或绿色，取决于镁合金成分；适用于镁铸锭的防护处理

① 质量分数。

表 2-74　日本工业用镁合金阳极氧化配方及工艺

工艺号	标准溶液成分及含量	工艺条件	方法的特点
1	硫酸铵 30g/L 重铬酸钠 30g/L 氨水（28%）2.5mL/L	溶液温度 50~60℃ 电流密度 0.2~1.0A/dm² 电解时间 15~30min 水洗、干燥	适合所有的镁合金零件，并具有良好的防护性能，也适合做涂装的底层
2	A 溶液：氢氧化钠 240g/L 乙二醇或二甘醇 85mL/L 草酸钠 2.5g/L	溶液温度 75~80℃ 电流密度 1~2A/dm² 电解时间 15~30min	膜的电绝缘性能好，其耐蚀性和耐磨性也好
	B 溶液：重铬酸钠 50g/L 酸性氟化钠 50g/L	溶液温度 18~23℃ 浸渍中和后充分水洗、热水洗、干燥	

（续）

工艺号	标准溶液成分及含量	工艺条件	方法的特点
3	氢氧化钾 10g/L 氟化钾 35g/L 磷酸钠 35g/L 氢氧化铝 35g/L 高锰酸钾或锰酸钾 20g/L	A 型：溶液温度 18~23℃ 电流密度 1.9~2.1A/dm² 电压 50~85V 浸渍 8~60min B 型：溶液温度 60~65℃ 电流密度 4A/dm² 电压 5~10V 浸渍 15~20min	用作涂装底层时，在酸性氟化铵 80g/L，重铬酸钠 20g/L 的溶液中，在 20~30℃下浸渍 1min 中和后水洗干净并干燥 膜层致密，硬度好，耐磨性及耐蚀性优良，适合所有镁合金
4	酸性氟化铵 240g/L 重铬酸钠 100g/L 磷酸 90mL/L	溶液温度 70~80℃ 电流密度 0.5~5A/dm² 电压 60~100V 浸渍时间 4~90min 氧化后水洗、干燥	膜层硬而且致密，耐磨性及耐蚀性好，适合所有的镁合金零件防护及作为涂装底膜

（3）其他国家用的镁合金阳极氧化液配方及工艺　国外在早期对镁合金阳极氧化处理是用含铬酸的溶液配方，后来逐步开发出以磷酸盐、高锰酸钾、可溶性硅酸盐、硫酸盐，氢氧化物、氟化物等为主的无毒处理液。这些处理液的成分配方及工艺见表 2-75。

表 2-75　国外镁合金阳极氧化工艺

方法名称	溶液成分及含量	工艺条件	膜层颜色
Dow17 法	氟化氢铵（NH_4HF_2）225~450g/L 重铬酸钠（$Na_2Cr_2O_7 \cdot 2H_2O$）50~125g/L 磷酸（H_3PO_4，85%）5%~11%[①]	溶液温度 70~80℃ 电流密度 0.5~5.0A/dm² 电压 65~100V 时间 5~25min	膜厚 6~30μm 暗绿色复合膜
Cr-22 法	铬酐（CrO_3）25g/L 氢氟酸（HF，50%）2.5%[①] 磷酸（H_3PO_4，85%）50g/L 氨水（NH_4OH，30%）16%~18%[①]	溶液温度 75~95℃ 电流密度 16mA/cm² 交流电压 350V	无光泽的深绿色膜
HAE 法	氟化钾（KF）35g/L 磷酸钠（Na_3PO_4）35g/L 氢氧化铝[$Al(OH)_3$]35g/L 氢氧化钾（KOH）165g/L 高锰酸钾（$KMnO_4$）20g/L	溶液温度 ≤20℃ 电流密度 1.5~2.5A/dm² 交流电压： 薄膜 65~70V，7~10min 厚膜 80~90V，60~90min	膜厚 5~40μm，棕黄色的氧化膜
Sharman 法	重铬酸钾（$K_2Cr_2O_7$）25g/L 硫酸铵[$(NH_4)_2SO_4$]25g/L	溶液 pH5.5，温度 23~25℃ 电流密度 0.8~2.4A/cm² 电压密度 1.2~3.6mV/cm² 处理时间 50~60min	黑色膜
Manodyz 法	氢氧化钾（KOH）250~300g/L 硅酸钠（Na_2SiO_3）25~45g/L 苯酚（C_6H_5OH）2~5g/L	溶液温度 77~93℃ 电流密度 20~32mA/cm² 电压 4~8V	无光泽的白色软膜
Flussal 法	氟化铵（NH_4F）450g/L 磷酸氢二铵[$(NH_4)_2HPO_4$]25g/L	溶液温度 20~25℃ 电流密度 48~100mA/cm² 电压 190V（交流较好）	无光泽的白色硬膜

① 体积分数。

2.11.7　镁合金阳极氧化工艺实例

镁合金各种阳极氧化工艺见表2-76。

表2-76　镁合金各种阳极氧化工艺

配方	溶液成分		质量浓度 /(g/L)	电流密度 /(A/dm²)	电压/V	温度/℃	时间/min
1 Dow-1	NaOH		240	1.1~2.2	直流或交流 4~6	70~80	15~25
	HOCH₂CH₂OH		70				
	(COOH)₂		25				
2 Flomag	NaOH		50	1.5	直流	70	40
	Na₃PO₄		3				
3	NaBO₂·4H₂O		240		交流 0~120	20~30	2~5
	Na₂SiO₃·9H₂O		67				
	C₆H₅ONa		10				
4	NaOH		140~160	0.5~1	直流 4~6	60~70	30
	水玻璃(ρ=1.397g/cm³)		1.5%~1.8%①				
	C₆H₅OH		3~5				
5	KOH		80	8	直流 60~70	50~40	40
	KF		300				
6	NaOH		50	2~3	直流 50	20~30	30
	Na₂CO₃		50				
7	NaOH		50	1~1.5	直流 4	70	30~50
	Na₂HPO₄		3				
8	(NH₄)₂SO₄		30	0.2~1.0	直流	50~60	10~30
	Na₂Cr₂O₇·2H₂O		30				
	NH₃·H₂O(28%)		0.25%①				
9	磷酸盐		0.05~0.2mol/L				
	铝酸盐		0.2~1.0mol/L				
	稳定剂		1~20				
10	第1步	NaOH 或KOH	5~6	4~6	直流	15~20	2~3
		KF 或NaF 或NH₄F (pH为12.5~13.0)	12~15				
	第2步	NaOH 或KOH 或LiOH	5~6	0.5~3	直流	15~25	15~30
		KF 或NH₄HF₂ 或H₂SiF₆	7~9				
		Na₂SiO₃ 或K₂SiO₃ (pH为12~13)	10~20				

（续）

配方	溶液成分		质量浓度/（g/L）	电流密度/（A/dm²）	电压/V	温度/℃	时间/min
11	第1步	H_3BO_3	10~80	1~2	直流	15~25	15
		H_3PO_4	10~70				
		HF（pH 为 7~9）	5~35				
	第2步	Na_2SiO_3	50			95	浸15,取出后在空气中暴露30
12		硅酸盐	50~100	1~4	直流	20~60	30
		有机酸	40~80				
		NaOH	60~120				
		磷酸盐	10~30				
		偏硼酸盐	10~40				
		氟化物	2~20				
13		NaOH 或 KOH	5~50		直流 150~400,以看到火花为止	20~40	1~5
		Na_2SiO_3 或 K_2SiO_3 或 H_2SiF_6	50				
		HF	0.5%~3%[①]				
		NaF 或 KF（pH 为 12~14）	2~20				
14		NH_4HF_2	200~250	1~3	直流 50~110	60~80	10~30
		CrO_3	35~45				
		NaOH	8~12				
		H_3PO_4（85%）	5.5%~9.5%[①]				
15		NH_4HF_2	200	5	交流 80	70~80	40
		$Na_2Cr_2O_7$	60				
		H_3PO_4（85%）	6%[①]				
16		$KAl(MnO_4)_2$（以 MnO_4^{2-} 计）	50~70	2~4	交流 软膜55 轻膜65~67 硬膜68~90	<30	
		KOH	160~180				
		KF	120				
		$Al(OH)_3$	45~50				
		Na_3PO_4	40~60				

配方	溶液成分	质量浓度/(g/L)	电流密度/(A/dm²)	电压/V	温度/℃	时间/min
17 Dow-9	(NH₄)₂SO₄	30	<0.1		48~60	10~30
	Na₂Cr₂O₇·2H₂O	100				
	NH₃·H₂O (pH 为 5~6)	0.26%①				
18 Caustic	NaOH	240		交流 6~24 直流 6	73~80	20
	HOCH₂CH₂CH₂OH	8.3%①				
	Na₂C₂O₄	2.5				

① 体积分数。

表 2-76 说明如下：

1）配方 14 可在 ZM5、MB8 等镁合金上获得浅绿色至深绿色的阳极氧化膜，厚度为 10~30μm，有较高的抗蚀能力和耐磨性，也可作为油漆的良好底层，但膜层薄脆。

2）配方 17 为 Dow-9 法，对工件尺寸的影响很小，膜的耐蚀性良好，适用于含稀土元素镁合金及其他类型镁合金的氧化处理。可获得黑色膜层，故在光学仪器及电子产品上得到应用，也可作为涂装底层。该工艺不需要从外部通电，而仅是通过处理槽和工作电位差引起的电流进行处理，所以也称电偶阳极氧化。

被处理的工件先在 HF 或酸性氟化物溶液中进行活化处理，然后下槽。工件应装夹牢固并不得与槽体相接触，以保证产生良好的电偶作用。若槽体为非金属，则可使用大面积钢板作辅助电极（阴极）；若工件表面积太大而电流密度达不到所需范围，则可使用外电源，使之达到工艺要求。

3）配方 18 为 Caustic 阳极氧化法，溶液具有清洗作用，适用于各种镁合金。在该溶液中含有稀土金属时，镁合金的成膜速度快，可采用低电流密度处理。氧化开始前，先将工件浸在处理液中静置 2~5min 以净化表面，然后电解。电解结束时，先切断电源，约过 2min 后再将工件取出，以增加膜的稳定性。工件经清洗后，在 20~30℃ 的 NaF（50g/L）、Na₂Cr₂O₇·2H₂O（50g/L）的溶液中中和处理 5min。

2.12 铜及铜合金的阳极氧化

铜和铜合金的阳极氧化获得半光泽或无光泽蓝黑色氧化膜。氧化膜主要由黑色氧化铜所组成，膜层很薄，防护性能不高，性脆而不耐磨，不能承受弯曲和冲击，只适宜在良好条件下工作或仪表内部工件的防护和装饰。经浸油或浸漆后，防护性能有所提高。

铜及铜合金在热碱性溶液中进行阳极氧化处理时，在铜的表面上析出的氧将铜氧化成氧化亚铜，随后氧化亚铜进一步转化成氧化铜，并生成外观为黑色的膜层。当向溶液中加入钼酸盐时，膜层的颜色加深。这种方法所得的膜层黑度高，溶液成分也不易变化，在生产过程中比较容易掌握。在阳极氧化后的膜表面上出现绒毛状的残留物，可以用纱布或毛刷擦去，表面即呈光滑。

铜和铜合金的阳极氧化法广泛用于光学仪器工件的处理，它既能提高表面的耐磨防蚀性能，又有庄重美观的装饰效果。

2.12.1　铜及铜合金阳极氧化预处理

（1）化学脱脂　铜及铜合金工件一般采用碱性脱脂的方法，但也可用其他方法，主要是把工件表面的油污彻底清理干净，否则会影响阳极氧化物的质量。碱液脱脂工艺见表2-77。

表 2-77　碱液脱脂工艺

溶液配方及工艺	变化范围
氢氧化钠（NaOH）	$40 \sim 50g/L$
碳酸钠（Na_2CO_3）	$15 \sim 20g/L$
磷酸钠（Na_3PO_4）	$40 \sim 50g/L$
硅酸钠（Na_2SiO_3）	$5 \sim 10g/L$
溶液温度	$70 \sim 85℃$
处理时间	$3 \sim 5min$

（2）铜工件的表面抛光　为了使工件表面更均匀光滑，有利于氧化膜的均匀连续生长，最好进行抛光。一般来说，用化学抛光最简单易行，用电解抛光或其他方法也可以。化学抛光溶液工艺见表2-78。

表 2-78　化学抛光工艺

溶液配方及工艺	变化范围
硫酸（H_2SO_4）	$40\% \sim 50\%$（体积分数）
硝酸（HNO_3）	$4\% \sim 6\%$（体积分数）
尿素［$CO(NH_2)_2$］	$40 \sim 60g/L$
明胶	$1 \sim 2g/L$
溶液温度	$40 \sim 50℃$
抛光时间	$1.0 \sim 1.5min$

（3）弱活化　铜经脱脂及抛光后，表面已露出金属，但在空气中很快会氧化生成一层很薄的氧化膜。因此在阳极氧化前应先将新生成的氧化膜除去，然后马上进入氧化槽处理。铜弱活化工艺见表2-79。

表 2-79　铜弱活化工艺

溶液配方及工艺	变化范围
硝酸（HNO_3）	$300 \sim 400g/L$
溶液温度	$20 \sim 30℃$
浸渍时间	$20 \sim 30s$

2.12.2　铜及铜合金阳极氧化工艺

（1）工艺流程　铜及铜合金阳极氧化工艺流程如下：

铜及铜合金工件→化学脱脂→热水洗→冷水洗→化学抛光冷水洗→弱活化→水洗→阳极

氧化→冷水洗→干燥→检验。

（2）溶液配方及工艺　铜及铜合金阳极氧化工艺见表 2-80。

表 2-80　铜及铜合金阳极氧化工艺

工　艺　号		1	2	3
组分 浓度 /(g/L)	氢氧化钠(NaOH)	150~200	150~200	400
	仲钼酸铵[(NH₄)₆Mo₇O₂₄·4H₂O]或钼酸钠(Na₂MoO₄·2H₂O)	5~15	5~15	—
	重铬酸钾(K₂Cr₂O₇)	—	—	50
工艺 条件	温度/℃	80~90	60~70	60
	阳极电流密度/(A/dm²)	2~3	2~3	3~5
	氧化时间/min	10~30	10~30	15
	阴极材料	不锈钢		
适用范围		铜	黄铜	青铜

按表中配方新配制的溶液，应用不锈钢阴极和铜阳极在 80~100℃、2~3A/dm² 的阳极电流密度下进行电解处理，等溶液呈浅蓝色后才能正常使用，否则影响效果。

工件进行阳极氧化处理时也用不锈钢作为阴极，阴、阳极面积比为 (5~8)∶1。工件入氧化槽后先预热 1~2min，后在 0.5~1.0A/dm² 下预氧化 3~6min，然后升至正常的阳极电流密度值。

当工件大量析出气泡时，表明阳极氧化的过程已经完成。最后，工件带电出槽，并清洗干净。

对于成分或表面状态不均的黄铜工件，为了防止工件在阳极氧化处理时遭到不均匀的腐蚀，最好在阳极处理前先镀上一层 2~4μm 的薄铜层，再进行阳极氧化处理。

2.12.3　铜及铜合金的阴极还原转化膜

铜及铜合金除了采用阳极氧化得到有一定保护性能的阳极膜层之外，近年来人们研制开发了一种对铜进行阴极还原得到的转化膜。在特定的溶液中以适当的电流密度和电压经过不同时间的处理可以得到不同颜色的转化膜。阴极还原转化膜处理工艺见表 2-81。

表 2-81　阴极还原转化膜处理工艺　　　　　　　　　（单位：g/L）

溶液成分及工艺条件	1	2
硫酸铜(CuSO₄·5H₂O)	30~60	40~50
柠檬酸钠(Na₃C₆H₅O₇·2H₂O)	60~120	90~120
氢氧化钠(NaOH)	80~120	90~120
乳酸(C₃H₆O₃,88%[①])	8%~14%[②]	90~140
聚乙二醇	—	1~2
溶液温度/℃	20~35	20~35
阴极电流密度/(A/dm²)	5~40	20~80
处理时间/min	2~3	1~2.5

① 质量分数。

② 体积分数。

2.13 钛及钛合金的阳极氧化

钛及钛合金密度小而强度高，与铝、镁合金一样是一种能迅速生成氧化膜的活泼金属。它可用作各种电器的外壳及国防工业、航空航天工业上的各种工件。钛及钛合金在特定的溶液中进行阳极氧化处理，随着其工艺（主要是电压和时间）的变化，可以获得各种颜色的膜层。膜层的颜色和不锈钢一样也是由于光的干涉而形成的，这种膜层的强度较高，化学性能稳定性也较好，有较高的装饰及实用价值。

2.13.1 钛及钛合金阳极氧化工艺

（1）阳极氧化工艺流程 钛及钛合金阳极氧化工艺流程如下：

钛及钛合金工件→表面抛光→溶剂脱脂→清洗→化学脱脂→热水洗→冷水洗→活化→水洗→活化→阳极氧化→水洗→热水封闭→水洗→吹干（或干燥）→检验→成品。

（2）阳极氧化预处理 阳极氧化预处理如下：

1）在整平及机械抛光的基础上，首先用有机溶剂清除表面的油污或抛光膏，可以用浸洗或喷淋、蒸汽清洗等法。

2）碱液脱脂。在有机溶剂脱脂后再用化学脱脂的方法将油污彻底清洗干净。化学脱脂工艺见表 2-82。

表 2-82 化学脱脂工艺

溶液配方及工艺	变化范围
碳酸钠（Na_2CO_3）	$15 \sim 20g/L$
磷酸钠（Na_3PO_4）	$20 \sim 30g/L$
硅酸钠（Na_2SiO_4）	$10 \sim 15g/L$
OP-10	$1 \sim 3g/L$
溶液温度	$60 \sim 80℃$
处理时间	$10 \sim 30min$

3）酸活化。脱脂后要用酸活化，以便除去表面的氧化膜或活化后留在表面的黑迹。活化工艺见表 2-83。

表 2-83 活化工艺

溶液配方及工艺	变化范围
盐酸（HCl）	$90\% \sim 95\%$（体积分数）
氢氟酸（HF）	$4\% \sim 5\%$（体积分数）
溶液温度	$20 \sim 30℃$
处理时间	$1.5 \sim 2.5min$

活化后进行水洗，若水洗后表面有黑迹，可以用毛刷刷洗除去。

4）表面活化。为了使钛表面得到活化。在阳极氧化前先进行活化。活化工艺见表 2-84。

表 2-84　活化工艺

溶液配方及工艺	变化范围
重铬酸钠（$Na_2Cr_2O_7$）	100g/L
硫酸铜（$CuSO_4$）	5g/L
氢氟酸（HF,52%[①]）	5%（体积分数）
溶液温度	85~90℃
浸渍时间	1~1.5min

① 质量分数。

活化后经水洗进入阳极氧化槽处理。

（3）阳极氧化处理　钛及钛合金阳极氧化工艺见表 2-85。

表 2-85　钛及钛合金阳极氧化工艺

工　艺　号		1	2
组分浓度 /(g/L)	磷酸（H_3PO_4,$\rho=1.74g/cm^3$）	5%~20%（体积分数）	—
	有机酸	2%~10%（体积分数）	—
	重铬酸钾（$K_2Cr_2O_7$）	—	20~30g/L
	硫酸锰（$MnSO_4$）	—	15~20g/L
	硫酸铵[$(NH_4)_2SO_4$]	—	20~30g/L
工艺条件	溶液 pH	1~2	3.5~4.5
	溶液温度/℃	20~30	15~28
	阳极电流密度/(A/dm^2)	—	0.05~1.0
	槽电压/V	根据需要而定	3~5
	阴极材料	不锈钢	不锈钢
	阴阳极面积比	10:1	5:1
	处理时间/min	15~20	15~30
膜层颜色		本色→浅棕色→深棕色→褐色→深褐色→黑色	黑色

溶液的配置及维护：先将工作体积的 1/2 左右的去离子水加到槽内，然后将计算量的磷酸和添加剂在不断搅拌条件下加入槽内，再用去离子水加至工作体积。

2.13.2　影响钛及钛合金阳极氧化膜的因素

（1）磷酸　它是成膜的主要成分。

（2）添加剂　它是获得彩色膜层的必要成分。

（3）温度　常温下即可正常工作，温度对膜层的颜色影响不大。

（4）电压　它是获得各种颜色膜层的重要条件，钛及钛合金阳极氧化电压与膜层颜色的关系见表 2-86。

表 2-86　钛及钛合金阳极氧化电压与膜层颜色的关系

电压/V	5	7	10	15	17	20	25	30	40	50	55	60	65	70	75	80	85	90
膜层颜色	灰色	褐色	茶色	紫色	群青	深蓝	浅蓝	海蓝	灰蓝	黄色	红黄	玫瑰红	金色	浅黄	粉黄	玫瑰紫	粉绿	绿色

2.13.3　钛及钛合金阳极氧化膜常见故障、产生原因及排除方法

钛及钛合金阳极氧化膜常见故障、产生原因及排除方法见表 2-87。

表 2-87　钛及钛合金阳极氧化膜常见故障、产生原因及排除方法

故障现象	产生原因	排除方法
局部无氧化膜	氧化前工件表面油污未除净	加强预处理
氧化膜发花	氧化前工件表面油污未除净	加强预处理
氧化膜色调不一致	电压不稳定	稳定电压

2.13.4　不合格氧化膜的褪除

公差不大于 0.012mm 的精密工件和表面粗糙度 Ra 不大于 $0.8\mu m$ 的工件上的氧化膜不允许褪除,一般工件的氧化膜只能褪除一次。褪除溶液成分和操作条件见表 2-88。

表 2-88　褪除溶液成分和操作条件

溶液成分和操作条件	配方	溶液成分和操作条件	配方
硝酸/(g/L)	50～60	温度/℃	室温
盐酸(体积分数,%)	20～25	时间/min	褪净为止
氟化钠/(g/L)	40～50		

2.14　锌及锌合金的阳极氧化

锌很少作为单独的材料制作工件。主要在其他金属材料上作为电镀、浸镀或喷镀材料。锌合金则主要是以压铸件的形式在工业上应用。压铸件精度高、密度小、有一定的机械强度,在工业上用于制作受压力不大、形状较复杂的工件。而锌及锌合金由于电位负、化学活泼性高,易受各种环境介质腐蚀,因此用锌及锌合金做的各种工件其表面要进行防护处理,阳极氧化是其中一种有效的措施。

2.14.1　锌及锌合金阳极氧化工艺流程

锌及锌合金阳极氧化工艺流程　锌及锌合金工件阳极氧化工艺流程如下:

锌合金工件→抛光→脱脂→清洗→电解清洗→水洗→弱酸处理→水洗→阳极氧化→水洗→钝化→水洗→干燥→检验→产品。

2.14.2　锌及锌合金阳极氧化预处理

锌及锌合金阳极氧化预处理如下:

(1) 预洗　锌合金压铸件在机加工或抛光后表面有油污,要先用有机溶剂清洗,将工件浸入汽油,煤油或三氯乙烯等溶剂中浸洗,把大部分的油脂去除干净。

(2) 碱液清洗　有机溶剂脱脂后,表面尚有油渍需要进一步清洗,由于锌合金表面活性很高,在清洗时碱液的浓度不能太高,温度及浸洗的时间都要掌握好,否则会过腐蚀。清洗工艺见表 2-89。

表 2-89 清洗工艺

溶液配方及工艺	变化范围
无水碳酸钠	20~30g/L
十二水合磷酸钠	10~20g/L
表面活性剂	适量
溶液温度	50~60℃
浸渍时间	1~2min

（3）电解清洗　如果化学清洗后还不够洁净，可以增加电解清洗，电解清洗有阳极清洗和阴极清洗两种。阳极清洗工艺见表 2-90。

表 2-90 阳极清洗工艺

溶液配方及工艺	变化范围
无水碳酸钠	5~20g/L
硅酸钠	10~20g/L
表面活性剂	适量
溶液温度	30~50℃
处理时间	3~30s
阳极电流密度	3~5A/dm^2

（4）弱酸处理　电解清洗后的锌合金工件要进行弱酸处理，以进一步除去表面的污物，恢复光亮的表面。由于锌合金铸件的表面活性很强，所以要严格控制酸液的浓度及处理时间，最好尽可能采用大容量的处理方法。

弱酸液一般为 1%~3%（质量分数）的盐酸、硫酸、氢氟酸、乙酸或氨基磺酸等稀酸。也有在处理液中加入适量上述酸的盐类。在处理过程中常会发生毛坯材料被溶解或带入预处理液。为此处理液应经常进行化学分析和适当补充酸来调整，并根据使用的实际情况及时更换处理液。

2.14.3 锌及锌合金阳极氧化

锌及锌合金阳极氧化工艺见表 2-91。

表 2-91 锌及锌合金阳极氧化工艺

	工 艺 号	1	2	3	4
组分浓度 /(g/L)	氢氧化钠（NaOH）	20	—	—	25
	重铬酸钾（$K_2Cr_2O_7$）	—	60	150~250	—
	硼酸（H_3BO_3）	—	—	20~40	—
	硫酸（H_2SO_4）	—	—	0.4%~0.7%（体积分数）	—
	碳酸钠（Na_2CO_3）	—	—	—	50

（续）

工　艺　号		1	2	3	4
工艺条件	温度/℃	40~45	15~20	15~30	15~25
	电流密度/(A/dm²)	6~12	5	0.1~0.2	5
	氧化时间/min	7~8	10	—	1~2
	阴极	铅板	—	—	—
	阴阳极面积比	2:1	—	—	—
膜层颜色		黑色	—	绿色	白色
适用范围		锌及锌合金	锌及锌合金	钢上的镀锌层	镉

2.15　其他金属的阳极氧化

2.15.1　锡的阳极氧化

锡的阳极氧化工艺见表 2-92。

表 2-92　锡的阳极氧化工艺

溶液成分及工艺条件	1	2
磷酸(H_3PO_4,$\rho = 1.74g/cm^3$)	1.5%~2.5%（体积分数）	1.5%~2.5%（体积分数）
磷酸钠(Na_3PO_4)	100g/L	—
磷酸二氢钠(NaH_2PO_4)	—	200g/L
溶液温度/℃	65~90	80~90
电流密度/(A/dm²)	3~5	2V（电压）
处理时间/min	20~35	30~60
膜层色泽	黑色	黑色

2.15.2　镍的阳极氧化

（1）概述　镍的密度为 $8.8g/cm^3$，熔点为 1452℃，在空气中或碱液中的化学稳定性好，不易变色。但是与氧接触后也很容易生成一层透明的氧化膜，这层膜易在酸液中溶解。镍在稀硝酸、醋酸及煤气中会遭受腐蚀。由于镍在地球中的含量少，镍的机械强度不高，所以镍很少用作主体金属，而是作为各种金属的镀层起防护或装饰作用。由于镍表面生成的氧化膜很薄，耐磨及耐蚀性不够，因此有时也需要在镍镀层表面上实施阳极氧化处理，以便取得更好的防护或装饰性膜层。

（2）镍阳极氧化预处理　镍阳极氧化预处理如下：

1）脱脂。镍表面在阳极氧化前可根据表面的油污情况，选择脱脂的方法，可以采用溶剂脱脂，化学脱脂或电解脱脂，也可以采用两种方法结合，如先溶剂脱脂再化学脱脂或电解脱脂。在油污很少的状况下也可以不必溶剂脱脂，而直接用化学脱脂或电解脱脂。

2）酸活化。镍表面脱脂后，其表面尚有一层氧化膜，可以用稀酸溶液去除，否则会影响阳极氧化膜的质量。镍镀层表面活化工艺见表 2-93，其中包括化学活化和电解活化法。

表 2-93 镍镀层表面活化工艺

溶液成分及工艺条件	1	2	3	4	5
盐酸(HCl,37%[①])	10%[②]	15%~17%[②]	100%	15%[②]	—
硫酸(H₂SO₄,98%[①])	15%	—	—	—	70%[②]
磷酸(H₃PO₄,85%[①])	—	—	—	63%[②]	—
三氯化铁(FeCl₃)	—	250~300g/L	—	—	—
甘油[C₃H₅(OH)₃]	—	8g/L	—	—	10g/L
溶液温度/℃	20~30	室温	20~30	45~55	室温
电流密度/(A/dm²)	—	—	—	15~20	5~10
处理时间/min	1~2	1~2	3~5	0.5~1.0	10~30

① 质量分数。
② 体积分数。

3) 阳极氧化。镍的阳极氧化工艺见表 2-94。

表 2-94 镍的阳极氧化工艺

工　艺　号		1	2
组分浓度 /(g/L)	亚砷酸(H₃AsO₃)	30~35	—
	氢氧化钠(NaOH)	70~80	—
	氰化钠(NaCN)	1.5~2.5	—
	硫酸锌(ZnSO₄·7H₂O)	—	75~80
	硫酸镍铵[NiSO₄·(NH₄)₂SO₄]	—	60~65
	硫氰酸钠(NaSCN)	—	150~160
工艺条件	溶液温度/℃	20~30	20~30
	槽电压/V	3~4	2~4
	处理时间/min	3~6	3~5
膜层颜色		灰色	黑色

2.15.3　镍镀层的阳极氧化

镍镀层的阳极氧化工艺见表 2-95。

表 2-95 镍镀层的阳极氧化工艺

工　艺　号		1	2
组分浓度 /(g/L)	亚砷酸(H₃AsO₃)	30~35	—
	氢氧化钠(NaOH)	70~80	—
	氰化钠(NaCN)	1.5~2.5	—
	硫酸锌(ZnSO₄·7H₂O)	—	75~80
	硫酸镍铵[NiSO₄·(NH₄)₂SO₄]	—	60~65
	硫氰酸钠(NaSCN)	—	150~160
工艺条件	溶液温度/℃	20~30	20~30
	槽电压/V	3~4	2~4
	处理时间/min	3~6	3~5
膜层颜色		灰色	黑色

2.15.4　铬的阳极氧化

（1）概述　铬主要是作为电镀层镀在其他金属基体的表面，因此铬的阳极氧化，基本上是铬镀层的阳极氧化。铬的外观亮白，微泛蓝光，可以抛光至镜面光亮，在大气中能保持光泽而不锈蚀、不变色。铬的阳极氧化膜大多数呈现不同的颜色，因此铬的阳极氧化主要是电解着色。铬经阳极氧化后，既提高了耐磨、耐蚀性，又能起到装饰的作用。

（2）铬阳极氧化工艺　铬阳极氧化工艺见表 2-96。

表 2-96　铬阳极氧化工艺

工 艺 号		1	2	3	4	5
组分浓度/（g/L）	铬酐（CrO_3）	250~400	200~300	15~17	30~90	110~450
	硝酸钠（$NaNO_3$）	—	7~12	—	—	—
	硼酸（H_2BO_3）	—	20~25	—	—	—
	氟硅酸（H_2SiF_6，30%①）	—	0.01%②	—	—	—
	醋酸（CH_3COOH，36%①）	0.5%~1%②	—	—	—	—
	一氯醋酸（$CH_2ClCOOH$）	—	—	—	—	75~265
	磷酸（H_3PO_4）	—	—	5~50	—	—
	硫酸（H_2SO_4）	—	—	0.1~0.3	0.3~0.9	—
工艺条件	溶液温度/℃	<20	18~35	10~15	50~60	15~38
	电流密度/（A/dm^2）	80~100	35~60	10~60	20~30	5~60
	处理时间/min	5~10	15~20	5~20	3~20	5~15
膜层颜色		黑色	黑色	金色	彩虹色	蓝灰色

① 质量分数。
② 体积分数。

2.15.5　锆的阳极氧化

可以用作锆阳极化电解液的有：硫酸、硼酸、柠檬酸和硝酸的稀溶液或者低浓度的硼酸钠（或硼酸铵）以及碳酸钠（或碳酸钾）溶液。工作电压 80~180V，所得的膜由二氧化锆（ZrO_2）所组成。膜薄而无孔，它在大多数的电解液中只有在火花电压（电极表面出现闪光时的电压）下才被溶解。

锆广泛用于核反应器中作为燃料工件的包套材料。

2.15.6　钽的阳极氧化

钽可以在多种水溶液中阳极化，例如可用硫酸、硝酸或者硫酸钠的水溶液作为电解液。所得的五氧化二钽（Ta_2O_5），为非晶体或微晶体，当它在这些电解液中达到火花电压时可以被溶解。

钽的阳极氧化也可采用非水溶液，所得到的膜层分为两层，第一层为直接在金属上生成的 Ta_2O_5，其性能与自水溶液中所得者相同；第二层的组成和结构目前尚未查明。

钽材阳极氧化主要用在电解电容器的制造上。应用烧结的钽板可以在较小的电容器尺寸下就能达到相当高的电容。

2.16　钢铁与不锈钢阳极氧化应用实例

2.16.1　不锈钢食品设备的阳极氧化处理

某不锈钢设备厂生产的食品饮料不锈钢设备，在某饮料厂安装后投产，为了安全卫生，在正式生产前必须用含氯杀菌清毒剂喷刷一遍，但后来发现不锈钢设备及管道的表面，局部产生黄锈，由于锈蚀的产生从而影响饮料的质量及卫生。经试验研究后采用阳极氧化法对设备及管道进行防护处理，防止了在杀菌消毒后发生锈蚀，取得了明显的效果。

（1）阳极氧化工艺流程　不锈钢设备及管道阳极氧化处理的工艺流程如下：

不锈钢制件→脱脂→热水洗→水洗→酸浸洗→水洗→阳极氧化→水洗→封闭→水洗→热风吹干→成品。

（2）阳极氧化预处理　阳极氧化预处理如下：

1）化学脱脂。不锈钢表面的油污很轻、只用较简单的碱液脱脂即可清除干净。脱脂工艺见表 2-97。

表 2-97　脱脂工艺

溶液配方及工艺	数值或变化范围
重铬酸钾（$K_2Cr_2O_7$）	3%～8%（质量分数）
氢氧化钠（NaOH）	1%～3%（质量分数）
水（H_2O）	余量
溶液温度	45～60℃
封闭时间	15～25min

2）酸洗除膜。不锈钢表面有一层较薄的氧化膜，在加工过程中已有局部破损，所以必须把这层残旧的膜清除，才能重新生成致密、均匀的氧化膜，保证氧化膜的质量并具有较高的耐蚀性。酸洗工艺见表 2-98。

表 2-98　酸洗工艺

溶液配方及工艺	数值或变化范围
盐酸（HCl）	15%～25%（质量分数）
硝酸（HNO_3）	2%～5%（质量分数）
水（H_2O）	余量
溶液温度	25～35℃
封闭时间	2～10min

（3）阳极氧化工艺　食品及饮料不锈钢设备的阳极氧化处理，由于从安全卫生考虑。其溶液成分不宜用有毒的铬盐、砷盐等物质。但为了保证膜的质量，采用钼盐代替铬盐。不锈钢设备的阳极氧化工艺见表 2-99。

表 2-99　不锈钢设备的阳极氧化工艺

溶液配方及工艺	数值或变化范围
硫酸（H_2SO_4）	25%～35g/L
硝酸（HNO_3）	3～5g/L
钼酸钠（Na_2MoO_4）	0.1～0.5g/L
阴极电流密度	15～30mA/cm²
溶液温度	25～35℃
处理时间	20～30min
阴极材料	铅板

（4）氧化膜的封闭　不锈钢设备经过阳极氧化处理后，水洗干净后放在常温封闭溶液中进行封闭，以便提高膜的耐蚀性。封闭溶液同样采用不含铬的钝化液，溶液配方及工艺见表 2-100。

表 2-100 溶液配方及工艺

溶液配方及工艺	数值或变化范围
硝酸（HNO_3）	$10 \sim 15g/L$
钼酸铵［$(NH_4)_2MoO_4$］	$2 \sim 3g/L$
溶液温度	$25 \sim 35℃$
浸泡时间	$20 \sim 30min$

（5）不锈钢阳极氧化膜的耐蚀性　将经过阳极氧化处理后的不锈钢试样和未经阳极氧化处理的试样分别放在不同浓度的 NaCl 溶液中测定各自的点蚀电位，测定的结果见表 2-101。

表 2-101 阳极氧化前后不锈钢的临界点蚀电位　　　　（单位：mV）

NaCl 浓度/（mol/L）	未经阳极氧化	经阳极氧化后
0.001	600	>800
0.005	500	>750
0.010	400	>700
0.050	300	>630

从表可看出，不锈钢经过含有 MoO_4^{2-} 的硫酸溶液阳极氧化处理后，由于重新生成了比较厚而且含有钼元素的钝化膜，其耐 Cl^- 的点蚀电位得到提高，也即提高了不锈钢膜层在含氯介质中的耐蚀性。用含氯的杀菌消毒剂处理不锈钢表面时，不容易受氯侵蚀而生锈。

2.16.2 日用工业品的阳极氧化处理

南方某热水瓶厂生产的热水瓶壳体，采用普通不锈钢制作，过去主要用化学钝化的方法处理，所得的膜层颜色变化不大，钝化膜很薄，耐磨、耐蚀性较差。防污性能也不理想，用了一段时间后产生了污斑，而且不易抹除。为了提高产品的质量，增强市场的竞争力，启用阳极氧化法处理后，产品的外观和质量都有较大的改进。

（1）阳极氧化工艺流程　不锈钢热水瓶壳阳极氧化处理的工艺流程如下：

不锈钢件→机械抛光→溶剂脱脂→清洗→化学脱脂→热水洗→冷水洗→酸洗→冷水洗→阳极氧化→水洗→封闭→水洗→干燥→检验。

（2）阳极氧化预处理　阳极氧化预处理如下：

先用有机溶剂除去加工过程黏附在表面上的大部分油脂，然后再在碱液中脱脂干净。碱液脱脂工艺见表 2-102。

表 2-102 碱液脱脂工艺

溶液配方及工艺	数值或变化范围
氢氧化钠（NaOH）	$35 \sim 45g/L$
碳酸钠（Na_2CO_3）	$25 \sim 30g/L$
磷酸钠（Na_3PO_4）	$60 \sim 65g/L$
硅酸钠（Na_2SiO_3）	$20 \sim 45g/L$
溶液温度	$45 \sim 55℃$
脱脂时间	$10 \sim 30min$

（3）阳极氧化处理工艺　不锈钢阳极氧化工艺见表 2-103。

表 2-103　不锈钢阳极氧化工艺

溶液配方及工艺	数值或变化范围
硫酸（H_2SO_4）	380~420mL/L
铬酐（CrO_3）	17~23g/L
硫酸锰（$MnSO_4$）	2~4g/L
醋酸钠	8~13g/L
添加剂	适量
溶液温度	40~60℃
阳极电流密度	0.2~0.6A/dm²
氧化时间	2~4min
膜层颜色	浅金黄色

（4）膜层封闭处理　阳极氧化所得的膜层较疏松、质软，必须进一步进行封闭处理，以便提高其耐磨性、耐蚀性及防污性能。封闭液的配方及工艺见表 2-104。

表 2-104　封闭液的配方及工艺

溶液配方及工艺	数值或变化范围
重铬酸钾（$K_2Cr_2O_7$）	10~20g/L
氢氧化钠（NaOH）	2~5g/L
溶液 pH	6.5~7.5
溶液温度	70~80℃
处理时间	2~4min

2.17　有色金属阳极氧化应用实例

2.17.1　钛阳极氧化的应用

钛是一种优质的可植入人体的金属生物材料。其生物相容性和抗生物体液活化的性能和表面的膜层关系密切。阳极氧化膜是一种成本低且效果明显的表面层。它的处理方法简单，只要通过调节电压的大小，即可得到所要求的膜层厚度和颜色。TA2 植入材料在葡萄糖酸钠溶液中阳极氧化，可以获得既耐生物液腐蚀又美观的氧化膜。

（1）阳极氧化处理工艺　钛材植入人体材料阳极氧化处理的工艺流程如下：

钛→表面抛光（打磨）→清洗→溶剂清洗→吹干→阳极氧化→水洗→沸水封闭→干燥→成品。

（2）阳极氧化溶液配方及工艺　阳极氧化采用的电解质为葡萄糖酸钠溶液，浓度为60~110g/L，在常温（20~30℃）下，用直流稳压电源控制电压，用不同的电压处理可以得到不同厚度及色泽的阳极氧化膜。

（3）影响阳极氧化膜的主要因素

1）操作温度对膜层质量的影响。温度是影响膜层质量的重要因素，当电解液温度为20~30℃时，阳极氧化膜的形成速度较快，质量也比较好。如果温度大于40℃以后，电压及电流都不太稳定，导致膜层的均匀度和光洁度下降。这是因为温度高则膜的溶解速度快、膜层多孔、疏松、表面粗糙，因此整体膜层质量下降。

2）电压对氧化膜色泽的影响。TA2 在葡萄糖酸钠电解液中氧化时，电压对膜层的色泽产生重要的影响。膜层的颜色随控制电压的改变而变化，并规律性地变化，电压每升高 5V，颜色则有较明显的变化。例如 5V 得到浅黄色，电压升到 10V 则为金黄色，20V 则为紫蓝色。而且颜色随电压的变化是一种渐进的变化趋势。在低电压下氧化得到的颜色还可以在不加任何处理下，重新在高电压下得到其他的颜色。而在高电压下得到的氧化膜则不能再在低电压下被重新着色。

2.17.2　锌镀层阳极氧化的应用

（1）概述　锌及锌镀层的表面电位很负，化学活泼性很高，容易在各种环境介质中受到腐蚀产生白锈，既影响了产品的外观，又会进一步腐蚀，直至整个表面破坏。通常采用铬酸盐钝化的方法解决锌表面的防蚀防锈问题，但铬酸盐钝化存在着严重的环保问题，废水处理困难，增加生产成本。采用其他的化学转化膜处理效果不如铬酸盐钝化。有些产品可以采用阳极氧化的方法解决，并根据膜层的需要在氧化液中加进各种金属离子处理，可以获得不同色泽的外观，而且耐蚀的氧化面。这种阳极氧化膜比较厚，硬度比较高，耐磨性能也较强。

（2）阳极氧化工艺　阳极氧化工艺如下：

1）阳极氧化预处理。锌及镀锌工件在阳极氧化前要彻底脱脂，先在质量分数 6%～10% 氢氧化钠溶液中浸 1～2min，然后水洗干净。再在质量分数 5% 盐酸溶液中清洗 1～2min，再水洗干净，才能进入阳极氧化液中处理。

2）阳极氧化溶液配方及工艺。锌及锌镀层阳极氧化工艺见表 2-105。

表 2-105　锌及锌镀层阳极氧化工艺

溶液配方及工艺	变化范围
硅酸钠（Na_2SiO_3）	150～200g/L
硼酸钠（$Na_2B_4O_7$）	0.2mol/L
氢氧化钠（NaOH）	5～50g/L
钴盐（Co^{2+}）	适量
添加剂	少量
溶解温度	5～15℃
交流电压	60～120V
电流密度	20～80A/dm²

3）具体操作步骤。阳极氧化采用交流电进行，电流密度 20～80A/dm²，当电压升至 80V 时，开始产生火花效应，几分钟后电压升至 120V，火花效应更为剧烈，带彩色的玻璃状涂层形成。这时表面电阻增大，电流开始下降，在恒定电压 120V 下继续氧化 3～7min，即可形成致密的氧化膜。

（3）阳极氧化膜的结构　阳极氧化层表面为火花效应产生的较致密的小球珠体玻璃状涂层，为非晶态结构，因此耐蚀性强，其电位值也比锌镀层的电位高。

锌镀层阳极氧化处理，虽然可提高其耐蚀性并改善外观。但是此法的电量消耗大，生产成本要比其他处理方法高，因此除了特殊需要或客户要求采用此法外，一般不予采用，所以难以推广使用，除非再作技术改进。

第 3 章　化学氧化膜

3.1　钢铁的化学氧化

3.1.1　概述

钢铁是产量最多、工业上用途最广的金属材料。由于机械强度高，冷热加工性能好，价格便宜，材料来源广等优点，钢铁被广泛应用在各行各业，特别是机械制造业中。据有关资料统计，用于制造各种机械工件及管道容器等设备的钢铁总量约占各种金属用量的 2/3。但是钢铁的自然腐蚀电位低，约为 $-0.5V$，在各种含氧的介质中会遭受到严重的腐蚀，特别是在潮湿的大气环境中会锈迹斑斑，既损害了工件设备的外观形貌，也降低了使用的性能，甚至缩短了使用寿命。因此，钢铁工件及设备在投入工作前都必须进行防护处理，对于长期处于大气环境中工作的工件及设备，最简单、最常用的防护方法就是进行化学氧化处理。

钢铁工件通过氧化处理后，表面生成了一层具有一定耐大气腐蚀性能的氧化膜，膜层的颜色取决于工件的表面状态、材料的合金成分以及氧化处理液的成分配方和工艺等。一般都呈现黑色或蓝黑色，光滑的工件表面经氧化成膜后，色泽光亮美观，具有一定的装饰性。铸钢和含硅量较高的特种钢，氧化膜呈褐色或黑褐色，膜的主要成分为 Fe_3O_4（即磁性氧化铁）。氧化膜很薄，约为 $0.6\sim1.5\mu m$，因此，氧化处理不会影响工件的尺寸精度。氧化处理过程中不会产生氢气，故不会造成氢脆。钢氧化生成的氧化膜耐蚀性和耐磨性较差，氧化后必须进行后续处理。如浸肥皂液、浸油或浸其他的钝化液等，以便提高其耐蚀性和耐磨润滑性。因此，钢铁氧化处理应用十分广泛，主要用于机械工件、精密仪器、光学仪表、电子设备和国防武器设备、日常用品的防护和装饰。特别适用于不允许电镀或涂装的工件及设备。以及在油性介质中工作的精密机械及工件的防护。

钢铁的氧化处理方法，按处理溶液的性质分。有碱液氧化法、酸液氧化法、无碱氧化法、无硒氧化法等；按氧化的工艺分，有高温氧化法、常温氧化法等，其中以碱性氧化法用得最多、最广泛。

3.1.2　钢铁碱性氧化

1. 碱性氧化法的成膜机理

钢铁的氧化是指材料表面的金属层转化为最稳定的氧化物 Fe_3O_4 的过程，可以认为这种氧化物是铁酸 $HFeO_2$ 和氢氧化亚铁 $Fe(OH)_2$ 的反应产物。Fe_3O_4 可以通过铁与 $300℃$ 以上的过热蒸汽反应得到，在温度达到 $570℃$ 之前，反应生成 Fe_3O_4：

$$3Fe+4H_2O \Longrightarrow Fe_3O_4+4H_2$$

而在超过魏氏体形成温度时，形成 FeO：

$$Fe+H_2O \Longrightarrow FeO+H_2$$

在温度升高至 570℃ 以上时，磁铁并没有突然转化为魏氏体，而是产生混合的氧化物，其成分取决于操作温度。

应用最普遍的钢铁氧化方法是在添加氧化剂（如硝酸钠或亚硝酸钠）的强碱溶液里，于 100℃ 以上的温度进行处理。其机理如下：

1）钢铁氧化是个电化学过程，在微观阳极上，发生铁的溶解：

$$Fe \longrightarrow Fe^{2+} + 2e^-$$

2）在有氧化剂存在的强碱性溶液里，Fe^{2+} 按照下述方程式转化成氢氧化铁：

$$4Fe^{2+} + 8OH^- + O_2 \longrightarrow 4FeOOH + 2H_2O$$

3）在微观阴极上，这种氢氧化物可能被还原：

$$FeOOH + e^- \longrightarrow HFeO_2^-$$

4）因为氢氧化亚铁的酸性明显低于氢氧化铁的酸性，在操作温度下，继而发生中和及脱水反应，即氢氧化亚铁作为碱。氢氧化铁作为酸的中和反应。反应如下：

$$2FeOOH + HFeO_2^- \longrightarrow Fe_3O_4 + OH^- + H_2O$$

5）另一部分氢氧化亚铁可以在微观阴极上直接氧化成四氧化三铁

$$3Fe(OH)_2 + O \longrightarrow Fe_3O_4 + 3H_2O$$

氧化过程的速度，取决于能氧化二价亚铁离子的亚硝基化合物的形成速度。

从氧化膜的生成过程来看，开始时，金属铁在碱性溶液里溶解，在金属铁和溶液的接触界面处，形成了氧化铁的过饱和溶液；然后，在金属表面上的个别点生成了氧化物的晶胞，随着这些晶胞的逐渐增大，金属铁表面形成一层连续成片的氧化膜。当氧化膜完全覆盖住金属表面之后，就会使溶液与金属隔绝，铁的溶解速度与氧化膜的生成速度随之降低。

氧化膜的生长速度及其厚度，取决于晶胞的形成速度与单个晶胞长大的速度之比。当晶胞形成速度很快时，金属表面上晶胞数多，各晶胞相互结合而形成一层致密的氧化膜，如图 3-1a 所示。若晶胞形成速度慢，待到晶胞相互结合的时候，晶胞已经长大。这样形成的氧化膜较厚，甚至形成疏松的氧化膜，如图 3-1b 所示。

钢铁在这种氧化溶液中的溶解速度与它的化学成分与金相组织有关。高碳钢的氧化速度快而低碳钢的氧化速度慢，因此，氧化低碳钢宜采用氢氧化钠含量较高的氧化溶液。

钢铁氧化工艺的特点是在处理高应力钢时不会产生氢脆。

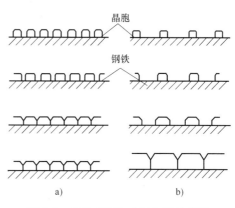

图 3-1　钢铁表面生成氧化膜示意图
a）致密的氧化膜　b）疏松的氧化膜

2. 氧化膜的性质

钢铁氧化膜是由四氧化三铁组成的，且不能被水解。膜的结构和防护性都随氧化膜的厚度的变化而变化。很薄的膜（2~4μm）对工件的外观无影响，但也无防护作用。厚的膜（超过 2μm）是无光泽的，呈黑色或灰黑色，耐机械磨损性能差。厚度为 0.6~0.8μm 的膜有最好的防护性能和耐磨损性能。

无附加保护的钢铁氧化膜的耐蚀性低，并与操作条件有关。如果工件氧化处理后，再涂覆油或蜡，其抗盐雾性能从几小时增加至 24~150h。

对膜性能影响较大的是氧化时的溶液温度和碱的浓度。

在溶液的温度接近沸点时，碱的浓度影响成膜的厚度。在很浓的碱溶液（超过 1500g/L）里，没有膜的形成，这是由于氢氧化亚铁在这样高浓度的碱溶液中，不会发生水解反应。温度对氧化膜厚度的影响如图 3-2 所示，图中给出的操作温度比相应的氢氧化钠溶液的沸点要稍微低一些。在沸点温度高于 145℃的溶液里，得到的氧化膜生长不良而且为疏松的水合氧化铁，尽管其膜层较厚，但无防护作用。

氧化剂的影响如图 3-3 所示，随着溶液里氧化剂浓度的增加，氧化膜的厚度逐步降低，但是在超过氧化剂的临界浓度后，厚度不再受其影响。这可能是氧化剂通过膜孔隙对钢铁表面的钝化作用所致。

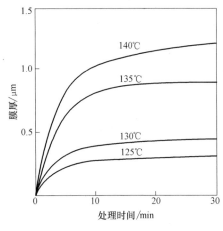

图 3-2　温度对膜厚的影响

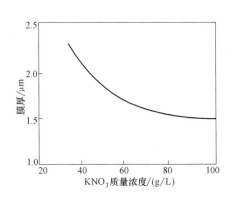

图 3-3　氧化膜的厚度与氧化剂 KNO_3 质量浓度的关系
注：溶液条件为 NaOH 800g/L，操作温度 135℃。

在 NaOH 浓度为 800~900g/L 的溶液中，在 140~145℃的温度下进行的化学氧化，得到的膜层防护效果最好。

3. 氧化工艺

如果工件稍带油脂和没有腐蚀产物，可以直接在浓碱溶液里进行氧化，否则，应该在有机溶剂或碱性溶液里进行脱脂，在加有缓蚀剂的硫酸或盐酸里进行酸洗。

钢铁的氧化溶液由添加有硝酸钠或亚硝酸钠，或同时加有这两种化合物的浓 NaOH 溶液组成。处理工艺分一步法和二步法，一步法工艺较简单，二步法可以得到较厚的氧化膜，而且在工件表面上无红色的氧化物沉积。二步法膜厚与处理时间的关系如图 3-4 所示，钢铁的碱性氧化工艺见表 3-1。

钢的含碳量如果不同应该采取不同的处理工艺，含碳量低的钢应该采用高浓度的碱液和高的处理温度，具体要求见表 3-2。

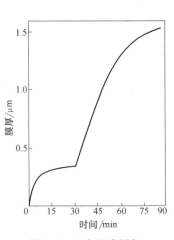

图 3-4　二步法膜厚与
处理时间的关系

表 3-1　钢铁的碱性氧化工艺

工艺号		一步法		两步法			
		1	2	3		4	
				首槽	末槽	首槽	末槽
组分浓度/(g/L)	氢氧化钠(NaOH)	550~650	600~700	500~600	700~800	550~650	700~800
	亚硝酸钠(NaNO₂)	150~200	200~250	100~150	150~200	—	—
	重铬酸钾(K₂Cr₂O₇)	—	25~32	—	—	—	—
	硝酸钠(NaNO₃)	—	—	—	—	100~150	150~200
工艺条件	温度/℃	135~145	130~135	135~140	145~152	130~135	140~150
	时间/min	15~60	15	10~20	45~60	15~20	30~60

表 3-2　不同钢材的处理工艺

$w(C)(\%)$	溶液的沸点温度/℃	处理时间/min
0.7	135~137	10~30
0.7~0.4	138~140	30~50
0.4~0.1	142~145	40~60
合金钢	142~145	60~90

当工件进入槽液时，温度应在下限，工件放入槽液后，溶液温度会升高，适当加一些热水，这样可以防止碱液飞溅。上限温度是出槽温度，当氧化完成，最好溶液温度降到100℃以下再加热。

氧化溶液的配制：先按氧化槽的容积，将称好的氢氧化钠捣碎放入2/3容积的水槽里溶解后，再将所需量的亚硝酸钠和硝酸钠慢慢加入槽里溶解，加水至指定容积，加温至工作温度，取样进行化学分析，调整，如溶液沸点比预定的温度高，加水降低操作温度，经小试合格以后，再正式进行大批量生产。

新配好的溶液里应加一些铁屑或20%以下的旧槽液，以增加溶液里的铁离子含量，这样得到的氧化膜均匀、致密且结合牢固。

当氧化停产期间，因槽液温度降低，槽液表面会结成硬皮，再次使用前必须用铁锤捣碎表面硬皮才能加热溶液，以免溶液在加热时爆炸、飞溅。

为了提高工件的耐蚀性，要另外用油或蜡涂覆氧化过的表面。然而，对于氧化膜表面，水溶液比油更容易润湿。因此，氧化膜在干燥前，将工件浸在稀肥皂水溶液里，以增加金属表面的润湿性。可以涂全损耗系统用油、锭子油、变压器油等。还可以先用重铬酸钾钝化处理，以进一步提高耐蚀性，或用肥皂填充处理，将氧化膜的孔隙填满。

钝化或皂化过的工件用流动水洗净，吹干或烘干，然后浸入105~110℃的锭子油里处理5~10min，取出停放10~15min，使表面残余油流掉，或用干净的抹布将表面多余的油擦掉。

4. 工艺操作与维护

（1）溶液成分　氧化溶液的组分在使用中会发生变化，需定期进行分析并按分析结果进行调整，也可以根据经验进行观察，按溶液的沸点和所得膜层的质量来判断溶液是否需要调整。当溶液的沸点过高时，表示溶液浓度过高，此时易形成红色挂灰，可以加水稀释；沸点过低时，表示浓度不够。此时膜的颜色不深或不能发蓝，应补加溶液药品，或蒸发多余的水分。氢氧化钠的浓度过高时，氧化膜不但易出现红灰，且膜层疏松、多孔、质量差，当氢氧化钠浓度超过 1100g/L 时，氧化膜被溶解；NaOH 浓度过低时，则氧化膜太薄且发花，防护性能很差。氢氧化钠的添加量，可按溶液沸点每升高 1℃，每升溶液添加 10~15g 计算。补加时，可参照如下质量比例：

对于一次氧化：NaOH：NaNO$_2$ =（2~3）：1。

对于二次氧化：NaOH：NaNO$_2$ 为第一槽（2.5~3.5）：1，第二槽 3.4：1。

NaOH 浓度过高，氧化速度加快，膜层较致密牢固；NaNO$_2$ 浓度过低，氧化膜厚且疏松。

溶液中铁离子的含量过高，会影响氧化速度且膜层易出现红色挂灰。溶液中含有 0.5~2g/L 的铁时，膜层的质量最好。所以在氧化后，要及时捞起钢铁工件，以免这些工件的铁溶解在溶液内，增加铁的含量。氧化溶液在使用过程中逐渐积累过多的铁，影响膜层的质量。因此应定期清除残渣，保持溶液的清洁。清涂的方法：可以在温度低于 100℃ 时，在搅拌的情况下，每升溶液加入甘油约 5~10mL。当加热至工作温度时，若溶液表面浮起大量红褐色的铁氧化物时，应用网勺捞出这些污物。

（2）氧化温度、时间与钢铁含碳量的关系　化学氧化温度、时间与钢材含碳量有着密切的关系。通常含碳量高的钢材可用较低的氧化温度，并减少氧化的时间。在化学氧化操作过程中工艺的控制见表 3-3。

表 3-3　氧化温度、时间与钢材含碳量的关系

钢铁的含碳量 w_c（%）	氧化温度/℃	氧化时间/min
0.7 以上	135~138	15~20
0.4~0.7	138~142	20~24
0.1~0.4	140~145	35~60
合金钢	140~145	50~60
高速钢	135~138	30~40

5. 各种因素的影响

影响氧化膜的因素很多，如溶液成分的含量、温度、材料和合金成分等。

（1）碱含量的影响　在溶液里，碱的含量增高时，相应地升高溶液温度，所获得的氧化膜厚度增加。但当增加溶液中碱的含量时，氧化膜表面易出现红褐色的氢氧化铁。过高时所生成的氧化膜会被碱溶解，不能生成膜。当溶液碱含量低时，金属表面氧化膜薄、发花，过低时不生成氧化膜。

（2）氧化剂的影响　氧化剂含量越高，生成的亚铁酸钠和铁酸钠越多，促进反应速度加快，这样生成的氧化膜速度也快，而且膜层致密和牢固。相反，氧化膜疏松且厚。

（3）温度的影响　氧化溶液温度增高时，相应的氧化速度加快，生成的晶胞多，使氧化膜变得致密而且薄。但温度升得过高时，氧化膜（Fe$_3$O$_4$）在碱溶液的溶解速度同时增加，致使氧化速度变慢。因此，在氧化初开始时温度不要太高，否则氧化膜（Fe$_3$O$_4$）晶粒减少，会使氧化膜变得疏松。氧化溶液的温度，在进槽时温度应在下限，出槽时温度应在上限。

（4）铁离子的影响　氧化溶液里的铁离子是在氧化反应过程中，从工件上逐渐溶解下来的，铁离子的含量对氧化膜的生成是有影响的。在初配槽的溶液里铁离子含量低，会生成很薄且疏松的氧化膜，膜与基体金属的结合不牢，容易擦去。

（5）氧化时间与工件含碳量的关系　钢铁工件含碳量高时容易氧化，氧化时间要短。合金钢含碳量低，不易氧化，氧化时间要长。可见氧化时间的长短决定于钢铁的含碳量。

6. 氧化膜的质量检验

（1）浸油前的外观检验　钢铁氧化膜的检验，主要是用肉眼观察氧化膜的外观。钢铁的合金成分不同，其氧化膜在色泽上有所差异：碳素钢和低合金钢工件在氧化后颜色呈黑色和黑蓝色；铸钢呈暗褐色；高合金钢呈紫红色、但氧化膜应是均匀致密的。氧化膜的表面不允许有未氧化的斑点，不应有易擦去的红色挂灰和抛光膏残迹、针孔、裂纹、花斑点、机械损伤等缺陷。工件表面允许有因工件喷砂、铸造、渗碳、淬火、焊接等不同处理工艺所引起的氧化膜色泽差异。

（2）耐腐蚀检验　可以根据使用要求来进行氧化膜的耐蚀性试验，其方法如下：

1）将氧化的工件浸泡在质量分数为 3% 的硫酸铜溶液里，在室温下保持 10s 后将工件取出，用水洗净表面，不出现红色接触点为合格。

2）用酒精擦净表面，滴上硫酸铜溶液若干点，同时开始计时，20s 后不出现铜的红点为合格。

硫酸铜溶液的配置方法：将 3g 分析纯硫酸铜晶体溶于 97mL 蒸馏水里后，再加少量的氧化铜仔细搅拌均匀，然后将剩余的氧化铜过滤掉。

对于不合格的膜层，在酸洗溶液里除去，应重新进行氧化处理。弹簧钢和不允许酸洗的合金钢，应用机械方法除去旧氧化膜。

7. 碱性氧化膜常见缺陷及处理方法

钢铁碱性氧化膜常见缺陷、产生原因及处理方法见表 3-4。

表 3-4　碱性氧化膜常见缺陷、产生原因及处理方法

氧化膜缺陷	产生原因	处理方法
氧化膜有红色挂灰	①NaOH 浓度过高 ②温度过高 ③溶液中含铁量过多	①降低浓度 ②降低温度 ③除去液渣，减少铁的溶解量
表面生成白色附着物	氧化后水洗不干净	用温水洗涤工件至干净
氧化膜色泽不均，表面发花	①氧化前除油不干净 ②氧化时间不够 ③碱的含量低	①氧化前要彻底除油，并清洗干净 ②延长氧化时间 ③增加碱的含量
不生成氧化膜	①氧化溶液温度过低 ②氧化溶液的浓度过低	①提高氧化溶液的温度 ②提高溶液的浓度
氧化膜表面有黄绿色挂灰	①溶液温度过高 ②亚硝酸钠含量过高 ③碱浓度过低	①降低溶液温度 ②降低氧化剂含量 ③调整碱的浓度
氧化膜附着力差	$NaNO_2$ 含量太低	适当增加 $NaNO_2$ 的含量
氧化膜在肥皂液处理后出现白点	肥皂液的水质硬，或带有腐蚀性，或氧化后清洗不干净	改善肥皂液的水质，加强氧化后的清洗

3.1.3　钢铁酸性氧化

1. 钢铁酸性高温氧化

钢铁采用酸性无硒高温氧化所得到的氧化膜，具有很高的附着力和较好的耐大气介质腐

蚀的性能，甚至比碱性高温氧化膜强。而且生产工艺比较简单，只要进行一次性处理，方法简单易行，处理液的温度也比碱性氧化法低，时间短，从经济上考虑也比较便宜。酸性氧化法所得到的氧化膜和碱性氧化膜一样都比较薄，但是酸性化法所用的设备防护要求比较严格，操作过程也要考虑安全性，所以这种方法的应用比碱性氧化法少。

酸性氧化工艺见表 3-5。

表 3-5 酸性氧化工艺

项目	规格	项目	规格
硝酸钙	80~100g/L	水	1000mL
过氧化锰	10~15g/L	溶液温度	100℃
磷酸	3~10g/L	处理时间	40~50min

2. 钢铁酸性常温氧化

以上介绍的钢铁氧化工艺是传统的高温氧化成膜工艺。由于处理温度高、能耗大、操作环境恶劣、酸或碱的消耗量大，成本相对较高。20 世纪末开发了钢铁常温发黑工艺。这种工艺与高温氧化工艺相比，具有不受钢材种类限制、能在常温下操作、节电节能、高效且操作方便、氧化时间短、设备投资少、污染程度小、改善工作环境等优点。但同时也存在溶液尚不够稳定、膜层结合力不牢、耐蚀性不够好、对预处理要求严格等问题，尚待进一步研究或根据生产实践经验逐步加以解决。

（1）钢铁常温酸法氧化原理 钢铁常温酸法氧化的成膜过程比较复杂。据一些文献资料介绍，Se-Cu 系常温氧化成膜过程中有氧化还原反应、扩散沉淀反应以及电化学反应等。它的主要反应首先是产生铜的置换，然后铜再与硒盐发生氧化还原反应，并生成一层黑色或深蓝色的硒化铜薄膜，覆盖于钢铁的表面。其主要反应如下：

首先是钢铁在溶液中的促进剂作用下，被溶液中的 Cu^{2+} 置换，表面沉积铜，同时也产生 Fe^{2+}，即 $Fe+Cu^{2+}\!=\!=\!=Fe^{2+}+Cu$。接着再发生反应 $Cu^{2+}+Se^{2-}\!=\!=\!=CuSe$、$Fe^{2+}+Se^{2-}\!=\!=\!=FeSe$ 等反应，CuSe、FeSe 则沉积覆盖于工件的表面，成为黑色或蓝色的膜层。其反应机理可从以下三个方面进行解释：

1）氧化还原反应机理。常温发黑实质上是钢铁表面的氧化还原反应。钢铁件浸入发黑液中立即发生下列的化学反应：

①工件表面的铁原子在酸的作用下溶解；②发黑液中的 Cu^{2+} 离子在工件表面发生置换反应，表面产生金属铜；③亚硒酸和金属铜发生氧化反应，得到黑色的硒化铜（CuSe）。

这三个反应过程进行得非常迅速，以至于不可能直接区分，最终反应的产物为黑色无机物硒化铜（CuSe），其以化学键的形式与钢基体牢固结合，形成黑色膜。

2）扩散-沉积机理。活化的钢铁表面在常温发黑液中会自发地进行铜的置换反应。处于表面的铁原子与本体失去平衡，从而引起铁原子由本体向界面扩散，扩散出来的铁原子或离子具有较高的反应活性，在界面处被亚硒酸氧化生成氧化铁，而亚硒酸则被还原为 Se^{2-}。氧化铁沉于工件表面成为黑色膜的组成部分，而 Se^{2-} 与 Cu^{2+} 在距离钢铁表面一定的位置生成 CuSe 后，再沉积于表面成膜。

3）化学与电化学反应机理。钢铁表面在 H_2SeO_3 溶液中的发黑过程是化学和电化学反应的综合过程，它们同时进行，不可分割。当钢铁件浸入发黑液中，首先是钢铁基体与铜离子发生置换反应，置换出的铜沉积或吸附于基体表面，形成 Fe-Cu 原电池。

$$Cu^{2+}+2e^- \!\!=\!\!=\!\!=Cu\ 形成阴极区$$
$$Fe-2e^- \!\!=\!\!=\!\!=Fe^{2+}\ 形成阳极区$$

在阴极区还伴随下列反应：

$$H_2SeO_3+4H^++4e^- \!\!=\!\!=\!\!=Se+3H_2O$$
$$Se+Cu\!\!=\!\!=\!\!=CuSe$$
$$Se+2e^- \!\!=\!\!=\!\!=Se^{2-}$$
$$Se^{2-}+Cu^{2+}\!\!=\!\!=\!\!=CuSe$$

电化学和化学反应是连续并行的，其结果是形成十分稳定的 CuSe 沉积于钢铁表面，形成发黑膜。

因此，从反应中可看到，常温酸性发黑膜不是基体本身转化而成的 Fe_3O_4，而是主要由 CuSe、FeSe 等构成的，其附着力及耐磨、耐蚀性不及碱性高温氧化膜的原因在此。要改善膜层的性能，只能靠控制反应速度、添加有利于增加表面结合力的活性剂等各项措施与方法。

3. 常温发黑剂的组成

（1）主成膜剂　无论是硒化物系还是非硒化物系的常温发黑剂，Cu^{2+} 是生成黑色膜的基本成分。因此，对于硒化物系常温发黑剂，可溶性铜盐和二氧化硒（或亚硒酸）为必要成分；对于非硒化物系常温发黑剂，可溶性铜盐和催化剂或黑化剂是必要成分。它们之间的组成膜反应产物是构成发黑膜的主要成分。

（2）辅助成膜剂　若钢铁表面仅有主成膜剂形成的发黑膜时，发黑膜往往疏松，性能较差。加入辅助成膜剂以后，在进行主成膜反应的同时，自发辅助成膜反应，从而改变了发黑膜的组成和结构，提高了发黑膜的附着力和耐蚀性。

（3）缓冲剂　发黑剂的酸度对发黑成膜的反应有很大的影响。如果 pH 变化过大，不仅会影响发黑膜的质量，而且还会影响发黑溶液自身的稳定性。例如，pH 上升过高，会导致发黑溶液水解沉淀。加入适当的 pH 缓冲剂，可维持发黑液 pH 基本稳定，以利于发黑工艺的正常进行。

（4）稳定剂　随着发黑操作的进行，溶液中会因为铁的溶解而存在大量的 Fe^{2+}，在氧化剂的作用下生成 Fe^{3+}，从而导致处理溶液变混浊，并产生沉淀。加入稳定剂，可以阻止 Fe^{2+} 向 Fe^{3+} 的转变，维持发黑液的稳定，延长槽液寿命。

（5）速度调整剂　速度调整剂用于控制成膜反应的速度，防止产生没有附着力的疏松膜层。速度调整剂可以使发黑反应以适当的速度进行，有利于形成均匀、致密、附着力良好的膜层。

（6）成膜促进剂　钢铁表面与发黑剂间发生的成膜反应，在没有成膜促进剂存在时，反应速度缓慢，发黑膜薄，黑度和均匀性差。在发黑剂中加入成膜促进剂后，可显著提高成膜速度与膜层质量。

（7）表面润湿剂　钢铁表面与发黑剂的润湿性差，难以获得色泽均匀结合力强的发黑膜。加入适当的表面润湿剂，有利于提高发黑膜的性能。

4. 常温发黑及发蓝的配方及工艺

钢铁常温发黑工艺见表 3-6，常温发蓝工艺见表 3-7。

表 3-6　钢铁常温发黑工艺

	工艺号	1	2	3
组分浓度/(g/L)	硫酸铜($CuSO_4 \cdot 5H_2O$)	2	4	2~2.5
	二氧化硒(SeO_2)	4	4	2.5~3.0
	磷酸二氢钾(KH_2PO_4)	3	—	—
	磷酸二氢锌[$Zn(H_2PO_4)_2$]	—	2	—
	氯化镍($NiCl_2 \cdot 6H_2O$)	2	—	—
	柠檬酸钾($K_3C_6H_5O_7 \cdot 2H_2O$)	2	—	—
	酒石酸钾钠($KNaC_4H_4O_6$)	2	—	—
	硫酸镍($NiSO_4 \cdot 7H_2O$)	—	1	—
	DPE-Ⅱ添加剂	—	1~2mL/L	—
	对苯二酚	—	—	1~1.2
	硼酸(H_3BO_3)	—	4	—
	硝酸(HNO_3)	—	—	1.5~2mL/L
	氯化钠($NaCl$)	—	—	0.8~1
工艺条件	pH	2~2.5	2.5~3.5	1~2
	温度	常温	常温	常温
	时间/min	3~5	2~4	8~10

表 3-7　钢铁常温发蓝工艺

	工艺号	1	2
组分浓度/(g/L)	磷酸(H_3PO_4)	3~10	10~18
	三氧化锰(MnO_3)	11~14	—
	硝酸钙[$Ca(NO_3)_2$]	80~100	—
	硝酸钡[$Ba(NO_3)_2$]	—	70~100
	二氧化锰(MnO_2)	—	10~20
	磷酸锰铁盐(马尔夫盐)	—	30~40
工艺条件	温度/℃	100	90~100
	时间/min	40~45	40~50
备　注		能获得黑色氧化膜,其主要成分是磷酸钙和铁的氧化物,其耐蚀性和强度超过碱性氧化膜	膜呈深黑色、深灰色或红黑色,无光泽或微光泽,膜层致密细致,防护性能较好

5. 钢铁常温氧化的工艺流程

(1) 钢铁常温发黑的工艺流程　钢铁常温发黑的工艺流程如下:

钢铁工件→去油→水漂洗→酸洗→水漂洗→发黑→水漂洗→检查→干燥→浸油→成品。具体操作及注意事项如下:

1) 常温发黑预处理。钢铁表面是否能与发黑溶液充分地接触是发黑膜层质量好坏的关键。常温发黑液呈酸性,所以没有脱脂污的能力。因此钢铁工件发黑前的表面脱脂除锈是很重要的步骤。不管采用何种脱脂除锈方法，一定要把油、锈彻底除干净，才能保证发黑工艺的作用，生成均匀的、连续的、具有附着力的膜层，才能充分发挥常温发黑节能、高效的特点。

2）常温发黑处理。将钢铁工件浸入发黑溶液中且适当搅动，使钢铁工件表面全面均匀地发黑上膜。发黑处理的时间与钢铁工件材料及发黑溶液的浓度有关。一般来说，刚均匀成膜即取出。工件从发黑溶液中取出以后。要在空气中停留 1~3min，使膜层在空气中氧的作用下与表面残留的液膜继续起反应，待膜层反应稳定后，才进行彻底清洗。这对提高黑膜与基体的结合力有好处。

3）钢铁常温发黑后处理。钢铁常温发黑膜是多孔网状结构，发黑工件经过水充分清洗后，必须要立即进行脱水封闭处理。脱水封闭处理得当，能显著提高工件的耐蚀防锈能力，并且能改善外观色泽。

4）常温发黑流程的具体操作。钢铁工件常温发黑流程的一般操作见表3-8。

表 3-8　钢铁常温发黑的工艺流程

序号	工序	所用材料	温度	时间/min	要求	外观
1	去油	洗衣粉	50℃	8~15	油除尽	表面无油迹
2	漂洗	水	室温	1~2	除残留液	不挂水珠
3	酸洗	20%盐酸	室温	5~8	除氧化皮锈迹	金属光泽
4	漂洗	水	室温	1~2	除残留液	金属光泽
5	发黑	发黑液	室温	8~15	表面着色均匀	黑色
6	漂洗	水	室温	1~2	除残留液	黑色
7	检查	目视	—	—	着色均匀	黑色
8	干燥	水	90~120℃	1~2	表面干燥	黑色，表面略带浅黄色膜
9	浸油	全损耗系统用油	105~120℃	4~6	零件全部浸没	黑色

（2）钢铁常温发蓝的工艺及注意事项　钢铁工件常温发蓝的工艺流程如下：

碱脱脂→水洗→酸洗除锈→水洗→常温发蓝→水冲洗→沸水冲洗→浸封闭剂→成品。

1）表面预处理。常温发蓝溶液本身不具备脱脂能力，因此，工件在发蓝前必须要彻底清除表面的油和锈，这是保证发蓝膜层质量的前提条件。

可以根据钢铁工件表面油污程度的不同选择适当的脱脂溶液及配方，也可以采用两次脱脂、两次酸洗的工艺。以便使表面在发蓝前达到洁净，使膜层确保均匀、牢固。

除锈一般可采用盐酸。对于锈蚀严重的、氧化皮厚的各种钢材工件，特别是角钢、工字钢及热轧钢板制作的工件，可用强酸活化。

2）常温发蓝。将经过以上预处理的钢铁工件直接浸入发蓝溶液中，并且间歇地上下移动 2~3 次，待发蓝后马上取出彻底清洗并干燥。

不同材质的工件在发蓝溶液中的发蓝速度是不同的，铸铁最快，中、低碳钢次之。因此，应根据钢种的不同掌握好发蓝时间。随着发蓝液使用的次数增多，溶液中的 Fe^{2+} 不断积累，药效下降。溶液的颜色由蓝、绿色逐渐变浅，pH 也随之上升，并伴随产生沉淀。在此情况下，应将沉淀物清理，并补充新的发蓝溶液才能使用。

新配的发蓝液是浑浊的，要过一定时间后才呈透明的蓝绿色。发蓝液即使只处理很少的工件，也会不断发生自催化反应，而且不会终止。因此，应根据处理工件量的多少，随时配制并避免造成浪费。配制常温发蓝液及盛装容器可用聚氯乙烯制成的塑料容器，不能用钢铁材料制成的容器，避免钢铁制品消耗发蓝液。

3）发蓝后处理。工件发蓝后要彻底清洗，热水烫干后进行封闭处理。先在1%肥皂液（温度高于90℃）中浸2min，然后再用全损耗系统用油或脱水防锈油封闭。

（3）不合格氧化膜的去除　不合格的氧化膜可以用有机溶剂或化学脱脂液完全脱脂后，再放在100~150g/L的盐酸或硫酸溶液中活化数秒至数十秒即可除去。

6. 常温氧化膜的常见缺陷及排除方法

钢铁工件常温氧化（发黑、发蓝）中常见的缺陷、产生原因及排除方法见表3-9。

表3-9　钢铁常温氧化常见的缺陷、产生原因及排除方法

常见缺陷	产生原因	排除的方法
发黑膜不均匀，有发花现象	①工件除油、除锈不彻底 ②工件可能重叠在一起 ③发黑时间不够	①要彻底除油锈，并冲洗干净 ②要翻动工件避免重叠 ③适当增加氧化处理时间
工件表面膜层疏松，结合不牢固	①氧化处理时间不适当 ②硒的含量过高 ③零件表面有油污等杂物	①应严格执行工艺规定的处理时间 ②调整溶液中硒的含量至适当 ③加强氧化发黑前的处理
氧化膜的色泽浅	①发黑时间短 ②溶液太稀	①适当延长氧化处理时间 ②增加溶液中成分含量
膜层光泽性差，有锈斑出现	①封闭油中水分太多 ②零件封闭时间太短	①减少油中水分，或更换无水油 ②适当延长封闭时间
膜层的牢固性差	①氧化发黑作用未完全 ②零件表面旧氧化物未除尽	①应在发黑后放置一定时间再用 ②加强发黑前酸洗
不合格的产品	—	用10%稀硝酸去除发黑膜重新发黑

3.1.4　钢铁常温无硒氧化

1. 概述

前面介绍的常温氧化（发黑、发蓝）工艺都是用硒盐、铜盐的发黑剂体系。但是硒盐价格贵且有毒，使废液处理困难，且膜层性能仍然存在许多不足，因此国内外都在不断地研究和开发新的无硒常温氧化体系，企图寻找一种新的溶液来取代硒-铜体系的溶液。目前有钼系发黑液、铜硫系发黑液、锰系发黑液、黑磷化系发黑液等。虽然这些发黑液各有特点，但与硒铜系发黑液一样，同样存在发黑前处理要求严格甚至苛刻、膜层光泽差、耐蚀性不够好、发黑液不稳定等问题。几种新的常温无硒氧化发黑工艺见表3-10。

表3-10　常温无硒氧化发黑工艺

溶液成分及工艺条件	1	2	3
硫酸铜	5~6g/L	3~4g/L	—
硫代硫酸钠	7~8g/L	—	50~70g/L
硫酸镍	2~3g/L	1~2g/L	—
磷酸二氢锌	2~3g/L	13~17g/L	—

（续）

溶液成分及工艺条件	1	2	3
磷钼酸铵	$6\sim7g/L$	—	—
冰醋酸	$3\sim4g/L$	—	—
柠檬酸钠	—	$1\sim2g/L$	—
钼酸铵	—	$1\sim2g/L$	—
乙二酸四乙酸二钠	$2.4\sim3.2g/L$	—	—
聚乙二醇 800	$0.02\sim0.04g/L$	—	—
氯化铵	—	—	$4\sim7g/L$
硝酸	—	—	$7\sim10g/L$
磷酸	—	—	$5\sim8g/L$
添加剂	—	适量	—
溶液 pH	$1.2\sim2.5$	$2.3\sim3$	
溶液温度/℃	$10\sim35$	$25\sim30$	$15\sim30$
处理时间/min	$6\sim8$	$5\sim10$	$30\sim60$

常温无硒氧化成膜机理如下：

（1）催化剂原理　常温发黑是在基体表面覆盖一层黑色物质，尽管不排除基体参与反应，但不是主反应，因为发黑膜的主要成分不是 Fe_3O_4，而是 CuO，钢铁件浸入发黑液中，同时存在下列三种反应

$$Cu^{2+}+[还原剂]\longrightarrow Cu(金属)$$

$$Cu^{2+}\xrightarrow{催化剂}CuO(黑色)$$

$$Cu^{2+}+[还原剂]\longrightarrow Cu_2O(砖红色)$$

在催化剂的作用下，黑色的 CuO 生成反应得到加速，而 Cu 和 Cu_2O 的生成反应则被抑制。因此，在钢铁表面形成 CuO 的发黑膜，其含量决定了膜层的黑度。

（2）电化学反应机理　钢铁表面常温发黑膜的形成，本质上是钢铁在特定介质中处于自腐蚀电位下的电化学反应，即共轭的局部阳极氧化反应和局部阴极还原反应的综合结果。在发黑体系中，主成膜剂是硫酸铜和黑化剂。黑化剂在电化学反应体系中，作为一种在局部阴极发生还原反应的氧化剂，必须与 $CuSO_4$ 按适当比例配比后，才能形成合格的发黑膜。$CuSO_4$ 的作用是提供 Cu^{2+}，使其在钢铁表面还原，并沉淀出具有催化活性的微铜粒子，作用于局部阴极促使黑化剂还原，以及自身在局部阴极形成黑色的 CuO，沉积于钢铁表面参与成膜，从而和黑化剂的还原反应一起，在短时间内形成黑色氧化膜。

2. 钼-铜-硫体系常温发黑工艺

（1）发黑机理　一般认为钢铁表面发黑是因为发生复杂的氧化还原反应和沉淀反应，也就是在氧化剂的作用下，钢铁表面被溶解，在铁和溶液的界面处形成氧化铁的过饱和溶液。在促进剂的作用下，在金属表面活性点上生成氧化物晶须，并逐渐生长形成一层连续的氧化膜。钼-铜-硫体系溶液发黑的机理是在氧化剂钼磷酸铵作用下，铁基体被氧化生成 FeO、Fe_3O_4、Fe^{2+}，Cu 在还原剂 $Na_2S_2O_3$ 作用下生成 CuO、CuS，Fe 在催化剂作用下生成 $FePO_4$、$Fe_3(PO_4)_2$、$Zn_3(PO_4)_2$、$Cu_3(PO_4)_2$ 参与成膜，使膜层变得更致密，黑色更深。发黑膜成

分比较复杂，大约为 CuO、CuS、FeS、MoS_2、$Fe_3(PO_4)_2$，$Zn_3(PO_4)_2$、$Cu_3(PO_4)_2$ 等。

（2）发黑的工艺流程　钢铁工件→脱脂→热水洗→冷水洗→酸洗除锈→冷水洗→二道冷水洗→活化→冷水洗→发黑→漂洗→中和→冷水洗→热水洗→吹干→浸油。

（3）发黑预处理　工件预处理的质量对发黑膜的质量影响极大。如果表面残留有油、锈或氧化皮，就会造成工件表面不发黑或局部不发黑或发黑不均匀、颜色不深等缺陷，因此必须认真处理。

1）脱脂溶液配方及工艺：$NaOH$ 80g/L，Na_2CO_3 50g/L，洗衣粉 3g/L，在 80℃下，处理 6~10min。

2）除锈溶液配方及工艺：HCl 300g/L，H_2SO_4 200g/L，OP-10 4g/L，十二烷基磺酸钠 0.04g/L，硫脲适量，以除锈干净为止，防止过蚀。

3）活化：质量分数为 36%的盐酸，处理时间 1~3min。

（4）发黑溶液配方及工艺　钼-铜-硫体系常温发黑工艺包括以下 4 个方面。

1）发黑工艺见表 3-11。

表 3-11　发黑工艺

项目	规格	项目	规格
硫酸铜	5~6g/L	乙二胺四乙酸二钠	2.4~3.2g/L
硫代硫酸钠	7~8g/L	聚乙二醇 800	0.02~0.04g/L
硫酸镍	2~3g/L	溶液 pH	1.5~2.5
磷酸二氢锌	2~3g/L	溶液温度	10~40℃
磷钼酸铵	6~7g/L	处理时间	6~8min
醋酸	3~4g/L	—	—

2）发黑溶液的配制。按配方量配制成溶液，加入 H_2SO_4、H_3PO_4 调节酸度使 pH 在 1.5~2.5 之间，溶液由黄绿色浑浊逐渐变清。发黑过程应抖动工件数次，以便使着色成膜均匀。

3）发黑溶液中成分的影响。溶液中硫酸铜和磷钼酸铵是发黑的主要组分，硫酸铜量增多，膜的颜色偏红，而磷钼酸铵量增大，则使膜的颜色偏蓝。反应速度加快。而结合力不变。硫酸镍可以提高黑膜的致密性，但不能直接成膜。乙二胺四乙酸二钠起络合作用，若含量过高，作用也不明显；含量过低，则使溶液在使用与贮存过程中产生沉淀。磷酸盐参与成膜，能提高膜的耐蚀性，也使发黑液保持一定的酸度。

4）工艺对黑膜的影响。溶液的 pH 在 1.5~2.5 变化时，对发黑时间及结合力均无影响，摩擦次数大于 50 次，超出此范围则膜的质量下降。

溶液的温度应控制在 15~35℃，在此范围内对发黑时间及结合力均无影响，膜的耐摩擦次数大于 50 次，温度过低或过高膜的质量都会下降。

发黑时间对膜层质量的影响很大，时间短膜不发黑，时间过长又影响膜的颜色，且结合力下降。因此时间应控制在 6~8min，此时生成的膜，耐摩擦次数大于 50 次，点滴 31~32s，膜厚为 3.5~5.0μm。

（5）发黑后处理　钢铁工件在发黑液中发黑以后，从溶液中取出，先在空气中放置 1~2min，水洗后再放入 3%碳酸钠溶液里中和，经水洗后甩干，浸入热防锈油（80~90℃）后捞起。

因此，经发黑处理的钢铁工件必须经水洗、中和、风干后进行封闭，这样得到的发黑膜耐蚀性及光泽能满足产品质量的要求。

这种发黑溶液及工艺在能满足膜层质量要求的同时，还具有无硒毒害、高效节能、操作简单方便、生产成本低及适用的范围比较广的特点。虽然发黑的废液处理比较简便，但是溶液的使用周期短及其他问题尚要进一步解决。

3. 钼盐-铜盐常温发黑

（1）发黑机理　采用钼酸铵代替亚硒酸与硫酸铜反应成膜，即形成钼酸盐-铜盐常温成膜发黑体系。钼酸盐氧化性较强，能提供活性氧，促进黑色氧化铜的生成，而毒性比较小。另外加入的辅助成膜剂磷酸二氢盐应适当控制，如果加入太高，分解活性氧的速度太快，膜层变得疏松、结合力也不好，如果含量太低，则发黑膜难以形成。

（2）工艺流程　钢铁工件钼酸铵-铜盐常温发黑工艺流程如下：

钢铁工件→脱脂→除锈→热水洗→冷水洗→酸活化→冷水洗→常温发黑→冷水洗→干燥→后处理→晾干→成品。

（3）发黑溶液配方及工艺　钢铁工件钼酸盐-铜盐常温发黑工艺见表 3-12。

表 3-12　钼酸盐-铜盐常温发黑工艺

项目	规格	项目	规格
硫酸铜	3~4g/L	添加剂	少量
钼酸铵	1~2g/L	溶液 pH	2.5~3.0
硫酸镍	1~2g/L	溶液温度	20~30℃
磷酸二氢锌	10~18g/L	发黑时间	5~10min
柠檬酸钠	1~2g/L		

1）溶液的配制。先在发黑槽中加入 2/3 体积的水，然后把按配方比例称好的药品，将络合剂、主盐硫酸铜、钼酸盐、磷酸二氢锌依次加入槽中溶解，再加水至规定的容积，并搅拌均匀，调节 pH 至 2.5 即可。

2）络合剂。溶液中加进一定的络合剂，可以使 Cu^{2+}、Fe^{3+} 形成稳定的络合物，以便提高膜层的致密性和稳定性。络合剂的种类很多，其中以柠檬酸钠比较好。它的加入不但使膜层发黑，而且结合力也很好，比较牢固。

3）添加剂。常温发黑液中添加适量的添加剂可以改善溶液与钢铁工件表面的性能，其中主要是润湿性、乳化性和分散能力，以便使膜层分布均匀，结合牢固，但又不能加得太多，种类太多及含量过多都会产生不好的效果。

4）工艺的影响。溶液的温度最好控制在 20~30℃。如果温度升高，反应速度加快，发黑也快，但温度太高，膜层疏松，当温度升到 50℃ 时，钢铁表面即生成一层黑灰，因此温度不宜超过 35℃。溶液的酸度也不能太高，太高时钼酸盐的还原速度加快，同样也影响黑膜的结合力，膜层附着不牢，故应控制 pH=2.5~3.5 为好。

（4）钢铁工件常温发黑膜的技术指标　钢铁工件在常温发黑溶液中发黑处理后，对生成的发黑膜可进行性能测试。测试的项目主要有外观检验、膜层厚度测量、膜层结合力的牢固程度以及膜层的耐蚀性点滴试验及浸泡试验等。检测的方法、结果及标准见表3-13。

表 3-13　钢铁常温发黑膜的检测方法、结果及标准

检测项目	检测方法	检测标准	检测结果
外观检查	肉眼观察	褐黑色	黑色
膜层厚度	磁性测厚仪测量	$2.5 \sim 3.5 \mu m$	$3.5 \mu m$
膜的结合力	用棉球擦拭	200 次以上	400 次
耐蚀性能	3% 硫酸铜点滴时间	30s	>30s
	3% NaCl 溶液浸泡时间	2h	>2h
	5% 草酸溶液浸泡时间	30min	>30min

　　从测试结果看出，该工艺是钢铁在常温进行发黑处理，稳定性较好的工艺。它与传统的碱性发黑工艺比较，有发黑温度低、时间短、速度快、无毒、无味、无气体挥发、无害等特点，能改善劳动环境及操作条件。发黑的膜层具有色泽好、结合力强、耐蚀性好等优点。溶液成分的价格比较便宜，属于常规用药品，各地均可购得，可适用于一般钢铁制品的常温发黑。选用时应根据不同的材料及其表面状况、对产品质量的要求等制定溶液配方、工艺流程及工艺，先进行小型试验、取得经验，再进行批量生产。

　　4. 钢铁的草酸盐氧化处理

　　钢铁工件放在含草酸盐的溶液中，表面可以生成难溶的草酸盐膜。在普通的钢材上，草酸盐膜主要作为涂装的底层，由于有较好的附着力，可以作为黏结钢材本体及涂层的中间层。在防护作用上可对钢铁起到双重的保护作用。即外表面有涂层保护，一旦涂层破损，则由草酸盐氧化膜起保护作用，直至涂层修复。

　　钢铁-草酸盐氧化处理工艺见表 3-14。

表 3-14　草酸盐氧化处理工艺

溶液成分及工艺条件	1	2
草酸($H_2C_2O_4$)	$35 \sim 45g/L$	$15 \sim 25g/L$
氯化钠(NaCl)	—	$120 \sim 130g/L$
醋酸锰[$Mn(CH_3COO)_2$]	$4 \sim 6g/L$	—
草酸铵[$(NH_4)_2C_2O_4$]	—	$4 \sim 6g/L$
磷酸二氢钠(NaH_2PO_4)	—	$8 \sim 12g/L$
六亚甲基四胺-二氧化硫	6.2g/L	—
溶液 pH	1.1	$1.6 \sim 1.7$
溶液温度/℃	$66 \sim 77$	$45 \sim 55$
处理时间/min	$1 \sim 5$	—

　　注：在配方 1 中，六亚甲基四胺-二氧化硫是由摩尔比为 1：4 的六亚甲基四胺与二氧化硫在一定的温度下，经 30h 的反应而制得的。

　　钢铁草酸盐氧化处理前，钢铁表面要进行预处理，预处理的方法及要求与钢铁发黑预处理的一样。

3.1.5　钢铁氧化膜的应用实例

　　1. 碱性氧化应用实例

　　轴挡是胶轮车上的很重要工件，它是经过锻制、退火、粗车、精车、渗碳、磨削然后发

黑等多个步骤加工而成的。发黑是生产的最后工序，目的是要使轴挡在碱性氧化溶液中处理后，获得良好的具有耐蚀耐磨性能的磁性氧化膜，起到保护作用。

（1）氧化发黑前脱脂去锈　氧化预处理的工艺流程如下：

轴挡→装挂→热碱液脱脂→热水清洗→两道流水清洗→酸洗→两道流水清洗。

（2）碱液脱脂液的配方及工艺　碱液脱脂工艺见表 3-15。

表 3-15　碱液脱脂工艺

项　目	规　格	项　目	规　格
烧碱	$20 \sim 30 g/L$	脱脂温度	$100℃$ 以上
纯碱	$50 \sim 150 g/L$	处理时间	$15 \sim 40 min$
肥皂	$3 \sim 5 g/L$		

先将水加至槽的 3/5 左右，加热至 $60 \sim 80℃$，把烧碱和纯碱敲成小块加入水中，并慢慢搅拌，直至完全溶解均匀，然后加热至沸腾，把切成小片状的肥皂加入，搅拌至肥皂全部溶解。将轴挡放入脱脂液中，约 $15 \sim 40 min$ 后取出。用水清洗干净，然后观察工件表面有无水珠出现。如果脱脂彻底，工件表面应被水均匀覆盖。如发现未除干净，应再脱脂至干净为止。

（3）酸洗溶液配方及工艺　酸洗工艺见表 3-16。

表 3-16　酸洗工艺

项　目	规　格	项　目	规　格
盐酸	$15\% \sim 20\%$	溶液温度	$25 \sim 35℃$
尿素	$0.5\% \sim 0.9\%$	酸洗时间	$3 \sim 10 min$
水	余量		

先在槽内加入 1/3 的水，然后把酸慢慢地倒入所需要的量，不断地用人工搅拌，直至均匀。工件进入酸洗槽浸 $3 \sim 10 min$ 后，取出工件，其表面呈银白色。在酸洗过程中，工件要不停地抖动。如工件表面无油污，可不必经过脱脂工序，而直接进行酸洗。氧化皮较厚的要经过抛光处理。如经过抛光处理表面无油、无锈，则可以直接进入氧化发黑处理。

（4）氧化的工艺流程　氧化的工艺过程如下：

1 槽低温发黑→2 槽中温发黑→3 槽高温发黑→静水清洗。

（5）碱性氧化发黑溶液配方及工艺　发黑工艺见表 3-17。

表 3-17　发黑工艺

槽类	溶液配方（质量分数，%）			工艺条件		零件表面颜色
	烧碱	亚硝酸钠	水	温度/℃	时间/min	
低温	$30 \sim 35$	$8 \sim 12$	余量	$128 \sim 132$	$20 \sim 40$	白色
中温	$33 \sim 40$	$10 \sim 18$	余量	$144 \sim 148$	$20 \sim 40$	浅蓝色
高温	$40 \sim 45$	$15 \sim 20$	余量	$146 \sim 152$	$20 \sim 40$	黑色或蓝黑色

1）发黑溶液的配制。用固体烧碱配方时，先将所需的水加入槽中。然后把所需要的固体烧碱敲成小块状放入铁丝网中慢慢地放入槽内，并用木棍搅拌，同时加温使其完全溶解后，再加温到沸腾，然后加进所需的亚硝酸钠。

经过发黑后的工件色泽均匀，无红色、霉绿色等出现，无未发黑的部位才算正常合格。

2）操作方法。根据发黑工艺流程，由1槽（低温）到2槽再到3槽，逐槽进行氧化。每槽出槽的工件要在静水中清洗一下。并且在2槽（中温）发黑后还需改变工件之间的接触点一次，静水槽中之水可作为各发黑槽加水用。在正常发黑的情况下，每次出槽后需加一定量的水，以补充蒸发的水分。发黑槽液中的污物应随时捞起清除，每周需要清洗槽底的残渣1~3次，主要看处理工件的数量而定。

另外，发黑的温度和时间应随着钢材的成分不同而不同。一般来说是随着钢中碳含量的不同而调整，碳的含量增加，发黑的温度要求降低，时间也相应缩短，合金钢及低碳钢则恰好相反。随着合金钢的化学成分不同，发黑时间也不同，要根据具体情况而定。

（6）发黑膜层的固定　发黑膜固定的工艺流程如下：

发黑后工件→两道清水洗→80℃以上的热水洗→皂化→晾干或热风吹干→换篮→上油。

具体操作方法如下：

1）发黑工件经流水清洗后，用1%的酚酞酒精溶液滴定后，以无玫瑰色出现为准。

2）处理液的成分及工艺。黑膜层固定处理工艺见表3-18。

表3-18　黑膜层固定处理工艺

槽　类	溶液成分（%）	工艺条件	
		温度/℃	时间/min
皂化、上油	0.5%~3%的日用肥皂水溶液，其余为12号或20号全损耗系统用油	90~98	3~5
		105~115	3~5

3）皂化液的配制。先将水加热至沸腾，再把切成小片状的肥皂加入沸水中，搅拌至均匀并全部溶解，即为皂化液。

4）工件经皂化后，表面形成一层憎水亲油的薄膜，工件上油后，色泽乌亮。

2. 钢铁常温硒-铜系发黑应用实例

某锅炉股份有限公司自1989年以来应用钢铁常温发黑工艺，先后采用了南京、重庆、成都等地多家厂商生产的钢铁常温发黑剂，部分取代原有的碱性高温发黑工艺，并应用于各种设备零配件、模具、工具等的表面发黑处理。根据多年来的统计结果表明，常温发黑工艺能够使成本降低20%~30%。而且减少污染所带来的社会效益更是采用常温发黑工艺的重要原因。采用常温发黑工艺取得了经济和社会的双重效益，但实际生产中尚有不少问题有待进一步改进。

（1）生产工艺流程　该公司所采用的生产工艺流程如下：

钢铁工件→涂油→漂洗→酸洗→漂洗→发黑→漂洗→检查→干燥→浸脱水防锈油→检验→成品。

常温发黑工艺与碱性高温发黑工艺比较，工艺流程中的预处理和后处理工序都基本相同，但是常温发黑的前后处理都比碱性工艺更严格和苛刻才能保证质量。也就是必须保证发黑前的脱脂、除锈要彻底干净，发黑后必须使用脱水的防锈油，否则会生锈。

（2）常温发黑（有硒）的溶液配方及工艺　该公司使用的常温发黑工艺见表3-19。

将配制好的发黑浓溶液以1:4的比例加入水槽，在常温将经过严格预处理的钢铁工件浸渍4~6min，然后进行后处理。

表 3-19　常温发黑工艺

项目	规格	项目	规格
硫酸铜	1~3g/L	添加剂	10~12g/L
亚硒酸	2~3g/L	表面活性剂	2~3g/L
磷酸	2~4g/L	溶液 pH	2~3
有机酸	1~2g/L	处理时间	4~6min

（3）应注意的问题及解决方法　常温发黑对钢铁工件表面的清洁度要求十分严格，几乎近似苛刻，否则不能保证黑膜的质量。因此在预处理时研究生产脱脂能力更强的脱脂清洗剂或加入表面活性剂用于脱脂工序，并且设计了有利于彻底脱脂的工装和夹具。对于特别小的工件采用滚筒脱脂或专门设计专用脱脂设备，同时适当延长酸洗和漂洗的时间。

发黑工艺方法：添加更有利于提高膜层结合力和耐磨性的催化剂、活性剂和络合剂，以便进一步提高黑膜的质量。通过研制综合性能好的无毒常温发黑剂，并解决发黑容易发生沉淀的问题，使发黑溶液的维护管理更加简单方便。同时还要进一步降低发黑剂的成本，减少或不用硒化物作为溶液成分。发黑后的封闭一定要在无水防锈油中进行，而且时间控制在 3~5min 之间。

3. 钢铁工件酸性氧化防锈的应用

我国南方某公司生产的普通钢管连接件大多数是作为备件而存放在仓库内，以便应急使用。但是南方天气潮湿，钢件容易生锈，因此这些连接件必须在进库之前进行防锈处理。如果采用防锈油，在使用时影响涂装工程，若只进行涂装又难以在使用时配套，所以采用酸法氧化防锈膜进行防锈。其大致做法如下：

（1）材质及工件尺寸　系列产品中的工件用 25Mn、Q345 钢做成。

（2）酸法氧化工艺流程　酸法氧化工艺流程如下：

钢铁件→碱法脱脂（70~80℃，15~20min）→热水洗（70~80℃，3min）→清水洗（常温，2min）→酸洗（15% H_2SO_4，30~40℃，3min）→清水洗（常温洗至中性）→酸法氧化→水洗→干燥→进仓。

（3）酸法氧化液组成　钢铁酸法氧化工艺见表 3-20。

表 3-20　钢铁酸法氧化工艺

项目	规格	项目	规格
硝酸钙	80~90g/L	添加剂	0.5~1g/L
氧化锰	10~15g/L	溶液温度	75~85℃
双氧水	5~10g/L	处理时间	30~40min
磷酸	5~10g/L	—	—

4. 膜层性能测试及结果

（1）点滴法　$CuSO_4$、NaCl、HCl 混合试点液，取 10 个点的平均值，大于 3min 未出现锈蚀。

（2）浸泡法　把试片放在 3%NaCl 溶液中浸泡，大于 144h 未见锈点出现。

（3）附着力测定　划格法达到一级。

（4）膜厚测定　10~15μm。

3.2　不锈钢的化学氧化

3.2.1　概述

不锈钢是指普通不锈钢、耐酸钢和耐热钢等特殊钢材的统称。一般情况下的不锈钢是指普通不锈钢，它已广泛地应用于机械设备及日常的生活用具。特别是在高级工业设备、医疗器械、国防军工产品、食品加工设备、仪器仪表以及建筑装饰行业中应用十分广泛。

不锈钢比一般钢铁耐腐蚀。特别是在大气环境中，耐蚀的特性是由于其表面有一层自然生成的氧化膜。这层膜致密而耐蚀，但膜层很薄，很容易在运输及加工过程中损坏，被损坏的部位就成为表面的活性点。由于电位降低，与周围未损坏的氧化膜组成了大阴极、小阳极的腐蚀电池，而且腐蚀速度比其他快。产生点蚀、成为表面的锈蚀源。因此加工制造完成的不锈钢制品，在进入市场或投入使用前，必须对表面进行处理。也就是去除残破不全的旧氧化膜，重新生成新的氧化膜。这样既增加不锈钢制品的美观，又提高了不锈钢制品的耐蚀性、耐磨性。

通过化学或电化学的方法可在不锈钢表面上形成一层无色透明的氧化膜层，在光的照射下，膜层对光线产生反射、折射而显示出干涉彩色图案。当光线的入射角一定时，干涉图案所显现的颜色主要由表面的氧化膜厚度所决定。一般在膜层较薄时，干涉图案主要是蓝色或棕色；膜层为中等厚度时显黄色；膜层较厚时为红色或绿色。用这种方法处理不锈钢所得的膜层虽然很薄，但它的颜色鲜艳，耐紫外光照射而不变色，耐蚀性优良，同时也具有耐磨性，并且具有很好的装饰效果，所以不锈钢产品大多用这种方法处理。

此外，不锈钢还可以用其他的化学溶液处理，但所形成的氧化膜层不是上述的氧化膜，而是不锈钢表面与某些化学药品反应生成某种有色的化合物，其膜层所显示的颜色则是这些化合物的真实颜色。例如化学溶液与表面的 Fe、Cr 等元素作用所生成的氧化膜成分有 Fe_3O_4-黑色，Fe_2O_3-红色，CrO_3-棕红色，Cr_2O_3-绿色。不同比例的氧化物会产生新的颜色。通过使用不同溶液配方和工艺处理不锈钢的表面，可以获得既有一定装饰性，又耐腐蚀而且耐磨的氧化膜。

不锈钢表面成膜后，还需要进行后处理。因为新生的膜层都是有孔隙、不够致密的，膜层的硬度不够，耐磨性及耐蚀性稍差，必须要经过封闭处理。使膜层由多孔疏松变成闭孔致密并提高其硬度，提高其耐蚀、耐磨性能。因此不锈钢的氧化处理可分三个主要步骤：氧化预处理、化学氧化处理和氧化膜生成后的处理。

3.2.2　不锈钢化学氧化工艺流程

不锈钢化学氧化工艺流程如下：

不锈钢制件→抛光（可用机械抛光或化学抛光）→脱脂→水洗→酸洗活化→氧化处理→水洗→固膜处理→清洗→封闭→水洗→干燥→成品。

3.2.3　不锈钢铬酸化学氧化处理

用铬酸对不锈钢进行氧化处理是目前应用最广泛的，也称为因科法（INCO），铬酸处理工艺规范见表 3-21。

表 3-21   铬酸处理工艺规范

项目	规格
铬酐	$200 \sim 400 \mathrm{g/L}$(最好 $250 \mathrm{g/L}$)
硫酸	$35 \sim 700 \mathrm{g/L}$(最好 $490 \mathrm{g/L}$)
溶液温度	$70 \sim 90 \mathrm{℃}$

此溶液在 $80 \sim 90 \mathrm{℃}$ 下处理 $15 \sim 17 \mathrm{min}$ 得到深蓝色膜,处理 $18 \sim 20 \mathrm{min}$ 得到以紫红色为主的彩虹膜。再延长时间可得到绿色的膜。此外还有酸性法、碱性法及硫化法等处理方法。

3.2.4   不锈钢酸性氧化处理

除前面提到的因科法(INCO)处理之外,还可以用酸液、碱液及硫化物进行处理,使不锈钢生成各种颜色的氧化膜,既提高不锈钢表面的力学性能及耐蚀性,又使制品的外表美观亮泽。酸性氧化处理工艺见表 3-22。

表 3-22   不锈钢酸性氧化处理工艺

工 艺 号		1	2	3	4	5
组分浓度 /(g/L)	硫酸(H_2SO_4)	$530 \sim 560 \mathrm{mL/L}$	$270 \sim 300 \mathrm{mL/L}$	$300 \sim 350 \mathrm{mL/L}$	$250 \sim 300 \mathrm{mL/L}$	$600 \sim 650 \mathrm{mL/L}$
	铬酐(CrO_3)	$230 \sim 260$	$480 \sim 500$	—	$200 \sim 250$	—
	重铬酸钾($K_2Cr_2O_7$)	—	—	$300 \sim 500$	—	—
	偏钒酸钠($NaVO_3$)	—	—	—	—	$130 \sim 150$
	仲钼酸铵$[(NH_4)_6Mo_7O_{24} \cdot 4H_2O]$	—	$45 \sim 55$	—	—	—
工艺条件	溶液温度/℃	$70 \sim 80$	$70 \sim 80$	$95 \sim 110$	$95 \sim 100$	$80 \sim 90$
	处理时间/min	$7 \sim 10$	$5 \sim 9$	$10 \sim 70$	$2 \sim 10$	$5 \sim 10$
膜层颜色		蓝→金黄	蓝→金黄	黑色	蓝→青色	金黄

3.2.5   不锈钢碱性氧化处理

这种处理方法是在含有氧化剂和还原剂的强碱性溶液中,使不锈钢表面上原有的自然氧化膜继续增长(即处理不必除去工件表面的氧化膜,但不能有油污),随着膜厚的增加,表面的颜色也从黄→黄褐→蓝→深藏青色依次变化。不锈钢碱性氧化处理工艺见表 3-23。

表 3-23   不锈钢碱性氧化处理工艺

工 艺 号		1	2	3	4
组分浓度 /(g/L)	氢氧化钠(NaOH)	$13 \sim 15$	$350 \sim 400$	$700 \sim 800$	$450 \sim 550$
	硝酸钠($NaNO_3$)	$1 \sim 4$	$14 \sim 16$	$20 \sim 40$	$350 \sim 450$
	磷酸钠(Na_3PO_4)	$2 \sim 4$	—	—	—
	氧化铅(PbO)	$0.5 \sim 1.5$	—	—	—
	高锰酸钾($KMnO_4$)	—	$45 \sim 55$	100	—
	氯化钠(NaCl)	—	$20 \sim 30$	—	—
	亚硫酸钠(Na_2SO_3)	—	$30 \sim 40$	70	—

（续）

工　艺　号		1	2	3	4
组分浓度 /（g/L）	氯酸钾（KClO₃）	—	—	50	—
	重铬酸钠（Na₂Cr₂O₇）	—	—	—	200～300
	水（H₂O）	—	500	—	—
工艺条件	溶液温度/℃	105～110	115～125	120	120～140
	处理时间/min	17～25	15～25	15～25	10～30
膜层颜色		蓝色→青色	黄色→蓝色	金色→黑色	蓝色→黑色

3.2.6　不锈钢硫化物氧化处理

硫化物溶液处理不锈钢氧化膜的机制与上述的方法不同，它是把活化后的不锈钢浸入碱性硫化物溶液中，使不锈钢表面发生硫化反应，生成黑色的硫化物膜层。这种膜层的耐蚀性较差，成膜以后需要涂上罩光涂料保护。硫化物溶液的配方及工艺见表 3-24。

表 3-24　硫化物溶液的配方及工艺

项目	规格	项目	规格
氢氧化钠	300g	水	604mL
氯化钠	6g	溶液温度	100～120℃
硫氰酸钠	6g	处理时间	20～40min
硫代硫酸钠	30g		

3.2.7　不锈钢草酸盐化学氧化处理

不锈钢草酸盐化学氧化处理工艺见表 3-25。

表 3-25　不锈钢草酸盐化学氧化处理工艺

工　艺　号		1	2
组分浓度 /（g/L）	草酸（H₂C₂O₄）	45～55	45～55
	氯化钠（NaCl）	20～30	15～25
	仲钼酸铵［（NH₄）₆Mo₇O₂₄·4H₂O］	25～35	25～35
	亚硫酸钠（Na₂SO₃）	2～4	—
	氟化钠（NaF）	10	10
	硫代硫酸钠（Na₂S₂O₃）	—	2～4
工艺条件	溶液温度/℃	60～70	45～55
	处理时间/min	5～10	4～5
适用范围		不锈钢和镍铬钢	

3.2.8　不锈钢氧化成膜后的处理

（1）固膜处理　不锈钢氧化处理所生成的膜层是比较疏松多孔的膜层，不耐蚀，尤其不耐磨。因此必须进行化学或电解固化处理，就是通过化学或电解的方法使膜层牢固。氧化膜经固膜处理后，其硬度、耐磨性及耐蚀性均得到很大程度的提高。不锈钢氧化膜固化处理工艺见表 3-26。

表 3-26　不锈钢氧化膜固化处理工艺

成分及操作条件	化学法	电解法
重铬酸钾（$K_2Cr_2O_7$）	15g/L	
氢氧化钠（NaOH）	3g/L	
铬酐（CrO_3）		250g/L
硫酸（H_2SO_4）		2.5g/L
pH	6.5~7.5	
温度/℃	60~80	室温
阴极电流密度/（A/dm^2）		0.2~1.0
时间/min	2~3	5~15

（2）封闭处理　氧化膜经过上述溶液进行固化处理之后，膜的硬度及耐磨性有很大的提高，耐蚀性也有很大提高。但是膜层仍有许多小孔未完全闭合。这些孔在工件使用过程中会吸附甚至贮存油污或者腐蚀介质，这样就会降低其耐久性。而且表面很容易弄脏，影响外观，所以还要进行封闭处理把膜层的小孔填好封闭。封闭的方法有用无水防锈油或防锈蜡浸渍处理，也可以用硅酸盐处理。硅酸盐配方及条件见表 3-27。

表 3-27　硅酸盐配方及条件

项目	规格
硅酸钠	10g/L
溶液温度	沸腾
处理时间	4~6min

3.2.9　影响不锈钢化学氧化膜质量的因素

1. 不锈钢工件的基体材料

不锈钢成分对生成不锈钢氧化膜有一定的影响。形成的氧化膜膜层好、色泽好的不锈钢材料，其基本成分通常是：Fe>50%，Cr13%~18%，Ni12%，Mn10%，Nb、Ti、Cu 共 3%，Si2%，C0.2%。常用不锈钢中。18-8 奥氏体不锈钢是最合适的材料，能得到较好的氧化膜质量及很好的外观。铁素体不锈钢因在处理溶液中可能产生腐蚀，或有腐蚀倾向，得到的膜层质量及色泽不及奥氏体不锈钢。至于低铬高碳的马氏体不锈钢，因其耐蚀性更差。所得的氧化膜质量更差，只能得到灰暗或黑色的膜层。

2. 不锈钢工件表面状态

工件表面加工状态对氧化膜的质量及色泽有很大影响，不锈钢经冷加工变形后（如弯曲、拉深、深冲、冷轧等加工），表面晶粒的完整性受到了破坏，使形成的氧化膜层不均匀光滑、色泽紊乱。冷加工后材料的耐蚀性降低，也影响了膜层的质量及光泽。但是这些问题通过退火处理，如能恢复原来的金相显微组织，则仍可得到良好的氧化膜。

3. 氧化处理溶液

一般来说，不锈钢化学氧化处理液的寿命比较长，但在处理过程中由于 Cr^{6+} 的还原及不锈钢表面的不断溶解，溶液中的各种成分会不断发生变化，而且溶液也逐渐老化，并随着时间的延长所得的氧化膜层变得疏松而无光泽，颜色也趋向灰暗甚至是暗黑色。

溶液老化的原因主要是溶液中 Cr^{3+} 和 Fe^{3+} 的浓度增大，当 Cr^{3+} 的浓度达到 $20g/L$、Fe^{3+} 浓度达到 $12g/L$ 时，溶液已严重老化，功能降低，必须进行再生或更换。

4. 挂具

制作挂具的材料必须是电位与不锈钢工件电位相同或相接近的，而且还应具有抗溶液腐蚀的性能，如不锈钢丝或镍铬丝等。避免由于挂具材料与工件材料的电位不同产生电偶腐蚀，影响工件的质量。

5. 氧化膜层的厚度

对于氧化膜层偏薄或膜层色泽不好时，可以重新回槽处理，以便加厚膜层及加深色泽。若膜层偏厚则需进行减薄处理。此种情况下，可在还原性介质中（如次磷酸钠、硝酸钠、亚硫酸钠、硫代硫酸钠等）完成此项。当使用亚硫酸钠进行减薄处理时。亚硫酸钠的浓度为 8%，温度 $80℃$，处理时间根据减薄的要求而定。

6. 不良膜层的去除

如果膜层表面有缺陷，或有沾污及色泽不均等缺陷致使产品不合格时，可以将膜层去除。重新进行氧化处理。除膜时要避免基体材料出现过腐蚀。不锈钢工件膜层的去除工艺见表 3-28。

表 3-28　不锈钢工件膜层的去除工艺

项目	规格	项目	规格
磷酸	$100\sim200g/L$	阳极电流密度	$2\sim3A/dm^2$
光亮剂	少量	阳极材料	铅
溶液温度	$20\sim30℃$	处理时间	$5\sim15min$
电压	$12V$		

3.2.10　不锈钢氧化膜的常见缺陷及处理方法

不锈钢氧化处理后，由于种种原因的影响，经常会发现膜层表面有各种各样的缺陷，这些缺陷的出现使产品的质量下降，甚至不合格。因此，对产生的缺陷要进行原因分析，并设法解决问题，提高产品的质量水平，减少生产过程的浪费。不锈钢氧化膜常见缺陷及解决方法见表 3-29。

表 3-29　不锈钢氧化膜常见缺陷及解决方法

常见缺陷	产生原因	解决方法
转化膜色泽不均、发花	①处理时间不够 ②前处理不彻底，留有污迹	①延长处理时间 ②加强前处理，表面要清洗干净
转化膜很薄,甚至不生成转化膜	①溶液的浓度太低 ②转化处理时间不够	①增加溶液的浓度 ②增加处理的时间
转化膜附着力差	①表面处理不彻底 ②铬酐浓度不够	①表面处理除油、除锈要彻底 ②补充溶液的氧化组分
膜层产生白色的点	溶液中混入氯离子产生点蚀	分析溶液中的杂质含量并且进行清除，或者更换新的处理液
转化膜表面有污迹	封闭质量不好，表面吸附了污物	加强封孔处理,提高封闭质量

3.2.11　不锈钢氧化膜的应用实例

某不锈钢制品厂生产厨房用具及其他用于食品饮料的用具，在机械加工成形后，对制品表面进行氧化处理以便提高耐蚀性和耐磨性，同时也使不锈钢制件外观更漂亮。

1. 转化处理的工艺流程

不锈钢制品化学氧化处理的工艺流程如下：

不锈钢制件→抛光→脱脂→清洗→活化→清洗→化学氧化→清洗→固膜→清洗→封闭→清洗→干燥→检验。

2. 化学氧化前表面处理

（1）表面机械抛光　不锈钢制品在加工制造过程中，留下许多加工的痕迹，表面有局部变形及损伤，所以用机械抛光的方法将毛刺、划痕、压印等去除，以达到平整光亮的目的。

（2）脱脂　不锈钢制品表面经过机械抛光后，表面的锈迹、氧化膜及加工痕迹基本去除，但是留有各种加工的油污及抛光油污等，必须要彻底清除。否则会影响转化成膜的质量。脱脂的方法可以根据表面油污的程度采用不同的方法。如果油污厚重，可以先用有机溶剂脱脂，然后再用化学碱液脱脂。化学碱液脱脂尚不彻底时，可以用电解脱脂，或者采用化学碱液加超声波脱脂等。有机溶剂可用丙三醇先脱脂。化学碱液脱脂工艺见表 3-30。

表 3-30　化学碱液脱脂工艺

项目	规格	项目	规格
碳酸钠	20~30g/L	硅酸钠	5~10g/L
氢氧化钠	10~15g/L	溶液温度	80~90℃
磷酸钠	50~70g/L	处理时间	20~40min

（3）表面活化　不锈钢制品表面经抛光及碱液脱脂后，表面很干净，活性很高，在清洗过程中马上又和洗水或空气中的氧作用生成一层新的氧化膜。这层膜对氧化处理不利。因此在进行化学氧化前要把表面重新活化，以便去除表面新生成的氧化物。活化工艺见表 3-31。

表 3-31　活化工艺

项目	规格	项目	规格
硫酸	10%（质量分数）	溶液温度	20~30℃
盐酸	10%（质量分数）	处理时间	2~3min

3. 化学氧化

不锈钢制品表面化学氧化处理工艺见表 3-32。

表 3-32　不锈钢制品表面化学氧化处理工艺

项目	规格	项目	规格
硫酸	400~500g/L	硫酸锌	4~6g/L
铬酐	230~280g/L	溶液温度	55~75℃
钼酸盐	15~25g/L	处理时间	7~30min
硫酸锰	3~5g/L		

4. 化学氧化后的处理

（1）氧化膜的固膜处理　固膜处理是化学氧化膜形成过程的重要步骤，因为氧化膜层有大量的微孔，膜层疏松而质软，不论是耐磨性还是耐蚀性都较差。为了提高膜层的性能及质量，必须进行固膜处理，以便提高氧化膜的硬度及耐磨性及耐蚀性。固膜可采用化学浸渍法，也可以采用电化学处理法，一般来说电化学处理后的膜层质量较化学法的好。电化学法固膜处理工艺见表3-33。

表 3-33　电化学法固膜处理工艺

项目	规格	项目	规格
硫酸	$2 \sim 3g/L$	阳极电流密度	$0.5 \sim 1A/dm^2$
铬酐	$240 \sim 260g/L$	溶液温度	$20 \sim 30℃$
水	余量	处理时间	$7 \sim 13min$
阳极材料	铝板		

（2）封闭处理　不锈钢表面氧化膜经固膜处理后，膜的硬度和耐磨性有了很大提高，但是膜层表面仍有大量的微孔未填平。微孔中残留有转化液、固膜液及水洗液等，并且难以清洗干净。如果不设法清除并将微孔封闭，将来这些残液会腐蚀氧化膜甚至腐蚀基体。同时微孔也可以吸附工作环境中的污物，造成表面吸附污垢，降低氧化膜的耐蚀性和防污性，使膜层失去光泽及鲜艳的颜色，因此固膜后要马上进行封孔。氧化膜的封闭方法很简单，可以采用蒸汽直接加热法，也可以用热水浸煮法。这两种方法都可以将氧化膜微孔中的残留液清除干净，并使微孔收缩而紧闭。最简单而又有效的方法是将不锈钢制品放在纯水中煮沸10min，然后取出干燥。

5. 不锈钢氧化膜的质量检验

不锈钢化学氧化膜的质量，根据有关规定可以从它的外观、耐磨性、耐热性、耐蚀性及耐油污性等进行检测。用本方法进行化学氧化处理的不锈钢制品，经过各项的检测，结果完全符合标准的要求，质量良好。氧化膜质量检测结果见表3-34。

表 3-34　氧化膜质量检测报告

项　　目	检测结果	检测标准
色膜外观	茶色、蓝色、金黄色、红色、绿色	目测
耐磨性	橡皮轮加压500g,摩擦200次不变色	GB/T 1768—2006
耐热性	200℃加热24h,颜色不变,无起泡、开裂	GB 1735
耐蚀性	144h中性盐雾试验不变色	GB/T 1771—2007
耐油污	在植物油浸24h,颜色不变	

3.3　铝及铝合金的化学氧化

3.3.1　概述

铝及铝合金在大气环境中具有一定的耐蚀性，这是由于铝及铝合金表面很容易生成一层薄而较致密的氧化膜。而且这层氧化膜随着放置时间的延长而增厚，大气中的湿度越大，膜就越厚。但厚度有限，大约只有 $5 \sim 200nm$。但由于这层膜是非晶的，会使铝件失去原有的光泽，而且膜层是多孔的和不均匀的，在加工及运输过程中很容易被破坏，且容易沾染污迹。因此，铝及铝合金的制品在出厂前都必须进行氧化处理。

氧化处理铝及铝合金表面技术在航空、电子工业、电气、仪表以及日用品等行业，特别是在建筑行业中广泛地应用。铝及铝合金在大气中形成的膜和铝及铝合金的化学氧化膜、阳极氧化膜的性能及特点见表 3-35。

表 3-35　铝及铝合金自然膜与人工氧化膜比较

氧化膜种类	膜厚	膜的特性
大气中形成的氧化膜	$0.005 \sim 0.020 \mu m$	非晶态，多孔疏松不均匀，不连续，防护性能较差，容易破损而受腐蚀
化学转化处理得到的氧化膜	$1.0 \sim 4.5 \mu m$	质软，吸附力强，耐磨性、耐蚀性高于自然形成的氧化膜，又低于阳极氧化膜
阳极氧化得到的氧化膜	普通阳极氧化膜厚 $5 \sim 20 \mu m$，硬质阳极氧化膜 $50 \sim 200 \mu m$	有较强的吸附力，耐蚀性好，耐磨性能好，硬度高，特别是硬质阳极膜。绝缘性能好，绝热抗热性能好，膜可耐 1500℃，纯铝耐 600℃。还可以做成各种膜层

铝的化学氧化是相对于阳极氧化而言的，是铝在不通电的条件下，在适当的温度，浸入处理溶液中（也可以采用喷淋或刷涂的方式）发生化学反应，在金属表面生成与基体有一定结合力的、不溶性的氧化膜的工艺。铝的 pH-电位关系如图 3-5 所示，从图 3-5 中可以看出在特定的 pH（4.45 ~ 8.38）范围内，铝被稳定的天然氧化膜（水合氧化铝）所覆盖。天然氧化膜厚度为 0.005 ~ 0.015μm，由于厚度太薄，所以容易磨损、擦伤，耐蚀性很差。为了提高氧化膜的耐蚀性及其他性能，必须进行人工处理，增加氧化膜的厚度、强度及其他防护，目前，应用较多的是化学氧化与阳极氧化处理。

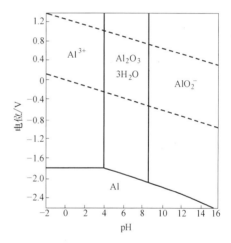

图 3-5　铝的 pH-电位关系

化学氧化膜厚度为 0.5~4μm，耐磨性低，在受到中等摩擦时，膜层尚能承受，不会损坏，但受到严重摩擦和强烈侵蚀时，会迅速破坏。铝合金化学氧化膜+多孔性氧化膜，可以作为油漆底层，与油漆的附着力比阳极氧化膜大。化学氧化膜能导电，可在其上电泳涂装。与阳极氧化相比，化学氧化处理的特点是：对铝工件疲劳性能影响较小，操作简单，不用电能，设备简单，成本低，处理时间短，生产率高，对基体材质要求低，适用于复杂工件的表面处理，如细长管子、点焊件、铆接件等。因此，化学氧化工艺在电器工业、航空工业、机械制造业与日用品工业得到广泛应用。铝合金化学氧化膜的耐蚀性、耐磨性低，不能单独作为抗蚀保护层，氧化后必须涂漆，或者作为设备内部工件保护层。

铝合金化学氧化处理应用范围：点焊、黏结-点焊组合件的防护（用磷酸-铬酸法）；长寿命工件的油漆底层；与钢或铜工件组合的组件防护（用碱性铬酸盐法）；形状复杂的工件；电泳涂漆的底层；导管或小工件的防护；铝工件存放期间的腐蚀防护。下列情况不能用化学氧化处理：有接触摩擦或受流体冲击的工件；无油漆保护在腐蚀性环境的工件；长期处在 65℃ 以上工作环境的工件。

化学氧化溶液应该含有两种基本化学成分，一是成膜剂，二是助溶剂。成膜剂一般是具有氧化作用的物质，它使铝表面氧化而生成氧化膜，助溶剂促进生成的氧化膜不断溶解，在氧化膜中形成孔隙，使溶液通过孔隙与铝基体接触产生新的氧化膜，保证氧化膜不断增厚。要在铝基体上得到一定厚度的氧化膜，必须是氧化膜的生成速度大于氧化膜的溶解速度。

化学氧化处理方法主要有水氧化法、铬酸盐法、磷酸盐-铬酸盐法、碱性铬酸盐法、磷酸锌法等。铝的铬酸盐氧化膜常用来作为铝建筑型材的油漆底层，这种氧化膜工艺成熟，耐蚀性及与油漆的附着力都很好，但有六价铬的废水排放问题。磷酸锌膜又称磷化膜，常用于汽车外壳铝板的涂漆预处理，因为磷酸锌膜经肥皂处理可生成有润滑作用的金属皂，有利于铝板的冲压成形。

3.3.2　铝及铝合金化学氧化工艺流程

铝及铝合金化学氧化工艺流程如下：

铝及铝合金工件→机械抛光（或化学抛光）→化学脱脂→清洗→中和→清洗→化学氧化→清洗→热水封闭→吹干或晾干→烘烤→成品。

化学氧化所需要的设备简单、操作方便、生产处理能力高、生产率也高，因此产品的成本低适用范围广，不受工件大小和形状限制等。由于化学氧化膜大多数是作为涂装的底层，所以对膜层质量的要求不是很高，在设计生产工艺时也是灵活多样。

最简单的工艺流程如下：

铝及铝合金工件→化学脱脂→水洗→化学除膜→化学抛光→水洗→化学氧化→清洗→热水封闭→干燥→成品。

3.3.3　铝及铝合金水氧化处理

将铝合金浸在沸水中，铝的天然氧化膜会不断增厚，最后达到 0.7~2μm。氧化膜无色或呈乳白色，水氧化膜是 γ 水铝石型氧化铝，结构致密，pH 在 3.5~9 之间时膜层非常稳定，可作为油漆的底层。超过 100℃ 的过热蒸汽有利于膜的生成，实际工艺为在 75~120℃ 的纯水中处理数分钟。为了提高膜厚，在纯水中添加氨水或三乙醇胺，可得到多孔性氧化膜。添加氨水处理的氧化膜颜色为白色，色调均匀。氨的最佳添加范围为 0.3%~0.5%（质量分数），氧化膜状态与氨含量、处理时间的关系如图 3-6 所示。在碱性和酸性溶液中各类氧化膜的腐蚀失重情况如图 3-7 所示。封闭后的氧化膜具有更高的耐蚀性。如果铝在沸腾的去离子水中处理 15min，并在水中添加三乙醇胺，可得到耐蚀性更好的氧化膜。过热蒸汽氧化膜在酸、碱性溶液中的耐蚀情况如图 3-8 所示。

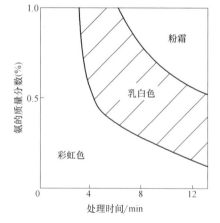

图 3-6　氧化膜状态与氨含量、处理时间的关系

水氧化法很少在生产中应用。它的主要缺点是：消耗热能大，需要沸水或过热蒸汽；成膜速度慢，费时；膜层质量差，膜常会有手印；铝表面稍有污染，膜层就会变色，不均匀。

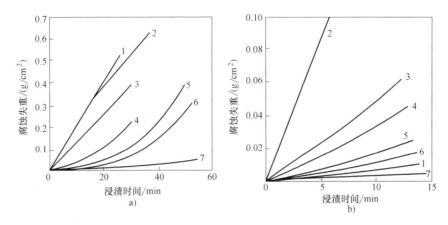

图 3-7　各种氧化膜对酸、碱溶液的耐蚀性

a）$w(NaOH) = 5\%$，20℃　b）$w(HCl) = 5\%$溶液，20℃

1—阳极氧化膜　2—未处理　3—软水处理　4—蒸馏水处理　5—添加 0.3%氨水的软水处理

6—添加 0.3%氨水的蒸馏水处理　7—过热蒸汽处理

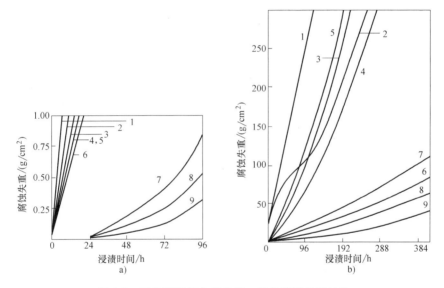

图 3-8　过热蒸汽氧化膜在酸、碱性溶液的耐蚀性

a）$w(NaOH) = 0.5\%$，20℃　b）$w(HCl) = 0.5\%$，20℃

1—无处理　2—MBV 氧化膜　3—磷酸-铬酸氧化膜　4—阳极氧化膜（2μm）　5—质量分数 0.3%的氨水处理 5min

6—阳极氧化膜（5min）　7—过热蒸汽处理 10min　8—过热蒸汽处理 30min　9—过热蒸汽处理 60min

3.3.4　铝及铝合金铬酸盐氧化处理

铬酸性盐氧化处理液呈酸性或弱酸性，溶液 pH 为 1.8 左右（金黄色）或 2.1~4.0（无色）。成膜剂为 CrO_4^{2-}，助溶剂为 F^-。铝表面首先受到腐蚀，产生氢气，氢被铬酸氧化生成水。铝表面由于有氢气产生，导致氢离子消耗，使局部 pH 上升，溶解的铝一部分形成氧化膜，另一部分与六价铬、氟结合，在溶液中以络离子形式存在，反应式如下

$$2Al + 6H^+ \Longrightarrow 2Al^{3+} + 3H_2$$

$$2CrO_3+3H_2 \rightleftharpoons Cr_2O_3(含水)+3H_2O$$

$$2Al^{3+}+60H^- \rightleftharpoons Al_2O_3(含水)+3H_2O$$

总反应式为

$$2Al+2CrO_3 \rightleftharpoons Al_2O_3(含水)+Cr_2O_3(含水)$$

式中右边项就是铬酸盐氧化膜,氧化膜中还含有一定量的六价铬、氟离子等。因为氧化膜中含有少量的六价铬,所以氧化膜在轻微的破损时,能在破损区生成新的氧化膜,起到自动修复作用。铬酸盐氧化膜的耐蚀性比天然膜高 10~100 倍,着色性也很好。膜的色调与处理试剂和处理条件有关,纯铝氧化膜透明度很高,但含有 Mn、Mg、Si 等合金元素时,氧化膜的颜色发暗。常用的铝及铝合金铬酸盐氧化溶液配方及工艺见表 3-36。

表 3-36　铝及铝合金铬酸盐氧化溶液配方及工艺　　　　　　　(单位:g/L)

溶液成分及工艺条件	1	2	3	4
铬酐(CrO_3)	3.4~4.0	4~6	5~10	1~2
重铬酸钠($Na_2Cr_2O_7$)	3~3.5	—	—	—
氟化钠(NaF)	0.5~1.0	0.5~1.5	0.5~1.5	0.2~1.0
铁氰化钾[$K_3Fe(CN)_6$]	—	0.4~0.6	2~5	—
硼酸(H_3BO_3)	—	—	1~2	—
硝酸($HNO_3 \cdot \rho=1.42g/cm^3$)	—	—	0.2%~0.5%[1]	—
重铬酸钾($K_2Cr_2O_7$)	—	—	—	2~4
溶液温度/℃	室温	30~35	20~30	50~60
处理时间/min	2~5	20~60s	0.5~5.0	10~15

注:配方 1 所得到的氧化膜较薄,约为 0.5μm,无色至深棕色,耐蚀性能较好,膜层致密,少孔,可以用于不另涂加涂料的防护,但使用温度不宜高于 60℃,可以应用于不适宜阳极氧化处理的大型铝及铝合金零部件,以及组合件的防护处理。

配方 2 所得的氧化膜为彩虹色,膜层比较薄,但导电性能好,主要用于要求有一定导电性能的铝合金零件的防护处理。

配方 3 所得氧化膜为金黄色的彩虹色至淡棕黄色,耐蚀性能比较好,但是耐磨性较差,只适用于大型零件或复杂零部件的局部氧化保护。

配方 4 所得的膜层呈棕黄色至彩虹色的色泽,耐蚀性较好,适用于铝合金焊缝部位的局部氧化防护。

① 体积分数。

铬酸盐氧化膜的颜色变化规律是:无色→彩虹色→金黄色→黄色。膜的厚度由薄变厚,无色膜厚度最低,黄色膜厚度最高。膜的厚度愈高,其抗擦伤性、耐磨性、膜的自行修复能力愈强。膜的耐蚀性与膜的厚度不存在直接关系,它与膜的质量以及其他许多因素有关,但在其他所有条件相同的情况下,厚度高的氧化膜其耐蚀性也高。

3.3.5　铝及铝合金磷酸-铬酸盐氧化处理

用磷酸-铬酸盐溶液处理时,铝表面首先被腐蚀,生成氢气,再被六价铬氧化,生成水。另外,少量的氢氧化铝与磷酸铬生成磷酸铝,进入溶液中的铝和三价铬与氟结合成为络离子。反应式有以下两种:

第一种:

$$2Al+2H_3PO_4 \rightleftharpoons 2AlPO_4+6H$$

$$2CrO_3 + 6H = 2Cr(OH)_3$$
$$2Cr(OH)_3 + 2H_3PO_4 = 2CrPO_4 + 6H_2O$$

第二种：

$$Al + CrO_3 + 2H_3PO_4 = AlPO_4 + CrPO_4 + 3H_2O$$
$$2Al^{3+} + 4H_2O = 2AlO(OH) + 6H^+$$

膜层为 $AlPO_4$、$CrPO_4$ 和 3~4 个 H_2O，无六价铬，颜色为浅绿色。常用的磷酸盐-铬酸盐氧化工艺见表 3-37。

表 3-37　磷酸盐-铬酸盐氧化工艺　　　　　　　　　　（单位：g/L）

溶液成分及工艺条件	1	2	3	4
磷酸(H_3PO_4)	5%~6%①	40~50	20~25	5%~6%①
铬酐(CrO_3)	20~25	5~7	2~4	20~25
氟化氢铵[$(NH_4)HF_2$]	3.0~3.5	—	—	3.0~3.5
硼酸(H_3BO_3)	1.0~1.2	—	2~3	0.6~1.2
氟化钠(NaF)	—	2~3.5	4~5	—
磷酸氢二铵[$(NH_4)_2HPO_4$]	—	—	—	2.0~2.5
溶液温度/℃	30~40	15~35	20~30	30~40
处理时间/min	3~6	10~15	15~60s	2~8

注：配方 1 所得的膜层较薄，无色到浅蓝色，膜厚约 3~4μm，膜的结构较致密，耐蚀性能好，适用于各种铝合金零件的防护处理。

配方 2 所得膜层较薄，韧性好，抗蚀性能也较好。适用于氧化后需要变形处理的铝及其合金，也可以用于铸铝零件的防护，而且氧化后不需要钝化或填充封闭之类的处理。

配方 3 所得的氧化膜为无色透明的薄膜，厚度约为 0.3~0.5μm，导电性能好，所以又称为化学导电氧化，可用于变形的铝制电器零部件及导线的防护处理。

配方 4 所得膜层颜色为无色至带红绿色的浅蓝色，膜的结构致密，厚度约 0.5~3.0μm，膜的硬度比较高，抗蚀性能也好，但氧化后需要进行封闭处理。氧化后零件的尺寸无变化，不影响精度，适用于各种铝及铝合金零件的氧化防护。

① 体积分数。

以上配方中各个组分的作用是：

磷酸是生成氧化膜的主要成分，如果溶液中不含磷酸，则不能形成氧化膜。

铬酸是溶液中的氧化剂，也是形成膜层不可缺少的成分，若溶液中不含六价铬，溶解腐蚀反应就会加强，于是就难以形成氧化膜。

氟化氢铵用于提供氟离子，是溶液的活化剂，与磷酸、铬酸共同作用，生成均匀致密的氧化膜。

加入硼酸的目的，是为了降低溶液的氧化反应速度和改善膜层的外观，这样的氧化膜结构致密，耐蚀性更高。

磷酸氢二铵对溶液 pH 起缓冲作用，使溶液更稳定，膜层质量更高。

当溶液各化学成分正常时，氧化溶液的温度是获得高质量氧化膜的主要因素。低于 20℃ 时，溶液反应缓慢，生成的氧化膜较薄，防护能力差。温度高于 40℃ 时，溶液反应太快，产生的氧化膜疏松，结合力不好，容易起粉。

氧化处理时间的长短，要依据溶液的氧化能力和温度来确定。新配的溶液氧化能力强，陈旧的溶液氧化能力弱。溶液的温度低和氧化能力较弱时，可以适当增加氧化时间。溶液温度高或氧化能力强时，可以适当缩短氧化时间。

在生产过程中，主要是消耗磷酸、铬酐和氟化氢铵，根据生产情况，应定期分析溶液中各成分的含量，并将之调整在正常范围以内。氧化膜的性能、色调与溶液成分的关系如图 3-9 所示。

阿洛丁法属于典型的磷酸-铬酸盐法，溶液组成见表 3-38。阿洛丁氧化氟离子、铬酸、磷酸的质量浓度范围如图 3-10 所示。阿洛丁氧化膜的膜厚为 2.5 ~ 10μm，膜中含（质量分数）：Cr18% ~ 20%，Al45%，P15% ~ 17%，F0.2%。氧化膜经低温干燥后，膜中成分（质量分数）：铬酸-磷酸盐 50% ~ 55%，铝酸盐 17% ~ 23%，水 22% ~ 23%，氟化物（Cu，Cr 和 Al 盐）。这种工艺在室温下处理 5min，而在 50℃ 时处理为浸渍 1.5min，或喷淋 20s。处理时间与溶液温度的关系如图 3-11 所示。

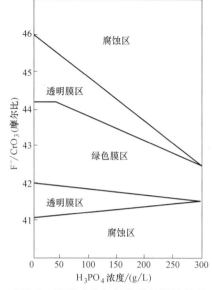

图 3-9　溶液成分与氧化膜色调的关系

表 3-38　阿洛丁法溶液组成　　　　　　　　　（单位：g/L）

溶液组成	1	2	3	4	5	6
75%H_3PO_4	64	12	24	—	—	—
$NaH_2PO_4 \cdot H_2O$	—	—	—	31.8	66.0	31.8
NaF	5	3.1	5.0	5.0	—	—
AlF_3	—	—	—	—	—	5.0
$NaHF_2$	—	—	—	—	4.2	—
CrO_3	10	3.6	6.8	—	—	—
$K_2Cr_2O_7$	—	—	—	10.6	14.7	10.6
H_2SO_4	—	—	—	—	4.8	—
HCl	—	—	—	4.8	—	4.6

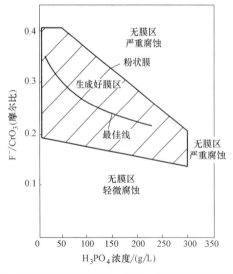

图 3-10　阿洛丁氧化氟离子、铬酸、磷酸的质量浓度范围

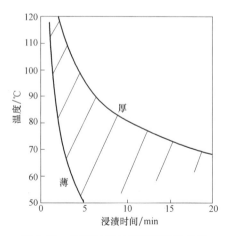

图 3-11　处理时间与溶液温度的关系

处理后再用冷水洗 $10 \sim 15s$，然后用质量分数为 0.05% 的磷酸或铬酸在 $40 \sim 50℃$ 脱氧处理 $10 \sim 15s$、干燥温度为 $40 \sim 65℃$，处理槽可用不锈钢制作，溶液的分析以溴甲酚绿作为指示剂，用标准氢氧化钠溶液滴定。

3.3.6　铝及铝合金碱性铬酸盐氧化处理

碱性铬酸盐溶液含有铬酸盐，其反应机理主要有两种理论，M.Schenk 理论和 Helling 理论。M.Schenk 理论认为铬酸盐在铝表面进行二次反应，反应式如下

$$2Al+2Na_2CrO_4 =\!=\!= Al_2O_3+2Na_2O+Cr_2O_3$$

这个过程是二次的，而铬酸盐并非主要反应的氧化剂（$80℃$ 时，铝在纯水中可生成氧化膜，膜的成分为 $Al_2O_3 \cdot 3H_2O$）。

Helling 理论认为，当碳酸钠存在于溶液中时，它和铝起反应形成偏铝酸钠

$$2Al+Na_2CO_3+3H_2O =\!=\!= 2NaAlO_2+CO_2+3H_2$$

然后偏铝酸钠部分水解

$$2NaAlO_2+H_2O =\!=\!= Al_2O_3+2NaOH$$

又因

$$2Al^{3+}+6OH^- =\!=\!= Al_2O_3+3H_2O$$

$$CO_2+2NaOH =\!=\!= Na_2CO_3+H_2O$$

上述反应实际上会趋于完全。常用的碱性铬酸盐溶液氧化处理工艺见表 3-39。

表 3-39　碱性铬酸盐溶液氧化处理工艺

工　艺　号		1	2	3
组合浓度 /（g/L）	碳酸钠（Na_2CO_3）	$40 \sim 60$	60	$40 \sim 50$
	铬酸钠（$Na_2CrO_4 \cdot 4H_2O$）	$10 \sim 20$	20	$10 \sim 20$
	氢氧化钠（NaOH）	$2 \sim 3$	—	—
	磷酸三钠（Na_3PO_4）	—	2	—
	硅酸钠（Na_2SiO_3）	—	—	$0.6 \sim 1.0$
工艺条件	温度/℃	$80 \sim 100$	100	—
	时间/min	$5 \sim 10$	$8 \sim 10$	—
备注		氧化膜钝化后呈金黄色，厚度为 $0.5 \sim 1\mu m$，膜层较软，耐蚀性较差，适合于纯铝、铝镁、铝锰合金	钝化后呈金黄色，多孔，宜于做油漆底层，适用于纯铝、铝镁、铝硅、铝锰合金	氧化膜无色，硬度及耐蚀性略高，孔隙率及吸附性略低，封闭后可单独作为防护层，适用于含重金属铝合金

上述配方溶液具有碱性，对工件有相当的润湿作用，即使工件有少量未除净的油污，也能获得合格的氧化膜。小型工件可将之置于篮中，并于槽液中振荡。控制槽液的温度很重要，它决定了氧化膜的厚度、操作时间和膜层质量。如果温度太低，膜层将不均匀，如果温度太高，将引起表面粗化、疏松和附着力低下，并有绿色薄层出现。所以必须严格控制操作温度。

为了保证溶液中铝离子的平衡，可以在新配制的溶液中，适当添加少量的铝屑来调整溶液。溶液使用时间过长，氧化能力减弱时，可适当提高溶液温度或延长处理时间。

　　氧化后的工件要立即用流动冷水洗涤干净，然后再进行钝化处理。钝化处理的目的是使氧化膜稳定及氧化膜空隙间的金属变钝，同时中和掉氧化膜的部分碱性，进一步提高工件的防锈能力。钝化溶液为20g/L的铬酸酐，在室温下处理5~15s，然后用流动水洗净。在50℃的温度烘干水分，注意烘干温度不能太高，否则会降低氧化膜的耐蚀性。

　　需要涂漆的工件，经检验合格后应立即送喷涂，氧化和喷涂的时间间隔不宜过长，否则会影响油漆和工件表面的结合力。以上溶液配方所获得的氧化膜，质软、疏松、易破损，因此搬运工件时要注意保护氧化膜。

　　纯铝MBV氧化膜微光亮和微灰色，含镁量越高氧化膜的颜色愈浅，甚至成为无色透明膜。含硅、铜铝合金可获得黑灰色的氧化膜。不同的铝合金化学氧化的时间也不同。各种铝合金的MBV氧化膜厚度与时间关系如图3-12所示。合金中的含镁量对膜层厚度也会影响，w（Mg）低于3%时，对膜厚没有影响，但w（Mg）大于3%时，膜厚将随其含量的稍微增加而急剧增加，并达到最大值。

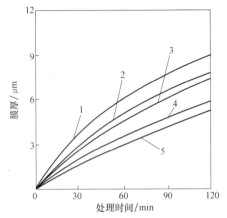

图3-12　各种铝合金的MBV氧化膜厚度与时间关系

1—Al-Cu-Mg合金　2—Al-Mg-Si合金
3—Al-Mn合金　4—Al-Mg合金　5—Al

　　工件经过上述溶液处理之后，如果要进一步改进膜层的化学和力学性能，可以将工件放在水玻璃中进行封闭处理，即将工件浸入在90℃的质量分数为3%~5%硅酸钠溶液中，保持15min，然后洗涤并烘干，作为油漆底层的氧化膜不需要封闭处理。封闭处理的配方见表3-40。

表3-40　封闭处理配方

成分	质量分数（%）	成分	质量分数（%）
Na$_2$O	12.0	H$_2$O	47.5
SiO$_2$	30.0	Na$_2$O/SiO$_2$	1/2.5

3.3.7　铝合金压铸件表面氧化处理

1. 概述

　　铝合金压铸件是铝合金制造业中的重要组成部分，由于它重量轻、比强度高、容易加工成形而广泛地应用于航空航天等国防工业，汽车、摩托车等交通运输业及船舶、潜艇等海上设备，而且还用于日常用品中的器材，如消防喷枪、活塞等工件以及外装工件。但铝合金由于加进了各种合金元素，特别是目前应用较多的高强度铸造合金中含有硅、铜、镁等元素，增加了腐蚀的敏感性，在大气环境下都可能产生晶间腐蚀而破坏，其次是表面硬度较低。容易磨损，外表的光泽也不能长久地保持，所以对不同用途的压铸铝合金制件，必须采取各种有效的防护措施。主要是对其表面进行氧化处理。其中对铝合金工件的表面进行化学氧化处理是普遍采用的处理方法，它能满足铸造铝合金工件形状复杂、品种繁多及批量生产的需要。生产工艺简单，设备制造容易、能与前后处理形成一条龙的流水线，而且具有生产成本低、投资少、效益高等诸多优点。

2. 氧化处理的工艺流程

压铸铝合金工件→化学脱脂→热水清洗→冷水洗→活化→清洗→化学氧化→清洗→封闭→热水洗→干燥→检验。

3. 铝合金压铸件氧化的预处理

铝及铝合金电极电势为负，在空气中能与氧作用生成氧化膜，这层膜可以吸收油污等杂质。预处理的目的就是要除去工件表面的油污及天然的氧化膜，铝合金的金属本体暴露，在氧化过程中能使表面与氧化液充分接触并反应，以便生成致密、均匀、连续的氧化膜。因此预处理的好坏直接影响膜层的质量。

（1）工件表面脱脂　铝合金工件在压铸成形、切削、磨平以及搬运等过程中，都在表面沾上油污及金属粉屑、氧化物盐类等杂质，为了增强膜层与金属本体的附着力，保证化学氧化膜的成膜质量。必须将表面的污物清除干净。

脱脂的方法主要根据表面的油污程度而定。对油污较重的工件应先用有机溶剂浸泡脱脂，然后再进行化学脱脂。如果工件表面油污较轻，可以直接化学碱液脱脂，对一些形状复杂及有深孔的工件，要脱脂彻底有一定的难度，应观察这些部位的油污是否已经脱脂干净。有条件的单位可以加超声波脱脂。

（2）活化出光　铝合金压铸件经碱脱脂后，要先用热水洗，再用冷水洗，把残留的洗液清洗干净。为了保证表面的洁净，可放进体积分数为 30%～45% 的硝酸溶液中浸泡 0.5～1.5min，既可以把表面的微碱中和，又可以去除表面的氧化物，使其显露出铝合金的光泽，所以又称出光。对含硅的铝合金铸件，在活化液中加进体积分数为 10%～150% 的氢氟酸，这样可以把表面的硅化合物除去。

4. 铝合金压铸件的氧化

铝合金压铸件的化学氧化工艺见表 3-41。

表 3-41　铝合金压铸件化学氧化工艺

工艺号		1	2	3
组分浓度 /(g/L)	铬酐（CrO_3）	2.5～3.5	20～25	—
	重铬酸钾（$K_2Cr_2O_7$）	3.0～4.0	—	—
	氟化钠（NaF）	0.6～0.8	—	—
	磷酸（H_3PO_4）	—	5%～6%（体积分数）	—
	氟化氢铵［$(NH_4)_2HF_2$］	—	3.0～3.5	—
	硼酸（H_3BO_3）	—	1.0～1.2	—
	碳酸钠（Na_2CO_3）	—	—	45～55
	铬酸钠（Na_2CrO_4）	—	—	10～20
	氢氧化钠（NaOH）	—	—	20～30
工艺条件	溶液温度/℃	30～35	30～40	80～100
	处理时间/min	2～5	3～6	10～20
适用范围		铝镁、铝硅	各种铝合金	铝镁、铝锰

5. 铝合金压铸件氧化的后处理

铝合金压铸件化学氧化后表面生成一层氧化膜，但由于膜层多孔、疏松且质软，所以耐磨性和耐蚀性都较差，必须进行封孔处理。封孔处理溶液配方及工艺如下：重铬酸钾（$K_2Cr_2O_7$）$45 \sim 55g/L$，溶液 pH 为 $4.5 \sim 6.5$，温度为 $90 \sim 98℃$，浸渍 $15 \sim 25min$。

3.3.8 铝及铝合金化学氧化膜的常见缺陷及解决方法

铝及铝合金化学氧化膜缺陷、产生原因及解决方法见表3-42。

表 3-42　铝及铝合金化学氧化膜缺陷、产生原因及解决方法

膜层缺陷	产生原因	解决方法
由 5A02、3A21 材料制成的铝制品，表面氧化后，膜上有点亮或长条纹不生成氧化膜	①表面有油污、不能上膜 ②有条纹是铝合金表面不均匀所致	①彻底去油污，并清洗干净 ②用砂纸打磨表面后，重新进行氧化
无氧化膜或氧化膜很薄	①表面预处理得不好 ②硼酸含量太高	①重新进行表面预处理 ②减少硼酸含量
膜层疏松	①氟化物含量高 ②硼酸含量低 ③磷酸含量高	把溶液组分调整到合适的含量范围
铝合金铸件表面有挂灰，氧化膜质量不好	出光处理不彻底	用硝酸加氢氟酸进行表面出光处理

3.3.9 铝及铝合金化学氧化膜的应用实例

1. 天花板铝合金灯栅板的氧化

珠三角地区某灯饰厂生产铝合金灯栅板，由于铝合金灯栅长期处在大气环境中，而且当开灯时，热量发散，温度升高，加速铝合金板片的腐蚀，很容易在表面产生白锈斑纹等，破坏了铝合金灯栅板的外观，因此必须进行防护处理。防护措施就是在铝合金灯栅表面进行化学氧化，使其生成一层无色到浅蓝色的膜层，使表面显出铝合金银灰色略带浅蓝的光泽，反光效果好，装饰性强。

（1）生产工艺流程　生产工艺流程如下：

铝合金光栅板→化学脱脂除膜→热水洗→冷水洗→硝酸中和出光→冷水洗→化学氧化→清洗干燥→热水烫洗→风吹干→烘干→检验→成品

（2）化学氧化预处理　铝合金光栅板为铝镁合金长方形片状的各种规格，厚度为 $0.8 \sim 2.5mm$，冲压切片成形，其表面光泽较好，不需要专门抛光。可以用碱液进行一次性脱脂除旧氧化膜，其溶液配方及工艺见表3-43。

表 3-43　碱液配方及工艺

项目	规格	项目	规格
氢氧化钠	$8 \sim 15g/L$	溶液温度	$70 \sim 85℃$
磷酸三钠	$40 \sim 60g/L$	处理时间	$3 \sim 5min$
硅酸钠	$5 \sim 25g/L$		

在碱液中脱脂除膜后，要用热水清洗表面，把腐蚀产物及油污清洗干净，然后在稀硝酸溶液中浸泡中和出光。溶液为硝酸 $300 \sim 450mL/L$，温度 $20 \sim 30℃$，浸泡时间 $1.0 \sim 1.5min$，至表面光亮为止。

（3）化学氧化处理　化学氧化处理工艺见表 3-44。

表 3-44　化学氧化处理工艺

项目	规格	项目	规格
铬酐	$20 \sim 30$g/L	硼酸	$1 \sim 1.5$g/L
磷酸	$5\% \sim 6.5\%$①	溶液温度	$25 \sim 36$℃
氟化氢铵	$3 \sim 4$g/L	处理时间	$3 \sim 7$min

① 体积分数。

溶液配制方法：按容积计算好所需化学试剂用量，除磷酸外，其余固体先分别用少量的水溶解（硼酸要加热溶解），然后逐一加入氧化槽内，再加入磷酸，然后加水至规定的容积，充分搅拌均匀后，先用试片试行氧化，合格后再正式生产。

（4）化学氧化后处理　铝合金灯栅板经化学氧化处理后，先用水清洗表面直至干净，再放进 $50 \sim 60$℃ 热水中浸一下，然后用压缩空气吹干，再在 $60 \sim 70$℃ 下烘烤至干燥并检验合格。

此法处理后的灯栅，其表面生成了一层无色至浅蓝色的薄膜，厚度约为 $2.5 \sim 4 \mu$m，膜层致密均匀，耐蚀性好，有光泽，反光性比较强。

2. 铝合金压铸件化学氧化应用实例

南方某消防器材厂用铝镁硅合金压力加工铸造消防队用的高压喷嘴、帆布高压软管用的管接头工件。这些工件长期处在大气及水环境介质中工作，表面很容易腐蚀生锈，因此工件要进行化学氧化处理。

（1）压铸铝合金工件氧化处理工艺流程　铝合金压铸件化学氧化处理的工艺流程如下：

铝合金压铸件→碱液脱脂除膜→热水洗→冷水冲洗→硝酸出光→清洗→化学氧化→清洗→封闭→热水烫洗→吹干→检验→产品。

（2）化学氧化前的处理　铝合金压铸件同样具有很低的电位值，在大气及含氧介质中容易生成厚度 $0.01 \sim 0.02 \mu$m 的氧化膜，同时在工件的机械加工过程中沾有油污。因此工件在化学氧化前一定要把油污及氧化膜彻底除尽，形成洁净活化的表面，才能得到均匀致密的氧化膜层。

1）脱脂。一般来说，铝合金压铸件的油污不算厚重，只需在碱性溶液中加热处理就可以除去。脱脂工艺见表 3-45。

表 3-45　脱脂工艺

项目	规格	项目	规格
磷酸三钠	$40 \sim 50$g/L	溶液温度	$75 \sim 85$℃
碳酸钠	$50 \sim 60$g/L	处理时间	$4 \sim 6$min
硅酸钠	$15 \sim 30$g/L		

2）酸洗活化。铝合金压铸件表面经脱脂及清洗后，表面会残留有稀碱液，或腐蚀产物的微粒，含硅铝合金表面还会产生挂灰及临时生成的氧化薄膜等，这些表面杂质会严重影响生成新氧化膜质量。所以在工件进入化学氧化槽之前要酸洗活化，使工件再一次清洗洁净。

（3）化学氧化　预处理好的工件，其表面的活性很高，应立即送进化学氧化槽中氧化处理，即可得到较高质量的氧化膜。如果工件经活化后不能马上处理的，应暂时浸泡在无氧的水中，否则表面被空气氧化，则需要重新活化。氧化是在弱酸性溶液中进行的。化学氧化时，如溶液的浓度较高，温度也高，则处理时间较短；若浓度较低，温度不太高，则处理时间相应要较长。同一批产品，化学氧化处理的工艺规范应保持一致，以便保证膜层的质量、工件的外观色泽的一致。化学氧化工艺见表3-46。

表 3-46　化学氧化工艺

项目	规格	项目	规格
重铬酸钠	3.0~4.5g/L	溶液温度	25~35℃
铬酐	3.0~4.0g/L	溶液 pH	1.3~1.8
氟化钠	0.5~0.8g/L	处理时间	2.5~5min

（4）化学氧化的后处理　铝合金压铸件经化学氧化后，所得的膜层较软且疏松多孔，耐蚀性及耐磨性都较差。尚需进一步做封闭处理，以便改善膜层的质量，进一步提高膜的耐磨性及耐蚀性。封闭处理一定要注意控制温度。温度低，封孔的速度慢，效果差，得到的膜层耐蚀性差，所以温度要控制在90℃以上。

（5）膜层质量及其影响因素　经过化学氧化工艺处理的铝合金压铸工件，表面呈金黄色光泽，膜层连续均匀且色泽鲜明。试样经过盐雾腐蚀300h试验后，无明显的腐蚀斑点，并经电化学测试结果表明，氧化膜有较好的耐蚀性。这种工艺生产过程具有设备简单、投资少、成本低、收效快的特点。

3.4　镁合金的化学氧化

3.4.1　概述

镁为银白色金属，熔点648.8℃，沸点1107℃，其密度为1.74g/cm³，大约是铝的三分之二，铁的四分之一，在地壳中的储藏量很大，约占地球质量的2.35%，且分布很广，各地都可以找到。镁合金是一种极轻的工程金属材料，能够满足家用电器、通信电子器件高度集成化和轻薄小型化的要求。世界各国高度重视镁合金的开发与应用，美、德、澳大利亚等工业发达国家，将镁资源作为21世纪的重要战略物资。由于镁很轻而且性能活泼，很容易和周围环境介质作用，所以作为单独结构材料的纯金属镁是很少的，一般都是与其他金属组成合金而成为一种很好的轻质材料。镁合金的比强度和比刚度高，导电导热性优良，无磁性与电磁屏蔽特性，具有良好的阻尼性、切割加工性能、挤压成形性能、焊接性能以及激光性能，还具有优良的铸造性能、减振性能和相当强的衰减性能，对环境无害及不良影响等。因此被认为是一种非常理想的现代工业材料，已被应用于航空航天、机械制造、汽车、电子、电信、光学仪器、音响器材等工业领域。在汽车、笔记本电脑、手机及电视机等工件上作为镁合金压铸件使用日益增加。但是由于镁及镁合金的耐蚀性差，很容易被腐蚀性介质破坏，从而也影响了它的推广。因此，必须采取切实有效的防护处理措施增强它的耐蚀性，才能进一步发挥镁合金在工业生产中应有的作用。

提高镁合金的耐蚀性主要通过合金化设计和表面处理的方法来达到。目前使用的方法有化学氧化、阳极氧化、微弧氧化、化学镀及电镀等。由于每种方法有各自的特点，所得膜层的性能各不相同，防护性能也有差别。几种方法相比，镁合金表面化学氧化膜层的处理，因成品率高、设备投资少、运行成本低，适合电子产品高速更新换代对腐蚀防护和涂装的要求，得到了迅速的发展。

镁合金可以有许多方法进行表面处理。当要求表面保护或表面装饰时，可按要求采用化学浸润、阳极氧化、喷涂清漆、喷涂颜料、上瓷釉、喷涂塑料、电泳涂覆等方法。究竟应采用哪种表面处理，要取决于镁合金件的最终用途。某些镁合金件不需要表面处理，在可能有大气腐蚀，或间断地接触湿气，或接受射线的情况下，可以是裸露的表面，做简单的铬酸处理就可以了。对于大气环境，裸露的镁合金表面比裸露的碳钢耐蚀性更高。

镁合金的化学氧化处理方法常用的有磷酸盐作为成膜剂，铬酸盐作为成膜剂，也有用草酸盐作为成膜剂。但是发展较成熟且应用范围较广的是以铬酸和重铬酸盐为主要成分的水溶液进行化学氧化处理。美国 DOW 公司开发了一系列的镁合金铬酸盐氧化处理工艺，对镁合金表面耐蚀性有所提高。铬氧化膜具有较好的防护效果，与涂层相结合后可在温度较高的环境中使用。但是铬酸盐处理溶液中含有六价铬离子，具有毒性，污染环境，废液处理的成本高。因此，目前也有一些新型无铬化学氧化膜工艺，对镁合金也有很好的防护效果，如磷酸盐、磷酸盐-高锰酸盐、多聚磷酸盐及草酸盐膜等。

镁合金化学氧化膜一般都比较薄（0.5 ~ 3.0μm），且质脆多孔、耐蚀性较差。所以只能作为表面装饰及中间防护层使用，不能作为长期防护的膜层使用。

1. 镁合金表面处理的分类和工艺流程

镁合金的清洗工艺流程如图 3-13 所示。镁合金的表面防腐处理工艺流程如图 3-14 所示。

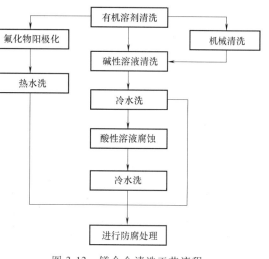

图 3-13　镁合金清洗工艺流程

2. 镁合金表面预处理

镁合金的表面预处理包括机械处理和化学预处理。机械处理和铝合金的处理相同。这里主要介绍镁合金的化学预处理部分。化学预处理分溶剂脱脂、碱性脱脂、中性脱脂、腐蚀等。

（1）有机溶剂脱脂　镁合金工件经过铸造、压延、切削等机械加工以后，金属表面会有氧化物、油脂和其他杂质。在金属表面很脏时，必须用机械方法清理或酸洗。如果是油脂和其他粘得不牢的污物，可以采用蒸汽脱脂、超声波清洗、有机溶剂清洗、乳液清洗。在这些清洗工艺中可以选用的有机溶剂有：氯代烃、汽油、石脑油、油漆稀释剂等。甲醇和乙醇被规定不能作为镁合金的清洗剂。

（2）机械清洗　清理铝合金表面所使用的机械清理方法一般包括喷砂、抛丸、蒸汽冲刷、砂纸打磨、硬毛刷、研磨和初抛光等方法。对于砂型铸造的工件，铸造后多用喷砂方法清除硬皮、溶剂和表面油污。喷砂用的砂子应经过干燥，不允许有铜、铁和其他金属和杂质。绝对禁止用喷其他金属砂来对镁合金进行处理。镁合金喷砂操作以后，暴露出来的新鲜表面会极大地增加镁合金的初始腐蚀速度，要立即进行酸性腐蚀处理或氟化物阳极氧化处理。

1）新的砂铸件。新的砂铸件应该喷砂或抛丸，然后进行酸性腐蚀处理或氟化物阳极氧化处理。

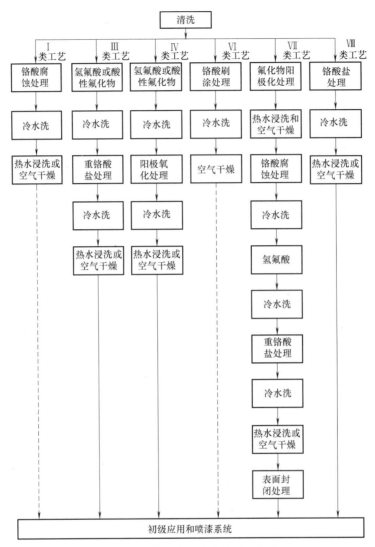

图 3-14 镁合金表面防腐处理工艺流程

2）已被污染或有腐蚀的铸件。应该除去初加工铸件表面的污染物和腐蚀产物。可以采用喷砂或酸性腐蚀的方法，机械工件如果接近其公差范围，可以采用铬酸腐蚀处理，铬酸对镁合金的腐蚀速度很小。

3）焊接材料。在焊接工序中如果使用了焊料，在后续的清理工序中应该彻底除去所有残余的焊料。可以接触的区域，用热水和硬毛刷可以彻底除去残余焊料；不能接触的焊接区域，应该用高压水蒸气冲洗。然后浸入质量分数为 2%～5% 的重铬酸钠水溶液中，温度 82～100℃，保持 1h。取出后用自来水彻底冲洗。

（3）碱性溶液清洗　碱性清洗用于镁合金类型 I 表面处理前的清洗，这类处理一般用于镁合金工件储存或出货期间的表面防护。碱性清洗槽可使用钢材料，碱性清洗剂的 pH 要大于8。如果工件类型 I 表面处理的目的仅仅为了储存或出货期间的防腐，而工件表面又没有油脂或其他有害杂质沉积，则碱性脱脂这道工序可以省去。碱性清洗剂中，如果碱性成分（如氢氧化钠）超过 2%（质量分数），会腐蚀 ZK60A、ZK60B 等镁-锂合金，导致这些合金工件尺寸的改变。如果这些尺寸不可以改变，则碱性清洗剂中的碱性成分不能超过 2%（质量分数）。

1）碱性清洗工艺一和工艺二分别见表 3-47 和表 3-48。

表 3-47　碱性清洗工艺一

项目	规格	项目	规格
磷酸三钠	50～60g/L	温度	50～60℃
碳酸钠	50～60g/L	时间	4～5min
水玻璃	25～30g/L		

表 3-48　碱性清洗工艺二

项目	规格	项目	规格
氢氧化钠	60g/L	温度	88～100℃
磷酸三钠	2.5～7.5g/L	时间	3～10min
可溶性肥皂或润湿剂	0.75g/L	槽体材料	钢

工艺二可以采用简单的浸泡法，也可以采用电解法，用直流电解，工件作阴极，电压为 6V，电流密度为 1～4A/dm²。脱脂后，立即用冷水冲洗，直到无水泡为止。

一般不推荐在碱性溶液中使用阳极电解脱脂，因为镁合金在这种情况下会产生有害的氧化膜，或产生点蚀。

2）石墨润滑剂的清除。镁合金工件在热成形加工过程中，黏附的石墨润滑剂必须除去。清洗工艺是在 97.5g/L 的 NaOH 水溶液中，温度 88～100℃，浸渍 10～20min。这个溶液应该保持其 pH 在 13 以上。如果表面的矿物油膜比较重，可以在溶液中添加 0.75g/L 的肥皂或润湿剂。清洗后用冷水彻底洗净，然后浸入铬酸-硝酸溶液中，处理大约 3min。如果一遍清洗不能完全洗净，可以重复操作直到完全洗净为止。因为已经过铬酸腐蚀处理的镁合金工件表面的石墨润滑剂很难除去，所以镁合金表面的铬酸氧化膜被完全清除之前，不能进行热加工成形。

3）化学氧化膜的清除。在进行新的化学氧化之前，镁合金工件先前应用的化学氧化膜必须完全除去。有时镁合金工件进行了类型Ⅰ处理，用于储存、出货和机加工期间的表面防蚀。工件表面未进行机加工区域还保留了类型Ⅰ处理的氧化膜，它将会阻碍工件后续类型保护膜的形成，所以必须除去。如果先前的防护膜难以除去，可以浸入铬酸中进行腐蚀处理，在碱性清洗液和铬酸腐蚀液中轮流浸渍，可以彻底除去先前的保护膜。铬酸腐蚀工艺见表 3-49。

表 3-49　铬酸腐蚀工艺

项目	规格	项目	规格
铬酐	80～100g/L	时间	10～15min
温度	室温		

（4）酸性溶液腐蚀　利用酸溶液将镁合金表面的氧化膜和其他杂质腐蚀掉，使它露出基体金属表面，以便进行氧化处理。根据镁合金的表面状态、合金成分不同来选用适当的酸洗溶液。

1）一般性腐蚀。一般性腐蚀用于除去氧化层、旧的化学氧化膜，燃烧或摩擦黏附的润滑剂和其他不溶于水的固体或材料表面的杂质，必须用酸性溶液彻底清除干净。最好直接使用铬酸溶液，因为这样只溶解氧化物而不腐蚀金属本身。用其他的酸性溶液，基体金属的溶解可以深达 25μm。

2）铬酸腐蚀。因为铬酸腐蚀不会引起镁合金工件尺寸的变化，所以可以用于对接近下极限尺寸工件的表面处理。它可以用轮流浸入铬酸腐蚀液和碱性清洗液的方法除去先前的化学氧化膜。这种腐蚀用于普通工件除去表面氧化物、腐蚀产物效果令人满意。但用它除去砂铸的产物效果不理想，也不能用它处理嵌有铜合金的工件。溶液中阴离子杂质含量不能累积超过规定值，否则会对镁合金表面产生腐蚀。这些阴离子杂质包括氯离子、硫酸根离子、氟离子。硝酸银可以用来沉淀氯离子，以延长溶液的使用寿命。但最好是废弃杂质超标的溶液，配制新溶液。酸性腐蚀工艺见表 3-50。

表 3-50　酸性腐蚀工艺

处理	组成		浸渍时间 /min	操作温度 /℃	槽子结构	金属腐蚀量 /μm
	材料	质量浓度/(g/L)				
铬酸	铬酸 CrO_3	180	1~15	88~94	钢槽衬铅、不锈钢、1100 铝材	无
铬酸-硝酸钠	铬酸 CrO_3 硝酸钠 $NaNO_3$	180 30	2~20	16~32	陶瓷、不锈钢、衬铅、衬人造橡胶或衬乙烯基材料	12.7
硫酸	硫酸($\rho=1.84g/cm^3$)	3.12%[①]	10~15s	21~32	陶瓷、衬橡胶或其他适合的槽子	50.8
硝酸-硫酸	硝酸($\rho=1.42g/cm^3$) 硫酸($\rho=1.84g/cm^3$)	1.95%~7.81%[①] 0.78%~1.56%[①]	10~15s	21~32	陶瓷、衬橡胶或其他适合的槽子	58.4
铬酸-硝酸-氢氟酸	铬酸 CrO_3 硝酸($\rho=1.42g/cm^3$) 氢氟酸(60%[②] HF)	139~277 2.34%[①] 0.78%[①]	1~2	21~32	衬人造橡胶或衬乙烯基材料	12.7~25.4
磷酸	磷酸(85%)[②]	90%[①]	0.5~1	21~27	陶瓷或衬铅、玻璃、橡胶	12.7
醋酸-硝酸钠	醋酸 硝酸钠 $NaNO_3$	195mL 30~45	0.5~1	21~27	3003 铝合金，陶瓷或衬橡胶槽	12.7~25.4
羟基乙酸-硝酸	羟基乙酸(70%[②]) 硝酸镁 硝酸	240 202.5 3%[①]	3~4	21~27	不锈钢、陶瓷或其他适合的槽子	12.7~25.4
点焊铬酸-硫酸	铬酸 CrO_3 硫酸($\rho=1.84g/cm^3$)	180 0.05%[①]	3	21~32	不锈钢、1100 铝材，陶瓷或人造橡胶	7.62

注：溶液的剩余部分为水；铬酸溶液也可以在室温下操作，但处理时间要延长；铬酸-硝酸溶液的 pH 为 0.0~1.7。
① 体积分数。
② 质量分数。

3）铬酸-硝酸腐蚀。铬酸-硝酸腐蚀一般不用来清除镁合金表面的氧化物或腐蚀产物，但它可以替代铬酸腐蚀，用来清除烧上的石墨润滑剂。它用来清除砂铸的产物也不能令人满意，同时它不能用于腐蚀嵌有铜合金的工件。如果溶液的 pH 高于 1.7，将失去化学活性。可以通过添加铬酸的方法，使溶液的 pH 降到初始的 0.5~0.7 恢复活性。大槽子可以排放 1/4 老槽液，再用新槽液补充的方法再生。这样可以减少铬酸的使用量，并可减少腐蚀速度和使镁合金着色的深度。处理的温度和时间要严格按表 3-50 中的规定执行。

4）硫酸腐蚀。硫酸腐蚀用于清除砂铸镁合金的表面产物。这个腐蚀应该在所有机械加工之前进行，因为溶液对金属的溶解速度很快，容易引起工件的超差。

5）硝酸-硫酸腐蚀。也可以用硝酸-硫酸腐蚀代替硫酸腐蚀。

6）铬酸-硝酸-氢氟酸腐蚀。铬酸-硝酸-氢氟酸腐蚀溶液可以用来处理铸件，特别是压铸件，它对基体金属的腐蚀速度达 $12.7\mu m/min$。

7）磷酸腐蚀。磷酸腐蚀溶液可以用来处理所有铸件，特别是压铸件。清除 AZ91A 和 AZ91B 镁合金表面的铝特别有效，还可以用于一些锻造镁合金，如 HK31A 的电镀预处理。对基体金属的腐蚀速度达 $12.7\mu m/min$。

8）醋酸-硝酸腐蚀。醋酸-硝酸腐蚀用于除去镁合金工件表面的硬壳和其他污染物，以达到最大的防护效果。这种腐蚀可以用于处理锻压镁合金和盐浴热处理镁合金铸件。铸造条件或盐浴热处理和时效条件不能用醋酸-硝酸溶液除去表面形成的灰色粉状物。镁合金铸件在这种条件下应该用铬酸-硝酸-氢氟酸溶液腐蚀。在大多数条件下，醋酸-硝酸溶液对基体金属的腐蚀速度为 $12.7\sim25.5\mu m/min$，对于尺寸接近公差值的工件不能使用这种溶液处理。

9）基乙酸-硝酸腐蚀。采用喷淋方式处理镁合金工件时，醋酸-硝酸溶液会产生酸雾污染环境，这时可用基乙酸-硝酸溶液替代。

10）点焊铬酸-硫酸腐蚀。一种用于镁合金工件点焊部位清洗的铬酸-硫酸溶液。工件先浸入碱性清洗剂中清洗，用流动冷水清洗，再用弱酸性溶液中和工件表面的碱性。中和溶液的成分为：体积分数为 0.5%～1% 的硫酸或质量分数为 1%～2% 的硫酸氢钠（酸性硫酸钠）。中和后，工件再浸入点焊铬酸-硫酸溶液中处理，这样可以得到一个低腐蚀的点焊表面。

3.4.2 镁合金化学氧化工艺流程

1. 铬酸腐蚀处理

铬酸腐蚀是镁合金表面处理最简单、成本最低、最常用的化学处理方法。其中典型的工艺是由道化学公司（Dow Chemical Company）开发的 Dow No.1 处理剂，这种氧化膜用于储存、出货期间的防腐，也可作为涂漆的底层。

（1）铬酸腐蚀工艺　铬酸腐蚀溶液工艺见表 3-51。

表 3-51　铬酸腐蚀工艺

适用范围	组成		浸渍时间 /min	操作温度 /℃	槽子结构	挂钩或挂篮结构
	材料	质量浓度/(g/L)				
锻造工件	重铬酸钠 $Na_2Cr_2O_7 \cdot 2H_2O$ 硝酸（$\rho=1.42g/cm^3$）	180 187mL/L	0.5～2 沥干 5s	21～43	不锈钢或衬玻璃、陶瓷、人造橡胶或乙烯基材料	不锈钢或同种镁材
砂铸、金属型铸或压铸工件	重铬酸钠（$Na_2Cr_2O_7 \cdot 2H_2O$） 硝酸（$\rho=1.42g/cm^3$） 钠、钾、铵的酸性氟化物（$NaHF_2$、KHF_2、NH_4HF_2）	180 125～187mL/L 15g/L	0.5～2 沥干 5s	21～60	最好用 316 不锈钢，槽子用人造橡胶或乙烯基材料	316 不锈钢

注：1. 溶液的余量为水、蒸馏水或去离子水。

2. 如果使用 $NaHF_2$，应先用少量的水或稀硝酸溶解再加入，因为氟化氢钠不溶于当前浓度的硝酸。

1）锻造工件处理工艺。锻造工件的铬酸腐蚀溶液组成和工艺参数见表 3-51，硝酸含量最大时，浸渍时间为 0.5min。硝酸含量最小时，浸渍时间为 2min。浸渍时搅拌溶液，浸渍完成后，工件需从溶液中取出，在槽液上方沥干 5s。这样使溶液从工件表面充分沥干，并获得较好色彩的保护膜。然后工件用冷水冲洗，再用热水浸洗，以便干燥，或用热空气干燥。

2）砂铸、金属型铸和压铸工件处理工艺。镁合金砂铸、金属型铸和压铸工件的铬酸腐蚀溶液组成和工艺参数见表3-51，压铸件和旧的砂铸件在铬酸溶液中处理之后，应立即用热水浸渍15~30s。如果铬酸溶液的温度为49~60℃，则铬酸浸渍10s就足够。如果温度较低，则浸渍时间要延长。过长的浸渍时间会得到粉状膜，先用热水预热铸件会使处理失败导致无氧化膜。如果这种溶液对铸件无效，压铸件和旧的砂铸件可以使用锻造工件处理溶液。砂铸件在溶液中的处理条件按表3-51中的规定为室温，铬酸浸渍后按锻造工件后处理工艺执行。

3）刷涂应用。如果工件尺寸太大，用浸渍法会有困难，可以采用刷涂的办法。刷涂需要使用大量的新鲜处理剂。处理溶液必须允许在工件表面逗留至少1min，然后用大量干净的冷水冲洗掉。这样形成的氧化膜颜色均匀性不如浸渍法，但用于油漆底层效果好。粉状膜作为油漆底层不好，这是由于清洗不良，或在刷涂处理时溶液停留的1min期间没有用刷子反复刷，不能保证工件始终处于润湿状态而形成的氧化膜。在处理铆接工件时，要防止处理溶液流进铆接部位。刷涂可应用于所有类型破损区域的修复。铬酸腐蚀处理涂层适合于预处理时电器连接部位被屏蔽无保护膜区域的修补。

（2）铬酸腐蚀的注意事项　铬酸腐蚀溶液在处理期间会溶去金属厚度大约15.2μm，处理时一定考虑尺寸变化，若腐蚀会导致尺寸超出允许范围，则不能采用此工艺处理。镁合金中嵌有钢铁工件也可以采用此工艺。工件处理后的色彩、光泽、腐蚀量取决于溶液的老化程度、镁合金的成分及热处理条件。多数用于油漆底层氧化膜为无光灰色到黄红色、彩虹色，它在放大的条件下是一种网状的小圆石腐蚀结构。光亮、黄铜状氧化膜，显示出相对平滑的表面，它在放大时仅偶尔有几个圆形的腐蚀小点。这种氧化膜作为油漆底层不能获得满意的效果，但它作为储存、出货期间的防腐却很理想，这种颜色由浅到深的变化，显示出溶液中硝酸或硝酸盐的含量逐步增加。

（3）铬酸腐蚀工艺的控制　铬酸腐蚀工艺的控制包括重铬酸钠的测定和硝酸的测定。

1）重铬酸钠的测定。重铬酸钠应该使用以下或其他已确认的分析方法：用吸液管吸取1mL铬酸腐蚀溶液，放在装有150mL蒸馏水容积为250mL的锥形瓶中，加5mL浓盐酸和5g碘化钾，反应最少2min，然后摇动锥形瓶，并用标准的0.1mol/L硫代硫酸钠溶液滴定，直到溶液中碘的黄色几乎完全褪去。滴加几滴淀粉指示剂，继续用0.1mol/L硫代硫酸钠溶液滴定至溶液紫色消失。注意碘的黄色消失之前不能滴加淀粉指示剂，否则会得到不正确的分析结果，最后溶液颜色的变化是由浅绿色到蓝色。

计算：0.1mol/L硫代硫酸钠溶液滴定的毫升数×0.4976＝重铬酸钠的体积分数（%）。

2）硝酸的测定。硝酸的含量应该按下列方法测定：用吸液管吸取1mL铬酸腐蚀溶液，放在装有50mL蒸馏水容积为250mL的烧杯中，用pH大约为4.0的标准缓冲溶液（pH的准确值与缓冲溶液组成、浓度、测定时的温度有关）校准。搅拌并用0.1mol/L的标准NaOH溶液滴定至pH为4.0~4.05。

计算：0.1mol/L的NaOH溶液滴定的毫升数×0.6338＝硝酸（$\rho = 1.42g/cm^3$）的体积分数（%）。

3）铬酸腐蚀溶液的寿命。溶液的损耗表现在工件处理后颜色变白，腐蚀变浅，金属在溶液中反应迟钝。处理工件颜色变白也可能是工件从铬酸溶液中取出后，在空气中沥干的时间太短，不要混淆这两种原因。不含铝的镁合金铬酸处理液仅能再生1次，其他镁合金铬酸处理液可以再生7次。每次到溶液运行的终点就必须再生，溶液运行的终点是其中的硝酸

（$\rho = 1.42 \text{g/cm}^3$）含量降至 62.5mL/L。每次再生各成分值见表 3-52。

表 3-52　铬酸溶液各成分再生值

运行次数	溶液的化学成分	
	$Na_2Cr_2O_7 \cdot 2H_2O/(\text{g/L})$	硝酸（$\rho = 1.42 \text{g/cm}^3$）（体积分数，%）
1	180	18.7
2	180	16.4
3	180	14
4~7	180	10.9

如果镁合金工件铬酸腐蚀处理的目的仅仅是用于储存及出货期间的防腐，处理溶液可以再生 30~40 次以后再废弃。也可以通过不断废弃部分旧槽液，补加新槽液的方法再生铬酸腐蚀溶液，这种方法可使溶液在保证处理工件质量合格的前提下一直使用下去。

（4）铬酸腐蚀的常见故障及解决方法　铬酸腐蚀通常会产生以下两类故障。

第一类：棕色、无附着力、粉状氧化膜

这类故障的原因如下：

1）工件水洗前在空气中停留时间太长，超出了工艺要求的时间。

2）酸的含量与重铬酸钠含量的比值太高。

3）少量的溶液处理大量的工件，导致溶液温度太高。

4）脱脂不彻底，工件含油部位会产生棕色粉末。

5）溶液再生次数太多，导致溶液中硝酸盐累积。

第二类：铸件上的灰色、无附着力、粉状氧化膜

1）铸件上的灰色粉状氧化膜在用更硬的粗糙表面猛烈撞击时，甚至在研磨期间会闪光和产生火花。腐蚀溶液中加入氟化物可使灰色粉状氧化膜消除或最小化。

2）工件在溶液中浸泡时间太长，导致过处理。操作这样过处理的工件必须格外小心。将过处理的工件从溶液中取出，用冷水彻底洗净，然后浸机油，再拆卸。如果工件在过处理时损伤太严重，可以用以下方法补救：在质量分数为 10%~20% 的氢氟酸溶液中浸泡 5~10min 粉状物即可除去，除去粉状物的工件即可安全运输和后处理。

为了获得更平滑的镁合金铬酸腐蚀表面，可在表 3-51 铬酸腐蚀溶液中添加 30g/L 的硫酸镁，这种调整的工艺只能用于储存和出货期间暂时防腐处理，不能用于油漆底层的氧化膜。铬酸腐蚀处理如果添加硫酸镁，则不适合有机涂装系统。

2. 重铬酸盐处理

（1）重铬酸盐处理工艺　重铬酸盐处理工艺见表 3-53。

正常的氧化膜的颜色会因为合金成分的不同由无色到深棕色。对于 AZ91C-T6 和 AZ92A-T6 铸件氧化膜是灰色的。这种处理不会引起明显的尺寸变化，通常用于机械加工后处理。一些铸件中包含了其他材料，如黄铜、青铜和钢等，经封闭之后才能进行处理。虽然处理溶液不会腐蚀这些不同的材料，但是这些材料与镁合金同时处理会增加镁合金的活性。铝在氢氟酸浸渍时会快速腐蚀，而氢氟酸浸渍又是本处理的重要步骤。如果嵌有铝合金或锻件含有铝铆钉，可用酸性氟化物浸渍替代氢氟酸浸渍。重铬酸盐处理 AZ31B-H24 镁合金时，必须精确控制工艺参数：重铬酸盐处理为了获得最大的耐蚀效果，处理之前要采用酸性腐蚀，如铬酸-硝酸腐蚀、醋酸-硝酸腐蚀、羟基乙酸-硝酸腐蚀。

表 3-53　镁合金的重铬酸盐处理工艺

溶液	组成		金属溶解量 /μm	处理时间 /min	操作温度 /℃	槽子材料	挂钩和 挂篮材料
	材料	含量					
氢氟酸 处理	氢氟酸（质量分数 为 60%）	29.7%[①]	2.5	0.5~5	21~32	衬铅、橡胶、 人造橡胶、聚 乙烯塑料	蒙乃尔铜-镍合 金，316 不锈钢或 有乙烯基塑料涂 层的钢材
酸性氟化物 处理	钠、钾或铵的酸性氟 化物（NaHF$_2$、KHF$_2$、 NH$_4$HF$_2$）	30~45g/L	2.5	≥5	21~32	衬铅、橡胶、 人造橡胶	蒙乃尔铜-镍合 金，316 不锈钢
重铬酸盐 处理	重铬酸钠(Na$_2$Cr$_2$O$_7$· 2H$_2$O)	120~180g/L		30~45	沸腾	钢	
	钙或镁的氟化物 （CaF$_2$ 或 MgF$_2$）	2.5g/L					

注：溶液余量为水，用蒸馏水或离子交换水。
① 体积分数。

1）氢氟酸处理。镁合金工件在用其他方式清洗以后，应该进行氢氟酸腐蚀处理。其作用是进一步清洗并活化镁合金表面。AZ31B 合金的浸渍时间为 0.5min，其他镁合金的浸渍时间应大于 5min。浸渍之后，工件必须用冷水彻底清洗。如果将少量的氟化物带入铬酸盐处理槽，将会使槽液报废，所以氢氟酸处理后的清洗至关重要

2）酸性氟化物处理。酸性氟化物处理应该用于所有包含铝合金的工件，如铝合金镶嵌物、铆钉等，代替包括预处理在内的所有氢氟酸腐蚀工艺。特别是 AZ31B 和 AZ31C 合金，用酸性氟化物处理不仅更经济，而且更安全。但是，酸性氟化物腐蚀不能除去铸件表面在喷砂和腐蚀后形成的黑色污迹，这时必须使用氢氟酸腐蚀。工件酸性氟化物处理后，必须用冷水彻底清洗干净、也可采用由表面处理供应商提供的其他酸性氟化物处理工艺。

3）重铬酸盐处理。镁合金经过氢氟酸或氟化物处理之后，用冷水彻底洗净，然后在重铬酸盐溶液中沸煮至少 30min，根据合金成分的不同可以得到无色至深棕色的保护膜。接着用冷水清洗，浸热水，然后沥干，或用热空气干燥。工件上的水分完全干燥后，应该立即进行有机涂膜。由于 ZK60A 合金的重铬酸盐成膜速度较快，15min 的沸煮处理就相当于其他镁合金的 30min。

（2）重铬酸盐处理工艺的控制　重铬酸盐处理工艺的控制包括氢氟酸的测定、二氟化物的测定和重铬酸盐溶液的控制。

1）氢氟酸的测定。氢氟酸溶液在使用过程中消耗很慢。使用中 HF 的质量分数不能低于 10%，低于 10% 的 HF 溶液会快速腐蚀镁合金，HF 含量的分析：取 2mL 氢氟酸溶液，用酚酞作为指示剂，用 1mol/L 的 NaOH 溶液滴定。控制 HF 含量，使 1mol/L 的 NaOH 溶液的滴定消耗量在 10~20mL 之间，这种 HF 的质量分数大约为 10%~20%。吸液管由 3~4mL 的玻璃吸液管涂覆石蜡校准而得，以避免 HF 腐蚀玻璃造成分析误差。试样吸取后，必须用至少 100mL 的去离子水稀释，并立即滴定。

2）二氟化物的测定。二氟化物（酸性氟化物）的分析应该用 1mol/L 的 NaOH 溶液滴定，酚酞指示剂变微红色为滴定终点。要将溶液的浓度范围控制在 100mL 的试样消耗浓度

为 1mol/L 的 NaOH 溶液范围在 45~55mL 之内。

3）重铬酸盐溶液的控制。重铬酸钠的分析应按铬酸腐蚀工艺中的方法进行，控制重铬酸钠的含量在 120~180g/L 之间。重铬酸盐溶液的 pH 必须用添加铬酸的方法谨慎控制，必须保证溶液的 pH 在 4.1~5.2 之间。铬酸配成质量分数为 10% 的水溶液，然后再适量添加。溶液的 pH 用玻璃电极组成的 pH 计精确测定。大量处理镁合金工件时，需要严格控制工艺参数，铝含量低的镁合金应该采用 pH 范围内的较低值，这样可以获得较好的氧化膜。

（3）重铬酸盐处理的常见故障及解决方法　重铬酸盐处理通常会产生以下两类故障。

第一类：不规则的大量疏松的粉状氧化膜

故障的原因和解决办法如下：

1）氢氟酸溶液或酸性氟化物溶液太稀。调整溶液中 HF 的含量，使其达到工艺规定的要求。

2）重铬酸盐溶液的 pH 太低。控制 pH 不能低于 4.1，可用 NaOH 调整。

3）工件被氧化、被腐蚀或被焊剂污染，导致表面存在一层疏松的由灰色到黄色的自然膜。工件应用酸性腐蚀溶液处理。

4）粉状膜也可能由于处理时工件和槽子有电接触，或接触到和槽子相连的金属挂具挂篮等。应避免处理时工件与槽子、金属挂具挂篮形成电接触。

5）在重铬酸盐溶液中处理时间太长，应严格控制处理时间。

第二类：失败的膜层或不均匀的膜层

原因及解决办法如下：

1）重铬酸盐溶液的 pH 太高。对于先前采用氢氟酸溶液浸渍的铝含量较低的镁合金（如 AZ31B）来说，这是导致氧化膜失败的重要原因。可用铬酸调整溶液的 pH 到 4.1，频繁调整溶液是必要的。

2）溶液中重铬酸盐的浓度太低。重铬酸盐的浓度不能低于 120g/L。

3）工件表面的油状物没有完全除净，导致有些区域有膜，有些区域无膜。清洗不彻底不是氧化膜失败的唯一原因，有时清洗彻底的工件在含有油性膜的氢氟酸溶液或重铬酸盐溶液中处理时，也会有氧化膜失败情况。这些槽中的油膜，可能是碱性脱脂清洗水带入的，也可能来自大气或过往设备的滴入等。

4）先前铬酸腐蚀产生的氧化膜没有完全除净。应该用铬酸腐蚀溶液和碱性脱脂溶液交替处理，除去先前的氧化膜。

5）工件不适合用氟化物处理。

6）上一节中说明的不适合采用重铬酸处理的镁合金，如果误用重铬酸处理，易形成失败的膜层或不均匀膜层。对于这些镁合金可采用其他化学氧化处理。

7）氢氟酸浸渍时间过长，如 AZ31B 合金的氟化物膜不容易在正常时间内均匀除净，会产生点状氧化膜。所以对于此类合金，氢氟酸处理的时间要控制在 0.5~1min 之间。

8）溶液在处理期间，没有始终保持在沸腾状态。温度对于 AZ31B 合金的氧化处理格外重要，温度始终不能低于 93℃。

9）氢氟酸浸渍后清洗不彻底。如果重铬酸盐溶液中被带入的氢氟酸或可溶性氟化物累积超过溶液的 0.2%（质量分数）时，则无氧化膜形成。在到达此值之前会形成条纹状膜，可以在溶液中添加 0.2%（质量分数）的铬酸钙，使溶液中的氟离子生成不溶性的氟化钙而将其除去。如果采用这种方法处理，可不必将重铬酸盐溶液废弃。

3. 铬酸盐处理

和重铬酸盐处理不同，铬酸盐处理适合于所有镁合金，其氧化膜可作为油漆底层或作为防护性膜层。成膜方法可以采用浸渍或刷涂。当工件通过铬酸腐蚀处理或重铬酸盐处理，可以获得与铬酸盐处理相同的耐蚀性时，可以用这些处理方法替代铬酸盐处理。镁合金表面沉积的膜层有时像重铬酸盐处理，具有黑棕色到带浅红的棕色外观。铬酸盐处理不会引起工件尺寸的变化，它主要用于机械加工后的工件。

（1）铬酸盐处理工艺　铬酸盐处理的工艺见表 3-54。

表 3-54　镁合金铬酸盐处理工艺

工 艺 号		1	2	3	4	5	6
组分浓度 /（g/L）	重铬酸钾（$K_2Cr_2O_7$）	140～160	25～35	110～170	30～60	30～50	40～55
	硫酸铵［（NH_4）$_2SO_4$］	2～4	30～35	—	25～45	—	—
	铬酐（CrO_3）	1～3	—	1～2	—	—	—
	醋酸（CH_3COOH,60%[①]）	10～20mL/L	—	—	—	5～8mL/L	—
	邻苯二甲酸氢钾（$C_8H_5O_4K$）	—	15～20	—	—	—	—
	硫酸镁（$MgSO_4$）	—	—	40～75	10～20	—	—
	硫酸锰（$MnSO_4$）	—	—	40～75	7～10	—	—
	硫酸铝钾［$KAl(SO_4)_2 \cdot 12H_2O$］	—	—	—	—	8～12	—
	硝酸（HNO_3,$\rho=1.42g/cm^3$）	—	—	—	—	—	90～100
工艺条件	温度/℃	18～32	18～32	20～30	80～100	80～100	80～100
	时间/min	18	15	30	30	20	20

① 质量分数。

$w(Cr)$ 达到或超过 1% 的镁合金可以先清洗，$w(Cr)$ 不高于 3.5% 的镁合金（如 AZ31）碱性脱脂后应该使用铬酸-硝酸溶液腐蚀。$w(Cr)$ 超过 3.5% 的镁合金（如 AZ61、AZ81 和 AZ91）碱性脱脂后应该使用铬酸-硝酸-氢氟酸溶液腐蚀。如果工件进行过研磨处理，应该用酸性溶液腐蚀 15～30s。如果工件是未经研磨的铸件，则应该用酸性溶液腐蚀 2～3min。工件水洗后，浸入表 3-54 的铬酸盐溶液序号 1 中 15～30s，然后用两道流动冷水洗，浸热水，沥干，或用热空气干燥，温度为 71～93℃，干燥后得到硬度提高和溶解度减少的黑棕色膜层。

$w(Cr)$ 低于 1% 的镁合金可以先清洗。碱性脱脂后应该使用铬酸-硝酸溶液腐蚀。如果工件进行过研磨处理，应该用酸性溶液腐蚀 15～30s。如果工件是未经研磨的铸件，则应用酸性腐蚀 2～3min。工件水洗后，浸入表 3-54 的铬酸盐溶液序号 1 中 15～30s，后处理方法和处理 $w(Cr)$ 达到或超过 1% 的镁合金的方法相同。

（2）铬酸盐处理的工艺控制　铬酸盐处理的工艺控制主要包括铬酸盐处理溶液的 pH 和溶液寿命。

1）铬酸盐处理溶液的 pH 要严格控制。铬酸盐溶液序号 1 的 pH 范围为 0.2～0.6，铬酸盐溶液序号 2 的 pH 范围为 0.6～1.0，通过添加铬酸盐和盐酸的方法来调整。润湿剂根据每 5g 铬酸盐加 0.034g 润湿剂的比例添加。如果溶液放置了一周以上的时间，处理时槽液表面不会产生一层薄的泡沫，就应该按每升槽液 0.26g 润湿剂的比例添加润湿剂，以保证槽液处理时会产生泡沫层。随意进行的铬酸盐处理的膜层，水洗后很容易用抹布擦去。

2）溶液寿命。在溶液的参数和工艺都正确的情况下，溶液可以重复添加药品长期使用，直到溶液中杂质离子不断积累，最终无法得到合格的膜层为止。这时，药品的累计补加量大约可达到槽液原始量的 1.5 倍，并且总的处理面积达到每升槽液 4.3m²。

（3）铬酸盐处理的常见故障及解决方法　铬酸盐处理产生的故障主要有以下三种类型。

类型一：成膜失败（不成膜）

故障的原因及解决办法如下：

1）溶液的 pH 太高。溶液的 pH 应该在本节中规定的范围内。

2）溶液温度太低。溶液温度应该在表 3-54 中规定的范围之内。

3）金属脱脂和清洗不彻底。工件铬酸盐处理之前应进行酸性腐蚀。

4）使用了浓度不正确的原料酸，导致溶液中酸的浓度相对于铬酸盐的浓度而言太低。

类型二：无附着力的粉状膜

1）工件合金成分中 $w(Cr)$ 低于 1%，但选择了铬酸盐溶液序号 1 处理。要按本节中的规定，不同的镁合金采用不同铬酸盐溶液处理。

2）溶液的 pH 太低。溶液的 pH 应该在本节中规定的范围内。

3）金属脱脂和清洗不彻底。工件铬酸盐处理之前应进行酸性腐蚀。

4）使用了浓度不正确的原料酸，导致溶液中酸的浓度相对铬酸盐的浓度而言太高。

类型三：工件表面有过多的污迹

工件在铬酸盐处理溶液中如果时间太长，表面就会产生过多的污迹。所以要按表 3-54 的要求，严格控制铬酸盐处理的时间。

4. 磷酸盐处理

（1）磷酸盐化学氧化处理工艺流程　磷酸盐化学氧化处理工艺流程如下：

镁合金工件→脱脂→水洗→酸洗除膜→水洗→活化→水洗→磷酸盐转化液处理→水洗→烘干。

（2）磷酸盐化学氧化处理液配方及工艺　镁合金磷酸盐化学氧化处理工艺见表 3-55。

表 3-55　磷酸盐化学氧化处理工艺

工 艺 号		1	2	3
组分浓度 /（g/L）	磷酸二氢钾（KH_2PO_4）	13~14	—	—
	磷酸氢二钾（K_2HPO_4）	25~30	—	—
	氟氢酸钠（$NaHF_2$）	3~5	—	—
	磷酸钠（Na_3PO_4）	—	100	—
	高锰酸钾（$KMnO_4$）	—	10~50	—
	磷酸（$H_3PO_4, \rho=1.75g/cm^3$）	—	—	0.3%~0.6%[①]
	磷酸二氢钡［$Ba(H_2PO_4)_2$］	—	—	40~70
	氟化钠（NaF）	—	—	1~2
工艺条件	溶液温度/℃	50~60	20~60	90~98
	处理时间/min	20~50	3~10	10~30

注：工艺 1 溶液的 pH 应控制在 5~7，于温度 50~60℃下浸渍 20~50min，然后取出水洗干净，放进干燥箱中烘干。

　　工艺 2 溶液的 pH 应控制在 3.0~3.5，于温度 20~60℃下浸渍 3~10min，然后取出水洗干净，放进去离子水中浸渍，然后干燥。

　　工艺 3 所得的膜层耐蚀性好，又称磷化膜，膜呈深灰色，一般用作涂装的底层。

① 体积分数。

3.4.3 镁合金化学氧化膜的应用实例

镁合金在日本、中国台湾地区的应用很广，工厂企业在镁合金化学氧化处理工艺方面已形成了较为通用的方法。镁合金在化学氧化前的常用酸洗工艺见表3-56，镁合金化学氧化工艺见表3-57。

表 3-56 镁合金各种酸洗工艺

名　称	溶液配方	操作工艺条件
醋酸-硝酸钠法	醋酸(CH_3COOH),200g/L 硝酸钠($NaNO_3$),50g/L	20~30℃下浸渍0.5~1.0min,用橡胶陶瓷或3003铝材加衬的酸洗槽
氟氢酸盐法	氟氢酸钠($NaHF_2$),47g/L	20℃下浸渍5min
碱浸渍法	氢氧化钠($NaOH$),100g/L	90~100℃下浸渍10~20min。致密的表面状态
铬酸法	铬酸酐(CrO_3),180g/L	20~100℃下浸渍1~15min。如果发生腐蚀,请检查溶液中有否氯化物杂质污染
铬酸-硝酸钠法	铬酐(CrO_3),180g/L 硝酸钠($NaNO_3$),30g/L	先在冷水中完全浸渍。20~30℃下浸渍3min。浸入水中搅拌。用不锈钢、铅、橡胶加衬的槽
铬酸-硝酸-氢氟酸法	铬酐(CrO_3),280g/L 硝酸(HNO_3),2.5%[①] 氢氟酸(HF),0.8%[①]	20~30℃下浸渍0.5~2.0min。用橡胶、乙烯树脂加衬的槽
铬酸-硫酸法	铬酐(CrO_3),180g/L 硫酸(H_2SO_4),0.05%[①]	只用于点焊焊接的清洁,20~30℃下浸渍3min,用不锈钢、橡胶或1100铝衬的槽
强碱溶液法	氢氧化钠($NaOH$),15~60g/L 磷酸钠($Na_3PO_4 \cdot 12H_2O$),10g/L 湿润性表面活性剂,1g/L	90~100℃下浸渍3~10min
氢氟酸法	氢氟酸(HF),11%[①]	20~30℃下浸渍0.5~5.0min
硫酸法	硫酸(H_2SO_4),3%[①]	20~30℃下浸渍10~15s,或溶蚀表面至0.05mm
氢氟酸-硫酸法	氢氟酸(HF),15%~20%[①] 硫酸(H_2SO_4),5%[①]	20~25℃下浸渍2~5min

① 体积分数。

表 3-57 镁合金化学氧化处理工艺

配方号	溶液成分及含量	工艺条件	特　点
1	重铬酸钠($Na_2Cr_2O_7$),180g/L 硝酸(HNO_3,60%[①]),26%[②]	溶液温度20~30℃,浸渍0.5~2.0min经5s脱液后水洗再干燥	未完成零件(着色过程中)的暂时防蚀方法
2	用下列(1)及(2)溶液来处理: (1)氢氟酸(40%[①]),25%[②] (2)氟化钠、氟化钾或氟化铵,50g/L	(1)溶液温度20~30℃,浸渍0.5~5.0min 水洗 (2)液温20~30℃,浸渍约5min,水洗	对于完成的零件而言,属于良好的防蚀方法,适用于涂装底层,不适合稀土类合金使用
3	重铬酸钠,120~130g/L 氟化钾或氟化镁,2.5g/L	液温90~100℃,浸渍30~60min,水洗,温水中浸渍后干燥	

（续）

配方号	溶液成分及含量	工艺条件	特点
4	硫酸铵,30g/L 重铬酸钠,30g/L 氨水(28%[①]),0.25%[②]	液温 50~60℃,电流密度 0.2~1A/dm²,通电 15~25min,水洗、干燥	对完成的零件属于良好的防蚀方法,适用于涂装底层,对所有镁合金都适用
5	氢氧化钠,240g/L 乙二醇或二甘醇,8.5%[②] 草酸钠,2.5g/L	液温 75~80℃,电流密度 1~2A/dm²,时间 15~30min,水洗、干燥	电绝缘性能好,为良好的防蚀方法,而且耐磨性能也好
6	重铬酸钠,50g/L 酸性氟化钠,50g/L	液温 18~23℃,浸渍中和后充分水洗,烫洗后干燥	
7	磷酸二氢锰,20~30g/L 硅氟化钠或硅氟化钾,3~4g/L 重铬酸钠或重铬酸钾,0.3g/L 硝酸钠或硝酸钾,1~2g/L	液温 80~90℃,浸渍 5~30min,水洗后干燥	未完成零件的暂时防蚀方法
8	无水铬酸,180g/L 硝酸铁,40g/L 氟化钾,4g/L	液温 18~23℃,浸渍 10~60s,水洗、干燥	需要光泽表面时用,用作未完成零件的暂时防蚀
9	酸性氟化钠,15g/L 重铬酸钠,180g/L 硫酸铝,10g/L 硝酸(60%[①]),8.4%[②]	液温 18~23℃浸渍 2~3min,水洗后干燥	未完成零件暂时防蚀方法
10	氢氧化钠,10g/L 锡酸铁,50g/L 醋酸钠,10g/L 焦磷酸钠,50g/L	液温 80~85℃,浸渍 10~20min,水洗。若用作涂装底层时,在50g/L的酸性氟化钠溶液中 20~30℃下浸渍 30s,中和处理	绝缘性好,作防止不同金属接触时产生电偶腐蚀的方法用

① 质量分数。
② 体积分数。

3.5　铜及铜合金的化学氧化

3.5.1　概述

铜是淡红色带光泽的金属,熔点 1083℃。沸点 2595℃,密度为 8.9g/cm³。铜在干燥空气中稳定,在潮湿空气中易氧化,溶于硝酸及热浓硫酸,稍溶于盐酸和稀硫酸,与碱也起反应,具有良好的导电性和导热性。铜在工业上用于电器、电线、化学药品、工艺品、合金及各种耐用日用品。

由于铜的电位比铁正,属阴极性镀层,不能达到电化学保护的目的。但镀铜具有价格低廉,镀层紧密细致,结合力好和容易抛光等优点。在电镀中,镀铜往往作为底层、中间层或合金镀层中的一个主要品种。

铜及铜合金工件的化学氧化处理实质上是通过化学的方法,在铜工件的表面生成一层由不同物质组成的薄膜,厚度大约为 0.5~2.0μm,膜的颜色因化学氧化液的不同而异。例如碱性溶液所得的氧化膜为绿色为主的多彩颜色;氧化铜为主的膜层为褐、黑色;氧化亚铜所组成的膜层为黄、褐、红、紫、黑色;硫化铜为主的膜层为褐、烟灰、黑色;硒化铜为主的膜层为褐、黑色。例如，在光学仪器中的工件一般要进行的是黑化氧化处理，在工艺品及日常用品中则采用仿金或仿古处理。

铜及铜合金工件在铬酸、重铬酸盐或其他溶液中处理后，可以在其表面上形成钝化膜，从而提高了工件在潮湿的大气环境或含有硫化物的环境中的耐蚀性。

铜及铜合金表面化学氧化处理主要应用于电器、仪器仪表、电子工业、日用制品和工艺美术品的工件或产品的防护处理和装饰处理。

1. 化学脱脂

对于未经精细加工，且黏附油污较多的铜及铜合金工件，最好事先用有机溶剂蒸气或碱性溶液脱脂。较重的油污，如碳化的油、漆等需要先在冷的乳化剂溶液里浸泡，再喷热的乳化液清洗。用水清洗后，再进行碱脱脂。虽然铜是在碱溶液中难溶解的金属，但高浓度的强碱溶液仍会腐蚀这类工件，产生难以除去的表面附着物，即当脱脂溶液中含有大量氢氧化钠时，高温下工件表面会生成褐色的氧化膜。反应如下：

$$2Cu+4NaOH+O_2 =\!=\!=\!= 2Na_2CuO_2+2H_2O$$
$$Na_2CuO_2+H_2O =\!=\!=\!= CuO+2NaOH$$

因此，大量的油应当用有机溶剂（汽油或三级乙烯）清除，而后再用氢氧化钠含量很低的碱性溶液进行补充脱脂。

对于已进行过精加工的铜及铜合金工件，一般经有机溶剂脱脂后，不再使用含氢氧化钠的碱性溶液补充脱脂。特别是对于黄铜（铜-锌合金）和青铜（铜-锡合金），如果采用氢氧化钠溶液脱脂，工件就会被腐蚀，因而消光。反应如下：

$$Zn+2NaOH =\!=\!=\!= Na_2ZnO_2+H_2\uparrow$$
$$Sn+2NaOH+O_2 =\!=\!=\!= Na_2SnO_3+H_2O$$

腐蚀的结果是合金工件表面层的锌或锡溶解了，显现出粗糙的红色外观。铜合金表面处理之前，采用阴极电解脱脂来清除表面污物是很有必要的。短时间阴极脱脂既不影响表面粗糙度，又将残余油污彻底清除。并使极薄的氧化膜得以还原。事实证明它是获得良好结合力的有效手段。铜及铜合金的化学脱脂工艺见表3-58，电解脱脂工艺见表3-59。

表3-58　铜及铜合金的化学脱脂工艺

溶液组成及工艺条件	含量及参数		
	配方1	配方2	配方3
氢氧化钠(NaOH)	10~15g/L		
碳酸钠(Na$_2$CO$_3$)	20~30g/L		10~20g/L
磷酸三钠(Na$_3$PO$_4$·12H$_2$O)	50~70g/L	70~100g/L	10~20g/L
硅酸钠(Na$_2$SiO$_3$)	5~10g/L	5~10g/L	10~20g/L
OP-10		1~3g/L	2~3g/L
温度/℃	70~80	70~80	70
时间	除净为止		

2. 化学抛光和电解抛光

铜和单相铜合金可以在磷酸-硝酸-醋酸或硫酸-硝酸-铬酸型溶液中进行化学抛光。化学抛光工艺见表3-60。

配方 1 适用于较精密的工件；配方 2 适用于铜和黄铜工件；配方 3 适用于铜和黄铜工件。在使用过程中，需经常补充硝酸。抛光时，如果二氧化氮（黄烟）析出较少，工件表面呈暗红色时，可按配制量的三分之一补充硝酸。为了防止过量的水带入槽内，工件应干燥或充分抖去积水后，再行抛光。铜及铜合金传统采用三酸化学抛光，生产过程中产生大量 NO_x 气体，造成大气污染，并影响操作工人身体健康。目前研究人员开发出无黄烟化学抛光工艺，用于铜及大部分铜合金，能获得似镜面光亮的表面。铜的无黄烟抛光工艺：采用硫酸和过氧化氢溶液，温度为 $30\sim50℃$，时间为 $10\sim20s$。主要问题是过氧化氢容易分解，槽液稳定性差。因此，一般还需要添加过氧化氢的稳定剂，以提高槽液的使用寿命，同时还可添加少量表面活性剂，以提高抛光的亮度。

表 3-59 铜及铜合金的电解脱脂工艺

溶液组成及工艺条件	含量及参数		
	配方 1	配方 2	配方 3
氢氧化钠（NaOH）	$10\sim15g/L$		$10\sim20g/L$
碳酸钠（Na_2CO_3）	$20\sim30g/L$	$30\sim40g/L$	$20\sim30g/L$
磷酸三钠（$Na_3PO_4 \cdot 12H_2O$）	$30\sim40g/L$	$40\sim50g/L$	
硅酸钠（Na_2SiO_3）	$5\sim10g/L$	$10\sim15g/L$	$5\sim10g/L$
温度/℃	$70\sim80$	$70\sim80$	$50\sim80$
阴极电流密度/（A/dm^2）	$2\sim3$	$2\sim3$	$6\sim12$
槽电压/V	$8\sim12$	$8\sim12$	
处理时间/min	$3\sim5$	$3\sim5$	0.5

表 3-60 铜及铜合金化学抛光工艺

溶液组成及工艺条件	含量（体积分数,%）及参数		
	配方 1	配方 2	配方 3
硫酸（$\rho=1.84g/cm^3$）	$250\sim280mL$		
硝酸（$\rho=1.50g/cm^3$）	$45\sim50mL$	10	$6\sim8$
磷酸（$\rho=1.70g/cm^3$）		54	$40\sim50$
醋酸		30	$35\sim45$
铬酐	$180\sim200g$		
盐酸（$\rho=1.19g/cm^3$）	$3mL$		
水	$670mL$	$6\sim10$	$5\sim10$
温度/℃	$20\sim40$	$55\sim65$	$40\sim60$
时间/min	$0.2\sim3$	$3\sim5$	$3\sim10$

铜及铜合金的电解抛光，广泛采用磷酸电解液。电解抛光溶液配方及工艺参数见表 3-61。

在单一的磷酸溶液中，由于在阳极表面上，形成磷酸铜难溶盐的饱和溶液黏液层，故能提高抛光亮度。为了不破坏这个黏液层，需要在低温下进行搅拌。在使用过程中，溶液的密度和各组成含量将发生变化，应经常测定密度，并及时调整。配方 4 溶液中三价铬的质量浓度（以 Cr_2O_3 计算）超过 $30g/L$ 时，可以在阳极电流密度为 $10A/dm^2$ 和温度为 $45\sim50℃$ 的条件下，用大面积阳极氧化法，将三价铬氧化为六价铬。不工作时，应将溶液盖严，以防溶液吸收空气中的水分而被稀释。阴极表面的铜粉应经常去除。

表 3-61　铜及铜合金电解抛光溶液配方及工艺参数

溶液组成及工艺条件	含量(质量分数,%)及参数				
	配方 1	配方 2	配方 3	配方 4	配方 5
磷酸($\rho = 1.70\text{g/cm}^3$)	1100g/L	670mL	470mL	74	41.5
硫酸($\rho = 1.84\text{g/cm}^3$)		100mL	200mL		
铬酸				6	
甘油					24.9
乙二醇					16.6
乳酸(质量分数为85%)					8.3
水		300mL	400mL	20	8.7
温度/℃	20	20	20	20~40	25~30
阳极电流密度/(A/dm^2)	6~8	10	5~10	30~50	8
时间/min	15~30	15	抛亮为止	1~3	几分钟
阴极材料	铜	铜	铜	铅	铅
使用合金	黄铜、青铜等	铜、铜-锡合金[$w(\text{Sn}) < 6\%$]	高低青铜	铜、黄铜、镀铜层	黄铜、其他铜合金

3. 酸蚀

铜及铜合金的活化通常是在 HNO_3、H_2SO_4、HCl 的混合酸液中进行的。当工件表面有厚的黑色氧化皮时，要进行三道连续的活化工序：先在质量分数为10%~20%的 H_2SO_4 溶液中，进行疏松氧化皮的处理，溶液最好保持在60℃，此温度下效果较好、其次是进行无光活化，最后进行一道光泽活化。工件在每道活化工序之后，应进行仔细的清洗，然后再转入下道工序。铜合金工件进行强活化时，要根据合金的成分，正确选用活化液中各种酸的比例。如对黄铜工件而言，其中的铜和锌在各种酸中的溶解情况是不一样的。实践的结果指出，铜的溶解速度与硝酸的含量成正比，而锌的溶解速度则几乎与盐酸的含量成正比。HNO_3 及 H_2SO_4 的质量浓度一定时，金属溶解量与 HCl 质量浓度的关系如图 3-15 所示。由图 3-15 中可以看出，当 HNO_3 和 H_2SO_4 的质量浓度一定时，锌的溶解量随盐酸质量浓度增大而上升，而铜的溶解速度却稍有降低。可知锌的溶解主要按下面的反应式进行。

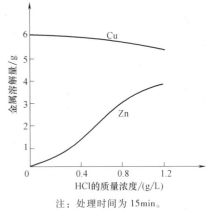

注：处理时间为 15min。

图 3-15　HNO_3 及 H_2SO_4 的质量浓度
一定时，金属溶解量与 HCl
质量浓度的关系

$$ZnO + 2HCl \Longrightarrow ZnCl_2 + H_2O$$

$$Zn + 2HCl \Longrightarrow ZnCl_2 + H_2 \uparrow$$

H_2SO_4 及 HCl 的质量浓度一定时，金属溶解量与 HNO_3 质量浓度的关系如图 3-16 所示。由图 3-16 中可以看出，当 H_2SO_4 及 HCl 的质量浓度一定时，随着 HNO_3 质量浓度的增大，铜的溶解量迅速上升，且大量冒出黄烟，而锌的溶解量却保持不变。可知铜的溶解反应式为：

$$CuO+2HNO_3 \Longrightarrow Cu(NO_3)_2+H_2O$$

$$Cu+4HNO_3 \Longrightarrow Cu(NO_3)_2+2NO_2\uparrow+2H_2O$$

铜和锌在 H_2SO_4 中也是可溶的，但其溶解速度相对于 HNO_3、HCl 而言要小些。在活化溶液中添加 H_2SO_4，可以延长溶液的使用寿命。

通过上述分析可以认为，在活化黄铜时，当两种金属的溶解速度符合它们在黄铜中的含量时，则各种酸的浓度比才是最正确的。若溶液中盐酸含量不足时，活化后黄铜表面呈淡黄色；当盐酸过多时，浸蚀后的黄铜表面会出现棕褐色的斑点。当溶液中硝酸含量过高或过低时，情况与上述盐酸的含量过低或过高相类似。

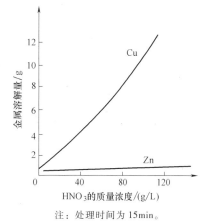

注：处理时间为 15min。

图 3-16 H_2SO_4 及 HCl 的质量浓度一定时，金属溶解量与 HNO_3 质量浓度的关系

当活化铸造铜合金工件时，为了除去裹夹的砂粒，要在溶液中添加一定量的氢氟酸。当活化锡青铜时，可不加 H_2SO_4，因为锡在盐酸中溶解较快，同时腐蚀液中硝酸的浓度也应高一些，这是因为锡在较浓的 HNO_3 中才能较快地溶解。反应式如下：

$$SnO+2HCl \Longrightarrow SnCl_2+H_2O$$

$$Sn+2HCl \Longrightarrow SnCl_2+H_2\uparrow$$

$$SnO+2HNO_3 \Longrightarrow Sn(NO_3)_2+H_2O$$

$$3Sn+8HNO_3 \Longrightarrow 3Sn(NO_3)_2+2NO\uparrow+4H_2O$$

铜及铜合金的强活化，通常都是室温作业。高温会使溶液分解，而且操作环境恶化，设备腐蚀严重。铜及铜合金的活化规范见表 3-62。

表 3-62 铜及铜合金的活化规范 （单位：g/L）

溶液组成及工艺条件	无光泽浸蚀		有光泽浸蚀	
	铜合金	铸件	黄铜	锡青铜
HNO_3	300~330	750	500~600	1000
H_2SO_4	300~330		300~400	
HCl	5		7	4
NaCl	(3~6)	20	(5~10)	
HF		1000		

注：加入 NaCl 时，就可以不加入 HCl。

铜及铜合金的二次活化的工艺规范见表 3-63，铜合金工件先在预活化溶液中第一次活化，水洗后，再在光亮活化溶液中第二次活化。

对于用薄壁材料加工的铜及铜合金制品，为了防止因腐蚀而报废，通常都不使用浓度高的 HNO_3 和 HCl 进行强活化。而是采用浓度不太高的 H_2SO_4，在适当高一点的温度下活化，此时钢的氧化物能很好地溶解，而金属铜的溶解却很缓慢。有时也加入一些铬酸（或重铬酸盐），它可以把低价铜的氧化物氧化成 CuO，促使工件表面更均匀地溶解。为了同样的目的，也有添加硫酸铁的。但由于使用了氧化剂，所以活化后工件表面具有钝化膜，这可以在浓硝酸中进行快速出光来消除。

薄壁铜合金活化工艺见表 3-64。

表 3-63　铜及铜合金的二次活化的工艺规范

溶液组成及工艺条件	预浸蚀				光亮浸蚀					
	配方1	配方2	配方3	配方4	配方1	配方2	配方3	配方4	配方5	配方6
$H_2SO_4/(g/L)$	500	150~250	200~300			700~850	600~800		10~20	500
$HCl/(g/L)$	微量		100~120			2~3				3~5
$HNO_3/(g/L)$	200~250			600~1000	600~1000	100~150	300~400	10%~15%（质量分数）		250~800
H_3PO_4（质量分数）								50%~60%		
$CrO_3/(g/L)$									100~200	
醋酸（质量分数）								25%~40%		
$NaCl/(g/L)$					0~10		3~5			
温度/℃	20~30	40~50	室温	80~100	≤45	≤45	≤45	20~60	室温	≤30
时间	3~5s	几分钟			几分钟				1~3s	
适用合金	一般铜合金			铍青铜	铜、黄铜、铍青铜	铜、黄铜	铜 HPb-59-1 黄铜、低锡青铜、磷青铜等	铜、黄铜、铜-锌-镍合金	铜、铍青铜	一般铜

表 3-64　薄壁铜合金活化工艺

溶液组成及工艺条件	配方1	配方2	配方3
$H_2SO_4/(g/L)$	30~50	100	100
$K_2Cr_2O_7/(g/L)$	150	50	
$Fe_2(SO_4)_3/(g/L)$			100
温度/℃	40~50	40~50	40~50

3.5.2　铜及铜合金化学氧化工艺流程

铜及铜合金化学氧化处理工艺流程如下：

铜合金工件→脱脂→水洗→化学氧化处理→水洗→钝化→水洗→烘干（或晾干）→浸油或喷透明漆→干燥→成品。

3.5.3　铜及铜合金化学氧化处理

（1）碱性氧化处理溶液配方及工艺　当向碱性溶液中加入不同的氧化剂（如过硫酸钾）时，在较高的温度下会起反应析出氧，它能将铜氧化成铜盐，随后铜盐水解而生成氧化铜，在使用过程中由于氧化剂的不断消耗，所以必须及时补充调整溶液，才能保证反应正常地进行。

　　当用高锰酸钾作为氧化剂时，除了有上述形式的反应外，还会生成一定量棕色的二氧化锰。

　　铜及铜合金碱性氧化处理工艺见表 3-65。

表 3-65　铜及铜合金碱性氧化处理工艺

工 艺 号		1	2	3	4	5
组分浓度 /(g/L)	氢氧化钠（NaOH）	150~200	60~200	45~55	110~120	40~60
	过硫酸钾（$K_2S_2O_8$）	—	—	5~15	30~40	10~15
	高锰酸钾（$KMnO_4$）	30~50	—	—	—	—
	亚氯酸钠（$NaClO_2$）	—	20~150	—	—	—
	钼酸铵[$(NH_4)_2MoO_4$]	—	—	—	—	18~25
工艺条件	溶液温度/℃	80~沸腾	90~100	60~65	55~65	55~70
	处理时间/min	3~15	3~15	5~20	2~5	3~9
膜层颜色		红褐、黑褐	红棕、黑	褐、蓝、黑	褐、蓝、黑	深黑

　　（2）硫代硫酸盐氧化处理溶液配方及工艺　硫代硫酸盐在酸性条件下会分解而析出硫和二氧化硫，析出的硫和铜产生反应并生成硫化铜。此外，当溶液中还有其他的盐类时，也会起反应生成各种有色的硫化物而使铜表面显现不同的色泽。硫代硫酸盐氧化处理工艺见表 3-66。

表 3-66　硫代硫酸盐氧化处理工艺

工 艺 号		1	2	3	4	5	
						A	B
组分浓度 /(g/L)	硫代硫酸钠（$Na_2S_2O_3$）	45~55	40~50	120~160	50~60	—	50
	醋酸铅[$Pb(CH_3COO)_2$]	—	—	30~40	20~30	—	12~25
	醋酸（CH_3COOH,36%[①]）	—	—	—	3%[②]	—	—
	硝酸铁[$Fe(NO_3)_3$]	—	7~8	—	—	—	—
	硫酸铜（$CuSO_4$）	—	—	—	—	50	—
	硫酸镍铵[$NiSO_4 \cdot (NH_4)_2SO_4$]	45~55	—	—	—	—	—
工艺条件	溶液温度/℃	60~70	70	55~65	45~60	82	100
	处理时间/min	3~9	3~9	—	2~6	数分	数分
膜层颜色		灰、黑、绿	铁绿色	粉红、紫蓝	蓝色	按 A、B 顺次浸渍得褐色	

① 质量分数。
② 体积分数。

　　（3）硫化物氧化处理的溶液配方及工艺　铜及铜合金工件很容易在硫化物溶液中生成棕黑色的硫化铜。但是黄铜中的锌也会形成白色的硫化锌，所以在同一处理工艺下，黄铜的表面色泽要比纯铜的颜色浅些。处理用的硫化物溶液大多是以硫化钾为主盐的基础液再加其他的成分。在转化处理时，随着时间的延长，氧化膜的颜色由黄色到棕色最后变黑的方向加深。

　　硫化物氧化处理工艺见表 3-67。

表 3-67 硫化物氧化处理工艺

工 艺 号		1	2	3	4	5	6	7	8
组分浓度 /(g/L)	硫化钾(K_2S)	10~50	3.7	4~6	5~10	5~7	—	—	—
	硫化铵[$(NH_4)_2S$]	—	1.8	—	—	—	5~15	—	—
	硫化锑(Sb_2S_3)	—	1.8	—	—	—	—	12~13	—
	硫化钡(BaS)	—	—	—	—	—	—	—	4
	氯化铵(NH_4Cl)	—	—	—	1~3	—	—	—	—
	氯化钠(NaCl)	—	—	—	—	2~4	—	—	—
	硫酸铵[$(NH_4)_2SO_4$]	—	—	15~25	—	—	—	—	—
	碳酸铵[$(NH_4)_2CO_3$]	—	—	—	—	—	—	—	2
	氢氧化铵(NH_4OH)	—	4	—	—	—	—	—	—
	氢氧化钠(NaOH)	—	—	—	—	—	—	50	—
工艺条件	溶液温度/℃	25~80	20~30	20~30	30~40	20~40	20~30	50	20~30
	处理时间/min	3~9	3~10	—	0.5~3	—	2~9	10~20	—

注：工艺 2 中所得的硫化膜经反复擦拭得青铜色，擦的次数越多，颜色越深。

（4）硒和砷盐氧化处理工艺 铜的硒化物和砷化物均为褐黑色，因此在对铜及铜合金进行氧化处理时，均可得到褐黑色的硒化物或砷化物膜层。用硒盐和砷盐溶液进行氧化处理工艺见表 3-68。

表 3-68 硒盐和砷盐氧化处理工艺

工 艺 号		1	2
组分浓度 /(g/L)	二氧化硒(SeO_2)	10	125
	亚砷酸(H_3AsO_3)	—	—
	硫酸铜($CuSO_4 \cdot 5H_2O$)	10	62
	硝酸(HNO_3)	3~5	—
工艺条件	溶液温度/℃	20~40	20~30
	处理时间/min	0.5~2.0	根据需要定

注：工艺 1 的溶液处理时，在铜上形成杨梅红-宝石蓝-黑色膜层，在黄铜上形成褐-蓝黑色膜层。如处理时间过长，膜层会有黑灰。
工艺 2 的处理液配好后，应放置 24h 后方可使用。

（5）铜及铜合金氯酸钾氧化处理工艺 氯酸钾属于强氧化剂，在较高温度下会分解并析出初生态的氧，有很强的氧化性，将铜和铜合金氧化，并生成带有颜色的膜层，这是以铜的氧化物为主的化学氧化膜。颜色主要为褐色或深褐色。

铜及铜合金氯酸钾化学氧化处理工艺见表 3-69。

（6）碱式碳酸铜氧化处理工艺 碱式碳酸铜溶液中加入氨水，铜便与溶液中的铜氨络合物起反应生成氧化铜，而黄铜中的锌则被络合溶解，当然也有部分的铜与氨形成铜氨络合物。这种方法适用于黄铜，氧化膜层的色泽为深黑色且比较光亮，而纯铜的表面只能获得呈褐-铁灰色的膜层。但所得的膜层在干燥之前很容易擦去，因此需要在氧化处理后再放进 259g/L 氢氧化钠的溶液中做固化处理。由于溶液中的氨水很易挥发，在使用过程中应注意及时补充。

表 3-69　铜及铜合金氯酸钾氧化处理工艺

工艺号		1	2	3	4
组分浓度 /(g/L)	氯酸钾（$KClO_3$）	50~60	5~15	30~40	20~30
	碳酸铜（$CuCO_3$）	100~125	—	—	—
	硫酸铜（$CuSO_4 \cdot 5H_2O$）	—	35~45	150	20~30
	硫酸镍（$NiSO_4 \cdot 7H_2O$）	—	—	25~30	—
	硫酸镍铵［$NiSO_4 \cdot (NH_4)_2SO_4 \cdot 6H_2O$］	—	—	—	20~30
工艺条件	溶液温度/℃	50	80	90~100	80~100
	处理时间/min	3~9	数十分	3~9	2~4
膜层颜色		褐色	褐色	褐色	褐色

处理用的挂具要用铝、钢或黄铜制作，不能用纯铜，以免溶液的性能恶化。铜和铜合金碱式碳酸盐氧化处理工艺见表 3-70。

表 3-70　碱式碳酸盐氧化处理工艺

工艺号		1	2	3	4
组分浓度 /(g/L)	碱式碳酸铜［$CuCO_3 \cdot Cu(OH)_2 \cdot H_2O$］	40~60	70~100	—	80~120
	氨水（NH_4OH，28%①）	20%~25%②	14%~18%②	25%②	10%~50%②
	钼酸铵［$(NH_4)_6Mo_7O_{24} \cdot 4H_2O$］	—	15~30	—	—
	碳酸铜（$CuCO_3$）	—	—	200~300	—
	碳酸钠（Na_2CO_3）	—	—	180~220	—
工艺条件	溶液温度/℃	20~30	25~35	30~40	20~30
	处理时间/min	5~15	8~15	2~10	8~15

注：工艺 3 处理溶液即使是处理黄铜，其表面也只是得到古旧的深绿色膜层。
① 质量分数。
② 体积分数。

3.5.4　铜及铜合金氧化处理中的常见缺陷及解决方法

1. 铜及铜合金氧化处理的常见缺陷及解决方法

1）铜及铜合金氧化处理后，如果在清洗氧化膜的过程中，发现有膜层脱落，不管是局部脱落或是大面积脱落，应从预处理环节找原因，考虑是否因在预处理时脱脂、除锈不彻底所致。如果是因油锈清除得不干净而造成膜层附着力不牢使膜层脱落的，要改进预处理的工作，加强工件表面油锈清除的力度，彻底清除干净。同时可以在 20% 的盐酸溶液中浸渍，将不良膜层除尽，重新脱脂、除锈再做氧化处理。

2）铜及铜合金工件成膜以后，如果发现膜层发花或有麻点，这也有可能是预处理不干净，或者氧化处理溶液已被油污污染，使工件成膜时出现斑点。如果是氧化处理溶液被污染，应进行过滤，把污物清除后再用。若溶液污染严重时，应将槽液废弃，换上新液。

3）铜及铜合金工件经氧化处理成膜后，如果发现局部没有膜层时，也可能是预处理过程中局部未清洗干净，未能完全挂水，所以表面局部未进行氧化膜反应。如果使用挂具时，要考虑是否因挂具与工件之间的接触不良所致，应改善挂具与工件之间的接触，最好挂具与工件用相同的材料，或把挂具用绝缘材料覆盖。

2. 铜及铜合金表面不良膜层的褪除

铜及铜合金表面的氧化膜不符合标准规定或客户的要求时，可将不合格的膜层褪除，再重新进行氧化处理。铜及铜合金表面氧化膜褪除溶液的组成及方法如下：

（1）硫酸溶液浸泡法　将工件放进质量分数为 10% 的硫酸溶液中浸泡，并翻动工件，直至不良膜层完全脱落为止。

（2）盐酸浸泡法　将工件放进浓盐酸（$\rho = 1.19\text{g/cm}^3$）溶液中浸泡，并且不断翻动工件，直至氧化膜全部褪完。

（3）混合酸褪除法　混合酸褪膜工艺见表 3-71。

表 3-71　混合酸褪膜工艺

成分	硫酸	20~30g/L
	铬酐	40~90g/L
工艺	溶液温度	20~40℃
	处理时间	直至膜褪除干净

3.5.5　铜及铜合金氧化膜的应用实例

商品市场上的各种服装、小包、手提袋、行李袋等都使用拉链封口，特别是采用黄铜拉链封口，这是由于黄铜拉链冲压加工成形比较容易，而且操作简单，使用时不易变形，经氧化处理后提高了耐蚀性，不易生锈。黄铜拉链已代替了铝材拉链及部分塑料拉链。黄铜拉链冲压成形后，必须要进行氧化处理，以便提高它的耐磨性和耐蚀性。由于氧化膜可以有各种不同的颜色，因此又可以改善拉链的外观，起到装饰作用。以下介绍广州某拉链厂生产黄铜拉链及进行氧化处理的情况。

1. 生产工艺流程

黄铜薄片条→抛光→冲压成形→碱性脱脂→冷水洗两遍→氧化处理→水洗两遍→干燥→烫平→打蜡或涂透明漆→检验→产品包装。

2. 氧化处理前预处理

（1）黄铜薄片抛光　冲压成形前的黄铜片要先进行化学抛光，同时冲制拉链所用的模具表面的光洁度也必须很高。这样才能保证冲压出来的黄铜链具有很高的光洁度，才能使进行氧化处理后的拉链表面具有良好的金属光泽和平滑的表面。

（2）碱性化学脱脂　拉链在冲压过程中沾有一定的润滑及冷却油脂，在进行氧化处理前一定要清除干净，如果脱脂不彻底，就会影响氧化膜的质量及附着力。如果脱脂过度造成表面腐蚀，也会造成表面失光，所以要选用腐蚀性较弱、脱脂效果较好的脱脂液。也可以购买脱脂效果好的市售脱脂剂，如 8080 型金属清洗剂等。必要时可以用脱脂液加超声波清洗，务必要做好脱脂这道工序的工作。

（3）酸洗活化　铜拉链脱脂后，用两道水清洗干净，但仍会有微量的脱脂液及氧化物残留在表面上，因此必须要酸洗除去这些有害的物质，同时也可以活化铜的表面，使氧化膜容易附着并且使膜层均匀致密，酸洗的方法是用 3%~5% 的稀硫酸浸洗 1~3min。

3. 化学氧化处理工艺

（1）氧化处理溶液配方及工艺　铜拉链化学氧化处理工艺见表 3-72。

表 3-72　铜拉链化学氧化处理工艺

成分		工艺	
硫酸铜	32g/L	溶液 pH	2～3
硫酸	5～8mL/L		
二氧化硒	1.0g/L	溶液温度	20～30℃
十二烷基硫酸钠	1.5g/L	着色时间	2～5min
醋酸	12g/L		
添加剂(自配)	5～10mL/L		

（2）化学氧化处理液的配制　将硫酸铜、硫酸、二氧化硒、十二烷基硫酸钠、醋酸等分别加入一定量的蒸馏水中并搅拌均匀，然后将这几种溶液混合在一起，并添加蒸馏水至所需要的体积，搅拌均匀后加进自配的缓蚀添加剂，再搅拌均匀，放置 24～48h 后再使用效果才好。

（3）氧化处理的操作　以上配制的氧化处理液，用不同的方法可以得到不同色泽的氧化膜。可以根据客户对拉链色泽的要求进行不同的处理。

1）青古铜色氧化膜。将上述的溶液加蒸馏水稀释一倍，在室温下浸泡 3min 即可得到青古铜色的膜层。

2）红古铜色氧化膜。用上述溶液不必稀释，在室温下浸泡 2～3min 即可得到红古铜色膜层。

3）黑褐色氧化膜。用上述溶液不必稀释，在室温下浸泡 4～5min 可以得到深色的黑褐色氧化膜。

（4）氧化处理液的维护　氧化处理液由于在使用过程中不断消耗，浓度不断降低，致使溶液的 pH 上升，所需转化处理时间要延长。所以应该不断地补充新鲜溶液，将 pH 控制在合适的范围。经过长时间使用后，溶液中出现黑色沉淀物而变浊时，溶液不应再用，应更换新液。

4. 转化成膜后的处理

黄铜拉链经转化成膜后，应将表面冲洗干净并干燥。拉链是要经常拉动的，所以膜层很容易磨损而破坏，为了保护膜层及其色泽，一般都在膜层表面干燥后，再喷一层透明耐磨的罩光涂料，以便保护色膜并延长产品的使用寿命。选用的涂料应是附着力好、透明光亮不与膜层反应、能在室温下固化的涂料。通用的有硝基类清漆、醇酸清漆、丙烯酸清漆及酚醛清漆等。

3.6　其他金属的化学氧化

3.6.1　锌、镉及其合金化学氧化处理

锌是一种蓝白色金属，锌的密度为 7.17g/cm³，熔点 420℃，金属锌较脆，只有加热到 100～150℃时才有一定延展性，250℃以上时易于发脆。在适当的温度下，可以进行滚轧、拉拔、模锻、挤压等加工，还可用于浇铸。锌易溶于酸，也溶于碱，所以称它为两性金属。

锌能够抗空气腐蚀，它在干燥的空气中几乎不发生变化，因而用作建筑材料（例如，屋顶材料），用于充当其他金属（尤其是钢铁）的保护层（例如，热浸镀锌、电解镀锌），锌也可以用于生产合金，锌基合金按用途分，可分为铸造锌合金、热镀锌合金两大类。铸造锌合金，主要是锌铝合金，通常加有铜或镁，具有熔点低、流动性和铸造性好等优点，可用于压铸工件和复杂的铸件，在汽车、仪表等行业获得广泛的应用。锌铜合金用于浇铸、冲压等。热镀锌合金则应用于钢件的镀锌行业，延长镀件的使用寿命。锌基合金还可用于制造出比普通锌强度更高的薄板，冲压模具，也用作阴极保护的阳极（防蚀消耗阳极）以保护管道、冷凝器等。

镉是一种银白色金属，密度为 $8.6g/cm^3$，熔点 320.9℃，沸点 767℃。其硬度比锡硬，比锌软，可塑性好，易于锻造和辗压，也易于抛光。在国防、航天、航空工业上都有广泛的用途。在民用领域，其主要用作电镀层。镉的化学性质与锌相似，但不溶解于碱液中，溶于硝酸和硝酸铵中，在稀硫酸和稀盐酸中溶解很慢。在干燥的空气中，室温时几乎不发生变化，但在潮湿的空气中易氧化，生成一层薄的氧化膜（碱式碳酸盐）覆盖于表面后，防止了金属继续被氧化，起到了一定的保护作用。镉的标准电极电位比铁稍正。在质量分数为3%的氯化钠溶液中，镉的电极电位则比铁负。因此，镉镀层对钢铁件来说，其保护性能随使用环境而变化。在一般条件下或在含硫化物的潮湿大气中，镉镀层属阴极性镀层，起不到电化学保护作用。而在海洋和高温大气环境中，镉镀层属阳极性镀层，其保护性能比锌好。镉蒸气及可溶性镉盐均有毒，所以不允许用镉镀层来保护盛食品的器皿及自来水管等。由于镉的价格昂贵且污染危害极大，故镉镀层的应用受到限制，通常采用锌镀层或合金镀层来代替镉镀层。目前镉镀层只用于某些无线电工件、电子仪器的底板及某些军工产品上，特别是用于与铝接触的钢工件以及湿热地区使用的精密仪表的工件上。

锌合金或锌镀层经钝化处理后，因钝化液不同得到不同色彩的钝化膜或无色钝化膜。彩虹色钝化膜的耐蚀性比无色钝化膜高 5 倍以上。这是因为彩虹色钝化膜较无色钝化膜厚。另一方面，彩虹色钝化膜表面被划伤时，在潮湿空气中，划伤部位附近的钝化膜中六价铬可以对擦伤部位进行"再钝化作用"，修补了损伤，使钝化膜恢复完整。因此，锌合金或锌镀层多采用彩虹色钝化。无色钝化膜外观洁白，多用在日用五金、建筑五金等要求有白色均匀表面的制品上。此外，还有黑色钝化、军绿色钝化等，在工业上也有应用。

1. 铬酸盐氧化膜的机理

"铬酸盐转化"这一术语，用来指在以铬酸、铬酸盐或重铬酸盐为主要成分的溶液中，对金属或金属镀层的化学或电化学处理的工艺。这样处理的结果，在金属表面上产生由三价铬和六价铬化合物组成的防护性氧化膜。锌和镉的铬酸盐氧化膜习惯上称为铬酸盐钝化膜，现代的学术界建议大家不要使用"钝化"或"钝化膜"这样的术语。

采用金属铬酸盐转化工艺的主要目的是提高金属或金属防护层的耐蚀性。在后一种情况下，可能推迟在镀层金属和基体金属上出现第一个腐蚀点的时间，使金属表面不容易产生指纹或其他污染，增加漆及其他有机涂层的结合力，得到彩色或装饰性效果。

锌、镉的铬酸盐氧化膜是在含有起活化作用的其他添加剂的铬酸或铬酸盐溶液里产生的，这些添加剂往往是无机酸或有机酸。铬酸盐氧化膜的形成过程是金属表面在铬酸盐溶液里氧化，同时基体金属离子转入溶液并释放出氢。放出的氢把一定量的六价铬还原成三价状态。基体金属的溶解导致金属-溶液界面处 pH 升高，直至三价铬以胶体氢氧化铬的形式沉积出来。来自溶液的一定数量的六价铬和由经受铬酸盐转化的金属离子形成的化合物被吸附在胶体里。

　　为了触发铬酸盐转化过程和得到特定性质的铬酸盐氧化膜，在铬酸盐溶液里除了六价铬化合物之外，还有无机和有机添加剂。常用的添加剂为：硫酸、氯化物、氟化物、硝酸盐、醋酸盐和甲酸盐，也使用许多别的物质。

　　铬酸盐氧化膜的颜色和厚度随铬酸盐转化的条件而改变，特别与溶液的成分、pH、温度及处理时间关系紧密。决定铬酸盐氧化膜形成的最重要因素是铬酸盐转化溶液的 pH。铬酸盐氧化膜的形成一定紧跟在与表面活化相关的基体金属溶解之后发生，生成的金属离子参加反应。从这一点看，最合适的 pH 范围可以由相应的资料中找出，例如锌的 pH 与溶解速度的曲线如图 3-17 所示。从图 3-17 中曲线的走向可以看出，pH 在 4 以下和 13 以上时锌的溶解是很显著的。对锌的铬酸盐转化过程有重要意义的 pH 在 1~4 之间，pH 在 13 以上几乎完全没有应用。pH 越低，锌基体受到的腐蚀越严重，这种溶液同时具有的抛光作用越明显。在铬酸盐转化过程中，把

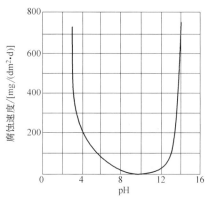

图 3-17　锌的腐蚀速度与 pH 的关系

pH 升到高于 1，膜加速成长。在一特定的 pH 下，膜的生成速度最高，pH 进一步增高，膜的生成速度会逐步降低。pH 在 1~4 之间，金属表面的抛光和铬酸盐氧化膜的生成需要 10~120s；而 pH 更高时，金属的腐蚀非常少，金属基体表面可能浸渍数小时也没有很大变化。在硫酸和盐酸溶液里，锌氧化同时放出氢气，而在硝酸和重铬酸溶液里，锌氧化时不放出氢气。当放氢时，锌-溶液界面处的 pH 发生显著的变化。在硝酸溶液里，界面处的 pH 有相当大的改变。而在重铬酸溶液里，界面处的 pH 几乎不变，在铬酸和稀硫酸的混合溶液里，铬酸和硫酸含量的比值，决定了界面处的 pH 的改变量，从而决定了氧化膜的形成速度及膜的组成。当 pH 升高到 4 左右时，便形成难溶的碱式铬酸盐及其水化物，沉积在锌表面，形成氧化膜，俗称钝化膜。

　　氧化膜是由三价和六价的碱式铬酸盐及其水化物组成。其中，三价铬呈绿色，六价铬呈红色，由于各种颜色的折光率不同，形成氧化膜的彩虹颜色。三价铬难溶，强度高，在氧化膜中起骨架作用；六价铬易溶，较软，但对锌基体具有再钝化作用。

　　当锌合金或锌镀层浸入铬酸盐溶液时，发生了下列三个反应过程。

　　（1）锌的溶解与六价铬被还原的过程　锌与酸反应被溶解，生成锌离子，六价铬被还原为三价铬离子。

$$3Zn + Cr_2O_7^{2-} + 14H^+ \Longrightarrow 3Zn^{2+} + 2Cr^{3+} + 7H_2O$$

$$3Zn + 2CrO_4^{2-} + 16H^+ \Longrightarrow 3Zn^{2+} + 2Cr^{3+} + 8H_2O$$

$$3Zn + 2NO_3^- + 8H^+ \Longrightarrow 3Zn^{2+} + 2NO + 4H_2O$$

$$Zn + 2H^+ \Longrightarrow Zn^{2+} + H_2 \uparrow$$

　　（2）由 pH 升高而形成氧化膜的过程　由于锌的溶解，使锌层表面附近铬酸盐溶液的 H^+ 离子浓度降低，OH^- 离子浓度相应增加而使 pH 上升。在此情况下，溶液的重铬酸根就转变为铬酸根离子。

$$Cr_2O_7^{2-}+H_2O =\!=\!=\!= 2CrO_4^{2-}+2H^+$$

这时在铬酸根和氢氧根离子作用下，生成碱式铬酸铬、碱式铬酸锌、三氧化二铬及亚铬酸锌，在锌表面生成凝胶状膜层。

$$Cr^{3+}+OH^-+CrO_4^{2-} =\!=\!=\!= Cr(OH)CrO_4(碱式铬酸铬)$$

$$2Cr^{3+}+6OH^- =\!=\!=\!= Cr_2O_3 \cdot 3H_2O(三氧化二铬)$$

$$2Zn^{2+}+2OH^-+CrO_4^{2-} =\!=\!=\!= Zn_2(OH)_2CrO_4(碱式铬酸锌)$$

$$Zn^{2+}+2Cr^{3+}+8OH^- =\!=\!=\!= Zn(CrO_2)_2 \cdot 4H_2O(亚铬酸锌)$$

（3）铬酸盐氧化膜的溶解过程　当氧化膜形成到一定程度，若继续将锌放在铬酸盐溶液内，由于离子的扩散作用，氧化膜表面附近溶液中的氢离子浓度又会升高，pH 降低，氧化膜会溶解掉一些，所以处理时间太长，氧化膜不但不会厚起来，而会越来越薄。

以上三个过程是同时进行的。即整个处理过程中，包含着锌的溶解、膜的生成及膜的溶解。其中膜的生成是主要方面，但由于溶液中酸度很高，在溶液中氧化膜溶解的速度与成膜的速度相等时，达到平衡，只能保持很薄的氧化膜。只有当锌离开处理溶液，在空气中仍进行上述反应。由于残留在锌上的溶液较少，反应的结果使氢离子浓度迅速降低，残留溶液的 pH 迅速升高，使锌与铬酸盐等起反应，形成凝胶状氧化膜。

以前一直使用铬酐浓度较高的处理液，称"高铬酸钝化"，处理液稳定，氧化膜质量好。缺点是铬酐消耗大，且大多数随清洗水排出，增加废水处理的负担。为解决这个问题，现采用铬酐浓度很低的"低铬酸钝化"工艺。这种工艺大大降低了废水中六价铬的含量，缺点是钝化液要经常调整，化学抛光性能差，这些缺点在实践中将逐步予以克服。

近来，还开发了一种处理后不用水洗，而直接烘干的"超低铬酸彩虹钝化"工艺，正在进一步试验之中。

2. 铬酸盐氧化膜的性能

（1）铬酸盐氧化膜的物理性能　从铬酸盐氧化膜的颜色深浅可以粗略地估计出它们的厚度，一般认为铬酸盐氧化膜的厚度大约 $1\mu m$，范围是 $0.15 \sim 1.5\mu m$。膜重为：透明膜 $0.3mg/dm^2$，彩色膜 $10 \sim 15mg/dm^2$，草绿色膜 $18 \sim 30mg/dm^2$。锌在铬酸盐处理时，表面会有一部分金属溶解掉，金属溶解的数量与氧化处理条件有关，对透明膜和黄色膜是 $0.25 \sim 0.5\mu m$，草绿色膜是 $0.5 \sim 1.5\mu m$，对光亮的铬酸盐氧化膜是 $1 \sim 2\mu m$。

1）溶解度。新形成的铬酸盐氧化膜能部分溶于冷水，在热水中更易溶得多。氧化膜因失水和氧化，溶解度会显著降低。氧化膜在温暖干燥的条件下至少老化 2 天之后，溶解度达到最佳值。过久地暴露在高温之下而过度干燥，会使膜完全不可溶，更坏情况是导致氧化膜开裂。

2）颜色。氧化膜的颜色变化相当大，并且与许多因素有关系，如基体金属的性质和粗糙程度，溶液的成分（特别是三价铬与六价铬的含量比）、温度和 pH，活化物质，操作条件（处理时间、清洗和干燥的方法），以及可能采用的后处理（漂白、用油封闭）。铬酸盐氧化膜可以有各种颜色，从无色透明、浅乳白到黄色、金黄色、淡绿色、绿色、草绿色到暗绿至褐色，锌的黑色铬酸盐氧化膜在生产中应用非常广泛。

3）亮度。铬酸盐氧化膜的亮度变化很大。它可以是铬酸盐处理前基体金属表面光亮所致，或者是由于铬酸盐处理溶液的抛光作用造成的。后一种作用可以很方便地用来在基体金属上产生光亮彩色的铬酸盐转化膜，也能用于装饰。选用适当的铬酸盐处理溶液和工艺程序，可以得到即使在大气腐蚀条件下仍保持高度光亮的氧化膜。

当采用有抛光性能的溶液时必须知道，铬酸盐处理时，基体金属的溶解在某些情况下会深达 $2\mu m$。比较薄的电镀层进行铬酸盐转化处理时，这一点特别重要。在这种情况下应当计算溶解速度，并以此为根据适当增加电镀层的厚度。最好的办法是从溶液里直接镀出光亮电镀层，不会降低亮度但能提高膜的耐蚀性，而且能产生彩色效果的溶液里进行铬酸盐转化处理。

4）孔隙率。干燥之前铬酸盐氧化膜是多孔的，可以吸收或存留染料，因此可以利用这个特性改变它们的颜色。但原则上讲，厚度适当并且是用适当的方法产生的氧化膜没有孔隙。薄的膜、无色的膜以及在粗糙表面上产生的膜容易多孔；而厚的膜和在平滑或光亮的表面上产生的膜孔隙少；在含有悬浮颗粒的处理溶液里，会产生孔隙非常多的沉积物，降低铬酸盐氧化膜的耐蚀性。

5）硬度。铬酸盐氧化膜的硬度在很大程度上取决于它的形成条件。对铬酸盐处理过的镉电镀层的研究表明，处理液的温度越高，产生的膜的硬度越大。光亮镉镀层上铬酸盐氧化膜的硬度比无光泽镉镀层上的膜要高些。为了得到较硬的氧化膜，可以采用较高的溶液温度，但会使操作成本提高，同时热的铬酸盐处理溶液所释放的蒸气危害更大。

6）耐磨性。耐磨性差是铬酸盐氧化膜的一个严重缺点。厚的膜（黄色或草绿色），尤其是湿的膜，耐磨性特别差，但干燥之后耐磨性会提高，用铬酸盐氧化膜作外层时，以及处理过程中，工件从溶液里取出之后进行干燥时，取出和放入时，应该考虑到这一性质。

只要仔细地选择处理条件，有可能得到在湿的情况下仍然耐磨的铬酸盐氧化膜。提高 pH，降低处理过程中工件的移动速度，降低溶液的搅拌强度，以及正确控制处理时间和处理液的温度，这样一些因素都对成膜性质有影响。在湿的情况下，薄的铬酸盐氧化膜比厚的膜更耐磨。因此可以适当选取溶液的工作条件，使它既可以处理小工件也可以处理大工件；既可以手工操作，也可以自动化生产。

7）电气性能。铬酸盐氧化膜的优点之一是电阻率低，这一点近来很受重视，这和电工技术和电子工业关系特别大。人们把铬酸盐氧化膜用在有电接触要求的工件上。铬酸盐氧化膜的电阻率随基体金属的类型及其表面粗糙度、氧化膜厚度和所用压力而改变，有时电阻率可以低到 $8\mu\Omega\cdot m$。锌、镉和铝上产生的氧化膜的电阻率列在表 3-73 中。

表 3-73　铬酸盐氧化膜的电阻率

基体金属	转化膜的颜色与种类	接触压力为 700kPa 时的电阻率/($\mu\Omega\cdot m$)
电镀锌	无转化膜	3~8
电镀锌	透明	8~15
电镀锌	黄色	15~150
电镀锌	草绿色-灰色	150~300
电镀镉	透明	11~20
电镀镉	黄色	15~150
电镀镉	草绿色-灰色	150~300
铝	未处理	30~125
铝	黄色	140~300

深颜色膜的电阻率大约比未经铬酸盐处理的金属表面高 50%，草绿色膜的电阻率最高。

一般说来，由于金属表面上生成铬酸盐氧化膜而引起的电阻升高是相当小的，在大多数电器和电子方面的应用中可以使用铬酸盐氧化膜。铬酸盐氧化膜特别适用于连接器的现场修理，因为可以用擦或刷的办法在局部区域涂氧化膜。结果表明，生成铬酸盐氧化膜减缓了表面与环境的反应，从而使电性能稳定。同时，产生均匀的颜色，这些工件的外观得到了改善。

8）结合力。因为铬酸盐氧化膜是通过在金属-溶液界面上反应而生成的，主要成分为基体金属和溶液主要成分两者反应生成的化合物，所以膜与基体金属表面的结合力通常是非常好的。

铬酸盐氧化膜一般具有良好的延展性，可以经受压力和成形加工。虽然会发生磨损，但因为暴露的锌基体会被来自周围区域的可溶性铬酸再钝化，所以仍具有耐蚀性。

（2）铬酸盐氧化膜的防护性能　铬酸盐氧化膜的防护性能与基体金属的种类和表面状态有关，也和膜的厚度和结构有关。而膜的厚度和结构又与钝化方法（表面准备、清洗、溶液成分、温度和 pH 以及处理时间）和可能采用的附加处理（浸亮、涂漆或涂油）有关。

铬酸盐氧化膜的老化对于膜的耐蚀性也有很大的影响。老化使钝化膜变硬、开裂，并使铬酸盐从膜里析出和被漂洗掉的速度降低。由于氧化膜的耐蚀性不仅取决于三价铬的氢氧化物性质，而且取决于吸附的铬酸盐对腐蚀的抑制作用，所以老化对膜的耐蚀性有很大的影响。

处理溶液中的金属离子含量对氧化膜的耐蚀性也有影响。研究表明，含 15g/L 的 CrO_3 镀锌钝化液里的含锌量增大时，锌上氧化膜的耐蚀性下降。镀锌钝化溶液里加入镁盐，由于生成 $MgCrO_4$，氧化膜的盐雾 $[w(NaCl)=3\%]$ 试验的时间由 21h 提高到 55h。

只要采用适当的方法进行铬酸盐转化处理，氧化膜的耐蚀性高于未钝化的金属表面。对于在湿度相当高的室内使用的金属工件，情况就是这样。

一般认为，铬酸盐处理确实提高了在室外环境的耐蚀性。但是，研究表明，铬酸盐处理后的锌层远比未处理的锌层更耐蚀，包括含有各种气象因素作用的大气腐蚀。锌镀层各种铬酸盐氧化膜耐蚀性比较见表 3-74。锌镀层和镉镀层在不同条件下的耐蚀性见表 3-75。

表 3-74　锌镀层各种铬酸盐氧化膜的耐蚀性

转化膜类型	中性盐雾试验/h										
	24	48	72	96	120	144	168	192	216	…	500
	泛白点零件的个数										
彩色钝化	0	0	0	0	2	4	5			…	
蓝白色钝化	0	2	4	5						…	
黑色钝化	0	0	0	0	0	2	5			…	
草绿色钝化	0	0	0	0	0	0	0	0	0	…	2

表 3-75　锌镀层和镉镀层在不同条件下的耐蚀性

转化膜类型	表面第一次出现变化痕迹的时间		
	潮湿试验/h	中性盐雾试验/h	人造工业大气条件循环数
锌			
未钝化	24	10	0.5
无色钝化膜	200	200	1

（续）

转化膜类型	表面第一次出现变化痕迹的时间		
	潮湿试验/h	中性盐雾试验/h	人造工业大气条件循环数
光亮钝化膜	250	225	1
黄色钝化膜	700	500	3
草绿色钝化膜	1100	1000	5
镉			
未钝化	24	24	1
无色钝化膜	200	150	1
光亮钝化膜	250	200	1
黄色钝化膜	950	800	4
草绿色钝化膜	1400	1200	5

注：1. 潮湿试验：24h 一循环，其中 8h 在 40℃的饱和水蒸气里，余下 16h 在 20℃的普通大气条件。

2. 中性盐雾试验：每小时喷雾 1min，喷质量分数为 3%的 NaCl 溶液，喷雾量为 30mL/L。

3. 人造工业大气试验：温度 40℃，水蒸气冷凝，试验箱容积 300L，在每一循环开始时加 2L 二氧化硫，2L 二氧化碳。

3. 锌的化学氧化处理

锌的某些化学氧化处理工艺见表 3-76。

表 3-76　锌的化学氧化处理工艺

工 艺 号		1	2	3	4	5
组分浓度 /(g/L)	硫酸铜（$CuSO_4 \cdot 5H_2O$）	1~3	55~65	45~55	—	—
	硫氰化钠（NaCNS）	100	—	—	100	—
	硫酸镍铵[$NiSO_4 \cdot (NH_4)_2SO_4 \cdot 6H_2O$]	—	—	—	200	5~15
	硫化镍（NiS）	90~110	—	—	—	—
	氯化铵（NH_4Cl）	—	—	—	4~6	—
	铬酐（CrO_3）	—	—	—	—	5~8
	硝酸银（$AgNO_3$）	—	—	—	—	0.5~1.5
	酒石酸（$H_2C_4H_4O_6$）	—	75~85	—	—	—
	酒石酸氢钾（$KHC_4H_4O_6$）	—	—	45~55	—	—
	碳酸钠（Na_2CO_3）	—	—	140~160	—	—
	氨水（NH_4OH）	—	50~70	—	—	—
工艺条件	溶液温度/℃	20~30	20~30	20~30	20~30	20~30
	处理时间/s	pH=5~5.5	—	1~2min	pH=5~5.5	10~60

注：工艺 2 用毛刷涂刷在锌表面上，待铜析出后干燥，然后抛光得到红铜色。

工艺 4 溶液 pH 控制在 5~5.5，如加入少量 Ca^{2+} 可以使膜的色泽变得鲜艳。

4. 锌合金的化学氧化处理

锌合金工件的某些化学氧化处理工艺见表 3-77。

5. 镉的化学氧化处理

镉和锌一样很少单独作为结构材料或制造基体的材料，主要是用作钢铁等易腐蚀生锈的结构材料的保护镀层。因此锌、镉的氧化处理，实际上是镀镉膜层的化学氧化处理。镉的化学氧化处理工艺见表 3-78。

表 3-77　锌合金化学氧化处理工艺

工　艺　号		1	2	3	4	5
组分浓度/(g/L)	盐酸(HCl,37%①)	15%①	50%①	—	—	—
	重铬酸钾(K₂Cr₂O₇)	90~110	—	80~100	—	—
	硫酸(H₂SO₄)	1.5%①	—	—	—	5mL/L
	铬酐(CrO₃)	—	100~140	—	—	—
	磷酸(H₃PO₄,85%①)	—	1%②	1%②	—	—
	硫酸铜(CuSO₄·5H₂O)	—	—	—	150~170	2~3
	氯酸钾(KClO₃)	—	—	—	70~90	—
	硝酸(HNO₃)	—	—	—	—	1.3%②
工艺条件	溶液温度/℃	30~50	30~35	30~40	20~30	20~30
	处理时间/min	30~60s	3~10s	3~9	3~10	10s
膜层颜色		草绿	草绿	草绿	黑色	黑色
适用范围		Cu-Mg-Al-Zn	铜-镁-铝-锌合金	铜-镁-铝-锌合金	铜-镁-铝-锌合金	锰-锌合金

① 质量分数。
② 体积分数。

表 3-78　镉的化学氧化处理工艺

工　艺　号		1	2	3	4	5
组分浓度/(g/L)	高锰酸钾(KMnO₄)	2~3	150~170	—	—	—
	硫酸亚铁(FeSO₄·7H₂O)	—	5~10	—	—	—
	硝酸镉[Cd(NO₃)₂·4H₂O]	—	60~250	—	—	—
	硝酸铜[Cu(NO₃)₂·3H₂O]	25~35	—	35~40	—	—
	氯酸钾(KClO₃)	—	—	50~70	—	—
	重铬酸钾(K₂Cr₂O₇)	—	—	—	6~6.5	—
	硝酸(HNO₃,65%)	—	—	—	3~3.5	—
	钼酸铵[(NH₄)₄Mo₇O₂₄·4H₂O]	—	—	—	—	13~17
	硝酸钾(KNO₃)	—	—	—	—	7~8
	硼酸(H₃BO₃)	—	—	—	—	7~8
工艺条件	溶液温度/℃	60~80	50~70	60~80	60~70	—
	处理时间/min	3~10	5~10	2~3	2~10	—
膜层颜色		黑色	褐色	黑色	褐色	—

注：工艺 2 可以用硝酸来保持溶液的酸性。
　　工艺 4，工件刚出现褐色就进行擦刷，然后再浸渍，这样可以加深色泽。

3.6.2　银的化学氧化处理

1. 银的化学氧化处理工艺

银的化学氧化处理主要用于工艺美术品，多为用硫化物处理，使其生成棕黑色的硫化银光泽，以收到仿古银器的装饰效果。银的化学氧化处理工艺见表 3-79。

表 3-79　银的化学氧化处理工艺

工　艺　项目	1	2	3	4	5	6①	7	8②A	8②B	9②A	9②B	10	11
组分浓度/(g/L) 硫化钾 (K_2S)	2	5	—	—	—	7.5~10	—	25	—	—	—	—	—
氯化铵 (NH_4Cl)	6	—	5	1.5	—	—	—	38	—	—	—	—	—
碳酸铵 [$(NH_4)_2CO_3$]	—	10	3	—	—	—	—	—	—	—	—	—	—
多硫化铵 [$(NH_4)_2S_x$]	—	—	—	—	—	—	—	—	—	—	—	—	—
硫化钡 (BaS)	—	—	—	—	5	—	—	—	2	—	—	—	—
三氯化铁 ($FeCl_3 \cdot 6H_2O$)	—	—	—	—	—	—	—	—	—	200	—	—	—
氢氧化钠 (NaOH)	—	—	—	—	—	—	—	—	—	—	20	—	—
硝酸铜 [$Cu(NO_3)_2 \cdot 3H_2O$]	—	—	—	—	—	—	20	—	—	—	—	—	—
氯化汞 ($HgCl_2$)	—	—	—	—	—	—	30	—	—	—	—	—	—
硫酸锌 ($ZnSO_4 \cdot 7H_2O$)	—	—	—	—	—	—	30	—	—	—	—	—	硫酸铜 0.45
盐酸 (HCl)(37%)	—	—	—	—	—	—	—	—	—	—	—	300	—
碘 (I_2)	—	—	—	—	—	—	—	—	—	—	—	100	—
醋酸铜 [$Cu(CH_3COO)_2 \cdot H_2O$]	—	—	—	—	—	—	—	—	—	—	—	—	0.7
工艺条件 温度/℃	60~80	80	70~80	80	室温	80	室温	室温	室温	室温	室温	室温	90~100
时间/min	至所需色调	至所需色调	2~10	至所需色调	至所需色调	至所需色调	至所需色调	各 2~3s		5s	15s	至所需色调	至所需色调
膜层颜色	蓝黑色	蓝黑色	蓝黑色	蓝黑色	黄褐色	灰-黑色	灰色	古旧银色		棕灰-黑色		灰绿色	绿蓝色

① 加入氨水膜层颜色加深。

② A、B 液交替浸渍。

2. 银的化学氧化处理应用

（1）银器件氧化处理工艺流程　银器件氧化处理工艺流程如下：

银器件→机械抛光→化学脱脂→清洗→电抛光→清洗→酸活化→温水清洗→氧化处理→清洗→干燥→表面擦光→喷涂透明漆→产品。

（2）银器件氧化处理前准备　银器件氧化处理前准备包括机械抛光、化学脱脂、电抛光和酸活化。

1）机械抛光。银器件在着色前，必须对表面进行抛光，使其达到一定的光亮度。由于银器件大多属于装饰品，体积比较小且形状复杂，所以应用软布轮进行机械抛光，通过抛光把旧氧化膜去除干净，使表面光亮。

2）化学脱脂。机械抛光后，表面沾有许多油膏，这层油膜对后面的氧化处理不利，影响膜的生成及质量，所以脱脂必须彻底，脱脂工艺见表3-80。

表 3-80　脱脂工艺

成分		工艺	
碳酸钠	20~30g/L	溶液温度	60~70℃
磷酸钠	20~25g/L	处理时间	2~5min
OP-10 乳化剂	3~8g/L		

3）电抛光。为了使银器件有更好的光亮度，经机械抛光后，可以进一步电抛光，既可以使平面光亮，又使其脱脂除膜更彻底。银的电解抛光大多用氰化物溶液，溶液配方及工艺见表3-81。

表 3-81　溶液配方及工艺

成分		工艺	
氰化银	15~25g/L	溶液温度	20~30℃
		阳极电流密度	1.0~1.2A/dm²
游离氰化钾	15~25g/L	槽电压	1.2~1.3V
		处理时间	2~4min

4）酸活化。常温情况下，在质量分数10%~30%的硫酸溶液中浸泡1~2min，以除去抛光后重新生成的氧化膜，酸蚀液中不能含有任何的铁器。浸渍后用温水清洗干净并进行氧化处理。

（3）银器件的氧化处理　首先在190~210g/L氯化铁溶液中浸5s，然后经过冲洗，再放在黄铜的筛网上，放入19~21g/L的氢氧化钠溶液活化15s。

（4）氧化膜层的后处理　经过氧化处理后的银器，再经过严格的清洗后，自然风干，再用细浮石粉轻擦表面，可以得到逼真的仿古银色膜，为了保持膜层色泽的耐久性，需要喷涂罩光漆覆盖表面。

3.6.3　镍与铍的化学氧化处理

镍与铍的化学氧化处理工艺见表3-82。

3.6.4　锡的化学氧化处理

1. 锡的化学氧化处理工艺

锡的化学氧化处理工艺见表3-83。

表 3-82　镍、铍化学氧化处理工艺

工　艺　号		1	2	3	4
组分浓度/(g/L)	过硫酸铵[$(NH_4)_2S_2O_8$]	239	—	—	—
	硫酸钠(Na_2SO_4)	120	—	—	—
	硫酸铁[$Fe_2(SO_4)_3$]	11	—	—	—
	硫氰化铵(NH_4CNS)	7.5	—	—	—
	硫化钡(BaS)	—	4~6	—	—
	硫化钾(K_2S)	—	—	10~15	—
	氯化铵(NH_4Cl)	—	—	1~2	—
	硫酸钾(K_2SO_4)	—	—	—	14~16
	氢氧化钠($NaOH$)	—	—	—	22~23
工艺条件	溶液温度/℃	20~30	65~75	38~40	78~80
	处理时间/min	1~2	到黑色为止	10~15s	至所需颜色
膜层色泽		黑色	黑色	黑色	多种色泽
适用金属材料		镍	镍	铍	铍

表 3-83　锡的化学氧化处理工艺

工　艺　号		1	2	3	4	5
组分浓度/(g/L)	醋酸($CH_3COOH,36\%$)	35~45	—	—	—	—
	醋酸铜[$Cu(CH_3COO)_2 \cdot H_2O$]	8~12	—	—	—	—
	硫酸铜($CuSO_4 \cdot 5H_2O$)	—	62~63	—	70~80	2~4
	硫酸亚铁($FeSO_4 \cdot 7H_2O$)	—	62~63	—	—	—
	硫酸(H_2SO_4,98%)	—	—	100mL/L	—	—
	硝酸(HNO_3)	—	—	8~10mL/L	—	5%（体积分数）
	亚砷酸(H_3AsO_3)	—	—	—	140~160	—
	氯化铵(NH_4Cl)	—	—	—	14~16	—
工艺条件	溶液温度/℃	30~40	20~25	20~30	20~30	30~50
	处理时间/min	显色为止	3~10	2~10	显色为止	黑色为止
膜层颜色		青铜色	褐色	黑色	黑色	

2. 锡制品常温氧化处理应用

广东某厂生产的锡制品用常温氧化处理工艺，得到黑色的膜层，既有较高的耐磨性、耐蚀性，又具有很好的装饰效果，氧化膜质量稳定，生产成本较低，有较好的应用价值。

（1）锡制品氧化处理工艺流程　锡制品氧化处理工艺流程如下：

锡制品→脱脂→清洗→抛光→清洗→氧化处理→清洗→干燥→封闭→检验产品。

（2）锡制品氧化处理前准备　锡制品在氧化处理前必须彻底脱脂，脱脂工艺见表 3-84。锡制品为了得到光洁的表面，采用电解抛光的方法进行，抛光工艺见表 3-85。

表 3-84 脱脂工艺

成分		工艺	
碳酸钠	20~30g/L	溶液温度	80~90℃
氢氧化钠	25~30g/L	处理时间	5~8min

表 3-85 抛光工艺

成分		工艺	
硫酸	15~25mL/L	电流密度	400~700A/dm²
		阴极材料	不锈钢
氟硼酸	180~220mL/L	溶液温度	20~40℃
		处理时间	3~5s

（3）锡制品常温氧化处理 锡制品经过脱脂及电抛光后，即可放入常温氧化处理液中浸渍。在处理过程中要不断翻动制品，使反应快速、均匀，反应 1~2min 即可完成，生成黑色的氧化膜。氧化处理工艺见表 3-86。

表 3-86 氧化处理工艺

项目	规格	项目	规格
硝酸铜	20~30g/L	酒石甲酸钠	0.5~1.0g/L
硝酸镍	1.0~1.5g/L	添加剂	1.0~2.0g/L
磷酸	10~12g/L	溶液 pH	1~2g/L
二氧化硒	1.5~2.0g/L	—	—

（4）锡制品氧化膜的后处理 经上述处理后的锡制品氧化膜为黑色，清洗干净并干燥后，用脱水油或机油封闭，也可以浸涂或喷涂透明罩光漆，以便提高膜层的耐磨性及耐蚀性。

（5）锡制品化学氧化膜的质量检验 锡制品化学氧化膜的质量经有关部门颁布的标准检验后认定。

1）膜层颜色为深黑色。

2）膜的耐磨性，用擦磨的方法可以达到 270 次。

3）膜层的耐蚀性检验。用质量分数为 3% 的硫酸铜溶液点滴，出现铜的时间不少于 15min；用质量分数为 0.175% 的硫酸溶液点滴，露出基体的时间不少于 5min；用质量分数为 3% 的氯化钠溶液浸泡，出现锈迹的时间为 3h。

3.7 无铬氧化处理

3.7.1 铝合金的无铬氧化处理

鉴于生态环境和工业卫生等考虑，20 世纪 70 年代国外就着手开发完全无铬的化学氧化处理。随着技术的不断进步，无铬化学氧化处理已得到工业应用。据国外报道，在 20 世纪 90 年代中期欧洲铝罐工业已经 100% 采用了无铬转化处理工艺，而挤压铝型材只占了还不到

25%。其原因与许多因素有关，首先无铬膜的耐蚀性和附着力还不如铬化膜或磷铬化膜，早期开发的工艺不能满足建筑铝型材的性能需要，同时由于比较成功的钛锆体系的无铬氧化膜是无色的，肉眼无法直接判断无铬处理是否完成，在工业操作上带来一些判断困难。目前国际上已有许多不同的无铬转化工艺及其相应的商品添加剂问世，但工业化大生产基本上采用含钛或锆的氟络合物的无铬转化处理。按照美国建筑制造业协会与美国建筑喷涂业协会的有关规范，无铬氧化膜的粉末喷涂层在工业生产中必须通过以下检测：3000h 中性盐雾试验；3000h 抗湿度试验；72h 抗洗涤剂试验；5 年美国佛罗里达州耐候试验；20min 沸水划格附着性试验；24h 热水划格附着性试验。

喷涂层只有通过上述试验验证后才能够使用，因此建筑铝型材喷涂前无铬转化处理的技术要求比铝罐的严格得多。

无铬化学氧化膜作为有机聚合物涂层的底层时，其性能不只是决定于化学氧化处理工艺本身，在很大程度上还取决于转化处理之前的整个化学预处理过程。这种方法对于化学预处理的依赖程度要比铬酸盐或磷铬酸盐处理显著得多。喷涂之前无铬转化处理所需要的化学预处理的全过程见表 3-87。如果没有严格的化学预处理，无铬化学氧化处理不可能得到满意的无铬氧化膜。由于无铬氧化膜是无色的透明膜，肉眼难以判断化学氧化的实际效果，因此更加需要依赖于可靠的工艺和严格的控制。

表 3-87 喷涂前无铬转化处理所需的化学预处理的全过程

序号	工序名称	处理时间/min		温度/℃	pH	调控方法
		喷淋	浸泡			
1	碱洗	2	5	50	11~12	游离碱度
2	水洗	1	2	室温	7	电导率
3	水洗	1	2	室温	7	电导率
4	酸性去氧化物	1.5	3	室温	1.2~1.5	游离酸和氟化物
5	去离子水洗	1	2	室温	7	电导率
6	去离子水洗	1	2	室温	6	电导率
7	无铬化学转化（Gardobond X-4707）	2	4	40~50	3~5	pH 和总酸度
8	水洗	1	2	室温	6	电导率
9	去离子水洗	1	2	室温	5	pH 和电导率
10	干燥	—	—	≤90	—	—

（1）无铬化学氧化处理 完全无铬的化学氧化处理在 20 世纪 70 年代已有报道，当时的基本成分有硼酸、氟锆酸盐和硝酸，一个典型的处理溶液实例见表 3-88。

表 3-88 典型的处理溶液

项目	规格	项目	规格
K_2ZrF_6	0.4g/L	KNO_3	10.0g/L
H_3BO_3	5.0g/L	HNO_3（4mol/L）	0.4mL/L

该处理溶液在 pH 为 3~5、温度 50~60℃ 条件下操作，可以得到无色透明的无铬氧化膜，膜的质量一般小于 $1mg/dm^2$。为了防止铬的化合物与食品接触和铝罐工业的污染，提供

满意的抗沾染性以及对于保护性内涂层和印刷油墨的结合力，无铬化学氧化膜应运而生。后来迅速出现一些专利报道，使用了钛、锆或铪与氟化物的络合物。近 20 年工业应用的发展大体沿着钛、锆的方向，开发了许多商品化溶液成分及其相应工艺。这里介绍葡萄牙一项实验室检验结果：J. Trolho 对比了氟钛无铬膜与传统铬化膜的性能。无铬氧化膜是在 6060 挤压铝合金基体上进行的，检验项目是按照欧洲 Qualicoat 规范（第 6 版）进行的，丝状腐蚀试验（Lock-heed 试验）按照德国标准进行。试验结果见表 3-89。结果证明氟钛无铬转化膜的性能除了盐雾腐蚀试验的结果稍差以外，已经可以与常规的铬化膜的性能十分接近。

表 3-89　氟钛系无铬氧化膜性能的实验室结果与传统铬化膜的对比

性 能 项 目	氟钛无铬转化膜	常规铬化膜
附着性	100% 0 级	100% 0 级
冲击试验	100%无缺陷	100%无缺陷
湿度试验（1000h）	100%无缺陷	100%无缺陷
盐雾试验（1000h）	80%<1mm	90%<1mm
丝状腐蚀试验（Lock-heed）	<1mm	<1mm
室外暴露 1 年	无缺陷	无缺陷

目前工业上使用的无铬转化处理工艺大多还是基于钛、锆与氟的络合物，但是建筑和汽车工业对于耐蚀性、附着力和使用寿命的要求比铝罐工业高得多，相关工艺还在工业检验认证之中。由于钛-锆氟化物体系的具体成分未见报道，现根据国外商品 Gardobond 和 Envirox 介绍两种工业化技术体系。以 Gardobond X-4707、Envirox S、Envirox A 和 Envirox NR 等四种工艺为例，说明当前无铬化学氧化的研究成果和工业发展水平。

1）Gardobond X-4707 工艺。这是一个专用的氟-双阳离子处理过程，溶液主要成分是钛、锆与氟的络合物。生成膜的主要元素有钛、锆、铝、氧和氟，其中钛与锆元素占膜总质量的 25%~35%。膜的质量约为 $1~4mg/dm^2$，密度为 $2.89/cm^3$，膜无色或稍呈蓝色。氧化膜的化学成分见表 3-90。

表 3-90　一种钛、锆无铬化学氧化膜的化学成分

元　素	质量分数（%）	元　素	质量分数（%）
Ti	10~15	O	20~25
Zr	15~20	F	23~28
Al	20~25		

研究表明反应过程如下所示，其中括号"【 】"当中的化合物就是膜的成分。

反应 1：$Al+H_2O$（低 pH）$=\!\!=\!\!=\!\!=AlO(OH)+H_2\uparrow$（干燥后）$\rightarrow$【$Al_2O_3$】$+H_2O$

反应 2-1：$2Al+6H^++3ZrF_6^{2-}+5H_2O=\!\!=\!\!=$【$2AlOF\cdot3ZrOF_2$】$+10HF+3H_2\uparrow$

反应 2-2：$2Al+6H^++3TiF_6^{2-}+5H_2O=\!\!=\!\!=$【$2AlOF\cdot3TiOF_2$】$+10HF+3H_2\uparrow$

实际反应过程与膜的成分会随体系的不同而变化，这方面已经有不少的研究和报道。

Gardobond X-4707 工艺已经在许多工业领域应用，建筑用铝板作为幕墙、框格、门窗等，令人感兴趣的还用在热交换器（室内取暖用暖气装置）作为液相涂层的底层。据报道采用该工艺涂装液相喷涂的铝带卷表面积已经超过 1.5 亿 m^2，没有发生腐蚀和附着问题。

作为电泳漆和粉末涂层的底层，涂装室内暖气装置的铝带卷表面积已经超过 2 亿 m^2。铝质室内暖气装置已在我国开始使用，耐锅炉热水腐蚀是首当其冲的关键问题，目前已经引起我国铝加工业和腐蚀学界的关注。

2）Envirox 工艺。Envirox S、Envirox A、Envirox NR 等三个工艺（以下简称 S、A、NR）均系无铬转化处理。S 是钛的酸性化合物体系，可浸泡，也可喷淋，限于铝及铝合金的涂装前化学氧化处理；A 是完全不含重金属的碱性体系，只适于浸泡，不适于喷淋，限于铝及铝合金涂前化学氧化处理；S 和 A 处理之后，必须充分彻底清洗。NR 是新近开发的单组分无铬免洗转化处理体系，其主要成分是钛的化合物与有机高聚物，保证优良的耐蚀性和漆膜附着性。NR 工艺过程不用水洗，反应只在干燥炉中发生。NR 方法的 pH 为 2.3~3.0，温度为 5~30℃。NR 膜的质量是 $1~2mg/dm^2$，膜的颜色在几乎无色到浅黄色之间。现将三种工艺与传统铬酸盐处理工艺的技术进行比较，比较结果见表 3-91。结果表明除了 Envirox 工艺应用范围只限于铝及铝合金使用外，其耐蚀性和有机涂层的附着性均相当于或优于传统铬酸盐处理工艺，而安全性、环境保护和生产率明显优于铬酸盐处理法，其中 NR 法优点更加突出。

表 3-91　三种 Envirox 工艺与传统铬酸盐处理工艺技术的对比

对 比 项 目	铬酸盐技术	Envirox A	Envirox S	Envirox NR
膜的耐蚀性	=	=	=	+
有机涂层的附着性	=	=	=	+
操作的安全性	=	+	+	+
环境保护和废水处理	=	++	++	++
工厂效率	=	+	+	++
应用范围	多种金属	铝及其合金	铝及其合金	铝及其合金

注：=相当，+优于，++远优于。

（2）无铬化学氧化膜的性能　无铬化学氧化处理与经典的铬酸盐处理相比较，氧化膜的厚度薄一些，耐蚀性一般也差一些。但是无铬氧化膜比较紧密而且没有裂纹，附着性与较厚的铬化膜比较显得更好一些。因此在静电粉末喷涂或液体喷涂之后，有利于保持喷涂层的最佳耐蚀性，也就是说喷涂层的总体性能，两种化学氧化处理没有差别。Envirox NR 无铬免洗化学氧化膜的性能见表 3-92。结果表明该方法可以满足多方面的需求，并且已经得到相应的应用。

表 3-92　NR 无铬免洗化学氧化膜的性能

试验方法及相应标准	试验条件及试验结果
乙酸盐雾试验	试验>1000h，浸润<1mm，无气泡
冷凝水交替 SO_2 气氛	试验>30 周期，浸润<1mm，无气泡
落锤试验	>0.23kgf·m
压力锅试验	试验 2h 之后无气泡
附着力划格试验	0 级

注：1kgf=9.8N，下同。

（3）无铬化学氧化技术的研究动态　尽管钛、锆与氟的络合物体系已经是当前工业化无铬转化处理技术的主体，但是在铝合金建筑型材的化学氧化方面，钛、锆与氟的络合物体系的应用还很有限。新颖无铬转化体系正在不断探索、研究和开发之中，目前主要有有机硅烷处理、稀土盐处理（主要是铈酸盐处理）、溶胶-凝胶处理、有机酸转化处理和 SAM（自调整分子）处理等。上述技术还有不足之处，这些技术的工业应用目前尚未普及，本章根据已经发表的国内外资料简单介绍研究动态，以期引起国内同行的注意，其中有机硅烷处理和铈酸盐处理的工业化前景可能更好。

1) 有机硅烷处理。美国辛辛那提大学 W. J. Van Ooij 和 Brent International 的 T. F. Child 报道了硅烷（或硅烷衍生物）处理体系。他们认为硅烷的结构和浓度、硅烷溶液的 pH，必须对每一种金属-涂层组合进行最佳化研究。为此铝合金的有机硅烷处理还需要进行工艺研究，一旦确定工艺参数，就可以在铝表面上浸、喷、刷、涂硅烷溶液。W. J. Van Ooij 报道了已经研究过的三种硅烷水溶液：①γ-APS（γ 氨丙基三乙氧基硅烷）；②VS（乙烯基三甲氧基硅烷）。③BTSE（双三乙氧基硅烷基乙烷）他采用一步法或两步法在硅烷水溶液浸渍 2min，再检测硅烷处理膜的盐雾腐蚀试验的结果。盐雾试验按照 ASTMB-117 标准试验 336h，从外观（点腐蚀程度、变色情况等）分出级别，并与未处理或铬酸盐处理进行比较，试验结果见表 3-93。表 3-93 中第二列表示耐腐蚀级别，根据盐雾试验之后的外观确定，例如"1"表示稍变色，无点腐蚀发生；而"5"表示严重腐蚀和变色，参见表 3-93 的第 4 列中的说明。

表 3-93　铝合金 3003 板材硅烷处理膜的盐雾腐蚀试验结果

序号	级别	处理方式	试样在盐雾试验后的外观
1	1	①2%BTSE, pH=7；②5%VS, pH=8	稍变色，无点腐蚀
2	1	①0.5%硅酸盐；②5%VS, pH=4	稍变色，无点腐蚀
3	2	①2%BTSE, pH=7；②5%VS, pH=4	变色，个别分散点腐蚀
4	2	5%VS, pH=4	变色，个别分散点腐蚀
5	3	①0.5%硅酸盐；②5%VS, pH=4	变色，点腐蚀
6	3	5%硅酸盐	变色，点腐蚀
7	3	①5%硅酸盐；②2%γ-APS, pH=0.6	变色，点腐蚀
8	3	2%BTSE, pH=7	变色，点腐蚀
9	3	铬化处理	点腐蚀较多
10	4	5%VS, pH=8	严重腐蚀
11	5	未处理	严重腐蚀，变色和点腐蚀

注：表中均为质量分数。

2) 稀土盐转化处理。尽管稀土盐类化学氧化膜具有浅黄色，从而在工业生产中可能比钛锆-氟系氧化膜容易辨认，而且在 20 世纪 80 年代中期已经开始研究稀土氧化膜，但是目前还没有实现大规模的工业化应用。澳大利亚航空研究实验室的 Hinton 等人首次报道稀土金属盐对铝合金的缓蚀作用，一度被认为稀土盐类氧化膜是最有希望替代铬酸盐处理的无铬氧化膜。稀土盐类目前主要是铈酸盐，也有使用混合稀土的报道。稀土盐转化处理的方法主要有以下几种：

第一种：铈酸盐处理。铈酸盐处理是比较有希望的稀土盐类转化处理，可以得到铈与铝的氧化物为基础的表面处理层。该处理工艺的主要特点是在不含带色有机添加剂的情况下得到浅黄色的表面膜，可以根据表面膜本身颜色简易地判断实际发生的化学氧化进程，对于工业生产线的快速判别很有好处，铈酸盐处理溶液是酸性的，含有铈离子和促进剂。铈酸盐膜是铈与铝的氧化物为基础的表面膜，其附着性和耐蚀性可与铬化膜相比拟。

喷涂以后的冲击试验和杯突试验都可以达到合格的标准，湿热试验和醋酸盐雾试验均通过 1008h，中性盐雾试验已通过 3000h 验证，性能方面也较理想。

第二种：稀土盐强氧化剂成膜工艺。通常用稀土金属盐、强氧化剂、成膜促进剂和其他添加剂组成成膜溶液。本工艺的特点是引入 H_2O_2、$KMnO_4$、$(NH_4)_2S_2O_8$ 等强氧化剂和 HF、$SrCl_2$、NH_4VO_3、$(NH_4)_2ZrF_6$ 等成膜促进剂，使成膜速率显著提高，同时转化处理温度降低。哈尔滨工业大学文献介绍的含氧化剂的稀土氧化处理的专利配方见表 3-94。

表 3-94　含氧化剂的稀土氧化处理工艺

专利发明人	处理方法			
	处理液		温度/℃	时间/min
Wilson	$CeCl_3$ 5~15g/L，H_2O_2 5%；pH = 2.7		50	10
Ikeda	$Ce(NO_3)_3$ 0.0025%~0.02%；H_2PO_4 0.0025%~0.02%；HF 0.0001%~0.005%；$(NH_4)_2ZrF_6$ 0.002%~0.01%；pH = 3		30~40	1
Hinton	$CeCl_3$ 3.8g/L；H_2O_2 0.3%；pH = 1.9		室温	5
Miller	第一步	H_2O 50mL；$CeCl_3$ 0.3g/L；H_2O_2 0.5mL；$SrCl_2$ 0.2g	室温	10
		H_2O 50mL；$CeCl_3$ 5g；$KMnO_4$ 0.2g；NaOH 5mL(1.69g/L)	室温	10
	第二步	H_2O 500mL；Na_2MoO_4 5g；$NaNO_2$ 5g；Na_2SiO_3 3g	93	10~15
	第三步	乙醇 90mL；苯基甲氧基硅烷 5mL；3,4-环氧丙醇多功能团甲氧基硅烷 5mL	室温	0.5

注：表中均为质量分数。

第三种：溶胶-凝胶法。溶胶-凝胶法具有反应温度低、设备及工艺简单、可以大面积涂膜等优点。L. S. Kasten 和 J. T. Grant 等人探索了用溶胶-凝胶法在铝合金上形成稀土氧化膜。操作过程需要配制两种溶胶，第一种溶胶由 1∶4（摩尔比）的 TMOS 和乙醇混合制成，第二种溶胶由 1∶2（摩尔比）的 GPEMS 和乙醇混合制成。两种溶胶分别搅拌 1h 后混合，再搅拌 24h。然后将铈盐溶解到混合后的溶胶中，再将 2024-T 铝合金试样放入浸涂。再在烤箱中加热凝固处理，即可获得氧化膜。溶胶-凝胶法制备的 CeO_2-TiO_2-SiO_2 涂层，经 500h 中性盐雾试验后，外观没有出现明显的变化，可以满足空调热交换器铝合金翅片的要求。

3）有机酸转化处理。有机酸氧化膜是在金属基体表面形成的难溶性络合物薄膜，具有防腐蚀、抗氧化的作用。目前主要是指含有植酸和单宁酸的氧化膜。植酸具有能同金属络合的 24 个氧原子、12 个羟基和 6 个磷酸基，因植酸在金属表面同金属络合时，所形成的氧化膜致密、坚固，能有效地阻止氧气等进入金属表面，起到钝化的作用。另外，经植酸处理后的金属表面膜含有羟基和磷酸基等活性基团，能与有机涂层发生化学作用，因此与大多数涂料都有良好的附着力，可以作粉末喷涂膜的底层。

单宁酸是一种多元苯酚的复杂化合物，水解为酸性，单宁酸本身对改善铝耐蚀性的作用不大，需要与金属盐类、有机缓蚀剂等添加剂联合使用。例如可以与氟钛化合物等配合使用，形成无毒的单宁酸盐氧化膜。

4）SAM 处理。SAM（self-adjusting molecule）处理即自调节分子处理工艺，该工艺原来主要是为汽车铝轮毂开发的，它是一种不含重金属和氟化物的有机膜预处理方法，具有极好的环境效应。该有机膜薄而且坚固，提高了铝的耐蚀性和对于有机聚合物膜的附着力。该工艺有一个新的思路，所谓自调节分子 SAM 具有两个不同功能的官能团，一个对于金属表面具有极好的亲和力，另一个对于有机膜有很好的亲和性，通过 SAM 处理使得铝具有对有机聚合物涂层产生极好的附着力。SAM 处理之后不需要水洗，直接干燥就可以涂装。

3.7.2　镁合金无铬氧化处理

在众多的镁合金表面处理技术中，化学氧化膜钝化+涂装的表面处理工艺具有效率高、成本低、易于实现批量生产的优点，受到广泛重视。镁合金的化学氧化钝化处理技术主要有：磷酸盐处理（磷化）、高锰酸盐处理（氧化）和氟化锆盐处理（氟化）、植酸氧化膜、稀土氧化膜等。其中铬酸盐钝化最为成熟，应用最为广泛。但是，因 Cr^{6+} 为易致癌物质，含 Cr 制品的生产和销售已逐渐受到限制。对于镁合金制品，对其表面进行无铬钝化处理是未来发展的必然趋势。因此，开展镁合金制品表面无铬钝化技术的研究和开发具有重要的意义，主要表现为：

1）具有低成本且可室温快速成膜的药剂筛选及配方设计与优化，包括基础液配方、复合添加物、氧化剂、促进剂等添加成分的遴选。

2）工艺与钝化膜综合性能、生长过程及其外观之间的相互关系及其工艺优化，实现镁制品表面常温快速成膜。

3）无铬钝化膜的综合性能研究，建立镁制品无铬钝化膜性能的检测标准及综合评价体系，推进无铬钝化技术的发展。

4）开发镁制品无铬钝化槽液工艺稳定性与长效性的控制技术，实现处理液的工艺稳定性与长寿性。

3.7.3　锌、镉及其合金的无铬氧化处理

铬酸有毒，从对鱼类的毒害作用看，铬酸盐的最大允许质量浓度应为 1mg/L。当铬酸的质量浓度达到 30mg/L 时，在人体器官里就可以看到中毒的症状，最近发现六价铬有致癌作用。因此，含铬酸盐的废水必须经过无公害处理才能排放，处理费用昂贵，许多国家正在逐步限制，甚至完全禁止六价铬的使用。有许多研究机构从事无铬化学氧化膜的开发工作，锌、镉的无铬化学氧化膜的开发，远没有铝的无铬化学氧化膜成功。前面介绍的锌、镉的磷化膜和不含铬的阳极氧化膜都属于无铬化学氧化膜。

（1）三价铬钝化　三价铬的毒性比六价铬的毒性要小得多，废水处理也相对简单，其成膜机理与六价铬钝化有所不同，因此把其划分到无铬钝化类型中。

美国一家公司开发的三价铬钝化锌及锌合金的工艺，在美国、英国和德国取得了专利权。这种钝化溶液含有 Cr^{3+} 化合物、F^- 及除 HNO_3 以外的其他酸，用氯酸盐或溴酸盐作为氧化剂，或者用过氧化物（例如，K、Na、Ba、Zn 等元素的过氧化物）和 H_2O_2 作为氧化剂。Cr^{3+} 化合物可以用硫酸铬、硝酸铬，但最好用 Cr^{6+}（Ⅳ）溶液的还原产物，溶液里还加有阴离子表面活性剂，处理温度在 10~50℃ 之间。钝化之后可以上漆。其典型的工艺配方见表3-95。

表 3-95　典型的工艺配方

项目	规格	项目	规格
Cr^{3+}化合物	1%（体积分数）	过氧化氢（质量分数为35%）	2%（体积分数）
硫酸（质量分数为96%）	3mL/L	表面活性剂	2.5mL/L
氟化氢铵	3.6g/L	—	—

注：可用7g/L溴酸钠代替表中的过氧化氢；可用10g/L氯酸钠代替表中的过氧化氢；可用4mL/L浓盐酸代替表中的硫酸。

上述配方中的三价铬化合物系由94g/L铬酸和86.5g/L偏重亚硫酸钾及64g/L偏重亚硫酸钠的反应而得到产物。

表面活性剂是一种表面活性剂32mL/L水溶液。Cr^{3+}化合物也可以用硫酸铬或醋酸铬，含量为0.5g/L。用这种铬盐配制的溶液在使用前必须在80℃水中加热，以使Cr^{3+}水化。

溶液的pH在1~3之间，使用温度为20~35℃，浸渍1~30s。

美国另一家公司开发的三价铬钝化锌、镉及合金的工艺，也含有Cr^{3+}化合物和F^-离子。其中Cr^{3+}化合物是铬绿（Ⅲ）和铬蓝（Ⅳ）的混合物。铬绿可用还原Cr^{6+}的方法制备，铬蓝（Ⅳ）是Cr（Ⅵ）还原之后，再在pH<1的条件下，加入酸和F^-离子制备的。

还原六价铬时，可以使用有机还原剂，如甲醇、乙醇、乙二醇、甲醛、对苯二酚；也可以使用无机还原剂，如碱金属碘化物、亚铁盐、二氧化硫、碱金属亚硫酸盐。使用有机还原剂时，其用量要足以使全部六价铬还原为三价铬。但使用硫化物或多硫化物时，却不应过量，不然在钝化时有时会产生"红锈"，过量不能超过1%（质量分数）。如果还原不完全，最好用有机还原剂或其他无机还原剂来完成反应。例如，把300份（质量，下同）铬酐溶在204份水里，在冷却条件下，滴入含55份甲醇和144份水的溶液。在加完甲醇之后几小时内。在搅拌的同时加入12.2份浓盐酸。加盐酸的过程中温度控制在44~88℃之间。其中盐酸也可以用850份浓硝酸、550份醋酸或465份浓硫酸来代替。又如把7.8份铬酐溶在80份水里，在搅拌的同时慢慢加入12.2份固体亚硫酸氢钠，添加过程中温度不应超过65℃。由于使用过程中pH应在3.5~6.0之间，常用pH在4.0~5.0之间，所以用有机还原剂制备的溶液要用碱中和，而用亚硫酸氢盐还原的溶液要用硫酸中和。钝化时所用溶液的铬的质量分数在0.01%~0.2%之间，配制的溶液在使用前要稀释。

美国另一个专利工艺，采用的是Cr^{3+}、磷酸盐和悬浮的硅酸混合物，其组成为Cr（Ⅲ）：PO_4^{3-}：$SiO_2 = 1$：（0.3~3）：（0.5~10）（摩尔比），钝化后直接干燥，可得到质量达0.6g/m^2的膜。

三价铬钝化也可以采用电解方法。溶液里含Cr^{3+}，如0.02~1mol/L的$Cr_2（SO_4）_3$或$CrCl_3$和三价铬的络合剂，如羟基乙酸、乙酸，柠檬酸等。溶液中还可以含有导电盐以及防止Cr^{3+}，还原为铬的负催化剂。使用温度在35℃以下，电流密度在20A/cm^2以下，处理时间不到3min。

（2）其他无铬钝化　其他无铬酸盐氧化膜大体可以分为以下几类：单宁酸型、铁或锆盐型、钼酸盐或钨酸盐型、硅酸盐型、过氧化氢型，也有这几类化合物并用的。

第4章 微弧氧化膜

微弧氧化工艺是在阳极氧化基础上开发的一种新型金属表面处理技术。其原理是将 Al、Mg、Ti 等金属及其合金置于电解质水溶液中，通过脉冲电参数和电解液的匹配调整，在强电场的作用下在材料表面出现微区弧光放电现象，在热化学、等离子体化学和电化学共同作用下，在金属表面原位生长出一陶瓷膜层，以起到改善材料表面的耐磨性、耐蚀性、耐热冲击性及绝缘性的作用。

微弧氧化突破了传统的法拉第区域进行阳极氧化的限制，将阳极氧化的电压由几十伏提高到几百伏，由小电流发展成大电流，由直流发展到交流，导致基体表面出现电晕、辉光、微弧放电、火花斑等现象，从而能对氧化层进行微等离子体的高温高压处理，使非晶结构的氧化层发生相和结构上的变化。微弧氧化工艺技术简单，效率高，无污染，处理工件能力强，因而具有广阔的应用前景。

4.1 概述

4.1.1 微弧氧化机理

微弧氧化又称为微等离子阳极氧化或阳极火花沉积，是一种通过在金属和合金表面原位生长陶瓷层的新技术，主要应用在 Al、Mg、Ti、Zr、Nb 等金属或其合金表面。

微弧氧化的基本原理是使工作电压突破传统的阳极氧化工作电压的范围（法拉第区），进入高电压放电区，在电极上发生微弧等离子放电条件下，在基体材料（电极）上原位生成氧化膜。微弧氧化过程是许多基本过程的总和，而这些过程伴随着热化学反应、电化学反应及导电电极之间的物质输送等复杂现象。

微弧氧化机理归纳为两大类：一是强电场下氧化物膜层介质击穿，二是氧化物膜微孔内的气体在孔底阻挡层击穿诱导下的微弧放电。

微弧氧化机理的主要说法如下：

1) 镁在 KOH、K_2SiO_3、KF 组成的电解液中发生阳极氧化。经 Alexj. zozulin 研究后认为，火花放电现象是由于施加了高于电极表面已有氧化膜层的击穿电压。

2) 电子隧道效应。Ikonpisov 用 Schottky 电子隧道效应原理解释了电子是如何被注入到氧化膜的导电带中，从而产生火花放电的。

3) 阳极氧化过程中的电子放电。O. Khaselev 等人将阳极氧化过程中的火花放电现象归因于阳极氧化过程中的电子放电。火花放电前，偶发的电子放电导致电极表面已生成的薄而密的无定形氧化膜局部受热，引起小范围晶化。当膜层厚度达到某一临界值时，小范围的电子放电发展为大范围的、持续的电子雪崩。阳极膜发生剧烈的破坏，出现火花放电现象。

4) 高能电子。Albella 等人在前人研究的基础上，又提出了放电的高能电子来源于进入氧化膜中的电解质的观点。电解质粒子进入氧化膜后，形成杂质放电中心，产生等离子体放电，使氧离子、电解质离子与基体金属强烈结合，同时放出大量的热，使形成的氧化膜在基体表面熔融、烧结形成具有陶瓷结构的膜层。

5）电子"雪崩"。Vijh 等人认为，在火花放电的同时伴随着剧烈的析氧，而析氧反应的完成主要是通过电子"雪崩"这一电压突降实现的。"雪崩"后产生的电子被注射到氧化膜与电解液的界面，引起氧化膜被击穿，产生等离子体放电。

6）热作用和机械作用引起电击穿。Young 等人认为界面膜层存在一临界温度 T_m，当膜的局部温度 T 高于 T_m 时便产生了击穿现象。Yahalom 和 Zahavi 认为电击穿与否主要取决于氧化膜与电解液的性质，杂质离子的影响是次要的。

4.1.2　微弧氧化膜生长过程

微弧氧化过程一般认为分四个阶段。首先是表面生成氧化膜，然后氧化膜的某些点被击穿，接着氧化进一步向深层发展渗透，最后是氧化、熔融、凝固达到平稳，最终生成了较厚的微弧氧化膜。在镁合金微弧氧化过程中，当电压升高至某一数值时，镁合金表面微孔中产生火花放电，使表面局部温度高达 1000℃ 以上，从而使金属表面生成一层陶瓷质氧化膜。微弧氧化过程中，电压越高，时间越长，生成的氧化膜越厚。但电压最高不能超过 650V，超过此值时，氧化过程中会发出尖锐的噪鸣声，并伴随着氧化膜的大块脱落，膜层表面形成小坑，从而降低氧化膜的性能和质量。微弧氧化膜与普通氧化膜一样，有致密层和疏松层两层结构。但是微弧氧化膜的空隙小，空隙率低，膜层与基体的结合力强，且质坚硬，膜层均匀，具有更好的耐磨性和更高的耐蚀性。

4.1.3　微弧氧化陶瓷膜层的特点

（1）原位生长　生长过程发生在放电微区，开始阶段以对自然状态形成的低温氧化膜或成形过程形成的高温氧化膜进行原位结构转化及增厚生长为主。大约有 70% 的氧化层存在于基体的表层，因此，样品表面尺寸变动不大。

（2）均匀生长　由于铝、镁氧化物的绝缘特性，在相同电参数条件下，薄区总是优先被击穿，生长增厚，最终达到整个样品均匀增厚。

（3）氧化层与基体　氧化层与基体之间存在着一定厚度的过渡区，铝合金微弧氧化陶瓷层具有明显的三层结构，即表面疏松层、中间致密层和过渡层。

（4）电解液　通过改变工艺和在电解液中添加胶体微粒可以很方便地调整膜的微观结构特征，获得新的微观结构，从而实现膜层的功能设计。

（5）工序处理　微弧氧化处理工序简单，不需要真空或低温条件，预处理工序少，性价比高，适合自动化生产。整个生产过程包括清洗、氧化、再次清洗、封孔和烘干等几道工序；无污染，无环保排放限制；无须精确地控制溶液温度，在 45℃ 以下可得到品质良好的陶瓷层；工件氧化前后不发生尺寸变化，处理好的工件没有必要进行后续机械加工。

（6）适应性　适应的材料广。除铝合金外，还可在 Zr、Ti、Mg、Ta、Nb 等金属及其合金表面制备陶瓷层，尤其是用传统阳极氧化难于处理的合金，如铜含量比较高的铝合金、硅含量较高的铸造铝合金和镁合金。

（7）效率　处理效率高，一般硬质阳极氧化获得厚度在 $50\mu m$ 左右的膜层需 1~2h，而微弧氧化只需 10~30min，比较小的工件只需 5~7min。

利用微弧氧化技术制备耐磨、耐热、耐蚀、耐热侵蚀涂层，还可以对铝合金、镁合金和钛合金上生成的膜层进行着色，形成各种装饰性涂层。通过改变工艺，包括电解液组成和浓度，可以在很宽范围内改变色调，而且装饰层硬度很高，可在 680～2000HV 范围内调整。利用微弧氧化膜的高硬度、高耐磨性、高的结合强度和高的刚度，可以在许多场合下用铝合金、钛合金来代替高合金钢或耐热金属制造工件。此项技术已经成为表面处理领域中较为活跃的研究内容，并已进入工业应用阶段。

4.1.4 微弧氧化工艺及应用

对微弧氧化的工艺研究主要集中在基材成分、电解液组成、电参数等工艺因素对氧化膜的厚度、结构与性能的影响。

基体材料对微弧氧化膜厚度、孔隙率及性能的影响是很明显的。铸造铝合金中硅元素和杂质的含量较高，采用目前的微弧氧化工艺进行处理，得到的陶瓷层较薄，孔隙率较高。

微弧氧化的电解液可分为酸性电解液和碱性电解液。应用较多的是碱性电解液，因为在碱性电解液中，阳极反应生成的金属离子很容易转变成带负电的胶体粒子而被重新利用，其他金属离子也容易转变成带负电的胶体粒子而进入膜层，从而调整和改变膜层的微观结构。常用的碱性电解液有氢氧化钠（钾）体系、铝酸盐体系、硅酸盐体系、磷酸盐体系等。在电解液中添加不同的盐如钴盐、镍盐、钾盐等，可制得各种颜色的微弧氧化膜。

微弧氧化工艺的电参数包括电源波形、正负向比、电流密度、电压和频率等，根据电源模式（直流、交流和脉冲）和制备方式（恒流法和恒压法）的不同而选择不同的参数。常用的是利用双向脉冲电源采用恒流法制备微弧氧化膜，必须控制的主要电参数是电流密度、脉冲频率、正负向脉冲比。研究结果表明，在相同的氧化时间内，电流密度在一定范围内增加，陶瓷层的厚度和硬度显著增加，陶瓷层中致密层的比例则随之降低；随脉冲频率的增加，陶瓷层的厚度和硬度将降低，陶瓷层中致密层的比例则有所提高；正负向脉冲电流比越小，陶瓷层越致密。

微弧氧化工艺流程比普通的阳极氧化工艺简单，其一般的工艺流程：工件→脱脂→去离子水漂洗→微弧氧化→清洁水漂洗→干燥→检验。

应用微弧氧化技术可根据需要制备防腐蚀膜层、耐磨性好的膜层、装饰膜层、电绝缘膜层、光学膜层以及各种功能性膜层，广泛应用于航空航天、汽车、机械、电子、纺织、医疗及装饰等工业领域。

4.1.5 微弧氧化设备

运用微弧氧化技术可以在铝、镁、钛等金属表面形成具有特殊功能的氧化膜层，提高材料的耐蚀性、表面硬度、抗氧化性能、耐磨性等。微弧氧化装置通常由电源、微弧氧化槽和冷却搅拌系统三大部分组成（见图 4-1）。

4.1.6 微弧氧化技术的特点

（1）工艺特点　虽然微弧氧化技术是由阳极氧化发展出来的，但它有着阳极氧化所不具备的特点。微弧氧化的设备简单，大多数采用碱性氧化液，对环境影响小。溶液温度可以调整，变化范围较宽，工艺流程比较简单，而且处理效率高，适材料范围宽。但是也有不少

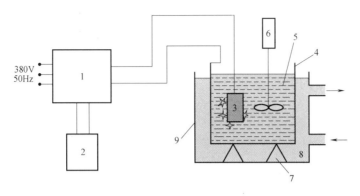

图 4-1　微弧氧化装置示意图

1—电源　2—控制系统　3—工件　4—不锈钢槽体
5—槽液　6—搅拌器　7—绝缘隔离体　8—冷却系统　9—塑料箱体

问题需进一步解决，例如生产过程的能量消耗很大、电解液的冷却有困难、反应过程有噪声及用高压电存在安全隐患等。微弧氧化和阳极氧化工艺特点的对比见表 4-1。

表 4-1　微弧氧化和阳极氧化工艺特点对比

工艺项目	微弧氧化	阳极氧化
电流和电压	电流大、电压高	电流小、电压低
工艺流程	除油→清洗→微弧氧化	除油→除膜→出光→阳极氧化→封闭
溶液性质	碱性	酸性或碱性
工作温度	常温	常温、低温
生产效率	高	低
材料适用范围	适用于多种金属及合金	每个配方及工艺适用于一种金属及合金

（2）微弧氧化膜层性能的特点　微弧氧化所得到的陶瓷样膜层各方面都具有较优异的性能。通过微弧氧化所得的膜层为原位生长膜层，与基体结合紧密。膜的硬度大于 300HV，绝缘电阻大于 100MΩ。耐磨性、耐蚀性等都比阳极氧化膜强。微弧氧化与硬质阳极氧化所得膜层的性能对比见表 4-2。

表 4-2　微弧氧化与硬质阳极氧化膜层的性能对比

膜层性能	微弧氧化膜	硬质阳极氧化膜
膜层厚度/μm	200~300	50~80
显微硬度　HV	1200~2500	300~600
击穿电压	约 2000V	较低
膜的均匀性	内外表面均匀	较低，易产生"尖边"缺陷
膜的孔隙率（%）	0~40	>40
柔韧性	韧性好	较脆
耐磨性	磨损率 1~7mm³/（N·m）	差
耐蚀性（5%盐雾试验）	>1000h	>300h（$K_2Cr_2O_7$ 封闭）
表面粗糙度 Ra	可加工至 0.037μm	一般
抗热振性	300℃→水淬，35 次无变化	一般
抗热冲击性	可承受 2500℃以下热冲击	差
适应范围	适用于 Mg、Al、Ti 等多种金属及合金	适用少数的金属及其合金

4.2 金属的微弧氧化

4.2.1 铝及铝合金的微弧氧化

铝及铝合金的微弧氧化膜具有不同于其他阳极氧化法所得膜层的特殊结构和特性。氧化膜层除 γ-Al_2O_3 外，还含有高温转变相 α-Al_2O_3（刚玉），使膜层硬度更高，耐磨性更好。陶瓷层厚度易于控制，最大厚度可达 $200 \sim 300 \mu m$，提高了微弧氧化的可操作性。此外，它操作简单，处理效率高，一般硬质阳极氧化获得 $50 \mu m$ 左右的膜层需要 $1 \sim 2h$，而微弧氧化只需 $10 \sim 30 min$。

铝及铝合金的微弧氧化电解液由最初的酸性溶液而发展成现在广泛采用的碱性溶液，目前主要有氢氧化钠体系、硅酸盐体系、铝酸盐体系和磷酸盐体系四种。有时根据不同用途可向溶液中加入添加剂。微弧氧化膜层的性能主要受电解液的成分、酸碱度、极化形式和条件、氧化时间、电流密度以及溶液的温度等工艺参数的影响。铝及铝合金微弧氧化工艺见表 4-3。

表 4-3 铝及铝合金微弧氧化工艺

	工 艺 号	1	2	3
组分浓度 /(g/L)	氢氧化钠（NaOH）	5	—	—
	氢氧化钾（KOH）	—	$2 \sim 3$	—
	四硼酸钠（$Na_2B_4O_7 \cdot 10H_2O$）	—	—	13
	磷酸钠（$Na_3PO_4 \cdot 12H_2O$）	—	—	25
	钨酸钠（$Na_2WO_4 \cdot 2H_2O$）	—	—	2
	硅酸钠（Na_2SiO_3）	—	$2 \sim 20$	—
工艺条件	电压/V	—	—	$500 \sim 600$
	电流密度/(A/dm^2)	—	$12 \sim 25$	正 $20 \sim 200$ 负 $10 \sim 60$
	脉冲频率/Hz	—	—	$425 \sim 1000$
	氧化时间/min	60	$25 \sim 120$	$10 \sim 40$
	氧化膜厚度/μm	30	$85 \sim 120$	$15 \sim 100$

4.2.2 镁及镁合金的微弧氧化

镁及镁合金的微弧氧化工艺与铝合金的相似，膜层也分疏松层、致密层和界面层，只不过致密层主要由立方结构的 MgO 相构成，疏松层则由立方结构 MgO 和尖晶石型 $MgAl_2O_4$ 及少量非晶相所组成。镁及镁合金微弧氧化工艺见表 4-4。

表 4-4 镁及镁合金微弧氧化工艺

	工 艺 号	1	2
组分浓度 /(g/L)	NaOH	$5 \sim 20$	—
	$NaAlO_2$	$5 \sim 20$	10
	H_2O_2	$5 \sim 20$	—
工艺条件	电流密度/(A/dm^2)	$0.1 \sim 0.3$	—
	氧化时间/min	$10 \sim 120$	120
	氧化膜厚度/μm	$8 \sim 16$	100

4.2.3　钛及钛合金的微弧氧化

钛及钛合金微弧氧化的电解液主要为磷酸盐、硅酸盐和铝酸盐体系。钛及钛合金微弧氧化膜由疏松层（外层）和致密层（内层）组成。致密层主要由金红石型 TiO_2 相和少量锐钛矿型 TiO_2 所组成，疏松层则由 Al_2TiO_5、少量的金红石型 TiO_2 及非晶 SiO_2 相组成。钛及钛合金微弧氧化工艺见表 4-5。

表 4-5　钛及钛合金微弧氧化工艺

	工 艺 号	1	2	3
组分浓度 /(g/L)	Na_2SO_4	5	3	—
	$NaAlO_2$	3	3	—
	H_2O_2	1.5	—	—
	$Na_2B_4O_7$	—	2	—
	$2Al_2O_3 \cdot B_2O_3 \cdot 5H_2O$	—	0.25	—
	$Na_3PO_4 \cdot 12H_2O$	—	—	10~60
工艺条件	阳极电压/V	350~450	350~450	120~450
	电流密度/(A/dm²)	45~80	50~80	—
	氧化时间/min	30~300	30~300	10~100
	氧化膜厚度/μm	30~150	30~150	~50

第5章 磷 化 膜

磷化是常用的表面预处理技术，原理上应属于化学转化膜处理。工程上主要用于钢铁件表面磷化，也可用于有色金属（如铝、锌）件。

5.1 概述

5.1.1 磷化原理

工件（钢铁或铝、锌件）浸入磷化液（某些酸式磷酸盐为主的溶液），在表面沉积形成一层不溶于水的结晶型磷酸盐转化膜的过程，称为磷化。

钢铁件浸入磷化液（由磷酸二氢亚铁、磷酸二氢锰或磷酸二氢锌组成的酸性稀水溶液，pH 为 $1 \sim 3$，溶液密度为 $1.05 \sim 1.10 \mathrm{g/cm^3}$）中，磷化膜生成反应如下：

$$\underset{\text{磷酸二氢锌}}{3\mathrm{Zn(H_2PO_4)_2}} \underset{\text{放热}}{\overset{\text{吸热}}{\rightleftharpoons}} \underset{\text{磷酸锌(不溶)}}{\mathrm{Zn_3(PO_4)_2}} \downarrow + 4\mathrm{H_3PO_4}$$

$$\underset{\text{磷酸二氢锰}}{3\mathrm{Mn(H_2PO_4)_2}} \underset{\text{放热}}{\overset{\text{吸热}}{\rightleftharpoons}} \underset{\text{磷酸锰(不溶)}}{\mathrm{Mn_3(PO_4)_2}} \downarrow + 4\mathrm{H_3PO_4}$$

钢是铁碳合金，在磷酸作用下，Fe 和 $\mathrm{FeC_3}$ 形成无数原电池。在阳极区，铁开始溶解成为 $\mathrm{Fe^{2+}}$，同时放出电子：

$$\mathrm{Fe + 2H_3PO_4 \Longrightarrow Fe(H_2PO_4)_2 + H_2} \uparrow$$

$$\mathrm{Fe \Longrightarrow Fe^{2+} + 2e^-}$$

在钢铁工件表面附近的溶液中，$\mathrm{Fe^{2+}}$ 不断增加，当 $\mathrm{Fe^{2+}}$ 与 $\mathrm{HPO_4^{2-}}$、$\mathrm{PO_4^{3-}}$ 浓度大于磷酸盐的溶度积时，产生沉淀，在工件表面形成磷化膜：

$$\underset{\text{磷酸二氢亚铁}}{\mathrm{Fe(H_2PO_4)_2}} \Longrightarrow \underset{\text{磷酸氢亚铁(不溶)}}{\mathrm{FeHPO_4}} \downarrow + \mathrm{H_3PO_4}$$

$$\mathrm{Fe + Fe(H_2PO_4)_2 \Longrightarrow 2FeHPO_4} \downarrow + \mathrm{H_2} \uparrow$$

$$\mathrm{3FeHPO_4 \Longrightarrow \underset{\text{磷酸亚铁(极难溶)}}{Fe_3(PO_4)_2}} \downarrow + \mathrm{H_3PO_4}$$

$$\mathrm{Fe + 2FeHPO_4 \Longrightarrow Fe_3(PO_4)_2} \downarrow + \mathrm{H_2} \uparrow$$

阴极区放出大量氢气：

$$\mathrm{2H^+ + 2e^- \Longrightarrow H_2} \uparrow$$

$$\mathrm{O_2 + 2H_2O + 4e^- \Longrightarrow 4OH^-}$$

总反应式：

$$3\mathrm{Zn(H_2PO_4)_2} \underset{\text{放热}}{\overset{\text{吸热}}{\rightleftharpoons}} \mathrm{Zn_3(PO_4)_2} \downarrow + 4\mathrm{H_3PO_4}$$

$$2\mathrm{Fe} + 3\mathrm{Zn(H_2PO_4)_2} \underset{\text{放热}}{\overset{\text{吸热}}{\rightleftharpoons}} \underbrace{\mathrm{Zn_3(PO_4)_2} \downarrow + 2\mathrm{FeHPO_4} \downarrow}_{\text{磷化膜}} + 2\mathrm{H_3PO_4} + 2\mathrm{H_2} \uparrow$$

在磷化过程中，磷酸二氢锌不断消耗，在钢铁工件表面形成磷化膜，工作一定时间以后要补充磷酸二氢锌。

5.1.2 磷化分类

1. 按磷化处理温度分类

（1）高温型 温度为 $80 \sim 99 ℃$，时间为 $10 \sim 20min$，能耗大，磷化物沉积多，形成磷化膜的单位面积膜质量（业内称为膜重）可达 $10 \sim 30g/m^2$，较少应用。高温型磷化的溶液游离酸度与总酸度的比值为 1：（7～8），优点是膜的耐蚀性强，结合力好。缺点是加温时间长，溶液挥发量大，游离酸度不稳定，结晶粗细不均匀。

（2）中温型 温度为 $50 \sim 75 ℃$，处理时间为 $5 \sim 15min$，磷化膜重为 $1 \sim 7g/m^2$，目前应用较多。中温型磷化溶液游离酸度与总酸度比值为 1：（10～15）。中温磷化处理的优点是游离酸度稳定，易掌握，磷化时间短，生产率高。磷化膜耐蚀性与高温磷化膜基本相同。

（3）低温型 温度为 $30 \sim 50 ℃$，节省能源，使用方便。

（4）常温型 温度为 $10 \sim 30 ℃$，常温磷化（除加氧化剂外，还加促进剂），能耗小但溶液配制较繁琐，膜重为 $0.2 \sim 7g/m^2$。常温型磷化溶液的游离酸度与总酸度比值为 1：（20～30）。常温磷化处理的优点是不需加热，药品消耗少，溶液稳定。缺点是有些配方处理时间太长。

2. 按磷化液成分分类

1）锌系磷化。

2）锌钙系磷化。

3）铁系磷化，形成无定形磷化膜。

4）锰系磷化，形成耐磨磷化膜。

5）复合磷化，磷化液由 Zn、Fe、Ca、Ni、Mn 等元素组成。

3. 按磷化处理方法分类

1）化学磷化：将工件浸入磷化液中，依靠化学反应实现磷化，目前应用广泛。

2）电化学磷化：在磷液中，工件接正极，钢件接负极进行磷化。

4. 按磷化膜膜重分类

1）重量级（厚膜磷化）：膜重在 $7.5g/m^2$ 以上。

2）次重量级（中膜磷化）：膜重为 $>4.5 \sim 7.5g/m^2$。

3）轻量级（薄膜磷化）：膜重为 $>1.0 \sim 4.5g/m^2$。

4）次轻量级（特薄膜磷化）：膜重为 $0.2 \sim 1.0g/m^2$。

5. 按施工方法分类

（1）浸渍磷化 浸渍磷化应用广泛，适于高温、中温、低温磷化工艺，可处理任何形状工件。特点是设备简单，仅需磷化槽和相应的加热设备。最好用不锈钢或橡胶衬里的槽，不锈钢加热管道应放在槽两侧。

（2）喷淋磷化 喷淋磷化适用于几何形状较为简单的工件，适于中温、低温磷化工艺，可处理大面积工件，如汽车、电冰箱、洗衣机壳体等。这种方法获得的磷化膜结晶致密、均匀、膜薄、耐蚀性好。特点是处理时间短，成膜反应速度快，生产率高。

（3）刷涂磷化 当上述两种方法无法实施时，可采用刷涂磷化。刷涂磷化可在常温下操作，易刷涂，可除锈蚀，磷化处理后工件自然干燥，耐蚀性好，但磷化效果不如前两种。

5.1.3　磷化膜的主要成分

磷化膜颜色、密度、厚度、种类取决于基体材质、工件表面状态、磷化工艺。磷化膜分类及成分见表 5-1。

表 5-1　磷化膜分类及成分

分类	磷化液主要成分	磷化膜主要成分	膜层外观	单位面积膜质量/（g/m^2）
锌系	$Zn(H_2PO_4)_2$	磷酸锌［$Zn_3(PO_4)_2 \cdot 4H_2O$］ 磷酸锌铁［$Zn_2Fe(PO_4)_2 \cdot 4H_2O$］	浅灰→深灰结晶状	1～60
锌钙系	$Zn(H_2PO_4)_2$ 和 $Ca(H_2PO_4)_2$	磷酸锌钙［$Zn_2Ca(PO_4)_2 \cdot 2H_2O$］ 磷酸亚铁锌［$Zn_2Fe(PO_4)_2 \cdot 4H_2O$］	浅灰→深灰结晶状	1～15
锰系	$Mn(H_2PO_4)_2$ 和 $Fe(H_2PO_4)_2$	磷酸锰亚铁［$Mn_2Fe(PO_4)_2 \cdot 4H_2O$］	灰→深灰结晶状	1～60
锰锌系	$Mn(H_2PO_4)_2$ 和 $Zn(H_2PO_4)_2$	磷酸锌、磷酸锰混合物	灰→深灰结晶状	1～60
铁系	$Fe(H_2PO_4)_2$	磷酸亚铁［$Fe_3(PO_4)_2 \cdot 8H_2O$］	深灰结晶状	5～10

磷化膜为闪烁有光、均匀细致、灰色多孔且附着力强的结晶。在结晶的连接点上由于形成细小裂缝，造成多孔结构。结晶的大部分是磷酸锌，小部分是磷酸氢亚铁。锌、铁的比例取决于溶液的成分、磷化时间和磷化温度。

5.1.4　磷化膜的性质

（1）耐蚀性　磷化膜在大气、矿物油、植物油、苯、甲苯中均有很好的耐蚀性，但在酸、碱、水蒸气中其耐蚀性差。在 200～300℃ 时磷化膜仍具有一定耐蚀性，当温度达到 450℃ 时，其耐蚀性显著下降。

（2）特殊性质　磷化膜的特殊性质如增加漆膜与铁工件附着力的特性、减摩用膜的润滑性、冷加工的润滑性等。

5.1.5　磷化膜的用途

磷化膜的主要用途见表 5-2。

表 5-2　磷化膜的主要用途

用途	目的	磷化膜种类	配合处理	典型示例
耐蚀防护	用于钢铁件的耐蚀防护	锌系、锌锰系或锰系厚膜	防锈油、蜡	成批生产的螺栓、螺母、垫圈等标准件
减轻磨损	降低摩擦因数，在高载荷下防止摩擦面间的相互胶合	锰系厚膜	润滑剂	齿轮、凸轮轴、活塞环、活塞、柴油机挺杆、花键、滚动轴承、气缸等
工序间的防护	使除锈后的金属件在短时间内储存待用	薄膜或中厚度的膜		

（续）

用途	目的	磷化膜种类	配合处理	典型示例
冷加工润滑	降低摩擦因数,改善润滑性、延长模具寿命	中厚度的磷酸锌膜	润滑剂	冷挤压、拉丝、拉管等
电绝缘	击穿电压为 27～36V（烘烤磷化膜）	中等厚度膜	油漆、酚醛树脂	电机及变压器中的硅钢片
油漆底层	提高漆膜的附着力,避免弯曲或冲击时漆膜脱落	锌系、锌钙系或铁系薄膜	油漆	壳体、机架、管件、电器等其他需涂漆防锈的制品

5.1.6 磷化膜的质量检验

磷化膜的质量检验包括外观检查、耐蚀性检查、厚度和质量检查、磷化膜上涂底漆后涂层性能检查。

1. 外观检验

肉眼观察磷化膜应是均匀、连续、致密的晶体结构。呈灰色或灰黑色,表面不应有未磷化的残余空白或锈渍。由于预处理方法及效果的不同,允许出现色泽不一的磷化膜,但不允许出现褐色。

2. 耐蚀性检查

（1）浸入法 将磷化后的样板浸入 3% 的氯化钠溶液中,经 2h 后取出,表面无锈渍为合格。出现锈渍时间越长,说明磷化膜的耐蚀性越好。

（2）点滴法 室温下,将试液滴在磷化膜上,观察其变色时间。磷化膜厚度不同,发生变色所需时间也不同:厚磷化膜>5min,中等厚度磷化膜>2min,薄磷化膜>1min。点滴法用试液配方为 0.25mol/L 的硫酸铜 40mL,质量分数为 10% 的氯化钠 20mL,0.1mol/L 的盐酸 0.8mL。

3. 厚度和质量检查

（1）厚度检查 用非磁性测厚仪,或用横向切片,在精度为 ±0.3μm 的显微镜下测量。

（2）质量检查 将样板上磷化膜刮除后称量。用精度为 0.1mg 的分析天平称重,将质量除以样板面积即可得单位面积膜质量。

5.2 常用磷化液的基本组成

磷化液的基本组成包括以下几个方面,即主成膜剂、促进剂、络合剂。单一的磷酸盐配制的磷化液反应速度极慢,结晶粗大,含有重金属离子,不能满足工业生产的要求。

5.2.1 磷化主成膜剂

磷化成膜的过程是磷酸盐沉淀与水分子一起形成磷化晶核,晶核长大形成磷化晶粒,大量的晶粒堆集形成膜。磷化的主成膜剂包括:磷酸二氢锌、磷酸二氢钠、磷酸二氢锰（马尔夫盐）等。这类物质在磷化液中是作为磷酸盐主体而存在的,同时,它也是总酸度的主要来源。

5.2.2　磷化促进剂

在磷化液中加入促进剂，可以缩短磷化反应时间，降低处理温度，促使磷化膜结晶细腻、致密，减少 Fe^{2+} 离子的积累等。促进磷化膜生长的方法，可分为三种类型：添加重金属盐（特别是铜盐和镍盐）、添加氧化剂、物理方法。

（1）铜和镍促进剂　磷化膜是在金属表面局部生成的，而金属则在局部阳极的地方溶解。阳极对阴极的比例，取决于基体金属，也受晶粒边界、杂质和金属切削加工的影响；添加极少量的铜，甚至仅仅加入质量分数为 0.002%~0.004% 的可溶性铜盐，便能极大地提高反应速度，在钢上的成膜速度，可以提高 6 倍以上。显然，铜的作用是在金属表面镀出微量的金属铜，从而增加了阴极的面积。多余的铜必须除掉，否则会导致金属铜代替所需要的磷化膜。

镍盐具有类似的效果，但机理可能不同。镍可促进新生态胶性不溶磷酸盐的沉淀。过多的镍不会产生有害的影响。实际上，添加镍还可以增强磷化膜的耐蚀性。

（2）氧化型促进剂　氧化或去极化促进剂是最为重要的促进剂。它们能和氢反应，从而防止被处理金属的极化。去极化促进剂分成两类：其中一类，能进一步把溶液中的二价铁完全氧化；而另一类，则不能或不能完全把铁氧化。此类型促进剂的第二个重要作用，就是能控制溶液中的铁含量。另外，除了促进覆膜的生成和控制溶液中的铁含量之外，氧化型促进剂还具有独特的优点，即能与新生态的氢快速反应，从而把工件的氢脆降至最小程度。氢脆现象往往出现在无促进剂的工艺中。

最常使用的氧化型促进剂有硝酸盐、亚硝酸盐、氯酸盐、过氧化物和硝基有机物。它们可以单独使用，也可以几个混合使用。上述的促进剂中，亚硝酸盐、氯酸盐和过氧化物，极易氧化溶液中的二价铁。显然，强氧化剂不宜用来作为磷酸亚铁槽的促进剂，事实上，磷酸亚铁槽通常是用重金属来促进或抑制其工艺过程的。某些更强的氧化剂，可以在磷酸锰槽中产生积极的作用，而在磷酸锌系统中，它们的使用寿命有限。

硝酸盐的促进作用是把硝酸盐单独或与其他促进剂结合起来作为促进剂，被广泛用于磷酸锌或磷酸锰槽子中。

5.3　主要磷化参数

（1）温度　温度对磷化反应影响很大。通常，温度越高，磷化层越厚，结晶越粗大；温度越低，磷化层越薄，结晶越细。加工时温度不宜过高，否则 Fe^{2+} 易氧化成 Fe^{3+}，增加沉淀物量，使溶液不稳定。

（2）游离酸度　游离酸指游离的磷酸，其作用是促使铁的溶解，以形成较多的晶核，使膜结晶致密。如果游离酸度过高，则与铁作用加快，会大量析出氢，使界面层磷酸盐不易饱和，导致晶核形成困难，膜层结构疏松、多孔，耐蚀性下降，使磷化时间延长。调整的方法是磷酸锌处理液中加入 ZnO、$ZnCO_3$ 或 NaOH，加入量在（0.5~1g/L）范围内，以降低游离酸度。对磷酸锰处理液，可加 $MnCO_3$ 调整。游离酸度过低，磷化膜薄，甚至无膜。调整方法是在处理液中加入磷酸 1g/L 或固体磷酸二氢锌 6~7g/L，即可提高游离酸度 1 点。所谓游离酸的点数，指消耗 0.1mol/L 氢氧化钠溶液的体积（mL，以甲基橙作为指示剂）。

（3）总酸度　总酸度指磷酸盐、硝酸盐和酸的总和。总酸度一般以控制在规定范围上限为好，有利于加速磷化反应，使膜层晶粒细。磷化过程中，总酸度不断下降，总酸度低，反应变得缓慢。总酸度过高，膜层变薄，可加水稀释；总酸度过低，膜层疏松粗糙。调整方法：对于磷酸锌型磷化液，可加校正液补充。校正液随处理液配方不同而有所不同。校正液主要成分为磷酸二氢锌、硝酸锌及磷酸。对磷酸锰处理液，可加入磷酸锰铁盐来校正，酸度不足 1 点时，按加磷酸锰铁盐 1g/L 操作。

5.4 钢铁的磷化处理

5.4.1 钢铁磷化基本工艺原则

涂装预处理中最基本的问题是磷化膜必须与底漆有良好的配套性，而磷化膜本身的防锈性是次要的。这一点是许多磷化液使用厂家最容易忽略的问题。在生产实践中，往往碰到厂家对磷化膜的防锈要求比较高，而对漆膜配套性几乎不关心，涂装预处理中，磷化膜的主要功能在于，作为金属基体和涂料（油漆）之间的中间介质，它提供一个良好的吸附界面，将涂料（油漆）牢牢地覆盖在金属表面，同时细腻、光滑的磷化膜能提供优良的涂层外观。而磷化膜的防锈性能只是提供一个工序间的防锈作用。另外，粗、厚磷化膜会对漆膜的综合性能产生负效应。因此磷化体系与工艺的选定主要由工件材质、油锈程度、几何形状、磷化与油漆的时间间隔、底漆品种等条件决定。

一般情况下，对于有锈工件必须经过酸洗工序，而酸洗后的工件将给磷化带来诸多的麻烦：如工序间生锈泛黄，残留酸液的清洗，磷化膜出现粗化等。酸洗后的工件在进行锌系、锌锰系磷化前要进行表面调整处理。如果工件磷化后没有及时涂漆，那么当存放期超过10 天以上时，都要采用中温磷化，磷化膜膜重最好在 1.5 ～ 5g/m² 之间，此类磷化膜本身才具有较好的防锈性。磷化后的工件应立即烘干或用热水烫干，如果是自然晾干，易在夹缝、焊接处形成锈蚀。

5.4.2 钢铁磷化工艺方法

（1）处理方式　工件处理方式是指工件以何种方式与槽液接触达到化学预处理的目的。它包括全浸泡式、全喷淋式、喷+浸组合式和涂刷式等。采用哪种方式主要取决于工件的几何形状、投资规模、生产量等因素。

（2）处理温度　从降低生产成本，缩短处理时间和加快生产速度的角度出发，通常选择常温、低温和中温磷化工艺。实际生产中普遍采用的是低温（25 ～ 45℃）和中温（50 ～ 70℃）两种处理工艺。

工件除有液态油污外，还有少量固态油脂，在低温下油脂很难除去，因此脱脂温度应选择中温。对一般锈蚀及有氧化皮的工件，应选择中温酸洗，才可保证在 10min 内彻底除掉锈蚀物及氧化皮。一般不选择低温或不加温酸洗除锈。

（3）处理时间　处理方式、处理温度一旦选定，处理时间应根据工件的油锈程度来定，除按产品说明书外，一般原则是除尽为宜。

（4）磷化工艺流程　根据工件油污、锈蚀程度及涂装要求，分为以下三种工艺流程。

1）完全无锈工件：预脱脂→水洗→脱脂→水洗→表调→磷化→水洗→烘干。该工艺流程适用于各类冷轧板及加工无锈工件预处理，还可将表调剂加到脱脂槽内，减少一道工序。

　　2）一般油污、锈蚀、氧化皮混合的工件：脱脂→热水洗→除锈→水洗→中和→表调→磷化→水洗→烘干。这套工艺流程是目前国内应用最广泛的工艺，适合各类工件的预处理。如果磷化采用中温工艺，则可省掉表调工序。

　　3）重油污、重锈蚀、氧化皮混合的工件：预脱脂→水洗→脱脂→热水洗→除锈→中和→表调→磷化→水洗→烘干。

5.4.3　高温磷化

　　所谓高温磷化是指在 $80 \sim 99℃$ 的条件下进行磷化处理，处理时间为 $10 \sim 15min$。高温磷化得到的膜重达 $10 \sim 30g/m^2$，膜层耐蚀性好，结合力高，硬度较高，耐热性能也比较好，而且磷化速度快，所需时间短。缺点是溶液在高温下操作，挥发量大，成分易变化，磷化膜容易夹有沉积物，结晶也粗细不均，而且溶液及能源消耗大，生产成本高，应用已日渐减少。高温磷化工艺见表 5-3。

表 5-3　高温磷化工艺

工 艺 号		1	2	3	4	5
组分浓度/(g/L)	磷酸二氢锰铁盐(马尔夫盐)	30~35	30~40	25~30	—	—
	磷酸二氢锌[Zn(H₂PO₄)₂·2H₂O]	—	—	—	28~36	30~40
	硝酸锌[Zn(NO₃)₂·6H₂O]	55~65	—	—	42~56	55~65
	硝酸锰[Mn(NO₃)₂·6H₂O]	—	15~25	—	—	—
	碳酸锰(MnCO₃)	—	—	—	9.5~13.5	—
	硝酸(HNO₃)	—	—	2~5	—	—
工艺条件	游离酸度/点	5~8	3.5~5.0	2~4	5~6	6~9
	总酸度/点	40~60	35~50	28~35	60~80	40~58
	溶液温度/℃	90~98	94~98	97~99	92~98	90~95
	处理时间/min	15~20	15~20	25~30	10~15	8~15

　　注：表中的磷化溶液酸度的点数，是指用 0.1mol/L 氢氧化钠溶液滴定 10mL 磷化溶液所消耗的氢氧化钠溶液的体积（mL）。当用酚酞作为指示剂时，所需 0.1mol/L 氢氧化钠溶液的体积（mL）称为磷化溶液总酸度的点数；当用甲基橙作为指示剂时，所需的氢氧化钠溶液体积（mL）则为磷化溶液游离酸度的点数，以下相同。

5.4.4　中温磷化

　　中温磷化一般在 $50 \sim 75℃$ 的温度范围内操作，处理时间为 $10 \sim 20min$，膜厚为 $1 \sim 7g/m^2$。中温磷化膜的耐蚀性接近高温磷化膜，溶液比较稳定，磷化速度也较快，生产率较高，所以应用得比较多。缺点是溶液成分较复杂。中温磷化工艺见表 5-4。

表 5-4　中温磷化工艺

工 艺 号		1	2	3	4	5
组分浓度/(g/L)	磷酸二氢锰铁盐(马尔夫盐)	30~35	30~40	30~40	40	—
	磷酸二氢锌[Zn(H₂PO₄)₂·2H₂O]	—	—	—	—	30~40
	硝酸锌[Zn(NO₃)₂·6H₂O]	80~100	70~100	80~100	120	55~65
	硝酸锰[Mn(NO₃)₂·6H₂O]	—	25~40	—	50	—
	亚硝酸钠(NaNO₂)	—	—	1~2	—	—
	乙二胺四乙酸(C₁₀H₁₆O₈N₂)	—	—	—	1~2	—

（续）

	工　艺　号	1	2	3	4	5
工艺条件	游离酸度/点	5~7	5~8	4~7	3~7	6~9
	总酸度/点	50~80	60~100	60~80	90~120	40~58
	溶液温度/℃	50~70	60~70	50~70	55~65	90~95
	处理时间/min	10~15	7~15	10~15	20	8~15

注：表中 4 号工艺可获得较厚的磷化膜，磷化后不需要钝化处理。

5.4.5　低温磷化

低温磷化一般在 35~50℃ 的温度范围内操作，处理时间为 5~25min。低温磷化膜的厚度及性能介于中温磷化膜与常温磷化膜之间，能量消耗比前两种方法少，使用也较方便，目前也得到较多的应用。低温磷化工艺见表 5-5。

表 5-5　低温磷化工艺

	工　艺　号	1	2	3	4	5	6
组分浓度/(g/L)	氧化锌（ZnO）	5.0	6.77	6.71	6.77	6.77	3.6
	磷酸（H_3PO_4, 85%）	11.36mL/L	10.36mL/L	10.36mL/L	10.36mL/L	10.36mL/L	9.25mL/L
	硝酸（HNO_3, 66%）	—	7.0	7.0	7.0	7.0	2.07
	磷酸二氢锰 [$Mn(H_2PO_4) \cdot 2H_2O$]	—	—	—	—	3.16	—
	硝酸镍 [$Ni(NO_3)_2 \cdot 6H_2O$]	—	—	—	—	1.14	0.05
	硫酸锌（$ZnSO_4$）	—	—	—	—	—	1.0
	硼氟酸钠（$NaBF_4$）	—	0.3	0.3	0.3	0.3	0.1~0.15
	酒石酸	—	0.3	0.3	0.3	0.3	0.1~0.15
	碳酸钠（Na_2CO_3）	—	4.0	4.0	4.0	4.0	—
	硝基苯酚	—	0.5~1.0	—	—	—	—
	氯酸钠（$NaClO_3$）	—	5	3	3	3	—
	硝基磺酸（盐）	—	—	—	0.5~1.0	0.5~1.0	—
	亚硝酸钠（$NaNO_2$）	1.5~2.0	—	—	0.1~0.2	—	0.1~0.25
工艺条件	游离酸度/点	2.0~3.0	0.7~1.0				0.4~0.9
	总酸度/点	24~30	22~27				12~18
	温度/℃	25~30	35~45				15~50
	磷化时间/min	20~30	2~5				3~10

5.4.6　常温磷化

常温磷化一般在 15~35℃ 的温度范围内操作，处理时间比较长，一般为 20~60min，膜厚为 0.5~7g/m²。其优点是溶液温度在室温下，不需要加热设备加热，节约能源，溶液较稳定。但处理时间长，要添加氧化剂、促进剂等物质；而且膜层的耐蚀性不如前面几种磷化膜，耐热性也较差，生产率相对较低。常温磷化工艺见表 5-6。

表 5-6　常温磷化工艺

工艺号		1	2	3	4
组分浓度 /(g/L)	磷酸二氢铁锰盐(马尔夫盐)	40~65	30~40	—	—
	磷酸二氢锌[$Zn(H_2PO_4)_2 \cdot 2H_2O$]	—	—	50~70	60~70
	硝酸锌[$Zn(NO_3)_2 \cdot 6H_2O$]	50~100	140~160	80~100	60~80
	氟化钠(NaF)	3~4.5	3~5	—	3~4.5
	氧化锌(ZnO)	4~8	—	—	4~8
	亚硝酸钠($NaNO_2$)	—	—	0.3~1.0	—
工艺条件	游离酸度/点	3~4	3.5~5	4~6	3~4
	总酸度/点	50~90	85~100	75~95	70~90
	溶液温度/℃	20~30	20~35	15~35	20~30
	处理时间/min	30~45	40~60	20~40	30~50

5.4.7　常温轻铁系磷化

常温轻铁系磷化工艺见表 5-7。

表 5-7　常温轻铁系磷化工艺

工艺号		1	2	3	4
组分浓度 /(g/L)	磷酸二氢钠(NaH_2PO_4)	10	—	—	—
	磷酸(H_3PO_4)(85%)	10	—	—	—
	草酸钠(NaC_2O_4)	4	—	—	—
	草酸($H_2C_2O_4$)	5	—	—	—
	氯酸钠($NaClO_3$)	5	—	—	—
	BH-64	—	50mL/L	—	—
	GP-5	—	—	100mL/L	—
	PI577	—	—	—	50mL/L
工艺条件	游离酸/点	3~5	—	5~7	—
	总酸度/点	10~20	—	15~20	—
	pH	—	—	2.0~2.5	2.5~3.5
	温度/℃	>20	5~40	10~35	15~40
	时间/min	>5	2~15	5~15	6~25

注：BH-64 为广州市二轻研究所工艺；GP-5 为湖南大学工艺；P1577 为武汉材料保护研究所工艺。

5.4.8　二合一磷化

二合一磷化就是用一种两功能处理液及工艺，能对钢铁件同时达到除锈及磷化或磷化及钝化的目的。不必先除锈再磷化，而是将除锈和磷化在同一种处理液内同时进行。这种方法的前提条件为钢铁工件是新加工的工件，基本无油，只有少量的新锈、浮锈，只有满足上述条件，才能取得好的效果。由于磷化处理液中的磷酸具有除锈功能，而铁锈中的铁既可作为磷化膜内的成分，也可以作为磷酸铁沉渣分离。采用二合一磷化工艺时，许多工厂都根据本厂的条件配制溶液及制定工艺操作规程。也有商品的二合一磷化剂或浓缩液出售，可按商品说明书使用。

5.4.9　三合一磷化

三合一磷化是在二合一磷化基础上增加了一个功能，即在同一磷化槽液中综合进行脱脂、除锈、磷化，或除锈、磷化、钝化三个工序。采用同一磷化槽进行多个工序的处理工艺，可以简化工序操作，减少设备的设置，节约成本，减少作业区的面积，大大缩短了操作时间，提高了劳动生产率，改善了劳动条件，减少了污水的处理量，同时也提高了生产的机械化、自动化程度。三合一磷化工艺所获得的膜层均匀、细致，有一定的抗大气腐蚀性能，一般用作大型设备外壳的涂漆底层，或用作电泳涂装的底层，更有利于形成连续操作的自动生产线。

5.4.10　四合一磷化

四合一磷化就是指脱脂、除锈、磷化和钝化四个主要工序合并在一个槽中完成。这样合并可以简化工序，减少设备，缩短工时，提高生产率，对于大型机械和管道，采用喷刷处理更为方便。四合一磷化膜大都是纯铁盐型的，故乌黑亮泽，结晶致密，膜重为 $4 \sim 5g/m^2$，一般只用作涂装的底层。20 世纪 80 年代中期以来，开发的新型四合一磷化与其他工艺有着本质的不同。其处理液由磷酸、促进剂、成膜剂、络合剂和表面活性剂组成，酸度很高，因而可除重油和重锈，实用性好。四合一磷化工艺见表 5-8。

表 5-8　四合一磷化工艺

品牌	含量 /（mL/L）	工艺条件				备注
		总酸度/点	游离酸/点	温度/℃	时间/min	
PP-1 磷化剂	300	—	—	常温	3 ~ 15	—
YP-1 磷化剂	500	600 ~ 700	300 ~ 350	常温	3 ~ 15	膜重 $2 \sim 6g/m^2$，重度油、锈浸或刷
XH-9 磷化粉	50g/L	—	—	0 ~ 40	10 ~ 20	—
GP-4 磷化剂	250	250	120	常温	5 ~ 25	轻度油、锈件浸蚀
	330	350	160	30 ~ 40	10 ~ 15	含油、重锈件浸渍
	500	500	250	30 ~ 40	10 ~ 15	多油、重锈或氧化皮零件的浸渍或刷涂

注：PP-I 为武汉材料保护研究所产品；YP-1 为湖南新化材料保护应用公司产品；XH-9 为成都祥和磷化公司产品；GP-4 为湖南大学产品。

5.4.11　黑色磷化

黑色磷化膜结晶细致，色泽均匀，外观呈黑灰色。黑色磷化膜既不影响工件的精度，又能减少仪器内壁的漫反射，因而主要用于精密钢铸件的防护与装饰。黑色磷化工艺见表 5-9。

表 5-9　黑色磷化工艺

工艺规范		1	2
组分浓度 /(g/L)	马日夫盐[$xFe(H_2PO_4)_2 \cdot yZn(H_2PO_4)_2$]	2.5~35	55
	磷酸(H_3PO_4)	1~3mL/L	13.6mL/L
	硝酸钙[$Ca(NO_3)_2$]	30~50	—
	硝酸钡[$Ba(NO_3)_2$]	—	0.57
	硝酸锌[$Zn(NO_3)_2 \cdot 6H_2O$]	15~25	2.5
	亚硝酸钠($NaNO_2$)	8~12	—
	氧化钙(CaO)	—	6~7
工艺条件	游离酸/点	1~3	4.5~7.5
	总酸度/点	24~26	58~84
	温度/℃	85~95	96~98
	时间/min	30	视具体情况而定

注：1. 工艺 1，工件在磷化前需在硫化钠（5~10g/L）溶液中室温下浸泡 5~20s，不水洗即磷化。
　　2. 工艺 2，需进行 2~3 次磷化，第一次磷化待工件表面停止冒气泡后取出，用冷水冲洗，然后在 15% 的 H_2SO_4 溶液中室温浸渍 1min，水洗后再进行第二次磷化（溶液与工艺规范不变），依次进行第三次磷化。

5.4.12　浸渍磷化

浸渍磷化就是将工件浸泡在磷化处理液中，经过一段时间后，表面即生成一定厚度的磷化膜层。此施工方法适用于各种温度的磷化工艺，也可以处理各种形状的工件，所得的磷化膜比较均匀。浸渍法的基本设备简单，仅需磷化槽及加热设备，施工操作容易，化学磷化、电化学磷化及超声波磷化都要采用此法。

5.4.13　喷淋磷化

喷淋磷化是将磷化液直接喷在工件的表面上，使其产生磷化反应，生成一定厚度的磷化膜。此法适用于化学磷化的中、低温磷化工艺，处理表面形状简单、尺寸较大的平面，例如汽车的壳体，电冰箱、文件柜等壳体。此种方法生成的磷化膜可作为涂装底层，也可应用于冷变形加工。此方法处理时间短，成膜速度快，生产率高，所获得的磷化膜结晶致密、均匀，膜层较薄，耐蚀性好。

5.4.14　浸喷组合磷化

浸喷组合磷化就是工件先进行浸渍磷化处理，然后再进行喷淋磷化处理。此法综合了两种方法的优点，弥补了两种方法的不足，使磷化膜更为均匀、致密、完整，保证了膜层的质量。

5.4.15　刷涂磷化

刷涂磷化就是用毛刷将磷化液刷涂在需磷化的工件表面，经化学反应生成磷化膜。此法可用在上述方法无法实施的场合，可以在常温下操作，磷化处理后工件自然干燥，所得膜层的耐蚀性好。

5.4.16　钢铁磷化后处理

钢铁磷化后处理的目的是增加磷化后膜耐蚀性，根据工件用途进行后处理。钢铁磷化后处理工艺见表 5-10。

表 5-10　钢铁磷化后处理工艺

	工　艺　号	1	2	3	4	5
组分浓度 /(g/L)	重铬酸钾($K_2Cr_2O_7$)	60~80	50~80	—	—	—
	铬酐(CrO_3)	—	—	1~3	—	—
	碳酸钠(Na_2CO_3)	4~6	—	—	—	—
	肥皂	—	—	—	30~35	—
	锭子油或防锈油	—	—	—	—	100%
工艺条件	温度/℃	80~85	70~80	70~95	80~90	105~110
	时间/min	5~10	8~12	3~5	3~5	5~10

5.5　有色金属的磷化处理

5.5.1　铝及铝合金磷化

铝及铝合金磷化有两种方法：一种是在钢铁磷化液中加入适量的氟化物进行磷化处理，但其膜层的耐蚀性远远低于阳极氧化或铬酸盐处理得到的膜层，一般不用于防护目的，只作为冷变形加工的预处理；另一种是阿洛丁法，得到的膜层附着力较强，常用于涂漆底层，以提高其结合力和防护性。铝及铝合金磷化工艺见表 5-11。

表 5-11　铝及铝合金磷化工艺

	工　艺　号	1	2	3	4	5
组分浓度 /(g/L)	铬酐(CrO_3)	12	7	10	3.6	6.8
	磷酸(H_3PO_4)	67	58	64	12	24
	氟化钠(NaF)	4~5	3~5	5	3.1	5
工艺条件	温度/℃	50	25~50	25~50	25~50	25~50
	浸液时间/min	2	10	1.5~5	1.5~5	1.5~5

5.5.2　镁及镁合金磷化

镁合金通过铬酸盐处理可以得到具有良好耐蚀性的氧化膜。而镁合金磷化处理后所得的磷化膜，其性能比不上铬酸盐膜，因此以前很少使用。近年来，世界对环境保护日益重视，铬酸盐的使用已受到各种限制，所以有越来越多的产品采用磷化处理代替铬酸盐氧化处理。镁合金磷化液成分以磷酸锰为主，而磷化膜的成分取决于磷化液的组成，用含氟化钠磷化液所得到的膜主要由磷酸锰等组成，而用氟硼酸钠溶液所得到的膜，则主要由磷酸镁等组成。镁及镁合金磷化工艺见表 5-12。

表 5-12　镁及镁合金磷化工艺

工　艺　号		1	2	3
组分浓度 /(g/L)	磷酸二氢锰[Mn(H$_2$PO$_4$)$_2$]	25~35	—	—
	磷酸(H$_3$PO$_4$,ρ=1.75g/cm^3)	—	3~6mL/L	12~18
	磷酸二氢钡[Ba(H$_2$PO$_4$)$_2$]	—	45~70	—
	硝酸锌[Zn(NO$_3$)$_2$·6H$_2$O]	—	—	20~25
	氟硼酸钠(NaBF$_4$)	—	—	13~17
	氟化钠(NaF)	0.3~0.5	1~2	—
工艺条件	溶液温度/℃	95~98	90~98	75~85
	处理时间/min	20~30	15~30	0.5~1.0

5.5.3　锌及锌合金磷化

　　锌及锌合金进行磷化处理和其他金属磷化处理的作用一样，主要是提高其防护性能和对涂装层的黏结力，以作为涂漆的底层。由于锌很少作为工件整体原材料，所以锌及锌合金磷化处理通常是应用于热浸镀锌板、电镀锌工件以及一些锌合金的压铸件上。对这种金属最适宜采用慢的磷化处理方法，而且溶液内亚铁离子含量应较高。当采用磷酸二氢锌作为溶液的基本成分时，其中亚铁离子含量要比锌含量高出30%~50%（质量分数）。若采用磷酸二氢锰盐的溶液时，则亚铁离子含量要比锰含量高一倍。磷化溶液可在与钢铁磷化处理液相似的配方中加入某些物质（如铁、锰或镍等阳离子），其作用主要是调节晶核生成与生长的过程，改善膜层的均匀度及晶粒的粗细。

　　钢铁的镀锌件磷化最好在室温下进行，用含有加速剂的磷酸锌型溶液进行处理，在此条件下，锌的溶解较缓慢，不会损害到锌镀层，但不能与其他的钢铁件同槽处理。锌铝合金件的磷化处理比较困难，因为铝离子的存在会使磷化成膜的过程停止。为了避免铝对磷化过程的影响，可选用锌的室温磷化液，以便尽量减少铝的溶解量，也可以在溶液中加入适量的氟化钠或氟硅酸钠，使铝从溶液中沉淀出来。此外，也可以在磷化前先将锌铝合金件在60%（质量分数）的氢氧化钠溶液中浸渍一下，使表面上的铝先选择性溶解，然后再在室温的磷化液中处理。

　　锌及锌合金磷化工艺见表5-13。锌及锌合金工件在磷化前要先进行活化表面。活化可采用磷酸盐溶液浸渍一下，或在表面喷涂不溶性的磷酸锌浆料，使表面增加活性点，提高表面的活性，促进晶粒的形成。

表 5-13　锌及锌合金磷化工艺

工　艺　号		1	2	3	4
组分浓度 /(g/L)	磷酸锰铁盐(马日夫盐)	25~35	30~40	60~65	—
	磷酸二氢锌[Zn(H$_2$PO$_4$)$_2$·2H$_2$O]	—	—	—	35~45
	氧化锌(ZnO)	—	—	12~15	—
	硝酸锌[Zn(NO$_3$)$_2$·6H$_2$O]	55~65	75~100	45~55	—
	硝酸锰[Mn(NO$_3$)$_2$·6H$_2$O]	—	30~40	—	—
	磷酸(H$_3$PO$_4$,85%[①])	—	—	—	20~30
	亚硝酸钠(NaNO$_2$)	1.5~2.5	—	—	—
	氟化钠(NaF)	—	—	7~9	—

（续）

工　艺　号		1	2	3	4
工艺条件	游离酸度/点	0.5~1.4	6~9	—	12~15
	总酸度/点	38~48	80~100	—	60~75
	溶液 pH	—	—	3~3.2	—
	溶液温度/℃	18~25	50~70	20~30	85~95
	处理时间/min	20~30	15~20	22~30	10~15
适用范围(材料种类)		锌	锌合金		

① 质量分数，下同。

5.5.4　钛及钛合金磷化

钛及钛合金的化学转化膜处理用得较多的是磷化处理。钛合金的磷化膜大多数是用作涂漆的底层，可增强钛合金表面与有机涂料之间的结合力，而一般的氧化膜和涂层的结合力很差。此外，磷化膜具有很好的润滑作用，用于钛合金工件的冲压成形和拉拔加工，可取得很好的润滑及耐磨效果。钛合金磷化膜用作专门的防护层时，磷化处理后要进行封闭处理，一般是将磷化后的工件浸在全损耗系统用油或肥皂液内达到封闭的目的。钛及钛合金磷化工艺见表 5-14。

表 5-14　钛及钛合金磷化工艺

工　艺　号		1	2
组分浓度/(g/L)	磷酸钠($Na_3PO_4 \cdot 12H_2O$)	35~50	45~55
	醋酸(CH_3COOH,36%)	50~70	—
	氟化钠(NaF)	25~40	—
	氟化钾(KF)	—	18~23
	氢氟酸(HF,50%)	—	24~28mol/L
工艺条件	溶液温度/℃	20~30	20~30
	处理时间/min	2~9	2~3

5.5.5　镉磷化

镉磷化主要是镉镀层的磷化。其磷化处理的工艺与锌的磷化处理基本相同。镉磷化工艺见表 5-15。

表 5-15　镉磷化工艺

工　艺　号		1	2	3
组分浓度/(g/L)	磷酸锰铁(马日夫盐)	55~65	30	—
	磷酸(H_3PO_4,85%)	—	—	20~30
	氧化锌(ZnO)	—	—	20~25
	硝酸(HNO_3)	—	—	20~30
	硝酸锌[$Zn(NO_3)_2 \cdot 6H_2O$]	45~55	60	—
	亚硝酸钠($NaNO_2$)	—	2~3	1.5~2.5
	氟化钠(NaF)	5~8	—	

（续）

工　艺　号		1	2	3
工艺 条件	游离酸度/点	—	0.5~1.4	2~5
	总酸度/点	—	35~48	50~60
	溶液 pH	—	—	2.4~2.5
	溶液温度/℃	20~30	18~25	28~35
	处理时间/min	10~20	20~30	25~30

第6章 钝 化 膜

6.1 概述

金属的钝化现象，例如，铁在稀硝酸中腐蚀很快，而在浓硝酸中则腐蚀很慢。这种现象早在 18 世纪初就被人们发现，最初观察到钝化现象的是法拉第。在室温下，将一块纯铁浸泡在 70%（质量分数，下同）的浓硝酸溶液中，没有看到气泡等产物出现的反应发生，仍然具有金属光泽，如图 6-1a 所示。向容器中缓慢加水，使硝酸溶液稀释到一半（约 35%）时，仍无变化发生，如图 6-1b 所示，铁块表现出如贵金属一样的惰性。但用玻璃棒擦一擦铁块表面或者摇动烧杯使铁块碰撞杯壁时，铁块就迅速溶解，放出大量气泡，如图 6-1c 所示，取同样的纯铁块，直接放入 35% 的稀硝酸溶液中，却立即发生剧烈反应。

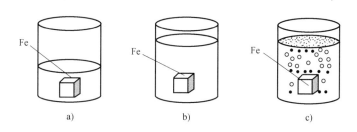

图 6-1 法拉第的纯铁在硝酸中的腐蚀试验
a) 70%HNO$_3$ 无反应 b) 70% 稀释到 35%HNO$_3$ 无反应 c) 35%HNO$_3$ 剧烈反应

上述实验表明，铁在稀硝酸中是不耐蚀的，有剧烈的腐蚀反应发生，然而在浓硝酸浸泡以后，再放到稀硝酸中，却看不到腐蚀反应发生，也就是腐蚀速度降低了，这可以理解为在浓硝酸中浸泡时，表面上生成了腐蚀产物而导致腐蚀速度降低，当用玻璃棒与铁的表面摩擦时，可以理解为将腐蚀产物去掉，则在稀硝酸中的铁又发生剧烈腐蚀了。

钝化现象具有重要的实际意义。在防腐蚀技术中，可利用钝化现象提高金属或合金的耐蚀性，如向铁中加入 Cr、Ni、Al 等金属研制成不锈钢、耐热钢等。不锈钢在强氧化性腐蚀介质中极易钝化，人们利用这类合金来制造与强氧化性介质相接触的化工设备。另外在有些情况下又希望避免钝化现象的出现，例如，电镀时阳极钝化会降低其活性，进而降低电镀效率。

1836 年，斯柯比称金属在浓硝酸中获得的耐蚀状态为钝态（Passive State）。金属的这种失去了原来的化学活性的现象被称为钝化（Passivation），金属钝化后所获得的耐蚀性质称为钝性（Passivity）。到目前为止，人们对金属的钝化进行了广泛深入的研究。金属的钝化在腐蚀与防护科学中具有重要的地位，它既具有重大的理论意义，并在控制金属腐蚀和提高金属材料的耐蚀性方面发挥了十分重要的作用。

在一定电位下，使钝化了的金属又重新溶解的现象称为超钝化。目前已经肯定超钝化的原因与金属能形成多种价态的离子有关。在超钝化以前金属多半被氧化成低价的离子。例如，一般来说铬系以 Cr^{3+} 的形式进入溶液中。但在电位达到一定值时，钝化膜有可能进一步被氧化，例如 Cr^{3+} 可能变成可溶性的六价化合物：

$$Cr_2O_3+4H_2O-6e^- \Longrightarrow Cr_2O_7^{2-}+8H^+$$

从而破坏了金属表面的保护性能。并不是所有钝化了的金属都能观察到超钝化。因为超钝化可以出现在 OH^- 放电而析出氧之前，也可以出现在析出氧之后。而且也有可能在析出氧的同时形成高价的氧化物。

有时可以利用外部电流来使某一金属制品钝化，以达到保护金属不被腐蚀的目的，称为阳极保护。但是必须严格控制电位，防止超钝化的发生。

凡是能促使金属保护层被破坏的因素，都能使钝态的金属重新活化。例如，加热、通入还原性气体、阴极极化、加入某些活性离子、改变溶液的 pH 等。如果钝态金属表面受到机械损伤，则一部分金属露出作为阳极，而钝化层作为阴极，构成微电池。这时钝化膜受到阴极极化而被还原，使它遭到破坏，因而也可使金属活化。

使金属活化的各种手段中，以 Cl^- 的作用最引人注意。将钝态金属浸入含有 Cl^- 的溶液中，则可以使金属活化。这可能是由于 Cl^- 在电极上吸附，从而将钝化层中的氧排出而引起的。虽然目前存在着很多种学说，但是 Cl^- 活化作用的机理还不是很清楚。

6.1.1　钝化定义

所谓金属钝化是指那些本来比较活泼的金属或合金由于表面状态的变化，使原来的溶解或腐蚀速度显著减慢的一种现象。处于这种不活泼状态下的金属，称钝态金属。

有些金属（例如镍、铝、铬等）的标准电极电位的绝对值很小，应当很容易溶解在电解质溶液中。但是它们在某些溶液中常常是溶解得很慢或几乎不溶解。又如铁在稀硝酸中溶解得很快，但在浓硝酸中却溶解得非常缓慢，即金属铁在硝酸浓度提高时反而变得更稳定了。不但在金属自溶时能观察到这种现象，而且在电解时也有这种现象。例如，在锡酸钠溶液中镀锡时，在较高电流密度下，锡阳极的溶解速度急剧下降，这时 OH^- 开始在阳极上放电。上述的这些金属都处于钝化状态。

由于金属表面状态的变化使阳极溶解过程的电压升高，金属的溶解速度急剧下降的作用称为钝化。可以在氧化剂存在的条件下使金属自发地钝化，也可以在外部电流作用下使金属钝化。从热力学的观点来看，已经钝化了的金属仍然具有很大的反应能力进行氧化还原反应，但是从动力学观点来看，它们的反应速度非常小。

在中性电解质溶液中，可用缓蚀剂和钝化剂保护金属。缓蚀剂可定义为添加极小量便能明显抑制腐蚀的化合物，不管对何种电化学反应均可发生影响。而钝化剂则定义为通过优先抑制阳极反应而减小腐蚀速度的一种化合物。显然，缓蚀剂不一定是钝化剂，而钝化剂均是缓蚀剂。

在中性介质中，金属被缓蚀的一种最可能机理是加进能改变阳极反应动力学的一种化合物，之后金属被钝化，从而抑制了阳极的溶解过程，这种缓蚀作用与金属表面产生的钝化层的性质有关，也与进入钝态的阴极过程及阴极特性有关。

化学、电化学和机械等因素都可以引起钝化膜的破坏。

溶液中存在的活性阴离子或向溶液中添加活性阴离子，如 Cl^-、Br^-、SCN^-，这些活性阴离子从膜结构有缺陷的地方（如位错区、晶界区）渗进去改变了氧化膜的结构，破坏了钝化膜。其中，Cl^- 对钝化膜的破坏作用最为突出，这应归因于氯化物溶解度特别大和 Cl^- 半径很小的缘故。

当 Cl^- 与其他阴离子共存时，Cl^- 在许多阴离子竞相吸附过程中能被优先吸附，使组成膜的氧化物变成可溶性盐，反应式如下：

$$Me(O^{2-},2H^+)_m+xCl^-\!\!=\!\!=\!\!=MeCl_x+mH_2O+xe^-$$

同时，Cl^- 进入晶格中代替膜中的分子、OH^- 或 O^{2-}，并占据了它们的位置，降低电极反应的活化能，加速了金属的阳极溶解。

Cl^- 对膜的破坏，是从点蚀开始的。钝化电流 I_p 在足够高的电位下，首先击穿表面膜的缺陷的部位（如杂质、位错、贫铬区等），露出的金属便是活化-钝化原电池的阳极。由于活化区小，而钝化区大，构成一个大阴极、小阳极的活化-钝化原电池，促成小孔腐蚀。钝化膜穿孔发生溶解所需要的最低电位值称为击穿电位，或者称为点蚀临界电位。击穿电位与阴离子浓度有关，阴离子浓度增加，击穿电位减小。

机械碰撞电极表面，可以导致钝化膜的破坏；膜厚度增加，使膜的内应力增大，也可导致膜的破坏。

膜的介电性质引起钝化膜的破坏。一般钝化膜厚度不过几个纳米，膜两侧的电位差为零点几伏到几伏。因此膜要承受 $1\times10^6 \sim 1\times10^9 V/cm$ 的极高电场强度作用，这种高场强诱发的电场伸缩作用是相当显著的，而金属氧化物或氢氧化物的临界击穿压应力在 $1000 \sim 10000Pa$ 数量级内，所以 1×10^6 量级的场强已足以产生破坏钝化膜的压应力。

由于金属处于钝态时的腐蚀速度比它处于活化状态时的腐蚀速度要小几个数量级，所以只要金属与腐蚀介质能构成钝化体系，人们总是尽可能使金属处于钝态，采取各种措施使金属容易钝化和使得钝态稳定。而最为常用的途径有以下三条：

第一条途径，也是最主要的一条途径，是冶炼能满足各种机械性能（强度、焊接、切削和各种加工性能）要求的和能够在尽可能多的腐蚀介质中自钝化的合金。各种牌号的不锈钢就是属于这种情况。但是这要使金属材料的成本费用大为增加。

第二条途径，是在腐蚀介质中添加能使金属钝化的物质，即钝化剂。这种方法主要适用于中性、碱性的水溶液。在一些情况下，也可以将金属表面在加有钝化剂的溶液中处理，使其生成钝化膜后提高金属表面在空气中的耐蚀能力。但这只能作为其他金属表面处理方法的一种辅助方法，例如，钢铁表面经过"磷化处理"生成具有保护性的磷酸盐膜后再在加有适当的钝化剂中处理，使磷酸盐膜的微孔中的金属表面钝化，增强磷酸盐膜的保护能力。

在水溶液中添加钝化剂保护金属表面时，首先要考虑整个体系是否允许使用钝化剂。有些腐蚀介质是不允许添加其他物质的。如果腐蚀系统是需要不断更换腐蚀介质的开放系统，就要不断消耗钝化剂，不仅费用过大，也容易发生钝态失稳，金属表面变成活化腐蚀状态，从而使腐蚀加剧。一些效能比较高的钝化剂本身是能够被金属还原的氧化剂。当金属表面处于活化的腐蚀状态时，钝化剂的还原性使金属的阳极溶解电流密度大幅度增加，因而腐蚀速度比没有这些物质时大得多。更加值得注意的是有一些效能比较高的钝化剂，如重铬酸盐、亚硝酸盐等都是有毒或致癌的物质，在许多情况下是禁止使用的。

第三条途径，就是上面说过的用外电源提供阳极电流来使金属钝化并使其保持钝性。

总之，不论是采取哪一种措施以利用金属的钝性来降低其腐蚀速度，都要满足的条件是钝化膜在金属的使用条件下是完整的。对于一定的金属材料来说，溶液中的氢离子的浓度是钝化膜是否稳定的重要因素。以铁为例，铁表面的钝化膜的化学组成主要是氧化铁。也还可能含部分从钝化剂转化成的其他金属的氧化物，例如，在以重铬酸盐作为铁的钝化剂时，钝化膜中含有一些 CrO_3；但若以亚硝酸钠作为钝化剂，则钝化膜中只有氧化铁。

6.1.2 金属钝化理论

金属及合金钝化是一种界面现象，它没有改变材料本身的性能，只是使材料表面在介质中的稳定性发生了变化。金属由活化状态转变成为钝态是一个相当复杂的暂态过程，其中涉及电极表面状态的不断变化，表层中的扩散和电子迁移过程以及新相的析出过程等。前面介绍的诸因素又都可影响上述各过程的进行。金属及合金由活化态变为钝化态是一个复杂的过程，到目前为止，还没有一个很完整的理论来解释说明金属及合金所有的钝化现象，对钝化膜的性质和组成仍不很清楚。但是普遍认为，钝化是由于金属及合金表面生成了一层膜，使腐蚀不易在表面继续进行，这一薄膜理论已被广泛认可，此外还有吸附理论等。下面简要介绍目前认为能较满意地解释大部分实验事实的两种理论，即成相膜理论和吸附理论。

1. 成相膜理论

成相膜理论认为，金属钝态是由于金属和介质作用时在金属表面上生成一种非常薄的、致密的、覆盖性良好的保护膜，这种保护膜作为一个独立相存在，并把金属与溶液机械地隔开，使金属的溶解速率大大降低，亦即使金属转变为钝态。这种保护膜通常是金属的氧化物。在某些金属上可直接观察到膜的存在，并能测定其厚度和组成。使用比较灵敏的光学方法（如椭圆偏振仪），可不必把膜从金属表面取下来也能测定其厚度。近年来运用 X 光衍射仪、X 光电子能谱仪、电子显微镜等表面测试仪器对钝化膜的成分、结构、厚度进行了广泛的研究。一般膜的厚度为 1～10nm，具体厚度与金属材料有关。例如，Fe 在浓 HNO_3 中的钝化膜厚度约为 2.5～3.0nm，碳钢约为 9～10nm，不锈钢约为 0.9～1nm。不锈钢的钝化膜最薄，但最致密，保护性最好。Al 在空气中氧化生成的钝化膜厚度约为 2～3nm，也具有良好的保护性。Fe 的钝化膜是 $\gamma\text{-}Fe_2O_3$，$\gamma\text{-}FeOOH$，Al 的钝化膜是无孔的 $\gamma\text{-}Al_2O_3$ 或多孔的 $\beta\text{-}Al_2O_3$。除此以外，在一定条件下，铬酸盐、磷酸盐、硅酸盐及难溶的硫酸盐和氯化物、氟化物也能构成钝化膜。例如 Pb 在 H_2SO_4 中生成 $PbSO_4$，Fe 在氢氟酸中生成 FeF_2 等。

应当指出，金属处于稳定钝态时，并不等于它已经完全停止溶解，而只是溶解速率大大降低而已。对于这一现象，有人认为是因钝化膜具有微孔，钝化后金属的溶解速率是由微孔内金属的溶解速率所决定的。但也有人认为金属的溶解过程是透过完整膜进行的，在这一理论中，认为膜的溶解是一个纯粹的化学过程，因而其进行速率与电极电位无关。这一结论在大多数情况下和实验结果是相符的。

但是，若金属表面被厚的保护层遮盖，如被金属的腐蚀产物、氧化层、磷化层或涂漆层等所遮盖，则不能认为是金属薄膜钝化。

然而，要能够生成一种具有独立相的钝化膜，其先决条件是在电极反应中要能够生成固态反应产物。可以利用电位-pH 图来估计简单溶液中生成固态物的可能性。大多数金属在强酸性溶液中生成溶解度很大的金属离子。部分金属在碱性溶液中也可生成具有一定溶解度的酸根离子（ZnO_2^{2-}，$HFeO_2^-$，PbO_2^{2-} 等），而在接近中性的溶液中阳极产物的溶解度一般很小，故易于实现钝化。

虽然产生成相膜的先决条件是电极反应中有固态产物生成，但并不是所有的固体产物都能产生成相膜（钝化膜）。那些多孔、疏松的沉积层并不能直接导致材料钝化，但可以成为钝化的先导，当电位提高时，它可以在强电场的作用下转变为高价态的具有保护特征的氧化膜，促使材料发生钝化。

成相膜理论的有力证据是能够直接观察到钝化膜的存在，并用光学方法、X 射线、电子探针、俄歇电子能谱、电化学方法可以测出钝化膜的结构、成分和厚度。

2. 吸附理论

吸附理论认为，金属钝化并不需要在金属表面生成固相的成相膜，而只要在金属表面或部分表面上生成氧或含氧粒子的吸附层就足够了。一旦这些粒子吸附在金属表面上，就会改变金属-溶液界面的结构。并使阳极反应的活化能显著提高而产生钝化。与成相膜理论不同，吸附理论认为金属能够呈现钝化的根本原因是由于金属表面本身反应能力的降低，而不是由于膜的机械隔离作用，膜是金属出现钝化后产生的结果。这种理论首先由德国人塔曼提出，后为美国人尤利格等加以发展。

吸附理论的主要实验依据是用测量界面电容的结果，来提示界面上是否存在成相膜。若界面上生成即使很薄的膜，其界面电容值也应比自由表面上双电层电容小得多。测量结果表明，在 Ni 和 18-8 不锈钢上相应于金属阳极溶解速率大幅度降低的那一段电位内，界面电容值的改变不大，它表示氧化膜并不存在。另外，根据测量电量的结果表明，在某些情况下为了使金属钝化，只需要在每平方厘米电极表面上通过零点几毫库仑的电量。而这些电量甚至不足以生成氧的单分子吸附层。例如，在 0.05mol/L 氢氧化钠中用 $1 \times 10^{-5} A/cm^2$ 的电流密度极化铁电极时，只需要通过相当于 $3mC/cm^2$ 的电量就能使铁电极钝化；而在 $0.01 \sim 0.03mol/L$ 氢氧化钾中用大电流密度（$>100mA/cm^2$）对 Zn 电极进行阳极极化，只需要通过不到 $0.5mC/cm^2$ 的电量，即可使 Zn 电极钝化。又如 Pt 在盐酸中，只要有 6% 的表面充氧，就可使 Pt 的溶解速率降低至初始速率的 $1/4$；若有 13% 的 Pt 表面充氧，则其溶解速率会降低至初始速率的 $1/16$。

以上实验都表明，金属表面的单分子吸附层不一定能将金属表面完全覆盖，甚至是不连续的。吸附理论认为，只要在金属表面最活泼的、最先溶解的表面区域上（例如金属晶格的顶角或边缘，或者在晶格的缺陷、畸变处）吸附着氧单分子层，便能抑制阳极过程，使金属产生钝化。

在金属表面吸附的含氧粒子究竟是哪一种，则要由腐蚀体系中的介质条件来决定。可能是 OH^-，也可能是 O^{2-}，更多的人认为可能是氧原子。关于氧吸附层的作用有以下几种解释：

1）从化学角度解释，认为金属表面原子的不饱和键在吸附了氧以后变饱和了，使金属表面原子失去了原有的活性，金属原子不再从其晶格中移出，从而出现钝化。这种观点特别适用于过渡金属（如 Fe、Ni、Cr 等），因为它们的原子都具有未填满的电子层，能和有未配对电子的氧形成强的化学键，导致氧的吸附。这样的氧吸附层称为化学吸附层以区别低能的物理吸附层。

2）从电化学角度解释，认为金属表面吸附氧之后改变了金属与溶液界面的双电层结构，所吸附的氧原子可能被金属上的电子诱导生成氧偶极子，使得正的一端在金属中，而负的一端在溶液中，形成了双电层，如图 6-2 所示。这样原先的金属离子平衡电位将部分地被氧吸附后的电位代替，结果使金属总的电位朝正向移动。并使金属离子化作用减小，阻滞了金属的溶解。

吸附理论能够解释一些成相膜理论难以解释的事实。例如，一些无机阴离子能在不同程度上引起金属钝态的活化或阻碍钝化的进程。从吸附理论出发，可认为钝化是由于电极表面吸附了某种含氧粒子所致，阴离子在足够高的阳极极化电位下与含氧粒子发生竞争吸附，排除掉一部分含氧粒子，因而阻碍了钝化。

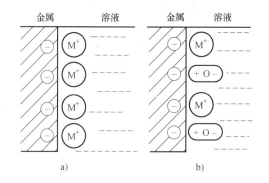

图 6-2　吸附氧前后的双电层结构

a）金属离子平衡电位差（平衡电位）

b）吸附氧后形成电位差（氧吸附电位）

吸附理论还可以较好地解释铬、镍、铁等金属及其合金表面上，当继续增高阳极极化电位时会出现金属及合金溶解速率再次增大的过钝化现象。溶液过高的氧化能力会使已钝化的金属或合金活化。这种已经钝化的金属或合金在强氧化性介质中或者电位提高时，又发生腐蚀溶解的现象称为过钝化。升高极化电位可以引起两种后果：一是含氧粒子表面吸附量随着电位变正而增多，导致阻滞作用的加强；二是电位变正，加强了界面电场对金属及合金溶解的促进作用。这两种作用在一定的电位范围内基本上相互抵消，因而有几乎不随电位变化的稳定钝化电流。在过钝化电位范围内则是第二种因素起主导作用，使在一定正电位下生成可溶性的、无保护性的高价金属的含氧离子，此种情况氧的吸附不但不起阻滞作用，反而促进高价金属离子的生成。由于氧化物中的金属价态变化和氧化物的溶解性质变化，致使钝化性转向活性。

3. 两种理论的比较

成相膜理论和吸附理论都能较好地解释相当一部分的实验事实，然而至今无论哪一种理论都不能圆满地解释各种实验现象。两种理论都认为：由于在金属表面上生成一层极薄的钝化层，从而阻碍了金属的进一步溶解。但该膜层的厚度、组成和性质如何，两个理论各有不同的解释。吸附理论认为，有实验表明在某些金属表面上不需要形成完整的单分子氧层就可以使金属钝化。但是实际上很难证明极化前电极表面上确实完全不存在氧化膜。界面电容的测量结果是有利于吸附理论的，但是对于具有一定离子导电性和电子导电性的薄膜，在强电场的作用下应具有怎样的等效阻抗值现在还不清楚。

两种理论的区别似乎不在于膜是否对金属的阳极溶解具有阻滞作用，而在于引起所谓钝化现象到底在金属表面上应出现怎样的变化。但是用不同的研究方法和对不同的电极体系的测量结果表明，并非一切钝化现象都是由于基本相同的表面变化所引起的。事实上金属在钝化过程中，在不同的条件下或不同的阶段，吸附膜和成相膜可以分别起主导作用。

有人企图将这两种理论结合起来解释所有的金属钝化现象，认为含氧粒子的吸附是形成良好钝化膜的前提，可能先生成吸附膜，然后发展成成相膜。认为钝化的难易主要取决于吸附膜，而钝化状态的维持主要取决于成相膜。膜的生长也服从对数规律，吸附膜的控制因素是电子隧道效应，而成相膜的控制因素则是离子通过势垒的运动。实际上金属及合金的钝化过程要比上述两种理论模型复杂得多。

此外，两个理论的差异，还有吸附键和化学键之争。从所形成键的性质上来看，如果生成了成相的氧化膜，则金属原子与氧原子之间的键应与氧化物分子中的化学键没有区别。若仅仅存在氧吸附，那么金属原子与氧原子间的结合强度要比化学键弱些，然而化学吸附键与化学键之间并无本质的差别，而阴离子在带有正电的电极表面吸附时更是如此。在电极电位足够高时，吸附氧层与氧化物层之间的区别不会很大。

成相膜理论与吸附理论之间的差别并不完全是对钝化现象的实质有着不同的看法，这还涉及钝化现象的定义及吸附膜和成相膜的定义等问题。为此有人试图将两种理论结合起来，以解释所有的钝化现象。这种观点认为，由于吸附于金属表面上的含氧粒子参加电化学反应而直接形成"第一层氧层"后，金属的溶解速率即已经大幅度地下降，然后在这种氧层基础上继续生长形成的成相氧化物层进一步阻滞了金属的溶解过程。不过这种看法目前还缺乏足够的证据。

从辩证的角度看，不应笼统地反对或支持某一种理论，而是应该研究发生钝化的每个具体情况。并得出在该条件下哪一种因素起主要作用，从而不断地丰富和发展对钝化现象本质的认识，以建立更加完善的理论模型。

6.1.3 金属钝化分类

1. 按钝化的性质分类

按钝化的性质及机理分为化学钝化法和电化学钝化法两种。

（1）化学钝化法 化学钝化就是直接用化学钝化液和金属材料或制品的表面接触，依靠化学反应的作用，产生钝化并获得具有一定性能的钝化膜层。化学钝化根据施工方法的不同又可分浸渍钝化，喷淋钝化和刷涂钝化；根据化学钝化液主要成分的不同又分为铬酸盐钝化、无铬钝化及有机物钝化等。

（2）电化学钝化 电化学钝化发生在电解装置中，在电解槽内放置钝化溶液，将需要钝化的工件接正极，辅助电极接负极。开通电源后，控制电流密度，发生电化学反应而使表面钝化，并且生成钝化膜。

（3）电化学阳极钝化 电化学阳极钝化又称阳极保护，是将要保护的工件或设备作为阳极，辅助电极作为阴极，腐蚀介质作为电解质，接上外加电源后，控制阳极的电位处于钝化的区域内，使被保护的工件或设备的腐蚀电流处于最小的状态并受到保护。如果电源切断，工件或设备又恢复到活化状态，继续受到腐蚀。

2. 按钝化溶液的主要成分分类

（1）铬酸盐处理法 铬酸盐处理法就是将金属工件或镀件浸在以铬酸或重铬酸盐为主要成分的处理溶液中，使金属表面生成一层钝化膜，隔绝金属与各种腐蚀介质的接触。铬酸盐处理法的用途很广，可用在钢铁类的工件、不锈钢工件的钝化防锈上，更多的是用于锌镀层、铬镀层表面处理上，通过铬酸盐处理使镀层表面生成防锈的保护膜，以及改善光泽，并提高其装饰性能。但由于铬酸盐或重铬酸盐处理的钝化膜含有六价铬的成分，六价铬属于有毒有害物质。另外钝化后的洗液或废液也含有六价铬等有害物质，造成环境污染，因此一直在探索无铬无害的钝化处理方法。

（2）无机盐的无铬钝化 无机盐的无铬钝化主要包括钼酸盐钝化、钨酸盐钝化、稀土金属盐钝化处理。

1）钼酸盐钝化。目前世界各地都在研究钼酸盐的无铬钝化，以便替代有害的铬酸盐钝化。钼酸盐的钝化处理方法有化学浸泡处理、阳极钝化处理和阴极钝化处理。英国某大学研究了钼酸盐处理过程中的电化学性质和锌表面的钼酸盐浸泡处理。结果表明，经处理后可以明显提高锌、锡等金属的耐蚀性，但效果还比不上铬酸盐钝化的质量。有人提出一种用钼酸盐/磷酸盐体系处理锌的钝化工艺，并申请了专利，钝化液内钼含量为 2.9~9.8g/L，用可与钼酸盐形成杂多酸的酸（如磷酸）调节 pH，经处理后在锌的表面形成 0.05~1.0μm 的薄膜，并有很好的装饰效果。但该钝化膜在碱性和中性的盐雾试验中，其耐蚀性不及铬酸盐钝化膜，而在酸性的环境中其耐蚀性则比铬酸盐钝化膜好，在室外的环境试验中，两种膜的耐蚀性相差不大。

2）钨酸盐钝化。研究试验表明，钨酸盐的作用与钼酸盐相似，国外有人研究了锌、锡等金属在钨酸盐溶液中的阴、阳极极化特征。24h 的盐雾试验表明，在锌表面形成的钝化膜中其耐蚀性比不上铬酸盐膜。另外也有研究钨酸盐钝化 Sn-Zn 合金的，而且做了中性盐雾试验和湿热试验，但其耐蚀性略逊于铬酸盐膜和钼酸盐膜。

3）稀土金属盐钝化处理。稀土金属铈、镧和钇等的盐类被认为是铝及铝合金等在含氯介质中的缓蚀剂。国外有人用含铈的溶液对锌表面处理做了研究，并认为 CeCl₃ 可以在锌表面生成一层黄色的氧化膜，能有效地降低 0.1mol/L NaCl 溶液中，锌表面的阴极点处氧的还原速度，即减弱了氧的去极化能力，降低了腐蚀的速度。

也有人将电镀锌在含过氧化氢的 40g/L CeCl₃（pH = 4.0，30℃）溶液中处理 1min，锌镀层表面上形成一层金色的转化膜，经分析，膜中含有铈的过氧化物和氢氧化物，并且有很好的耐蚀性。

（3）有机物的钝化　有机物的钝化包括有机钼酸盐钝化、植酸钝化、单宁酸钝化等。

1）有机钼酸盐钝化。此法主要是利用钼酸盐与多种组分组成的复合配方，借分子间协同的缓蚀作用，以便提高表面耐蚀性，改善了单一用钼酸盐钝化的不足之处。方景礼等人利用浸渍法在锌镀层表面处理并获得了钼钒磷杂多酸转化膜 H₄PMo₁₁VO₄，通过加速腐蚀试验，证实了膜层具有良好的耐蚀性。陈旭俊等提出了一种有机钼系钝化的新思路，即依靠有机分子内的官能团、基团和钼酸根离子间的协调作用及膜形成时的分子基团与金属阳离子的作用形成长链螯合结构来提高表面膜的耐蚀性。并用乙醇胺与钼酸盐合成的二乙醇胺钼酸盐对低碳钢处理，发现膜层的耐蚀性明显高于相同条件下的钼酸钠及相应的乙醇胺及两者的混合物，缓蚀作用随分子内羟乙基的增多而增强，说明分子内的醇胺基团与钼酸根有很明显的协同缓蚀效应；低碳钢在乙醇胺钼酸盐溶液中的电化学阻抗，明显高于在钼酸钠溶液中，表明其划伤后的修复能力增强。

2）植酸钝化。植酸（C₆H₁₈O₂₄P₆）又称肌醇六磷酸酯，无毒无害，相对分子质量为 660.4，存在于各种植物油和谷类种子内，易溶于水并且有较强的酸性。植酸分子中具有能同金属配合的 24 个氧原子、12 个羟基和 6 个磷酸基。因此植酸是少见的金属多齿螯合剂。与金属络时易形成多个螯合环，络合物稳定性高，即使在强酸性环境中，也能与金属离子形成稳定的络合物。经过植酸处理的金属及合金不仅能抗蚀，还能改善金属有机涂层的黏接性。一般认为以铬酸盐为基础的传统钢材表面处理方法不如用植酸处理。

工件脱脂后先在冷水中洗，然后在钝化液中浸渍 10~20s 再用冷水洗后吹干或烘干。植酸钝化的膜层外观白亮、均匀、细致。经质量分数 3% 的氯化钠和 0.005mol/L 硫酸溶液浸泡后，在潮湿环境中超过 70h 后，试片 1% 面积出现点蚀和锈斑，说明有较好的缓蚀性能。

3）单宁酸钝化。单宁酸为多元苯酚的复杂化合物，无毒，易溶于水，经水解后的溶液呈酸性，能溶解少量的基体金属锌。像其他化学转化膜工艺一样，单宁酸钝化成膜的过程也分三步，首先是金属微量溶解，然后生成膜层，最后膜的成长和溶解达到平衡。有人曾对锌镀层采用单宁酸钝化处理，取得了较好的效果。

钝化处理生成的钝化膜在质量分数 3% 的 NaCl 溶液中浸泡 168h 表面并无异常的变化，其效果超过了三酸（硫酸、硝酸、磷酸）钝化处理，但盐雾试验仅通过 24h，潮湿试验（35℃，湿度 95%）通过 48h。

3. 按钝化处理施工方法分类

（1）浸泡钝化法　浸泡处理就是将要钝化的工件在钝化溶液中浸渍，并经过一定的时间后，工件表面即生成一层钝化膜，膜层的厚度及性能、质量等均与溶液配方及工艺有关。这种方法适用各种金属及不同形状的工件钝化处理，所得钝化膜膜层均匀、有光泽。浸渍法所需的施工设备简单，仅需钝化槽及相关的水洗设备，施工操作容易，生产成本低，被广泛应用于各个不同领域。

（2）喷淋法钝化　喷淋法钝化就是将钝化溶液直接喷淋在金属工件的表面上，使其产生化学反应，生成一定厚度的钝化膜，此法适用于表面形状比较简单、尺寸较大的平板形工件，如难以放进钝化槽的各种大型设备，也适用于连续生产线及各种电器、家具的外壳处理。喷淋法所需设备简单，操作简便，处理时间短，钝化速度快，生产率高，所得钝化膜均匀但厚度比较薄，适用于作涂料的底层，或氧化、磷化处理后的钝化。

（3）刷涂法钝化　刷涂法钝化是用毛刷将钝化溶液直接刷涂在金属工件的表面上，经化学反应后生成钝化膜。此法多数用在大型的设备，而且无法用浸渍法及喷淋法施工的场合，特别是在设备的局部维修或补修的情况。不需要专门的加工设备，操作简单灵活、施工方便。但是劳动强度大，在使用有毒的钝化液时，对操作人员的健康不利。

6.1.4　影响金属钝化的因素

金属的钝化主要受到合金成分、钝化介质、活性离子和温度等的影响。

1. 合金成分的影响

金属的钝化能力与其 Flade 电位有关，Flade 电位越低，金属的钝化能力越强。另外，钝化能力较强的金属元素加入钝化能力较弱的金属中，一般能降低 Flade 电位，增加合金的钝化能力。例如把钝化能力强的铬加到钝化能力弱的铁中，使铁铬合金的 Flade（φ°_F）电位下降，如图 6-3 所示，据此得到的不锈钢具有很强的钝化能力。

不同金属具有不同的钝化趋势。部分常见金属的钝化趋势按下列顺序依次减小：钛、铝、铬、钼、铁、锰、锌、铅、铜。这个顺序并不表明上述金属的耐蚀性也是依次减小，仅表示

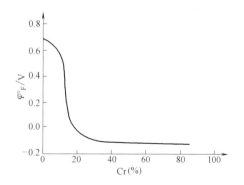

图 6-3　铬含量对 Flade 电位的影响

决定阳极过程由于钝化所引起的阻滞腐蚀的稳定程度，容易被氧钝化的金属称为自钝化金属，最具代表性的是钛、铝、铬等，它们能在空气中或含氧的溶液中自发钝化，且当钝化膜被破坏时还可以重新恢复钝态。

合金化是使金属提高耐蚀性的有效方法。提高合金耐蚀性的合金元素通常是一些稳定性较高的组分元素（如贵金属或自钝化能力强的金属）。例如，铁中加入铬或铝，可抗氧化，加入少量的铜或铬则可以改善其抗大气腐蚀性能，而铬是不锈钢的基本合金化元素。一般来说，如果两种金属组成的耐蚀合金是单相固溶体合金，则在一定的介质条件下，具有较高的化学稳定性和耐蚀性。

在一定的介质条件下，合金的耐蚀性与合金元素的种类和含量有直接关系，所加入的合金元素数量必须达到某一个临界值时，才有显著的耐蚀性。例如在 Fe-Cr 合金中，只有当加入 Cr 的超过质量分数为 0.117 时，合金才会发生自钝化，其耐蚀性才有显著提高，而当铬含量低于此临界值时，它的表面难生成具有良好保护作用的完整钝化膜，耐蚀性也无法显著提高。临界组成代表了合金耐蚀性的跃升，每一种耐蚀合金都有其相应的临界组成。临界值的大小遵从塔曼定律，即固溶体耐蚀合金中耐蚀（稳定）性组分恰好等于其原子百分数的 $n/8$ 倍（n 为从 1 至 7 的整数），当合金元素的含量达到这些临界值时，合金的耐蚀性会突然增高。合金临界组成的原因同样可以用成相膜理论和吸附理论进行解释。如成相膜理论认为，只有当耐蚀合金达到临界组成后，金属表面才能形成完整的致密钝化膜；而吸附理论则认为，当有水存在，并且高于临界组成时，氧在合金表面的化学吸附方可导致钝性，而低于临界组成时氧立即反应，生成无保护性的氧化物或其他形式。几种常见的合金元素对铁和不锈钢的钝化能力的影响见表 6-1。

表 6-1　几种常见的合金元素对铁和不锈钢的钝化能力的影响

元素	维钝电流密度 i_p	致钝电流密度 i_{pp}	维钝电位 φ_p	致钝电位 φ_{pp}	击穿电位 φ_o	过钝化电位 φ_{tp}
Cr	下降	下降	下降	下降	增加	下降
Ni	下降	下降	下降	增加	增加	增加
Si	不明显	下降	不明显	下降	增加	增加
Mn	不明显	不明显	不明显	不明显	—	不明显
Mo	下降	增加		下降	增加	下降
V	下降	增加	不明显	不明显	增加	下降
W	不明显	下降	不明显	不明显	增加	不明显
Ti	下降	—	—	—	—	—
Nb	下降					

2. 钝化介质的影响

金属在环境介质中发生钝化，主要是因为有相应的钝化剂的存在。钝化剂的性质与浓度对金属钝化产生很大的影响。一般钝化介质分为氧化性和非氧化性介质。不过钝化的发生不是简单地取决于钝化剂氧化性强弱，还与阴离子特性有关，例如，$K_2Cr_2O_7$ 没有 H_2O_2、$KMnO_4$ 和 $Na_2S_2O_8$ 的氧化能力强，但 $K_2Cr_2O_7$ 的致钝化性能却比它们强。对某些金属来说，可以在非氧化性介质中进行钝化，除前面提到的 Mo 和 Nb 在盐酸中、Mg 在氢氟酸中、Hg 和 Ag 在含 Cl^- 溶液中可钝化外，Ni 在醋酸、草酸、柠檬酸中也可钝化。

金属在中性溶液中比在酸性溶液中更易建立钝态,这往往与阳极反应产物有关。在很多情况下,金属在中性溶液中的阳极反应产物是溶解度很小的氧化物或氢氧化物,而在强酸中的产物却是溶解度很大的盐。因此,在中性溶液中容易建立钝态。另外,在一般情况下,若降低介质的 pH,金属的稳定钝化范围将减小,金属的钝化能力将减弱。

当钝化剂的浓度很低时,钝化剂的理想阴极极化曲线与金属的理想阳极极化曲线的交点在活化区(图 6-4 中的 1 点),此时金属不能建立钝态;若钝化剂的浓度或活性稍有提高,但其阴极极化曲线与金属阳极极化曲线有 3 个交点时(图 6-4 中的 2 点),金属也不能建立稳定的钝态;只有当钝化剂的浓度和活性适中,阴极极化曲线与阳极极化曲线在稳定钝化区只有一个交点时(图 6-4 中的 3 点),金属才能建立起稳定的钝态。使金属能建立稳定钝态的钝化剂浓度称为临界钝化浓度,铁在硝酸中建立稳定钝态时硝酸的临界钝化浓度约为40%(质量分数,下同)。当钝化剂活性很强或浓度太高时,阴极极化曲线与阳极极化曲线的交点在过钝化区,金属仍处于活化状态。铁在浓度约大于 80% 的硝酸中就属于这种状态。所以,只有当钝化剂的活性和浓度适中时,金属才能够建立起稳定的钝化态。

各种金属在不同的介质中能够发生钝化的临界浓度是不同的。应注意获得钝化的浓度与保持钝化的浓度之间的区别,例如,钢在硝酸中浓度达到 40%~50% 时发生钝化,再将酸的浓度降低到 30% 时,钝态仍可保持较长时间而不受破坏。

3. 活性离子对钝化膜的破坏作用

介质中若有活性离子,如 Cl^-、Br^-、I^- 等卤素离子,则会加速金属钝态的破坏,其中以 Cl^- 的破坏作用最大。例如,自钝化金属铬、铝及不锈钢等处于含 Cl^- 的介质中时,在远未达到过钝化电位前,已出现了显著的阳极溶解电流。在含 Cl^- 介质中金属钝态开始提前破坏的电位称为点蚀

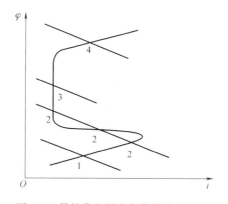

图 6-4 易钝化金属在氧化能力不同的
介质中的钝化行为

电位或破裂电位,用 E_b 表示。不锈钢受 Cl^- 影响的极化曲线如图 6-5 所示,大量实验表明,Cl^- 对钝化膜的破坏作用并不是发生在整个金属表面上,而是带有局部点腐蚀的性质。溶液中 Cl^- 浓度越高,点蚀电位 E_b 越低,即越容易发生点蚀。溶液中各种活化阴离子,按其活化能力的大小可排列为如下次序:

$$Cl^- > Br^- > I^- > F^- > ClO_4^- > OH^- > SO_4^{2-}$$

由于总体条件不同,这个次序可能会有所变化。

对于 Cl^- 破坏钝化膜的原因,成相膜理论和吸附理论有不同的解释。

成相膜理论认为,Cl^- 半径小,穿透能力强,比其他离子更容易在扩散或电场作用下透过薄膜中固有的小孔或缺陷,与金属作用生成可溶性化合物。同时 Cl^- 又易于分散在氧化膜中形成胶态,这种掺杂作用能显著改变氧化膜的电子和离子导电性,破坏膜的保护作用。恩格尔和斯托利卡发

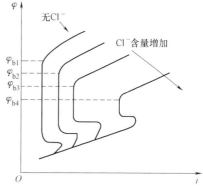

图 6-5 不锈钢受氯离子影响的极化曲线

现氯化物浓度在 3×10^{-4} mol/L 时，钝态铁电极上已产生点蚀。他们认为这是由于 Cl^- 穿过氧化膜与 Fe^{3+} 发生了以下反应，即

$$Fe^{3+}（钝化膜中）+3Cl^- \Longrightarrow FeCl_3$$

$$FeCl_3 \Longrightarrow Fe^{3+}（电解质中）+3Cl^-$$

该反应诱导时间为 200min 左右，它说明 Cl^- 通过钝化膜时有某种物质的迁移过程。

吸附理论则认为，Cl^- 破坏钝化膜的根本原因是由于它具有很强的可被金属吸附的能力。从化学吸附具有选择性这个特点出发，对于过渡金属 Fe、Ni、Cr、Co 等金属表面吸附 Cl^- 比吸附氧更容易，因而 Cl^- 优先吸附，并从金属表面把氧排挤掉。已经知道，吸附氧决定着金属的钝态，尤利格在研究铁的钝化时指出，Cl^- 和氧或铬酸根离子竞争吸附作用的结果导致金属钝态遭到局部破坏。由于氯化物与金属反应的速率大，吸附的 Cl^- 并不稳定，因此形成了可溶性物质，这种反应导致了孔蚀的加速。以上观点已通过示踪原子法实验得到证实。

Cl^- 对不同金属钝化膜的破坏作用是不同的，Cl^- 的作用主要表现在 Fe、Ni、Co 和不锈钢上，对于 Ti、Ta、Mo 和 Zr 等金属的钝化膜破坏作用很小。成相膜理论认为，Cl^- 与这些金属能形成保护性好的碱性氯化物膜；吸附理论认为，这些金属与氧的亲和力强，Cl^- 难以排斥和取代氧。

4. 介质温度和流速的影响

介质温度对金属的钝化有很大影响。温度越低金属越易钝化。反之，升高温度会使金属难以钝化或使钝化受到破坏。其原因可认为是温度升高使金属阳极致钝电流密度变大，而氧在溶液中的溶解度则下降，因而钝化的难度增加。温度的影响也可用钝化的吸附理论加以解释，由于化学吸附及氧化反应一般都是放热反应，因此，根据化学平衡原理，降低温度对于吸附过程及氧化反应都是有利的，有利于钝化。

静态条件下电化学阻抗谱（EIS）的等效电路如图 6-6 所示，R_S 表示溶液电阻，R_1 为外层钝化膜电阻，C_1 为外层钝化膜电容；R_2 为内层钝化膜电阻，C_2 为内层钝化膜电容；R_{ct} 为电荷传递电阻，C_d 为双电层电容。

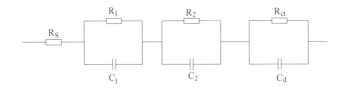

图 6-6　静态条件下电化学阻抗谱的等效电路

一般随着介质温度和流速的提高，金属的稳定钝化范围减小，钝化能力下降。研究表明，超声波作用于溶液体系时，既有超声波空化产生的局部高温作用，又有液体高速流动产生的湍流冲刷作用，二者的共同作用使得电极表面钝化膜结构层逐步破坏。例如在未加超声波的条件下，不锈钢 0Cr13Ni5Mo 在 1mol/L 的盐酸溶液中的电化学阻抗谱（EIS）如图 6-7 中静态曲线所示，不锈钢 0Cr13Ni5Mo 在 1mol/L 的盐酸溶液中的电化学阻抗谱曲线在高频区到中频区表现为一个容抗弧，从中频区到低频区出现第二个小容抗弧，在低频区出现第三个容抗弧的起始段。第一个容抗弧代表溶液和钝化膜界面，第二

个小容抗弧代表钝化膜中的不同相界面，第三个容抗弧代表钝化膜和金属界面，上述事实表明在钝化电位下，不锈钢0Cr13Ni5Mo 表面具有多层结构的钝化膜。

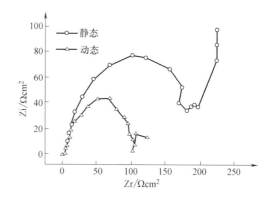

图 6-7 不同条件下 0Cr13Ni5Mo 在 1mol/L 的盐酸
溶液中的电化学阻抗谱

空化条件和钝化电位下，0Cr13Ni5Mo 在 1mol/L 的盐酸溶液中的电化学阻抗谱（EIS）如图 6-7 中的动态曲线所示。由于空化的作用，使钝化膜电阻和电荷传递电阻减小，弥散效应增大。这些都表明空化使 0Cr13Ni5Mo 电极表面的状态发生了变化，钝化膜电容和双电层电容随空蚀进行增大，空化时的腐蚀速率大于静态时的腐蚀速率。

空化条件下电化学阻抗谱的等效电路如图 6-8 所示。图中 R_S 表示溶液电阻，R_1 为钝化膜电阻，C_1 为钝化膜电容；R_{ct} 为电荷传递电阻，C_d 为双电层电容。

由于空化引起的高温和湍流的作用，使第一个容抗弧的电荷传递电阻减为 97.62Ω，低频区出现较小的容抗弧。这些都表明空化使 0Cr13Ni5Mo 电极表面的状态发生了变化，双电层电容随空蚀进

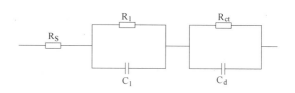

图 6-8 空化条件下电化学阻抗谱的等效电路

行而增大。空化时的腐蚀速率大于静态时的腐蚀速率。第二个小容抗弧相比静态条件下，电荷传递电阻明显减小，表明钝化膜已经受到破坏。

6.1.5 金属钝化的应用

1. 钝化在表面处理中的应用

钝化在金属表面处理中用途十分广泛，金属或金属镀层为了提高其表面的耐蚀性及装饰性，需要进行钝化处理。这些处理可以是直接的，也可能是间接的。间接处理就是金属表面在经过化学氧化、阳极氧化、磷化等表面处理后，由于膜层尚存在有孔隙，耐蚀性、耐磨性能较差，为了进一步提高表面膜层的质量，提高各种转化膜的耐蚀、耐磨性能，一般来说都需要经过钝化处理或者称封闭、封孔等处理。

2. 钝化在制造耐蚀合金上的应用

一般来说，金属未钝化前，阴极组合的增加可使金属电位向较正方向移动，加速了金属的腐蚀。但是在金属可以被钝化而且腐蚀介质组分有利于钝化的情况下，在金属中添加阴极性组分，则能促使金属转入钝化状态，起到提高金属电位的作用，使金属进入并稳定在钝化区内。例如在不锈钢中加入 0.1%Pb 或 1%Cu，能使不锈钢在硫酸溶液中的腐蚀速度大大降低，所加入的金属元素是作为析氢反应的局部阴极，而局部阴极的高交换电流密度和低氢超电压，使得阴极极化曲线和阳极极化曲线的交点落在钝化区内。

通常在腐蚀介质中遇到的氧化剂主要是氧，氧微溶于水。它的还原反应过程是受扩散步

骤控制的, 在静止的被空气所包围的情况下, 氧的极限扩散电流密度大约是 $100\mu A/cm^2$, 如果一种活化-钝化的金属浸入到一种充气的腐蚀介质中, 若它的致钝阳极电流密度等于或小于 $100\mu A/cm^2$, 该金属便可以自发钝化。

工业中所用的耐蚀不锈钢的制造, 就是将铬和镍加到铁中, 使这种铁合金明显地增加了钝化能力。图 6-9 是典型的奥氏体不锈钢在 0.5mol/L 中的阳极极化曲线, 临界阳极电流密度约为 $100\mu A/cm^2$, 因此, 可以在充气的硫酸溶液中发生钝化。

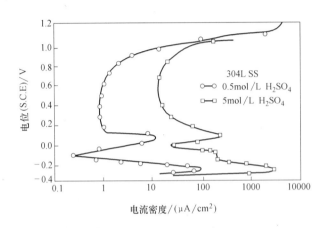

图 6-9 H_2SO_4 溶液中不锈钢的阳极极化曲线

3. 钝化在金属化工设备阳极保护中的应用

阳极保护就是利用可钝化金属在某种溶液介质中通以外电流使金属钝化, 以降低其腐蚀速度, 并主要用在化工设备上。简单地说, 将被保护的化工设备作为阳极与直流电源的正极相连接, 电源的负极则作为阴极与辅助电极连接, 在充满腐蚀介质溶液的情况下, 通以外加电流, 使被保护的设备阳极极化, 用恒电位仪控制, 把阳极的电位控制在稳定的钝化区范围内, 从而使腐蚀速度显著地降低, 达到保护设备, 减缓或避免腐蚀的目的, 这种电化学阳极极化的方法称为阳极保护。

阳极保护特别适用于酸性溶液中, 它对防止强氧化性介质 (如浓硫酸等) 的腐蚀特别有效。但是溶液介质中的氯离子必须严格控制, 含量必须很低, 否则会破坏钝化, 并发生点蚀。此外, 阳极保护也可以用在尿素、碳酸氢铵等化肥工业的设备保护上。

在实施阳极保护时, 有几个重要的参数必须掌握, 而且可以通过测定阳极极化曲线确定, 其中主要有三个参数。

(1) 致钝电流 $i_{致钝}$ 致钝电流是使设备在钝化时所需要供应的电流, 一般来说致钝电流密度越小越好, 特别是对大型的被保护设备更为重要。这样可使用较小容量的直流电源, 消耗较小的电流即可获得满意的保护效果。可以减少投资费用, 节省生产成本, 特别是可以节约电能。

(2) 维钝电流 $i_{维钝}$ 当设备进入钝化状态以后, 要求有极小的电流以便可维持其钝化, 使被溶解或被局部破坏的膜得到修补。$i_{维钝}$ 实际上表示着金属钝态下的溶解速度。所以维钝电流密度也是越小越好, 越小说明钝化及防护的效果越好, 在整个维持钝化的过程中消耗的维钝电量也越少。

(3) 钝化区的电位范围 钝化电位是指由致钝电位到过钝化电位的区间, 钝化电位的范围越宽越好,越宽就越容易控制设备处于钝化状态。在控制过程中电位不易进入活化区或过钝化区,使被保护设备维持在最佳的钝化状态下。

几种常用钢铁材料在各种溶液中进行阳极保护选用的主要参数见表 6-2。各种化工设备应用阳极保护的实例见表 6-3。

表 6-2　钢铁材料在某些溶液中阳极保护的主要参数

溶液介质	金属材料	溶液温度/℃	$i_{致钝}$/(A/m²)	$i_{维钝}$/(A/m²)	钝化区电位范围/mV
50% H_2SO_4	碳钢	27	2325	31	+600~+1000
67% H_2SO_4	碳钢	27	930	1.55	+1000~+1600
89% H_2SO_4	碳钢	27	155	0.155	+400 以上
96% H_2SO_4	碳钢	49	1.55	0.77	+800 以上
96%~100%H_2SO_4	碳钢	93	6.2	0.46	+600 以上
76% H_2SO_4 被 Cl_2 饱和	碳钢	50	20~50	20.1	+800~+1800
90% H_2SO_4 被 Cl_2 饱和	碳钢	50	5	0.5~1.0	+800 以上
96% H_2SO_4 被 Cl_2 饱和	碳钢	50	2~3	1.5	+800 以上
67% H_2SO_4	不锈钢	24	6	0.001	+30~+800
67% H_2SO_4	不锈钢	66	43	0.003	+30~+800
67% H_2SO_4	不锈钢	93	110	0.009	+100~+600
75% H_3PO_4	碳钢	27	232	23	+600~+1600
85% H_3PO_4	不锈钢	136	46.5	3.1	+200~+700
20% HNO_3	碳钢	20	10000	0.07	+900~+1300
30% HNO_3	碳钢	25	8000	0.2	+1000~+1400
40% HNO_3	碳钢	30	3000	0.26	+700~+1300
50% HNO_3	碳钢	30	1500	0.03	+900~+1200
80% HNO_3	不锈钢	24	0.01	0.001	—
37%甲酸	不锈钢	沸腾	100	0.1~0.2	+100~+500[①]
37%甲酸	铬锰氮钼钢	沸腾	15	0.1~0.2	+100~+500[①]
30%草酸	不锈钢	沸腾	100	0.1~0.2	+100~+500[①]
30%草酸	铬锰氮钼钢	沸腾	15	0.1~0.2	+100~+500[①]
30%乳酸	不锈钢	沸腾	15	0.1~0.2	+100~+500[①]
70%醋酸	不锈钢	沸腾	10	0.1~0.2	+100~+500[①]
20%NaOH	不锈钢	24	47	0.1	+50~+350
25% NH_4OH	碳钢	室温	2.65	<0.3	-800~+400
60% NH_4NO_3	碳钢	25	40	0.002	+100~+900
80% NH_4NO_3	碳钢	120~130	500	0.004~0.02	+200~+800
LiOH(pH=9.5)	不锈钢	24	0.2	0.0002	+20~+250

① 指对铂电极电位,其余均为对饱和甘汞电极电位。

表 6-3　化工设备应用阳极保护实例

设备材料及名称	介质成分及条件	保护措施	保护效果
碳钢硫酸储槽	89% H_2SO_4		铁离子含量由 140×10^{-6} 降低至 12×10^{-6}
碳钢硫酸储槽	90%~105% H_2SO_4 100~120℃	用镀铂电极做阴极	铁离子含量由 $(10\sim106)\times10^{-6}$ 下降至 $(2\sim4)\times10^{-6}$
废硫酸储槽材料为碳钢	<85% H_2SO_4,含有机物 27~65℃		保护度达 85% 以上
不锈钢有机磺酸中和罐	在 20% NaOH 中加入 RSO_4H 中和	铂阴极,钝化区电位范围只有 250mV	保护前有点蚀,保护后大为减少,产品含铁量由 300×10^{-6} 下降至 16×10^{-6}
碳钢纸浆蒸煮钢 ϕ2.5m,高 12m	100g/L NaOH,35g/L Na_2S,温度 180℃	致钝电流 4000mA 维钝电流 600mA	腐蚀速度由 1.9mm/a 降至 0.26mm/a
碳钢铁路槽车	NH_4OH,NH_4NO_3 和尿素的混合液体	哈氏合金阴极 不锈钢作为参比电极	保护效果十分显著
硫酸槽加热盘管材料为不锈钢盘管面积 0.36m^2	70%~90% H_2SO_4 温度 100~120℃	铂作为阴极	保护前腐蚀严重,保护后表面和焊缝都很好
碳钢三氧化硫发生器,ϕ1400mm	发烟硫酸(含游离 SO_3 约 20%)温度:300℃	阴极材料用不锈钢	原来每生产 30t 报废,一台发生器,保护后寿命提高约 7 倍
碳钢氨水储罐	25%氨水,2~25℃	不锈钢阴极	腐蚀速度降低为原来的 1/300
黏胶入造丝厂用钛热交换器	56×10^{-6} H_2S 及 CS_2,3% H_2SO_4	石墨阴极	生产两年后,钛管没有减薄
碳化塔中碳钢冷却水箱	NH_4OH,NH_4HCO_3,40~45℃	水箱表面涂环氧,阴极用碳钢、参比电极不锈钢	保护效果十分显著

6.2　钢铁的钝化

6.2.1　钢铁的铬酸盐钝化

近年来,金属的铬酸盐钝化工艺有了显著的进步,应用范围显著扩大。"铬酸盐钝化",这一术语用来指在以铬酸、铬酸盐或重铬酸盐作为主要成分的溶液中对金属或金属镀层进行化学或电化学处理的工艺。这样处理的结果,在金属表面上产生由三价铬和六价铬化合物组成的防护性转化膜。

铬酸盐抑制金属腐蚀的性质已广为人知。把少量这类物质加入循环水装置里,就可使金属表面钝化,因而防止腐蚀。在酸性溶液里铬酸盐是强氧化剂,会促使在金属表面上生成不溶性盐或增加天然氧化膜的厚度；铬酸的还原产物通常是不溶性的，例如三氧化二铬；金属的铬酸盐往往是不溶性的例如铬酸锌；铬酸盐能参加许多复杂反应，而生成包括被处理金属的离子在内的复合物沉积，当有某些添加剂存在时更是如此。

最常见的是在锌（锌铸件、电镀及热浸锌层）和镉层（一般是电镀层）上产生铬酸盐钝化膜。不过，它们也用于其他金属，如镁、铜、铝、银、锡、镍、锆、铍及其中一些金属的合金的防护。

铬酸盐钝化膜能用于机器制造、电器、电子及汽车工业的产品。在一些短缺的金属的代用方面，它们也起着重要的作用。在许多情况下可以用铬酸盐钝化的锌镀层来代替镉镀层就是一个典型的例子。钢铁的铬酸盐钝化配方及工艺见表 6-4。

表 6-4 钢铁的铬酸盐钝化配方及工艺

工 艺 号		1	2	3	4
组分浓度/(g/L)	铬酐（CrO_3）	3~5	—	—	1~3
	重铬酸钾（$K_2Cr_2O_7$）	—	15~30	50~80	—
	磷酸（H_3PO_4）	3~5	—	—	0.5~1.5
	硝酸（HNO_3）	—	20%（质量分数）	—	—
工艺条件	溶液温度/℃	80~100	50~55	70~90	60~70
	处理时间/min	2~5	18~20	5~10	0.5~1.0
应用情况		防锈用	防锈用	氧化后钝化	

采用金属铬酸盐钝化工艺的最重要的目的包括提高金属或金属防护层的耐蚀性，在后一种情况下可能延长在镀层金属和基体金属上出现腐蚀点的时间，使表面不容易产生裂纹，提高漆及其他有机涂层的结合力，得到彩色或装饰性效果。

可以用化学法（只要把工件浸入铬酸盐钝化溶液）或电化学法（浸入时被钝化工件为电极）来产生铬酸盐钝化膜。在这两种情况下，被处理工件都是挂在钩子上或挂具上处理，小工件一般用吊篮处理。

除了浸渍法之外，还可以采用喷涂或涂刷钝化溶液的方法。但是有人认为实际上喷涂处理的效果不一定很好。这是因为难以保持工件表面各处溶液的成分一致，而且液流的冲击会对钝化膜造成机械损伤。

可以用手工钝化，也可以用自动或半自动钝化。因为可用于生产的溶液的成分伸缩性很大，所以钝化工艺可以采用自动化设备。例如，当钝化电镀工件时，可以适当地改变钝化溶液的成分，使钝化时间符合整个生产线的要求。

原则上看，最常用的简单浸渍法与电化学处理方法在操作上并没有什么区别（只是电化学法要用一个电源）。

两种情况下常用的操作步骤如下：

表面预处理（清洗，脱脂）→水洗→在铬酸盐钝化溶液里浸渍→流动冷水清洗→钝化膜浸亮或染色（需要时）→流动冷水清洗→干燥→涂脂、油或漆等附加防护膜。

处理轧制件、铸件和电镀件的操作步骤的差别见表 6-5。

表 6-5　铬酸盐钝化的典型工序

编号	铸造或轧制合金	编号	电镀件
1	用三氯乙烯或四氟乙烯初步脱脂	1	用酸性溶液或氰化物溶液电镀,水洗
2	用碱性溶液脱脂,水洗	2	用稀的无机酸浸渍,水洗
3	浸酸 (1)铝用稀硝酸①、硝酸和氢氟酸的混合物或含磷酸、铬酸的溶液浸渍、水洗 (2)锌用 1%~5%的无机酸或以铬酸为主的浸亮溶液浸渍,水洗 (3)镁用 10%硝酸或铬酸溶液浸渍,水洗 (4)铜和黄铜用浸亮溶液或铬酸溶液浸渍,水洗	3	铬酸盐钝化,水洗
4	铬酸盐钝化,水洗	4	钝化膜的浸亮或染色,水洗
5	钝化膜的浸亮或染色,水洗	5	干燥
6	干燥	6	用脂膜或漆膜进行附加保护
7	用脂膜或漆膜进行附加保护		

① 用质量分数为 68%的浓硝酸与水按体积比 1:1 配制。

下面对表面预处理、水洗、处理、浸亮与后处理、铬酸盐钝化膜的褪除、溶液的分析与控制、钝化溶液的再生与废水处理工序进行详细介绍。

1. 表面预处理

铬酸盐钝化之前的表面预处理对钝化膜的质量有很大的影响。钝化之前金属表面应当仔细地清洗和脱脂,铬酸盐钝化要求除去油、脂、浮沾在表面上的灰尘和其他微粒,然后用水清洗,使表面处于潮湿状态。钝化溶液一般脱脂能力差。

一定要用化学清洗的方法除去需要钝化处理的金属表面的氧化物,化学清洗方法包括浸酸或者通常用来从金属表面除去氧化层并使金属表面活化步骤。用铬酸盐钝化金属电镀层时,只要电镀后把工件清洗干净,刚沉积出的镀层可以立即进行钝化。

铬酸盐钝化之前也可以先用稀酸中和,特别是当有碱性镀液残留在表面上时,则更需要先中和。而且除去残留的碱液是非常重要的。

在阴极脱脂、浸酸和镀锌或镀镉过程中,所处理的钢件会发生氢脆。弹簧钢氢脆尤为严重。为了降低氢脆的危害,所处理的工件要在 150~200℃退火。在这样的温度下处理过的铬酸盐钝化膜,颜色会发生变化,产生轻微裂纹,使耐蚀性降低,所以全部热处理必须在钝化前进行。但是,只要经过热处理,就必须用适当的方法活化金属表面。为了使表面活化,先把工件浸在碱性脱脂溶液里,然后按所钝化的金属选取适当的无机酸溶液进行浸渍处理,最后才浸入铬酸盐钝化溶液。

在钝化厚表皮金属时,先要用光泽酸洗溶液活化表面,再用 1%~2%硫酸溶液浸渍,然后进行铬酸盐钝化。因为有一些类型的铬酸盐钝化膜在用光泽酸洗溶液浸渍时产生的薄膜上很难得到均匀的膜,所以需要在硫酸溶液里预处理。在硫酸里,光泽酸洗时产生的薄膜溶解,露出适于钝化的清洁的金属表面。

2. 水洗

与任何一种别的表面处理工艺相同,铬酸盐钝化时,在脱脂之后和钝化之后,用水仔细清洗是很重要的。残留在被处理表面上的钝化溶液往往很难清洗掉,如果钝化液未清洗彻底,将会使钝化膜的耐蚀性下降。

工件在处理后,要立即用干净的水清洗,如果可能,清洗时用压缩空气搅拌。最常用的方法是两次冷水清洗。从最后一个清洗槽流出的水应该不带铬酸盐的浅黄色。通常建议采用两个冷水清洗槽。有些作者还建议采用三级清洗，在第三个清洗槽里添加润湿剂，同时在允许的范围内提高水温以缩短表面干燥所需要的时间。第一遍清洗中要在水流不会给铬酸盐钝化膜带来机械损伤的前提下，使水的流动和交换速度尽可能快。

关于热水清洗是否有好处的问题，看法不一致。但肯定不应该使用 50~60℃ 以上的热水清洗。厚的黄色或橄榄绿色的铬酸盐钝化膜更不应该用 50~60℃ 以上的热水清洗。光的浅颜色膜可以用接近沸点的水清洗，但应当注意，这么做有可能降低钝化膜的耐蚀性。长时间清洗会把钝化膜的组分漂洗掉，所以更有可能降低膜的耐蚀性。因此，除非清洗有增加光泽等别的重要作用，在清洗水里浸渍的时间应尽可能短，有人指出，在自动线上最后清洗水的温度不应超过 40℃。

一定不要用静止延时槽或在 pH 较低的情况下用缓慢流动的水清洗。用中性或微碱性的水清洗对外观和耐蚀性都没有影响。一般建议在钝化之后立即用激烈搅拌的水清洗，因为这样可以使钝化膜的外观更均匀、更鲜亮。

3. 处理

（1）铬酸盐钝化溶液　铬酸盐钝化溶液的成分取决于被钝化金属的种类，钝化膜要求具有的特性、钝化工艺流程和操作方法。

实际上，可以采用很多种差别很大的混合物和浓缩液。欧文（Lrwin）提出了铬酸盐钝化溶液的五个基本功能：

1）成膜。

2）着色。

3）抛光表面。

4）抑制活化。

5）使表面光亮。

溶液的作用方式不同，上述每一种功能的大小也可能不一样。例如，在重铬酸盐溶液里加各种添加剂，得到的黄色钝化膜可以有显著的变化。溶液的抛光作用好坏对钝化膜的外观及雾状轻重都有影响。

鉴于溶液成分的变化范围很大，选择溶液成分时考虑的最主要因素是钝化膜的用途，同时要考虑与处理方法、被钝化金属的性质有关的其他因素。

如上所述，铬酸盐钝化溶液含有六价铬化合物及一种或多种活化剂。讨论各种金属的铬酸盐钝化时将给出具体的溶液配方。

最常用的六价铬化合物是：铬酐、重铬酸钠或重铬酸钾，溶液里加有少量硫酸或硝酸。

近来，越来越多地使用活化剂来缩短钝化时间，改进钝化膜的性质和改变钝化膜的颜色。典型的活化剂有：甲酸或可溶性甲酸盐、氯化钠、三氯化铁、硝酸银、硝酸锌、醋酸和氢氟酸。

铬酸盐钝化膜的性质，甚至在某个特定的温度和处理时间内能得到一种特定的膜层，都是由下列因素决定的：六价铬的浓度、活化剂的浓度、溶液 pH。因此，为了得到好的处理效果，最重要的是在操作期间要经常分析调整铬酸盐钝化溶液。

（2）铬酸盐钝化溶液的配制　要用纯度合乎要求的化学药品来配制溶液。例如，如果重铬酸钠中含有过多的硫酸盐，钝化溶液的 pH 就不容易控制。不一定必须用蒸馏水配溶液，含氯不太高的自来水也可以使用。

有一些国家有市售的浓缩液或固体浓缩物可以用来配制溶液。在这种情况下，要按供货商提供的说明书来配制溶液。正确地选择溶液的 pH 很重要，在整个铬酸盐钝化过程中，pH 要始终保持在规定的范围内。

因为六价铬对电沉积有影响，铬酸盐钝化时一定要小心操作，不要让钝化溶液污染镀液，如果污染特别严重，在规定的电流密度范围内根本无法完成电镀。因此，建议在挂具和滚桶再次使用之前，先把挂具接点和滚桶导电部分的钝化膜褪掉。含有 1~2g/L 亚硫酸钠的 2%（体积比）硫酸水溶液可以用来褪除钝化膜。

（3）搅拌　锌在酸性溶液里溶解，使与锌表面接触的溶液里的氢离子消耗掉。如果工件和溶液都不搅动，氢离子仅仅靠缓慢的扩散过程由溶液本体得到补充，它穿过胶态膜而与锌进一步发生反应。搅拌溶液时，由于氢离子不断地补充到锌的表面，膜形成得更快。

一般说来，通过搅拌可以得到均匀的钝化膜，所以大多数钝化工艺都建议要设置某种形式的搅拌。因为搅拌使锌的溶解加快，一般要尽可能地缩短钝化时间，否则，钝化溶液的寿命会缩短，而且会溶解掉过多的锌。并不一定都要用机械的方法来搅拌溶液，有时，只轻轻地振动或移动浸在溶液里的挂具，效果会更好，也可以用压缩空气搅拌溶液。

（4）溶液温度　一般说来，铬酸盐钝化实际上是在室温（15~30℃）下进行。低于 15℃，钝化膜形成得很慢，在有些溶液里完全不能形成钝化膜。只有在自动化设备上钝化时，才有必要使钝化液的温度保持恒定。手工操作时，可以用缩短或延长钝化时间的办法来补偿温度变化带来的影响。

虽然有一些钝化溶液升温时可以得到更硬的钝化膜，但这样做会放出有害的酸雾，因而必须安装通风设备，增加成本，而且在比较高的温度下产生的钝化膜结合力较差。

（5）浸渍时间　延长浸渍时间，铬酸盐钝化膜的厚度增大，颜色变深，较厚的膜耐磨性较差。薄的钝化膜比较干燥速度快，耐磨性比较好，尤其是尖角部位的耐磨性。浸渍时间一般在 5~60s 之间，但也有的工艺浸渍 3min 或 3min 以上。但铝和镁进行铬酸盐钝化时，处理时间为 1~10min，在特殊情况下甚至更长。

当然，这一规律也有例外。因为浸渍时间与钝化溶液的 pH 成正比，所以，为了能够采用较长的处理时间，可以提高 pH，尤其是在自动化设备上。

（6）干燥　干燥温度对铬酸盐钝化膜外观的影响比最后一道清洗水的温度的影响小。但是干燥温度不合适往往是钝化膜开裂及铬化合物转变为不溶状态的原因。严重的时候它可以使通常防护性能很高的厚钝化膜变得没有防护性能。因此，在铬酸盐钝化膜的干燥过程中避免高温是很重要的。虽然对干燥时允许使用的最高温度看法不一致，但大多数作者都认为在加温情况下干燥形成的钝化膜更脆、裂纹更多而且耐蚀性比较低。

可以用流速为 7~10m/s 的温暖但不热的空气流来进行干燥。建议使用合适的空气过滤器以便得到清洁和干燥的空气流。

应当尽快使铬酸盐钝化膜干燥，同时要尽可能仔细。这一点很重要，其原因有两个：首先，湿的铬酸盐钝化膜很容易受到机械损伤；其次，靠缓缓蒸发的办法除水，会使钝化膜的结合力不好，形成孔隙，有时甚至出现裂纹。一般说来，刚干燥的钝化膜的硬度不高，在以后几天里钝化膜继续变硬。钝化而不涂漆的工件，在 50~60℃ 以上的情况下干燥或除氢时，会使铬酸盐钝化膜的防护功能明显地下降。奥斯特兰德尔认为已经涂漆的钝化膜受高温的影响要小得多。

4. 浸亮与后处理

为了使表面达到所要求的色泽、表面不易划伤，要将铬酸盐钝化膜浸亮，颜色较深的厚钝化膜可能也要浸亮。例如，可以用各种弱酸或弱碱溶液使锌和镉的铬酸盐钝化膜变亮。最常用的是：

1）氢氧化钠 20g/L，室温，浸渍时间为 5~10s；

2）碳酸钠 15~20 g/L，温度 50℃，浸渍时间为 5~60s；

3）磷酸 1mL/L，室温，浸渍时间为 5~30s。

浸亮后，应仔细清洗工件以除去碱迹，碱迹会降低抗指纹性能和与后面涂漆工序漆层的结合力。不要用热水清洗，因为热水会漂洗掉钝化膜里的颜色成分，加热也会使膜开裂，因而，降低防护性能。

在浸亮和清洗过程中没有除去的浅乳色（俗称雾状），可以用无色的油、蜡和清漆掩盖。但是，应该记住，因为浸亮溶液会溶解掉一部分有色的铬酸盐钝化膜，也就会使防护功能下降。因此，除非万不得已，对锌和锡上的金色和浅黄绿色的带雾的钝化膜最好不要用这种工艺。

5. 铬酸盐钝化膜的褪除

把工件浸入热的铬酸溶液（200g/L）中数分钟，可以把达不到质量要求的铬酸盐钝化膜褪掉。也可以用盐酸褪钝化膜。在重新钝化前，工件要在碱性溶液里清洗，并经过二次水洗。

6. 溶液的分析和控制

在使用过程中，由于溶液成分的消耗和带出损失，铬酸盐钝化溶液的浓度会降低。而且，清洗过的工件表面上有水，钝化液会被带入的清洗水所稀释。因此，为了维护溶液的成分正常，要经常分析并补加消耗了的成分。如果铬酸盐钝化溶液的总量很少，其组分的浓度变化可能相当大，这时最好配新溶液。

在形成铬酸盐钝化膜时发生的反应过程中要消耗氢离子。因此，钝化溶液的 pH 升高，这使成膜速度下降。钝化液使用几天或几星期之后（具体时间取决于使用的强度），在一定的处理时间内产生的膜要比新配的溶液里得到的膜薄。可以延长处理时间来补偿成膜速度的下降，或者可以用适当的无机酸调整 pH，使成膜速度恢复正常。通常可以用 pH 试纸来测 pH，因为用玻璃电极测定 pH 需要用适当的仪器。此外，若铬酸盐钝化液含有氟化物就不能使用玻璃电极。钝化过程中六价铬的含量下降。不过，铬酸和重铬酸盐浓度的下降往往比由于钝化液带到清洗槽中而引起的钝化液总体积的减少要小。

如果铬酸盐钝化液的 pH 正常，而钝化效果不好，应该分析六价铬的含量并计算出补充铬盐的量。可以用碘量法或者用硫酸亚铁还原并用高锰酸钾返滴亚铁离子来测定六价铬。

实际上，特别是在小的工厂里，溶液的维护仅限于测定和调整 pH。如果这样不能达到目的，就要配新溶液。

应该指出，在新配的溶液里产生的钝化膜质量可能不好，但处理过少量工件之后，若 pH 在规定范围内，溶液就可以连续使用，只要溶液的基本成分没有因消耗而明显下降，钝化膜的质量不会有很大的变化。

可以用下述的一种或多种方法来监测和调整铬酸盐钝化液的工作情况。

1）通过所产生的钝化膜的外观来监测，操作人员往往把这种方法当作唯一的调整方法。

2）取一定体积的铬酸盐钝化液作为试样，加入一定量的硫酸，直至浸入钝化液的待钝化的金属片上不再能得到具有防护性能的钝化膜。然后通过换算，在实用的钝化液里加入适量硫酸。钝化溶液废弃之前，一般要加入二倍至三倍的硫酸，最好不要加重铬酸钠。

3）把得到的钝化膜的外观与标准样片做比较。

4）通过测定 pH 来调整，这种方法适用于酸性溶液，而且要用到电化学测试技术。由于铬酸盐有颜色并且有氧化性，采用试纸或其他指示剂往往测定结果不准。

5）以溴甲酚绿作指示剂，用 0.1mol/L 氢氧化钠滴定溶液试样来测定硫酸含量。因为在中性溶液里，其他金属（如锌或镉）含量过高时可能产生沉淀，需要经过一定的训练才能准确地判定终点。兰福德（Langford）提供了这种测定方法的详细资料。

6）按兰福德所述的方法，用硫酸亚铁氨和高锰酸钾滴定来测定重铬酸钠的含量维护铬酸盐钝化液时，要少加料，勤加料。负荷变化不大，根据最开始几天或几周的操作情况，如果工作可以确定一个加料时间表，以后隔一段时间做一下实验室分析就可以了。

除非带出量很大，在反复加料之后，由于还原态铬的积累和由被处理工件的溶解而引起的金属杂质积累，铬酸盐钝化液将不能再继续使用而只能废弃。大多数供应铬酸盐钝化液的厂家会提供一个简单的滴定方法用来测定钝化液的使用状态。用离子交换技术再生钝化液已证明是可行的，但实际上并不常用，铬酸盐钝化溶液不能无限制地加料使用，添加量至多达到最初配制量的两倍或三倍。如果得到的钝化膜质量不好，无论分析结果显示是否正常，都要更换溶液；假如维护溶液时必须添加过多的化学药品，也说明溶液必须更换了。化学药品消耗过多的原因一般是由于造成了污染，比如在成膜反应期间产生的三价铬化合物，由被处理工件溶解而带来的金属杂质以及由外面带入的杂质。

很难估计钝化液的正常寿命，因为这与多种因素有关，比如处理方法、脱脂效果、表面预处理和水洗效果。德特纳认为 100L 溶液大约可以钝化面积为 $10000dm^2$ 的金属表面。

7. 钝化液的再生

由于钝化液里三价铬和被钝化的金属离子的积累，钝化膜的性能变坏。过去，钝化液使用一段时间之后，只能废弃。废钝化液在排放之前必须进行处理，这不仅消耗化学药品，而且造成难处置的废渣。因此，最近关于钝化液再生的研究工作进展很快，所用的方法涉及化学法、电解法、离子交换法和电渗析等多种方法。

科亚米等研究了电解再生废钝化液的方法。电解在用薄膜将阳极室和阴极室隔开的电解池里进行。在阳极室里放有钝化液，阴极室里放有铬酐溶液，阴极液的 pH 调至 7 以上，Cr^{3+} 和 Zn^{2+} 以泥渣形式沉淀下来。过滤除去沉淀之后，将滤液送回钝化槽复用。

马科瓦研究了再生废钝化液的化学法和电渗析法。他所研究的钝化液中 CrO_3 为 $100 \sim 200g/L$，H_2SO_4 为 $15 \sim 20g/L$，HNO_3 为 $10 \sim 15g/L$。化学法系用 NaOH 将废钝化液的 pH 调到 8.5，使三价铬、锌和镉等有害金属离子以氢氧化物形式沉淀出来，滤去沉淀，用硝酸调整滤液的 pH 之后即可复用，用这种方法可以回收 80% 的溶液。由此而积累起来的硝酸钠达到 600g/L 之前，并没有不利影响。电渗析法用离子选择性膜作为隔膜，用 Pb-Sn（其中 Sn 的质量分数为 5%～6%）合金作为电极，废钝化液作为阳极液，用硫酸溶液作为阴极液。当体积电流密度为 60~75A/L 时，4~5h 内，80%~100% 的阳离子将迁移到阴极液里。

电渗析方法还可以连续再生钝化液，电渗析时阳极室、钝化液室、阴极室之间用阳离子交换膜隔开，阳极室和阴极室里循环流动含有金属离子络合基团的高分子化合物，而钝化液则流过中间的钝化液室，这样就可以连续除去三价铬。

沃洛茨科（Wolotzkow）等研究了用离子交换法再生钝化液的方法，他们采用的是大孔径强酸性阳离子交换树脂。关于铝件钝化液再生的一项日本专利也使用了离子交换树脂。根据这一专利再生钝化废液时先加入 NaF 和 KF 与铝离子生成不溶性沉淀，将沉淀滤去，然后用离子交换树脂除去 Cr_r^{3+} 和 K^+、Na^+ 离子，溶液经浓缩之后即可复用。

8. 废水处理

因为有酸，而且铬酸又有毒，所以含铬酸盐的清洗水必须经过中和及消毒。废水中铬酸盐的含量必须低于规定量。铬酸盐的浓度应在 1mg/L 以下才不会对水中的鱼造成毒害。当铬酸的剂量达到 30mg/L 时，在人体的器官里就可以看到中毒情况。

与含氰废水的处理不同，铬酸盐的处理比较简单，因为六价铬很快就还原为三价铬，还原速度与 pH 有关，而产生的三价铬可以用石灰乳液沉淀为氢氧化铬。福克（Foulke）和莱福德（Ledford）指出，在 pH 为 1、4 和 5 时，用二氧化硫还原六价铬，分别需要 30s、20min、1~2h。因此，还原过程中 pH 要维持在 2 以下。当溶液变绿表明反应完全，也可以用淀粉-碘化钾试纸检测。

克洛特和马勒认为，如果还原剂的加入量超过按化学方程式计算量的 50%，还原反应进行得更迅速也更彻底。用焦亚硫酸钠来还原少量铬酸最方便。只有处理含二价铁的酸洗废水，才应该用硫酸亚铁，因为它反正是要中和的。用离子交换法也可以从清洗水里除去并回收铬。也可以用逆流漂洗和离子交换法结合来实现漂洗水的循环利用。只有当铬酸盐的排放速度达到或超过 50~100g/h，才能根据 pH 和氧化还原电位的测定结果来进行废水处理。

6.2.2 钢铁的草酸盐钝化

草酸是一种中强酸，其电离过程分两步进行，电离常数分别是：$k_1 = 5.6 \times 10^{-2}$ 和 $k_2 = 6.4 \times 10^{-5}$。草酸和钢反应时，释放出氢气，产生的草酸亚铁很难溶解在水里（18℃ 时溶解度为 35.3mg/L）。然而在有草酸铁存在的情况下，由于形成配合物，草酸亚铁的溶解度可以明显地升高，草酸及其碱金属盐或铵盐能与重金属离子（如 Cr^{3+}、Fe^{2+}、Fe^{3+}、Mn^{2+} 和 Mo^{6+}）形成可溶性络合物。在草酸溶液的作用下，钢上形成的膜能改善其耐蚀性，并且可以作为涂装的底层。对于不锈钢及含铬、镍等元素的高合金钢，主要用作冷变形加工的预处理，作为润滑剂的载体。这类钢在进行草酸盐处理之前，需要采用特殊的表面清理措施。这是因为，在高合金钢表面上常存在着难以被一般酸洗溶液所溶解的氧化皮，它要用熔盐剥离法才能除去。熔盐的配方及工艺见表 6-6。

表 6-6 熔盐的配方及工艺

氢氧化钠（质量分数）	硝酸钾（质量分数）	硼砂（质量分数）	温度	时间
75%~82%	15%	3%~10%	480~550℃	10min

钢材在上述熔盐中处理后，立即置入冷的流水槽中。此时已松散了的氧化皮会自动从工件表面上剥落，黏附的盐霜也一起溶去。但表面上仍会残留有在熔盐处理时由氧化皮转化成

的氢氧化物,它可以在如下溶液中除去,溶液配方和处理工艺见表6-7。

表6-7　去除氢氧化物溶液配方和处理工艺

硫酸(质量分数)	氯化钠(质量分数)	温度	时间
14%	1.5%	60~85℃	10min

清除了氧化皮的高合金钢在碱液中脱脂后,在表6-8所列溶液和工艺下浸渍使其表面光亮。

表6-8　使高合金钢表面光亮工艺

硝酸(质量分数)	氢氟酸(质量分数)	温度	时间
14%	1.5%	室温	10min

再用20%(质量分数)的硝酸溶液在室温下浸渍5~10min。

此后,工件经流动水彻底清洗便可进行草酸盐处理,使其表面均匀钝化,草酸盐处理工艺见表6-9。

表6-9　草酸盐处理工艺

	工　艺　号	1	2
组分浓度 /(g/L)	草酸($H_2C_2O_4$)	45~55	18~22
	氰化钠(NaCN)	18~22	—
	氟化钠(NaF)	8~12	—
	硫代硫酸钠($Na_2S_2O_3$)	2~4	—
	钼酸铵[$(NH_4)_2MoO_4$]	25~35	—
	磷酸二氢钠(NaH_2PO_4)	—	8~12
	氯化钠(NaCl)	—	120~130
	草酸铵[$(NH_4)_2C_2O_4$]	—	4~6
工艺条件	pH		1.6~1.7
	溶液温度/℃	45~55	30~40
	处理时间/min	5~10	3~10

高合金钢不易与草酸溶液发生反应。这是因为在合金钢表面有一层很薄的铬和镍氧化膜,这层膜在只含草酸盐的溶液中不溶解,但是在加添某些加速剂和活化剂的草酸盐的溶液中,这种钢表面就可生成草酸盐膜。加速剂主要为含硫的化合物,如亚硫酸钠、硫代硫酸钠、连四硫酸钠等。加速剂的含量要控制在一定的范围内,含量太高,溶液对合金钢表面的腐蚀强烈,以至于不能成膜。一般情况其用量约为0.1%(质量分数),质量分数为0.01%~1.5%的草酸钛或草酸钠-钛和质量分数为1%~4%的钼酸盐也可用作加速剂。活化剂主要是一些氯化物和溴化物,也有用其他的化合物入氟化物、氟硅酸盐、氟硼酸盐等替代,卤化物的含量相当高,其离子质量分数高达20%。但是如果溶液中铁离子的质量分数保持在1.5%~6.0%的范围内,又有质量分数为1.5%~3.0%的硫氰酸盐共存的情况下,氯化物的质量分数可降至2%。草酸盐溶液中的加速剂和活化剂可使合金钢表面去钝化并转变为活化,致使钢表面形成草酸盐膜。

图6-10为铬-镍钢在含草酸、氯化钠、硫代硫酸钠的溶液中,电位和膜的单位面积质量

的增加与浸渍处理时间的关系曲线图。从图中可看到，在处理的第一阶段，合金钢表面上的钝化膜溶解，电位开始向负方向移动。在约 60s 后，合金钢表面电位接近活化电位，草酸盐膜也开始形成。有一种解释认为，草酸盐钝化是一种化学和局部化学过程，所用的溶液是属于不能产生膜的一类。草酸盐钝化的原因在于微观阳极上发生金属溶解。而在微观阴极上发生氢离子的放电和加速剂的还原，使硫化亚铁和硫化镍形成，最后导致次级过程在硫化物上沉积并生成草酸盐膜层。

钢铁材料的草酸盐膜的耐蚀性不及磷酸盐膜，所以一般不用来防腐，但在普通钢上此膜可用作油漆的底层，并能有效地保护基体不受亚硫酸的腐蚀。在不锈钢及其他含铬、镍元素的高合金钢上主要用作润滑剂的载体，减少摩擦以利于冷变形加工，加大断面收缩率，降低工具磨损，减少中间退火次数。如果提高溶液温度，对特殊钢、合金钢等亦可发生上述反应，当草酸中的亚铁离子达到饱和时，则在钢铁表面上生成由草酸亚铁组成的结晶膜层，但这样生成的膜层较软，而且结合性欠佳，这时如果

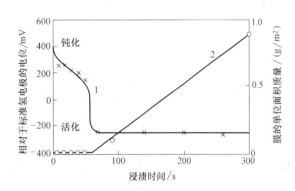

图 6-10　铬-镍钢在含加速剂及活化剂草酸盐溶液中的
电位和膜的单位面积质量与浸渍时间的关系
1—电位　2—膜的单位面积质量

在溶液中加入少量 Mn^{2+}、Zn^{2+}、Mg^{2+}、Sn^{2+}、Sb^{2+} 等金属离子及 F^-、SiF_6^{2-}、NO_3^-、Cl^- 等阴离子，可起加速作用而且形成的膜层坚硬，结合性好。

钢铁的草酸盐钝化应注意以下几点：

1）钢铁的草酸盐钝化膜不能作为防腐涂层。草酸盐膜用于合金钢，即铁氧体、马氏体或奥氏体的 Fe-Cr-Ni 合金冷加工成形，不能作为防腐涂层。草酸盐膜也能用于耐热钢、蒙乃尔型合金，也可用在 Fe-Cr、Fe-Cr-Mn、Fe-Cr-Ni-Mn、Fe-Cr-Ni，含 12%~30%（质量分数）Cr、1.25%~22%（质量分数）Ni、1%~10%（质量分数）Mo 的 Fe-Cr-Ni-Mo 合金上。另外，含有 Co、W、Ti、Si 等的高合金钢，在冷加工时也进行草酸盐钝化。但是草酸盐钝化膜的耐蚀性低于磷酸盐、铬酸盐钝化膜。所以草酸盐膜在大规模生产上没有防腐蚀的用途。

2）钢铁草酸盐钝化前必须采用特殊的表面清理工艺。

3）不同型号的钢铁进行草酸盐钝化时要用不相同工艺。

6.2.3　钢铁的硝酸钝化

钢铁材料在硝酸中有很好的耐蚀性，特别是在稀硝酸中非常耐蚀。稀硝酸的氧化性差些，由于不锈钢含有许多易钝化元素，所以不锈钢比碳钢更容易钝化。因此不锈钢在硝酸的生产系统及储存、运输中被大量使用。例如在硝酸、硝酸铵化肥生产中，大部分的设备及容器都由不锈钢制成。根据不锈钢在硝酸中能发生钝化而生成耐蚀钝化膜的性能，大多数的不锈钢可采用硝酸溶液钝化。不锈钢工件只要经过酸洗去除旧膜后，即可进行钝化处理。经钝化后的不锈钢表面保持其原来色泽，一般为银白或灰白色。

钢铁材料硝酸钝化处理工艺见表 6-10。

表 6-10　钢铁材料硝酸钝化处理工艺

溶液成分及工艺	1	2	3	4
硝酸(HNO_3)	20~25	25~45	20~25	45~55
重铬酸钠($Na_2Cr_2O_7 \cdot 2H_2O$)	2~3	—	—	—
纯水(H_2O)	余量	余量	余量	余量
溶液温度/℃	49~54	21~32	49~60	49~54
处理时间/min	>20	>30	>20	>30
适用的不锈钢材料及类型	适用于处理高碳/高铬级别（440系列）；Cr为12%~14%的直接铬级别（马氏体400系列）或含硫含硒量较大的耐蚀钢（如303、303Se、347Se、416、416Se）和沉淀硬化钢	适用于奥氏体200和300系列的铬镍级和Cr为17%或更高的铬级（440系列除外）耐蚀钢	适用于奥氏体200和300系列的铬镍级和Cr为17%或更高的铬级（440系列除外）耐蚀钢	适用于高碳和高铬级（440系列）以及沉淀硬化不锈钢

钢铁材料在硝酸溶液中进行钝化处理之后，应用水彻底清洗干净表面的残留酸液，清洗水中的泥沙含量应限于 $200×10^{-6}$（质量分数）。可用流动水逆流清洗，也可用喷淋水冲洗。

对所有的铁素体和马氏体不锈钢经钝化处理后，水洗干净并在空气中放置 1h 后再在重铬酸钠溶液中处理，处理溶液配方及工艺见表 6-11。

表 6-11　重铬酸钠处理工艺

重铬酸钠(Na_2CrO_7)	纯水(H_2O)	溶液温度	处理时间
4%~6%	余量	60~71℃	30min

经重铬酸钠溶液处理后，再用水清洗干净，然后加热干燥。

6.2.4　钢铁钝化的应用实例

1. 特种不锈钢的钝化应用

特种不锈钢 PH15-5 因具有高硬度、高耐磨性和耐蚀性等优点，被用于某些军工产品。材料中主要含有 Cr、Ni、Ti、Si、V、Mn、Mo 等合金元素。这些元素在材料表面处理的热加工过程中生成较厚的氧化皮，这些化学性质很稳定。工件在钝化前必须先将这种氧化皮彻底清除干净，才能在强氧化剂溶液中钝化，并获得表面均匀、致密、耐蚀性良好的钝化膜。其钝化工艺流程及操作工艺如下。

（1）钝化工艺流程　特种不锈钢的钝化工艺流程如下：

工件→检验→有机溶剂脱脂→电解脱脂→热水洗→冷水洗→酸洗除氧化皮→冷水洗→钝化→冷水洗→封闭→冷水洗→干燥→产品

（2）酸洗清除氧化皮　由于低温固溶时效在工件表面生成的氧化膜和在高温固溶时效所生成的氧化皮厚度不同，因此去除氧化皮的方法也不同。

1）低温固溶时效工件氧化皮的褪除：低温固溶时效工件生成的氧化皮，一般都比较薄，褪除的方法相对简单容易。工件在电解脱脂后，经热水、冷水清洗，放进 500mL/L 的盐酸溶液中浸泡 3~5min，即可将氧化皮清除干净，并且表面不挂灰，工件基体不受腐蚀。经清洗后即可进行钝化处理。

2）高温固溶时效工件氧化皮的褪除：高温固溶时效工件的氧化皮较厚，用上述方法很难清除干净，因此需要采用多个步骤才能达到彻底清除的目的，具体做法如下：首先疏松氧化皮，疏松氧化皮处理是在含有强氧化剂的浓碱溶液中进行，处理时氧化皮中难溶的含铬氧化物（Cr_2O_3）可以转换成易溶的重铬酸盐（Na_2CrO_4），酸洗时便很容易除去。溶液配方及工艺见表 6-12。

表 6-12　疏松氧化皮处理工艺

氢氧化钠	硝酸钠	操作温度	处理时间
600~700g/L	200~250g/L	140~150℃	25~40min

然后酸浸洗除氧化皮，工件表面的氧化皮经上述处理后，膜层已变得疏松。可以放进 500mL/L 盐酸溶液中，在室温下浸泡 3~5min，氧化皮基本可以脱落，并清除干净，但是表面可能还有灰粉覆盖，也就是表面挂灰。因此在钝化处理前还要把工件表面的灰清除干净。

最后除灰，光工件表面的挂灰很容易在含氟的酸液中溶解而除掉，从环保考虑可以不用含氟物质。除灰工艺见表 6-13。

表 6-13　除灰工艺

硝酸（HNO_3）	双氧水（H_2O_2）	溶液温度	处理时间
35~50g/L	5~15g/L	20~30℃	25~60s

在除灰过程中温度不能高，时间不能长，否则会造成工件的腐蚀。

（3）工件的钝化　特种不锈钢工件经去灰出光后，表面光亮洁净，经清洗干净表面的除灰残液后，在钝化溶液中钝化，钝化工艺见表 6-14。

表 6-14　钝化工艺

重铬酸钠（$Na_2Cr_2O_7$）	浓硝酸（HNO_3）	纯水（H_2O）	溶液温度/℃	处理时间/min
2%~3%	20%~30%	余量	45~55℃	20~30min

（4）钝化后处理　特种不锈钢钝化后，要用干净水彻底清洗，然后进行干燥并且根据使用的情况涂以防锈油、浸机油或防锈蜡等防护润滑油脂类物质，使表面更光亮、耐蚀、耐用。

2. 普通不锈钢设备钝化的应用

某厂对该厂的不锈钢制品（包括热作件及焊接件）进行抛光、碱洗、酸洗、钝化等表面处理。

（1）抛光　一般的制品由于不锈钢工件本身已基本光亮，可以不用抛光，但对于具有特殊要求的需要作抛光处理。抛光方法可用机械抛光也可用电解抛光。

（2）碱洗脱脂　在油污较少的情况下用 3%~7%（质量分数）的碳酸钠溶液进行浸洗或刷洗。一般来说小工件用批量浸洗，大设备用刷洗，彻底洗净油污物，再用水冲洗干净。

（3）酸洗除锈　酸洗除锈也是根据工件的具体情况进行浸洗或刷洗。对于小工件、零星件采用浸洗，浸洗工艺见表 6-15。

表 6-15　浸洗工艺

盐酸(体积分数,%)	硝酸(HNO_3)(体积分数,%)	水(H_2O)	溶液温度/℃	缓蚀剂(体积分数,%)	处理时间/min
30	5.0	余量	20~30	2.0	30~45

　　缓蚀剂为5%（质量分数）的牛皮胶溶在95%（质量分数）的硫酸中制成。对于大型的工件及容器，由于无法浸洗，采用刷洗的方法。刷洗液由体积分数为50%的盐酸（HCl）和体积分数为50%的水在室温下刷洗，刷洗完后要用水冲洗干净。

　　（4）钝化处理　经酸洗后的不锈钢表面，用水冲洗干净后，要马上进行钝化处理。钝化处理溶液由体积分数为40%~50%的硝酸（HNO_3）和体积分数为50%~60%的水组成，在室温下浸渍25~30min。对大工件可用刷涂法将钝化液刷涂到工件表面。

6.3　不锈钢的钝化

6.3.1　不锈钢钝化方法分类

　　不锈钢酸洗后，为提高其耐蚀性进行钝化处理或酸洗钝化一步处理，可提高生产率。经钝化后的不锈钢表面保持原色。不锈钢设备与工件酸洗、钝化处理根据操作不同有多种方法，如：

　　（1）浸渍法　用于可放入酸洗槽或钝化槽的工件，不适于大设备，酸洗液可较长时间使用，生产率较高、成本低。

　　（2）涂刷法　适用于大型设备内外表面及局部处理，手工操作、劳动条件差、酸液无法回收。

　　（3）膏剂法　用于安装或检修现场，尤其用于焊接部处理，手工操作、劳动条件差、生产成本高。

　　（4）喷淋法　用于安装现场，大型容器内壁，用液量低、费用少、速度快，但需配置喷枪及循环系统。

　　（5）循环法：用于大型设备，如热交换器、管壳处理，施工方便，酸液可回用，但需配管与泵连接循环系统。

　　（6）电化学法　用电刷法对现场设备表面处理，技术较复杂，需直流电源或恒电位仪。

6.3.2　不锈钢钝化工艺流程

　　不锈钢钝化一般工艺流程为：水洗→脱脂→水洗→酸洗→水洗→钝化→水洗→检验。

　　不锈钢工件酸洗后再在氧化介质溶液中浸渍，在其表面所形成的一层薄的本色膜层。使酸洗后显露的结晶表面钝化，并清除了不锈钢件表面的金属杂质，使不锈钢表面具有更好的耐腐蚀和抗点蚀能力。适用于不锈钢制件和导管。

　　铬是提高钢钝化膜稳定性的必要元素。铁中加入铬（Cr）的摩尔分数超过10%~12%，合金的钝化能力有显著提高；当铬的摩尔分数 x（Cr）每次达到12.5%、25%、37.5%时，合金在硝酸中的腐蚀速度都相应有一个突然的降低。研究表明，当钢中铬 w（Cr）达到10%

后，钝化膜中才富集了铬的氧化物。随钢中铬含量增高，钝化时间延长，表面钝化膜中的铬含量增高。在不锈钢中，这种富铬的复合氧化膜的厚度为 1.0~2.0nm，并具有尖晶石结构，在许多介质中有很高的稳定性。如图 6-11 所示，铬含量对钝化作用有明显的影响。

镍也能提高铁的耐蚀性，在非氧化性的硫酸中更为显著。当镍的摩尔分数 x（Ni）为 12.5% 和 25% 时，耐蚀性明显提高，如图 6-12 所示。镍加入铬不锈钢中，能提高其在硫酸、醋酸、草酸及中性盐（特别是硫酸盐）中的耐蚀性。锰也能提高铬不锈钢在有机酸如醋酸、甲酸和乙醇酸中的耐蚀性，而且比镍更有效。

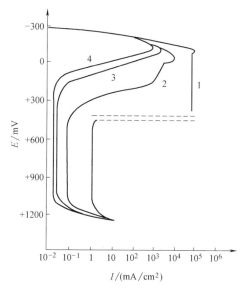

图 6-11　铁铬合金中铬含量对钝化作用的影响

1—w（Cr）= 2.8%　2—w（Cr）= 9.5%

3—w（Cr）= 14%　4—w（Cr）= 18%

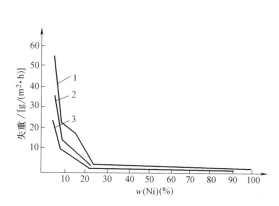

图 6-12　镍对铁镍合金在硫酸中

（60℃，100h）耐蚀性的影响

1—φ（H$_2$SO$_4$）= 20%　2—φ（H$_2$SO$_4$）= 10%

3—φ（H$_2$SO$_4$）= 5%

钼能提高不锈钢钝化能力，扩大其钝化介质范围，如在热硫酸、稀盐酸、磷酸和有机酸中。含钼不锈钢中可以形成含钼的钝化膜，如 Cr18Ni8Mo 表面钝化膜的成分为 φ（Fe$_2$O$_3$）= 53%、φ（Cr$_2$O$_3$）= 32%、φ（MoO$_3$）= 12%。这种含钼的钝化膜在许多强腐蚀介质中具有很高的稳定性。它还能防止氯离子对膜的破坏。

金属铂等只要少量加入不锈钢中就能有效地提高在硫酸及有机酸中的耐蚀性。在这些非氧化性酸中，溶解氧的浓度很低，由于氢离子（H$^+$）的去极化作用，不锈钢不容易达到自钝化状态。当铜、铂或钯存在时，能在不锈钢表面沉积下来，作为附加微阴极，促使不锈钢在很小的阳极电流下就能达到钝化状态。一般不锈钢中加入 w（Cu）= 2%~3% 的铜。

硅能提高钢在盐酸、硫酸和高浓度硝酸中的耐蚀性。含硅 w（Si）= 14.5%［x（Si）= 25%］的 Fe-Si 合金在盐酸、硫酸和硝酸中有满意的耐蚀性。在不锈钢中加入 w = 2%~4% 的硅时，也可提高不锈钢在上述介质中的耐蚀性。

在镍铬不锈钢的基础上加入钼、铜后，进一步扩大了钢在硫酸中的具有耐蚀性的浓度和温度范围。不同镍、钼、铜含量的不锈钢在硫酸中耐蚀的浓度和温度范围如图 6-13 所示。随着不锈钢中镍、钼、铜含量的增加，钢的耐蚀的硫酸浓度和温度范围有显著扩大。

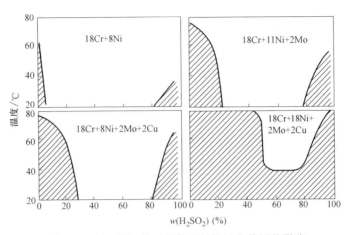

图 6-13 钼、铜、镍对镍铬不锈钢钝化范围的影响

不锈钢钝化是不锈钢在酸洗后，为提高耐蚀性而进行的化学转化处理。钝化后不锈钢表面保持其原有颜色，一般为银白色或灰白色。不锈钢钝化工艺见表 6-16。

表 6-16 不锈钢钝化工艺

工 艺 号		1	2	3	4
质量分数（%）	硝酸（HNO_3）	20~25	25~45	20~25	45~55
	重铬酸钠（$Na_2Cr_2O_7 \cdot 2H_2O$）	2~3	—	—	—
	纯水（H_2O）	余量	余量	余量	余量
工艺条件	溶液温度/℃	49~54	21~32	49~60	49~54
	处理时间/min	>20	>30	>20	>30
适用的不锈钢类型		适用于高碳高铬不锈钢、高硫高硒不锈钢和沉淀硬化不锈钢	适用于奥氏体不锈钢和高铬不锈钢	适用于奥氏体不锈钢和高铬不锈钢	适用于高碳高铬不锈钢和沉淀硬化不锈钢

为提高耐蚀性可再进行封闭处理，封闭处理工艺见表 6-17。

表 6-17 封闭处理工艺

重铬酸钠 $Na_2Cr_2O_7 \cdot 2H_2O$	钼酸钠 Na_2MoO_4	碳酸钠 Na_2CO_3	pH	温度	阴极电流密度	时间	阳极处理
8g/L	20g/L	6~8g/L	9~10	25~35℃	0.5~1A/dm^2	10min	30s

6.3.3 不锈钢钝化后处理

所有的铁素体和马氏体不锈钢钝化处理后，水洗，在空气中放置 1h，然后在溶液里处理，后处理溶液的配方及处理工艺见表 6-18。

表 6-18 后处理溶液的配方及处理工艺

重铬酸钠（质量分数）	温度	时间
4%~6%	60~71℃	30min

上述溶液处理后，必须用水洗净，然后彻底干燥。

6.3.4　不锈钢钝化膜的质量检测

不锈钢钝化处理之后，表面应该均匀一致，无色，光亮度比处理之前略有下降。无过腐蚀、点蚀、黑灰或其他污迹。膜层耐蚀性可用下列方法检测：

（1）浸水试验方法　试样在去离子水中浸泡 1h，然后在空气中干燥 1h，这样交替处理最少 24h，试样表面应该无明显的生锈和腐蚀。

（2）高潮湿试验　试样暴露在潮湿箱中。97%±3% 的相对湿度和 37.8℃±2.8℃ 试样表面应该无明显的生锈和腐蚀。

（3）盐雾试验　不锈钢钝化膜必须能够经受最少 2h 的质量分数为 5% 中性盐雾试验，而无明显腐蚀。

（4）硫酸铜点滴试验　测试 300 系列奥氏体镍铬不锈钢时，可以用硫酸铜点滴试验替代盐雾试验。硫酸铜试验溶液的配制：将 8g 五水硫酸铜试剂溶于 500mL 蒸馏水中，加 2～3mL 试剂浓硫酸。新配的溶液只能使用两个星期，超过两个星期的溶液要废弃重配。

将硫酸铜溶液数滴滴在不锈钢试样的表面上，通过补充试液的方法，保持液滴试样表面始终处于润湿状态 6min，然后小心将试液用水洗去，干燥。观察试样表面的液滴处，如无置换铜说明钝化膜合格，否则，钝化膜不合格。

（5）铁氰化钾-硝酸溶液点滴试验　试验溶液的配制：将 10g 化学纯铁氰化钾溶于 500mL 蒸馏水中，加 30mL 化学纯浓硝酸（质量分数为 70%），用蒸馏水稀释到 1000mL。这种试液配制后要当天使用。

滴几滴试液于不锈钢表面上，如果试液 30s 以内变成蓝黑色，说明表面有游离铁、钝化不合格。如果表面无反应，试样表面的试液可以用温水彻底洗净。如果表面有反应，试验表面的试液，可以用质量分数为 10% 的醋酸、质量分数为 8% 的草酸溶液和热水将其彻底洗净。

6.4　锌及锌合金的钝化

6.4.1　锌及锌合金铬酸盐钝化

1. 铬酸盐处理液的基本组成

锌镀层钝化铬酸盐处理工艺见表 6-19。其中配方 1 为传统的重铬酸盐型。使用时浸渍的时间短只有 10s 左右，而且对时间很敏感，形成的膜很薄，并呈干涉型的彩虹。随着时间的增长，膜的颜色由浅变深，5s 时泛绿，15s 时会变成棕黄。如果长时间处理会使膜层粉化易于脱落。不希望膜的颜色带黄时，可用 60g/L 的磷酸钠溶液漂白，漂白后变成美观的蓝白色或接近透明。如需要黑色可采用配方 2。

表 6-19　铬酸盐处理工艺

工艺号		1	2	3	4
组分浓度/(g/L)	重铬酸钠（$Na_2Cr_2O_7$）	180～200	—	—	—
	铬酐（CrO_3）	—	15～30	150～250	50～75
	硫酸（H_2SO_4，$\rho = 1.84g/cm^3$）	8～10	—	5～25	5～10

（续）

	工艺号	1	2	3	4
组分浓度/(g/L)	硝酸(HNO_3,$\rho = 1.4g/cm^3$)	—	—	0~10	—
	醋酸(HAc,$\rho = 1.045g/cm^3$)	—	70~125	0~5	—
	磷酸(H_3PO_4)	—	—	—	添加10~30变草色
	硫酸铜($CuSO_4 \cdot 5H_2O$)	—	30~50	—	—
	甲酸钠($HCOONa \cdot 2H_2O$)	—	20~30	—	—
工艺条件	溶液温度/℃	20~30	20~30	20~30	20~30
	处理时间/s	5~15	2~3min	10~30	20~60
	膜层颜色	彩虹色	黑色	—	—

　　铬酸盐处理溶液又分为高浓度和低浓度两类。溶液中铬酸含量在80g/L以上的称为高浓度，80g/L以下的称为低浓度。高浓度铬酸溶液具有抛光作用，而低浓度溶液则没有此功能。要得到有光泽的膜层，则需采用高浓度溶液处理，但溶液的成本高，污水处理困难。而低浓度铬酸盐处理溶液则成本相对较低，污染及公害程度也相对较小。表中的配方1也属于高浓度处理液，配方3为高浓度铬酸处理液，配方2和4属于低浓度类型的铬酸处理液。

　　2. 铬酸盐钝化膜质量的影响因素

　　（1）铬酸盐膜层的组成　将锌镀层表面铬酸盐钝化膜进行分析，其膜的组成见表6-20。含三价铬最多，其次为水，再其次为六价铬，另外还有硫酸根、锌、钠等成分，可见铬酸盐膜主要由三价铬、六价铬和水组成，化学式表示为$Cr_2O_3CrO_3 \cdot xH_2O$，水为结晶水的形态。影响膜的耐蚀性的成分是六价铬和三价铬，其中六价铬起主要的影响作用。因此，要得到耐蚀性良好的钝化膜就要提高膜的六价铬含量，获得六价铬含量高的铬酸盐钝化膜。

表6-20　锌镀层的铬酸盐钝化膜分析结果

膜的成分	各成分含量(质量分数,%)
三价铬(Cr^{3+})	28.20
六价铬(Cr^{6+})	8.68
水(H_2O)	19.30
硫酸根(SO_4^{2-})	3.27
锌(Zn)	2.17
碳酸钠(Na_2CO_3)	0.32
其他	余量

　　三价铬在膜中是主要组分，不溶于水，有较高的稳定性，是构成膜层的骨架使膜层不易溶解并得到良好的保护。三价铬化合物一般是呈绿色，在膜中则显蓝色。六价铬化合物分布于膜的内部，起填充空隙的作用。六价铬化合物易溶于水，在潮湿的介质中，它能逐渐从膜内渗出，溶于膜表面凝结的水中形成铬酸具有使膜层再钝化的功能。当钝化膜受轻度损伤时，可溶性六价铬化合物会使该处得到再钝化，修复受伤的部位，防止锌镀层受到腐蚀。六价铬化合物一般是黄色或橙色，与三价铬化合物混合在一起时，则形成彩虹色。

　　钝化膜中三价铬和六价铬的含量比例是随各种因素变化的，因而钝化膜的色彩也随这两种化合物含量比例的不同而改变。钝化膜的色彩也成为判断钝化膜质量好坏的标志，一般来说，质量好的钝化膜其外观应有光亮的偏绿彩虹色。

（2）空气中放置时间的影响　在空气中放置的时间变长，六价铬的含量增大，覆膜厚度增加，膜的耐蚀性也提高，空气中放置时间与膜的耐蚀性关系见表 6-21。但覆膜增厚后，有时膜的附着力下降，膜层容易在外力作用下脱落，所以膜层也不能太厚。一般情况下在低浓度铬酸溶液中长时间浸泡，膜的附着力减弱，在铬酸盐溶液中添加 30mL/L 的醋酸时，膜的附着力增强，铬酸盐溶液中添加高锰酸钾时，附着力也得到改善。但是铬酸盐溶液中的金属（锌、镉等）含量增加时，膜的附着力下降。

表 6-21　空气中放置时间与膜的耐蚀性关系

空气中放置时间/s	全铬/(mg/dm²)	六价铬/(mg/dm²)	三价铬/(mg/dm²)	盐水(5%)喷雾试验	
				白色腐蚀时间/h	红锈出现时间/h
1	—	—	—	120	144
5	1.192	0.274	0.918	144	168
10	1.605	0.389	1.216	144	168
15	—	0.478	—	144	168
20	2.120	0.566	1.554	144	168
25	—	0.690	—	168	192
30	2.325	0.757	1.568	168	192

（3）干燥温度与膜的耐蚀性关系　铬酸盐钝化成膜后的干燥温度对膜的耐蚀性有很大的影响。一般来说，应当在 60℃ 以下干燥较适宜，在 70℃ 以上干燥的膜，其耐蚀性下降，80℃ 以上干燥时，耐蚀性急剧下降。这是因为在 70℃ 以上干燥时铬酸盐膜会出现裂纹，导致耐蚀性下降。裂纹出现的原因是铬酸盐钝化膜本身应含有一定的结晶水，当温度达到 70℃ 以上时，膜内的水分开始脱离膜层而蒸发，致使膜层出现裂缝。

图 6-14 为铁的锌镀层，经铬酸盐钝化处理后，加热干燥温度由 50~200℃，从显微镜观察不同干燥温度时的膜层表面的状态。从图中可以看到，在 50℃ 干燥的表面没有裂纹，75℃ 开始有裂纹，而且随着干燥的温度增加，表面所出现的裂纹越多。

（4）时效与膜层耐蚀性的关系　铬酸盐钝化膜的耐蚀性在刚生成时比较弱，但随着放置时间的增长、膜的耐蚀性逐渐提高，同时膜层的硬度和附着力也随放置时间的增长而增大。所以膜层的耐蚀性试验应当至少在成膜干燥后，放置 2h 再进行，否则其试验的结果误差较大。但是在 60℃ 以下的温度干燥时，可以短时间内增大其耐蚀性。

3. 铬酸盐钝化的具体实施

锌、锌合金及锌镀层的铬酸盐钝化又分彩虹色钝化、白色钝化和黑色钝化、军绿色钝化等多种。

（1）锌镀层的铬酸盐彩虹色钝化　彩虹色钝化中又可以根据钝化液中铬的含量情况，

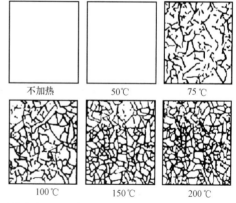

不加热　　50℃　　75℃

100℃　　150℃　　200℃

图 6-14　不同温度干燥时膜表面的网状裂纹

分为高铬彩虹色钝化、低铬彩虹色钝化和超低铬彩虹色钝化等。溶液中的铬酸含量在 $200\sim350g/L$ 为高铬彩虹色钝化，高铬钝化的操作工艺有三酸法和三酸二次钝化法。

1）高铬彩虹色钝化工艺。高铬三酸钝化生成的膜色泽鲜艳。若加入 $10\sim15g/L$ 硫酸亚铁，则生成的钝化膜更厚，而附着力更强，耐蚀性也更好，但膜的颜色会变深光泽较差。

高铬酸盐钝化的工艺已相当成熟，所得的膜层性能也很好，但生产成本高，而且污染相对严重，废水治理及环保的任务很艰巨，所以目前已用得不多，而多采用低铬酸盐钝化工艺。随着低铬钝化工艺应用日渐增多，而且不断改进和提高，低铬酸钝化也日趋完善和成熟。

高铬彩虹色钝化膜常见的故障产生原因及处理方法见表6-22。

表 6-22　高铬彩虹色钝化故障及处理方法

出现故障	产生原因	处理方法
钝化膜暗淡无光	①硝酸偏低	①增加硝酸含量
	②铬酸偏低	②添加铬酸
钝化膜显红色，且色泽浅	硝酸偏高	适当补充硫酸，降低硝酸的比例
钝化膜显浅黄色	①在空气中放置的时间短	①延长在空气中放置的时间
	②铬酸含量偏高，或硫酸含量偏低	②调整钝化溶液中铬酸或硫酸的含量
钝化膜显棕褐色	①铬酸偏低	①添加铬酸，但要适当
	②硫酸偏高	②适当降低硫酸含量
钝化膜易脱落	①钝化液的温度太高	①降低温度
	②硫酸的含量偏低	②增加硫酸含量
	③钝化后放置时间太长	③缩短放置的时间
	④镀层中夹带的添加剂过多	④镀液用活性炭处理或钝化前把镀件用5%NaOH溶液浸洗处理，再经过清洗后才钝化
钝化膜上有斑纹迹	可能是钝化液清洗不干净	加强钝化后的清洗

2）低铬酸彩虹色钝化工艺。低铬钝化工艺流程如下：

工件→镀锌→清洗→出光（或低铬白钝化）→清洗→低铬彩虹钝化→清洗→浸热水（60℃）→干燥。

低铬酸彩虹钝化的膜层主要是在钝化液中形成的，因此不需要在空气中放置。钝化工件的面积较大时要搅动钝化液，增加溶液的流动性，这样才能保证钝化膜的均匀性。

低铬酸钝化工艺见表6-23。低铬酸彩虹色钝化溶液的铬酸酐浓度在 $3\sim5g/L$ 内最合适，pH 在 $1\sim1.3$ 为最佳，室温的情况下处理的时间约 $5\sim8s$ 为最好。

表 6-23　低铬酸钝化工艺

	工 艺 号	1	2	3	4
组分浓度	铬酐（CrO_3）/（g/L）	$4\sim6$	5	5	$3\sim5$
	硝酸（HNO_3）/（mL/L）	$5\sim8$	3	3	—
	硫酸（H_2SO_4）/（mL/L）	$0.5\sim1$	0.4	0.3	—
	硫酸锌（$ZnSO_4$）/（g/L）	—	—	—	$1\sim2$

（续）

	工　艺　号	1	2	3	4
组分浓度	高锰酸钾（KMnO₄）/（g/L）	1.0	0.1	—	—
	醋酸（CH₃COOH）/（mol/L）	—	—	5	—
工艺条件	溶液 pH	1.0~1.6	0.8~1.3	0.8~1.3	1~2
	溶液温度/℃	15~30	20~30	20~30	20~30
	处理时间/s	10~45	5~8	5~8	10~12

由于低铬钝化液的酸值较低，钝化液自身的化学抛光性能差。钝化前要先用 2%~3%（体积分数）的硝酸溶液出光 2~5s，根据钝化液酸度的要求，出光后可以不清洗而直接浸入钝化液处理。钝化后可直接用 60~65℃的热水烫干。

3）溶液成分及工艺对钝化的影响。溶液中的铬酐（CrO_3）、硝酸（HNO_3）、硫酸（H_2SO_4）、硫酸锌（$ZnSO_4$）、高锰酸钾对钝化影响较大，钝化工艺中对钝化影响较大的是溶液的 pH、溶液的温度和处理时间。

铬酐是生成钝化膜的主要成分，只要含 4~6g/L 便能形成钝化膜，但不能太低也不能太高。含量太低成膜速度很慢，溶膜速度快，色泽暗淡无光。

硝酸可以促进成膜作用，使成膜速度加快，又有抛光作用，使膜层光亮。当钝化处理液 pH 升高时，可以用硝酸调整 pH 至合适的范围。

硫酸在成膜过程中起主要作用，如果含量低，成膜速度减慢，色泽也不好；但含量过高时，膜层疏松且易脱落，应控制在合适的范围内。

有些配方用硫酸锌代替硫酸，对提高膜层的附着力有好处，同时能使膜层的色泽均匀。

钝化液中加进高锰酸钾可以提高膜层的附着力，使膜的颜色偏红。

溶液的 pH 低、酸度高，成膜速度快，但 pH 太低时，会令膜层颜色变暗，无光泽，而且膜层疏松、结合力差，并且容易脱落；若 pH 高，则成膜速度减慢，pH 过高甚至难以成膜。因此应密切监视 pH 的变化并及时进行调整，使其保持在限定的范围内。

一般来说溶液的温度高，反应速度快，成膜也比较快，但是温度高，膜容易脱落。溶液温度高时，钝化的时间要短。

钝化时间越长，膜层越厚。但时间过长，膜太厚，则附着力下降，膜容易脱落，而且颜色也变差。pH 高时，处理时间应适当延长。

4）低铬酸彩虹色钝化常见故障产生原因与处理方法见表 6-24。

表 6-24　低铬酸彩虹色钝化常见故障产生原因与处理方法

出　现　故　障	产　生　原　因	处　理　方　法
不出彩虹色或色泽很淡	①溶液的 pH 不在工艺范围内	①调整好 pH 至规定范围
	②硫酸的含量偏低	②补充硫酸或硫酸盐
	③钝化时间不合适	③调整钝化时间至最佳
	④镀层本身的表面光亮度差	④镀层表面要光亮
钝化膜不光亮	①镀层原来就不光亮	①镀层应先抛光或出光
	②出光溶液不正常	②调整好出光液
	③钝化溶液 pH 偏低	③调好溶液的 pH
	④溶液的硝酸含量偏低	④补充硝酸的用量
	⑤钝化时间过长	⑤控制好钝化处理的时间

（续）

出 现 故 障	产 生 原 因	处 理 方 法
钝化膜易脱落或膜层易擦去	①硫酸含量偏低	①增加硫酸的含量
	②钝化时间过长	②缩短钝化的时间
	③钝化液老化,pH偏高	③补充硝酸或硫酸
	④钝化液的温度偏高	④适当降低溶液的温度
	⑤清洗水的水质不良	⑤更换清洗水至合格
	⑥镀层夹杂有过多表面活性剂	⑥镀液用活性炭处理好

（2）锌及锌合金的白色钝化　镀锌产品及锌合金工件要求钝化膜呈白颜色外观时,一般来说有两种处理方法,一种是在铬酸白色钝化液中一次性钝化处理而成,另一种是先用铬酸彩色钝化一次,后再经漂白处理而成。

1）一次性铬酸白色钝化工艺流程如下:工件→光亮镀锌→清洗两次→出光（用2%~3%硝酸）→清洗→白色钝化→清洗两次→90℃以上热水烫→甩干→干燥→产品。

镀锌产品一次性铬酸白色钝化工艺见表6-25。

表6-25　一次性白色钝化工艺

工　艺　号		1	2	3	4
组分浓度/(g/L)	铬酐(CrO₃)	1~2	14~16	4~6	2~5
	硝酸(HNO₃)	10~20	—	0.05%~0.1%[①]	0.05%[①]
	硫酸(H₂SO₄)	30~40	—	—	—
	氢氟酸(HF)	0.2%~0.4%[①]	—	—	—
	碳酸钡(BaCO₃)	—	0.5	1.0	1~2
	氯化铬(CrCl₃)	微量	—	—	—
	醋酸镍[Ni(CH₃COO)₂]	—	—	1~3	—
工艺条件	溶液温度/℃	20~30	20~30	20~30	20~30
	处理时间/s　溶液中	2~3	15~30	3~8	14~16
	空气中	15~20	—	5~10	—

① 体积分数。

铬酸白色钝化常见故障产生原因与处理方法见表6-26。

表6-26　铬酸白色钝化常见故障产生原因及处理方法

出 现 故 障	产 生 原 因	处 理 方 法
钝化膜发"雾"	①钝化液老化,pH偏高	①补充硝酸或硫酸
	②铬酸偏高	②加入少量硝酸
	③空气中氧化时间短	③钝化后延长放置时间
	④钝化液温度高	④降低溶液温度
	⑤溶液中锌、三价铬或铁离子过高	⑤稀释或更换钝化液
	⑥氟化物不足或过量	⑥调整适当的含量
钝化膜颜色不正常	①新配制溶液,三价铬离子少	①加锌粉或三氯化铬(CrCl₃)
	②硫酸含量偏低	②调整至合适的含量
	③空气中放置时间不够	③适当延长放置时间

（续）

出 现 故 障	产 生 原 因	处 理 方 法
钝化膜无光泽,不亮	①硝酸含量低	①补充硝酸
	②镀层本身光亮度差	②镀层抛光或出光
	③处理温度太高	③降低处理液的温度
	④铬离子含量不足	④少加或不加氢氟酸
钝化膜色泽不均匀或带淡彩虹色	①铬酸偏高	①加入少量硝酸
	②氟化物含量偏高	②溶液稀释
	③镀锌后清洗不干净	③加强水洗,水洗后马上钝化
	④清洗中含有过多的铬酸或水质太差	④注意清洗水的质量,并改善
	⑤翻动不均匀	⑤多翻动钝化的零件
	⑥硫酸含量偏低	⑥添加少量硫酸

2）二次性白色钝化工艺。所谓二次性白色钝化就是先用任何一种彩色钝化的溶液进行钝化，然后再在漂白溶液中浸渍漂白。漂白彩色钝化膜工艺见表 6-27。

表 6-27　漂白彩色钝化膜工艺

工　艺　号		1	2	3
组分浓度 /（g/L）	氢氧化钠（NaOH）	10~20	30~50	50~70
	硫化钠（Na_2S）	20~30	—	—
	硫酸钠（Na_2SO_4）	—	5~10	—
工艺条件	溶液温度/℃	20~30	20~30	30~60
	处理时间/s	变白即止	变白即止	变白即止

二次性白色钝化的工艺流程：

工件→光亮镀锌→清洗→出光→清洗→彩（虹）色钝化→清洗三次→漂白处理→清洗二次→浸热水封闭（温度 85~100℃）→干燥→产品。

说明：漂白处理后经二次清洗放在温度为 85~100℃ 水中加 0.2g/L 后进行封闭处理，可提高锌镀层的耐蚀性。因为白钝化膜很薄，耐蚀性很差。经上述封闭处理的白钝化膜耐盐雾试验可以达到 48h，而不经封闭处理的工件盐雾试验 2h 也通不过。

（3）锌及锌合金的黑色钝化　近年来镀锌工件流行黑色，这是由于黑色显得庄重高雅，很好的光学效果，再加上镀层的耐蚀性较高，因此被人接受。大多数应用于电子、轻工、汽车、摩托车工件及日用五金制品，应用的范围还在不断地扩大。

1）锌及锌合金黑色钝化工艺流程。锌镀层黑色钝化工艺流程如下：

工件→碱性锌酸盐镀锌→流动冷水洗→出光（3%硝酸）→流动冷水洗→黑色钝化→流动冷水洗→封闭→吹干→干燥。

2）锌及锌合金黑色钝化溶液配方及工艺。锌及锌合金黑色钝化工艺见表 6-28。

表 6-28　锌及锌合金黑色钝化工艺

工　艺　号		1	2	3	4
组分浓度 /（g/L）	铬酐（CrO_3）	6~10	15~30	15~30	—
	醋酸（CH_3COOH）	40~50	7%~12%[①]	70~125	—
	硫酸铜（$CuSO_4$）	—	30~50	30~50	—
	甲酸钠（HCOONa）	—	65~75	20~30	—

（续）

工　艺　号		1	2	3	4
组分浓度 /（g/L）	硫酸（H_2SO_4）	0.05%～0.1%①	—	—	—
	硝酸银（$AgNO_3$）	0.3～0.5	—	—	—
	钼酸铵［（NH_4）$_2$$MoO_4$］	—	—	—	80～100
	氨水（NH_4OH）	—	—	—	3%～8%①
工艺条件	溶液 pH	1.0～1.8	2.0～3.0	—	—
	溶液温度/℃	20～30	20～30	20～30	50～80
	处理时间/s	120～180	溶液中 2～3 空气中 14～16	2～3min	10min

① 体积分数。

　　钝化液的配制及注意事项（以配方 1 为例）：醋酸应在硝酸银之前加入，因为它可以抑制砖红色的 Ag_2CrO_4 沉淀产生；同时银盐必须缓慢地加入，避免直接快速加银盐造成瞬间局部浓度过大而产生大量的 Ag_2CrO_4 沉淀物。

　　3）溶液主要成分及工艺的影响。溶液中铬酐（CrO_3）、硝酸银（$AgNO_3$）、硫酸（H_2SO_4）、醋酸（CH_3COOH）等成分，以及溶液的 pH、钝化处理时间、钝化后处理等因素会对二次性白色钝化产生很多影响。

　　铬酐为钝化的主盐，是最主要的成分。铬酐含量过高，酸度会相应提高，则膜层的溶解速度加快，成膜速度变慢，甚至难以成膜，所得膜层也很薄。此外，过高含量的铬酐会促使砖红色的 Ag_2CrO_4 沉淀生成。这种物质会夹杂在膜层内，降低膜层的性能及质量，同时也消耗了银盐，造成不必要的损失。若铬酐含量过低，成膜速度变慢，膜层薄而且不黑，甚至产生彩色，达不到黑色钝化的目的。因此要通过试验，优选出合理的铬酐用量范围。并在生产中严格控制，若控制好，膜层较厚，而且乌黑发亮。

　　硝酸银是钝化膜的发黑剂，是黑色钝化的重要成分，其含量在本配方中应控制在 0.3～0.5g/L 的范围内。此时所得的膜较黑，若硝酸银的浓度高于 0.5g/L，虽然膜的颜色会更黑，但表面很粗糙，且附着力不强，而且含量过高，也会生成砖红色的 Ag_2CrO_4 沉淀物；如果硝酸银含量太低，则膜的颜色不够黑。

　　硫酸是促进剂，在钝化中起加速的作用。没有硫酸时，黑色钝化膜则难以形成；硫酸浓度太低时，成膜速度太慢，得不到质量好的黑膜，膜层的结合力也差，膜容易擦去；硫酸浓度太高也不好，酸度过高，膜的溶解速度快，成膜也慢，当酸度太高时，可用硫酸钠代替硫酸。

　　醋酸是钝化处理液中的缓冲剂，同时又能抑制 Ag_2CrO_4 的沉淀物形成，起着稳定钝化液的重要作用。此外醋酸还能提高膜层的光亮度和结合力。

　　溶液的 pH 要严格控制，pH≤1 时，钝化膜的形成和溶解都很快，得不到预期厚度的膜层，而且膜的附着力及光亮度不好；pH≥2 时，则完成钝化的时间过长，膜带有彩色。所以 pH 最好控制在 1～2 的范围内。

　　钝化处理所需的时间与溶液的温度、溶液的 pH 及溶液的组成有很大的关系，要综合考虑，灵活掌握，并且要根据上述的几个影响因素及时进行调整。例如溶液的温度变化会影响钝化所需要的时间，温度升高时，时间应减少；相反，温度降低时，处理的时间相对要

延长。

总的来说,钝化处理时间过短,膜层较薄而且会有彩虹色出现;钝化时间过长时,膜层的结合力差,而且粗糙、疏松,容易脱落。对溶液而言,刚配好的新鲜钝化液,处理时间短些;长时间使用后,溶液已老化,则钝化处理的时间应长些。工件从钝化液中取出后在空气中适当停留,但不要超过 20s,清洗时也不能太久,大概控制在 5s 左右,否则膜的颜色变浅。

钝化膜经清洗后应用热风吹干,然后在 60~70℃下烘干 5~10min,温度不要太高,否则钝化膜会开裂,耐蚀性将降低。

6.4.2 锌及锌合金无铬钝化

1. 概述

随着人类环保意识的加强,各行各业中对环保要求的呼声也越来越高,采取了各种措施解决工业废弃物对环境造成的破坏。在锌及锌合金钝化中,由于铬酸盐钝化存在着六价铬对环境的污染问题,所以近年来在生产中,大量使用了低铬、超低铬的钝化处理液,但是还是存在六价铬的情况。我国在 20 世纪 70 年代开始研究并应用无铬钝化,除了无铬白钝化和黑钝化取得一定的成效之外,彩色无铬钝化仍然存在色调浅、不均匀等缺陷,仍需进一步改良。

2. 无铬钝化液配方及工艺

从钝化液的成分来看,无铬钝化剂的主要成分为钼酸盐、硅酸盐、钨酸盐、稀土金属盐和钛酸盐等。锌及锌合金无铬钝化采用硅酸盐,锌及锌合金无铬钝化工艺见表 6-29。

表 6-29 锌及锌合金无铬钝化工艺

	工 艺 号	1	2	3	4
组分浓度 /(g/L)	硅酸钠(Na_2SiO_3)	35~45	—	35~45	—
	硫酸(H_2SO_4)	0.3%~0.8%	—	2~5	—
	硝酸(HNO_3)	0.2%	0.4%~0.8%	4.5~5.5	0.8%~1.5%
	磷酸(H_3PO_4)	0.2%	0.8%~1.2%	—	—
	过氧化氢(H_2O_2)	4%	5%~8%	35~45	5%~8%
	硫脲(H_2NCSNH_2)	6~8	—	—	—
	硫酸氧钛($TiOSO_4$)	—	3~6	—	2~5
	柠檬酸($C_6H_8O_7$)	—	3(单宁酸)	—	5~10
	六偏磷酸钠	—	6~15	—	—
	植酸($C_6H_{18}O_{24}P_6$)	—	—	4~6	—
工艺条件	溶液 pH	3.0	1.0~1.5	2~3	0.5~1.0
	溶液温度/℃	25~35	20~30	20~30	20~30
	钝化时间/s	90	溶液中 15 空气中 10	20~60	溶液中 8~15 空气中 5~10
	膜层颜色	白色	彩色		白色

注:表中分数均为体积分数。

6.4.3　锌及锌合金钝化的应用实例

1. 环保型三价铬彩色钝化应用

（1）概述　随着人类生活及质量的不断改善及提高，对各种产品的环保要求也越来越高。某公司主要从事铝及铝合金表面处理，钢铁件镀锌、镀锌镍合金等，并承接一大批知名客户的各类金属工件表面处理加工，产品主要是电脑、通信、消费性电子及汽车零配件，这些客户的产品大多出口国外，环保要求很高，随着欧盟正式颁布 RoHS（关于在电子、电气设备中限制使用某些有害物质的规定）指令和 WEEE（关于报废电子、电气设备回收利用）指令，要求各类电器产品、电气设备必须符合环保标准，限制使用六种有害物质 [Cd、Pb、Hg、Cr^{6+}、PBBs（多溴联苯）、PBDEs（多溴二苯醚）]，不得超过规定的允许含量标准。该公司原用的六价铬低铬钝化液根本无法达到要求，必须采用环保型镀锌与三价铬钝化工艺。

目前该公司使用碱性环保型镀锌后的三价铬彩色钝化液 3095 是另一家公司从国外引进的高耐蚀彩色钝化、浓缩剂。其 pH 为 0.1~0.5，密度为 1.36~1.42g/cm^3，钝化膜的厚度可达 500nm，适用于酸性、碱性镀锌的钝化。钝化液中不含六价铬，钝化膜层经 SGS（通标标准技术服务有限公司）检测六价铬符合欧盟 RoHS 指令要求及欧美客户的环保要求。工件锌镀层的厚度 8~15μm，经三价铬钝化液处理并烘干后，中性盐雾试验可达 240h 不出白锈（一般只要求 ≥96h），经多个月的生产实践考验，24h 连续生产证明工艺稳定可靠，操作容易，可用于销售海外的环保型电镀层钝化的产品。

（2）三价铬彩色钝化工艺　三价铬彩色钝化的溶液配方及工艺、钝化液的配制方法如下：

1）钝化溶液配方及工艺。三价铬彩色钝化工艺见表 6-30。

表 6-30　三价铬彩色钝化工艺

3095 彩色钝化浓缩液	钝化时间	钝化液 pH	烘干温度	溶液温度	烘干时间
$\varphi = 8\% \sim 12\%$	30~70s	1.6~2.2	60~80℃	28~45℃	10~15min

2）钝化液的配制方法。先在 PVC 塑料槽中加入离子水。然后加入计量好的 3095 三价铬彩色钝化浓缩液，经充分搅拌至均匀，检测钝化液的 pH 至 1.6~2.2 范围，如不合格可用 HNO_3 或 NaOH 稀溶液调至合格范围。合格后先进行试钝化，观察外观颜色呈彩虹紫黄色为合格，并摸索出最佳的钝化时间后，即可投入生产。

（3）钝化操作注意事项　钝化时应严控制溶液的 pH 及温度，对钝化液进行维护，控制好钝化液的杂质含量，钝化后进行干燥处理。

1）溶液的 pH 及温度控制。新配溶液所得的钝化膜，其外观为彩虹紫黄色，钝化的时间开始取下限，根据颜色的变化逐渐增加时间；钝化液的 pH 要每两小时检测一次。一般情况下随时间延长，pH 不断上升，当 pH 升至 2.2 时，钝化膜外观的颜色变差。膜层可能发雾，钝化所需的时间也长。在此情况下，可用 HNO_3 调整 pH 至合适范围内。

钝化液的温度低则钝化时间长，钝化温度高则钝化时间短，防腐蚀能力强。但温度高挥发大，对操作施工的环境污染大，宜采用下限温度。钝化溶液不宜用不锈钢管加热，否则会腐蚀并产生有害物质，可用钛管或石英管加热。

2）钝化液的维护。3095 钝化液应定期分析并添加新液，钝化液的消耗量为钝化 $1m^2$ 面积的工件，需加入 3095 浓缩液 50mL，钝化液在钝化时需用压缩空气搅拌。当钝化液老化时，如搅拌不充分会使同一挂具的工件中部分工件有发雾现象出现。

3）钝化液中的杂质含量控制。钝化液中严禁带入 Cr^{6+} 和其他的金属杂质。掉入溶液中的工件要及时打捞起来，不能遗留在溶液内，以免工件溶解产生杂质污染。例如钢铁镀锌件掉入槽中，若不及时捞起，使锌溶解，铁腐蚀造成钝化液中锌、铁的杂质含量超标。钝化溶液中锌、铁杂质的最大允许量为 $Zn \leqslant 10 \sim 15g/L$，$Fe \leqslant 100 \sim 150mg/L$。杂质含量超标会使钝化膜发花、发雾，外观不合格，耐蚀性降低。

钝化浓缩液价格昂贵，更换钝化液会使生产成本增加。所以要进行再生处理。锌、铁杂质可用除锌、除铁剂化学方法除去，也可用特种离子交换法除去，使钝化液再生利用，以降低生产成本。经过再生处理 1~2 次后再考虑把旧液废除。

4）钝化膜的干燥处理。镀锌件钝化后，烘干的温度一般在 $60 \sim 80℃$，时间为 $10 \sim 15min$；烘干温度为 $80 \sim 100℃$，时间可缩短为 $5 \sim 10min$，否则颜色会变浅。如果烘干温度低，时间短，钝化膜层内会含较多的水分子，膜层的抗污染性差，手触摸时会留下指纹，包装后存放在库房内钝化膜容易变色，或颜色变浅，且耐蚀性下降，还会出现钝化膜中六价铬含量增多并超标的严重危害。

如果工件烘干温度为 $80℃$，时间 $0.5h$，使钝化膜中水分子大部分除去，即使在潮湿的空气中也不会发生 Cr^{3+} 转变成 Cr^{6+} 的情况，Cr^{6+} 检测也不会超标，所以一定要控制好烘干的温度及时间。

（4）三价铬钝化常见故障及处理方法 由于三价铬钝化膜较六价铬钝化膜透亮度好，但掩蔽能力差，抗污染的能力也差，故出现的故障也较多。其原因除了钝化液本身出现问题外，锌镀层的质量、钝化前出光的优劣也直接影响到钝化膜的外观。特别是钝化膜发雾多，影响发雾的因素也多。因此要分别查找原因，对症下药解决问题。常见故障、产生原因及处理方法见表 6-31。

表 6-31　三价铬钝化常见故障、产生原因及处理方法

出 现 故 障		产 生 原 因	处 理 方 法
钝化膜色浅发白		①钝化时间太短或 pH 太高	①延长钝化时间，调整 pH
		②温度低于 20℃	②升高温度至控制范围
		③钝化液的浓度太低	③分析溶液并调整
钝化膜发黄、发花、不连续		①钝化时间太长	①减少钝化时间
		②钝化液的 pH 太高	②用 HNO_3 调低 pH
		③浓缩液含量不足	③分析后添加浓缩液
钝化膜发雾，有时为白色条状，边线黄雾，孔周边发蓝白雾	钝化槽本身产生的发雾原因	①钝化液 pH 过高或过低	①用 HNO_3 按工艺要求调整
		②钝化液浓度太低	②分析后添加
		③钝化时间太短	③延长钝化时间
		④钝化液老化，溶液中锌、铁杂质含量超标	④清除锌、铁等杂质，必要时更换钝化液

（续）

出现故障		产生原因	处理方法
钝化膜发雾,有时为白色条状,边线黄雾,孔周边发蓝白雾	钝化前出光液引发的发雾	①出光的时间短,HNO₃溶液的浓度低	①延长出光时间,补加HNO₃
		②HNO₃、锌离子超标	②更换出光液
		③工件在洗水槽中太长时间,出光后未及时钝化	③缩短在水洗槽内的时间,出光水洗后马上钝化
	镀锌槽引发的发雾	①镀锌槽的光亮剂太多或太少	①用霍尔槽检查后调整
		②镀液内的有机、无机杂质多	②及时处理镀液中的杂质
		③镀前处理不良,有油污	③加强前处理,提高清洗质量
		④镀层的碱液未清洗干净,出光后产生白雾	④加强镀后的清洗
		⑤导电不良或断电产生朦雾	⑤检查导电的情况

2. 低铬钝化应用实例

某光学仪器厂为了提高镀锌工件彩色钝化膜的耐蚀性和结合力,自制了一种镀锌低铬彩色钝化工艺,并进行了批量生产,按国家标准 GB 6458 中性盐雾试验测试了钝化膜的耐蚀性。钝化膜出现白锈的时间为 213h,出现红锈的时间为 246h,钝化膜的结合力超过普通钝化膜,满足了高品质产品质量的要求。

（1）低铬彩色钝化工艺流程　低铬彩色钝化工艺流程如下:

工件→镀锌→水洗两次→钝化→水洗两次→封闭→水洗→浸热水→烘干→产品。

（2）钝化溶液配方及工艺　锌镀层新型低铬彩色钝化工艺见表 6-32。

表 6-32　锌镀层新型低铬彩色钝化工艺

铬酐(CrO₃)	硝酸(HNO₃)	硫酸镍(NiSO₄)	溶液 pH	溶液温度	钝化时间	添加剂
5~7g/L	1~2mL/L	1.0g/L	1~2	20~30℃	10~30s	0.8g/L

（3）封闭溶液配方及工艺　钝化后钝化膜封闭液工艺见表 6-33。

表 6-33　钝化膜封闭工艺

苯甲酸	乙醇	亚硝酸钠(NaNO₂)	添加剂(胺类)	丙三醇	水(H₂O)
30~40g/L	300~400mL/L	20~30g/L	10~20g/L	60~100g/L	余量

（4）钝化膜质量检验　钝化后与普通低铬彩色钝化膜的结合力和耐蚀性进行对比。新型低铬彩色钝化膜与普通低铬彩色钝化膜的结合力对比见表 6-34。

表 6-34　钝化膜结合力对比

钝化膜状态	普通低铬钝化膜	新型低铬钝化膜
钝化膜未烘干	12 次擦后脱落	36 次擦后脱落
钝化膜烘干,并固化 24h	23 次擦后脱落	65 次擦后脱落

新型低铬彩色钝化膜与普通低铬彩色钝化膜耐蚀性对比试验见表 6-35。

表 6-35　钝化膜耐蚀性对比

盐雾试验	普通低铬钝化膜	新型低铬钝化膜
白锈出现时间/h	67	213
红锈出现时间/h	162	246

6.5　锌镀层的钝化

锌在干燥空气中几乎不发生变化，在潮湿空气或含有二氧化碳和氧的水中，锌表面上会生成一层主要由碱式碳酸锌组成的薄膜，能够起到缓蚀作用。锌有较高的负电性，故锌镀层是阳极性镀层，能对金属基体起阴极保护作用。同时，锌镀层对汽油、煤油、润滑油等油脂也有很好的耐蚀能力，所以锌镀层可用来保护在一些气候条件下或工业性大气条件下工作的工件和管道，也可用来保护接触汽油、煤油、润滑油等的设备。但锌的化学性质活泼，在酸性和碱性环境中都易腐蚀，并容易和硫化氢及硫化物起反应。

锌镀层是钢铁基体最廉价的保护层，而钝化则是锌镀层所必经的处理过程。钝化可提高锌镀层的耐蚀性，改善其装饰性，提高与涂料的结合力。

6.5.1　锌镀层的铬酸盐法钝化

在彩色钝化膜中，随着各种因素的变化，三价铬和六价铬的比例也会发生改变，因而钝化膜的色彩也随之发生变化。三价铬化合物多时，膜层偏绿色；六价铬含量高时，钝化膜则呈紫红色。在实际生产中，最希望的颜色是彩虹稍带黄绿色。

钝化膜的颜色深浅还与膜层的厚度有关。薄膜的颜色较浅，厚膜的颜色较深。而膜层厚度又与钝化时间或在空气中停留时间的长短有关。

在低铬和超低铬的钝化液中，钝化膜是在溶液中成膜的，钝化时间长，膜层厚；钝化时间短，膜层薄。而在高铬彩色钝化溶液中，由于钝化液酸度高，在溶液中是无法成膜的，只有当工件离开溶液后才能成膜，也就是膜层的厚度与在空气中停留时间的长短有很大的关系，而与在溶液中浸渍的时间长短无关。空气中停留时间长，钝化膜厚，反之则薄。

钝化时间或空气中氧化时间短，钝化膜薄，此时膜层的色泽呈偏绿色；如钝化时间长，膜层厚，则钝化膜中红色的成分居多。这是因为钝化膜薄时，钝化液与锌层的反应比较强烈，六价铬多被转化成三价铬，所以膜层呈偏绿色。当反应继续进行时，因为已隔了一层钝化膜，钝化液不能直接与锌层起反应，所以还原势减弱，这样六价铬化合物就会形成，而填充在三价铬化合物上，即前面提到的三价铬膜层的骨架上，所以膜层中红的色素逐渐变多起来。而在膜层适中的状态下，钝化膜的色泽则最好。对钝化膜的色彩，当膜层由厚变薄时，色彩的变化大致如下：

红褐色→玫瑰红色→金黄色→红黄相间→光亮五彩色→橄榄绿色→紫红色→偏绿色→浅黄色→青白色。

1. 低铬一次性蓝白色钝化

低铬一次性蓝白色钝化工艺见表 6-36。

表 6-36　低铬一次性蓝白色钝化工艺

配方和工艺条件		1	2	3	4	5
铬酐/(g/L)		2~5	2~5	2~5		
三氯化铬/(g/L)		0~2	0~2			
硝酸/(g/L)		30~50	30~50	10~30	10	5
硫酸/(mL/L)		10~15	10~15	3~10		
盐酸/(mL/L)			10~15			
氢氟酸/(mL/L)		2~4		2~4		
氟化钠/(g/L)			2~4			
WX-1 蓝白粉/(g/L)					2	
WX-8 蓝绿粉/(g/L)						2
温度		室温	室温	室温	室温	室温
钝化时间 /s	在溶液中	2~10	2~10	5~20	7~15	10~30
	在空气中	5~15	5~15	5~10	7~15	5~12

注：1. 配方 1~3 中的铬酐虽可配制成 2g/L，但以 5g/L 较稳妥，因为在酸性较强的溶液中六价铬很容易还原成三价铬。

2. 氟化物以氢氟酸使用起来最方便，效果也较好，氟化钠、氟化钾和氟化铵等氟化物都可用。

3. 新配溶液中可少量加入三价铬化合物，有助于蓝白色膜层的出现，但以后可以不加，只要更换溶液时把老的钝化液保留 1/4 左右即可。

4. 配方 4 简单，是一种超低铬钝化液，对锌层化学溶解很少，色调也较容易掌握。

5. 配方 5 酸度更低，对锌镀层化学溶解更少，几乎可以忽略不计。该钝化液钝化出来的色泽呈蓝绿色，外观比蓝白色更佳。由于该溶液酸度低，对锌层化学溶解少，所以特别适宜于机械自动钝化。

2. 超低铬蓝白色钝化

超低铬蓝白色钝化工艺见表 6-37。

表 6-37　超低铬蓝白色钝化工艺

配方及操作条件	1	2	3	4	5	6	7	8	9
铬酐/(g/L)	0.5~1	1~2	2~3	0.3~1	1.6~2	1~2	1~5	2	0.5~1
硝酸/(mL/L)	35~40	35~40	25~30	35~40	20	—	—	30~40	7~10
硫酸/(mL/L)	10~15	10~20	10~15	5~15	10	10~15	10~20	15~20	3~5
氟化钠/(g/L)	—	—	2~4	3~4	—	—	—	—	—
氟化钾/(g/L)	—	—	2~4	—	—	—	—	—	—
氢氟酸/(mL/L)	2~6	2~4	—	—	1~3	2~4	2	—	—
三氯化铬/(g/L)	3~5	极少量	0.5~2	—	2	—	极微量	—	0.5~0.8
锌粉/(g/L)	—	—	新配槽用，0.5~1	—	—	—	—	—	—
磷酸/(g/L)	—	—	—	—	—	—	0.3~0.4	—	—
pH	0.8~1.2	1.5~2	1~2			1.5~2	1.5~2		
搅拌方式	空气搅拌或抖动零件								
温度	—	室温	室温	—	室温	—	室温	室温	室温
钝化时间/s	—	2~3	5~15	2~5	—	2~10	2~3	—	—
暴露时间/s		20	—	10~15	—		20		

3. 低铬银白色钝化

低铬银白色钝化工艺见表 6-38。

表 6-38 低铬银白色钝化工艺

配方和工艺条件	1	2	3	4
铬酐/(g/L)	15	2~5	8	
碳酸钡/(g/L)	0.5	1~2	0.5	
硝酸/(mL/L)			0.5	
无水醋酸/(mL/L)				5
WX-2 银白粉/(g/L)				2
温度/℃	室温	80~90	80	10~40
钝化时间/s	15~35	15	15	20~40

注: 配方 4 是超低铬银白色钝化配方, 由无锡市钱桥助剂厂生产, 其铬酐含量不足 1g/L, 钝化后可以直接烫热水, 因此几乎没有废水产生。用这种钝化剂钝化出来的产品, 外观银白, 不带彩色。

4. 金黄色钝化

锌镀层金黄色钝化膜的外观酷似镀黄铜, 特别是小工件更像黄铜件, 但它的抗变色性比黄铜好, 成本又低, 所以受到用户的欢迎, 需求量在逐年提升。钝化膜成膜的机理实际上与彩色钝化膜的形成是差不多的, 只是彩色钝化膜中有六价铬吸附着, 而金黄色膜层没有游离六价铬吸附。

金黄色钝化工艺见表 6-39。

表 6-39 金黄色钝化工艺

配方和工艺条件	1	2	3
WX-7 金黄色钝化剂 A(体积分数,%)	7.5		
WX-7 金黄色钝化剂 B(体积分数,%)	2.5		
铬酐/(g/L)		3	4~6
硫酸(体积分数,%)		0.03	
硝酸(体积分数,%)		0.07	
黄色钝化剂/(g/L)			8~10
pH			1~1.5
温度	室温	室温	
处理时间(t)/s	20~60	10~30	5~15

注: 1. 配方 1 WX-7 是无锡市钱桥助剂厂的商品钝化剂, 分 A 剂和 B 剂两种。新配槽时 A 剂加 7.5%, B 剂加 2.5%, 以后补充时仍按 A 剂 3/4, B 剂 1/4 的量添加。

2. 配方 2 可以自行配制。配方 3 是武汉风帆电镀技术公司的技术标准, 其中"黄色钝化剂"是商品, 这是一种纯黄色的钝化剂。

5. 低铬彩色钝化

低铬彩色钝化工艺见表 6-40。

表 6-40　低铬彩色钝化工艺

项　目	配方编号					
	1	2	3	4	5	6
铬酐/(g/L)	5	5	3		2~4	
重铬酸钠/(g/L)				3~5		
硝酸(体积分数,%)	0.3	0.3		0.03~0.05		
硝酸钠/(g/L)			3			
硫酸(体积分数,%)	0.04	0.03		0.03~0.05	0.02~0.04	
硫酸钠/(g/L)			1			
醋酸(体积分数,%)		0.5				
LP-93(体积分数,%)						1.5~2
高锰酸钾/(g/L)	0.1					
盐酸/(g/L)					2~3	
pH	0.8~1.3	0.8~1.3	1.6~1.9	1.5~1.7	1.2~1.8	0.8~1.3
温度	室温	室温	室温	室温	室温	室温
t(空气中)/s	5~8	5~8	10~30	30~50	5~20	5~8

6. 超低铬彩色钝化

超低铬彩色钝化工艺见表 6-41。

表 6-41　超低铬彩色钝化工艺

配方和操作条件	1	2	3	4	5	6
铬酐/(g/L)	1.2~1.7	1.5~2	1.2~1.7	1.5~2	1~2	2
硫酸(体积分数,%)				0.03~0.04	0.03~0.05	
硝酸钠/(g/L)						2
硫酸镍/(g/L)						1
硫酸钠/(g/L)	0.4~0.5	0.6	0.3~0.5			
硝酸(体积分数,%)	0.04~0.05	0.07	0.04~0.05	0.05~0.1	0.04~0.05	
氯化钠/(g/L)	0.3~0.4	0.4	0.3~0.4			
盐酸(体积分数,%)					0.02~0.05	
醋酸(体积分数,%)	0.4~0.6	0.15				
pH	1.5~2.0	1.4~1.7	1.6~2.0	1.3~1.6	1.6~2.0	1.4~2.0
温度/℃	10~14	5~40	15~40	15~35	15~35	15~35
时间/s	30~60	25~60	30~60	20~30	30~60	10~30

7. 军绿色彩色钝化

军绿色彩色钝化工艺见表 6-42。

表 6-42　军绿色彩色钝化工艺

配方和工艺条件	1	2	3	4	5	6
铬酸/(g/L)	30~50					

（续）

配方和工艺条件	1	2	3	4	5	6
磷酸(体积分数,%)	1~1.5					
硝酸(体积分数,%)	0.5~0.8					
硫酸(体积分数,%)	0.5~0.8					
盐酸(体积分数,%)	0.5~0.8					
WX-5A(体积分数,%)		3				
ZG-87A(体积分数,%)			8~10			
UL-303(体积分数,%)				5~9		
LD-11(体积分数,%)					3.5~4	
军绿色钝化剂/(g/L)						10~15
pH					1.3~3	1~1.5
温度/℃	室温	15~35	15~35	20~30	18~35	
钝化时间/s	30~90	20~50	45~120	20~40		5~15
空气中搁置时间/s	30~60	10~20	5~10	10~60		

注：1. 配方1是过去常用的五酸配方。

2. 配方2是无锡市钱桥助剂厂的产品，如色泽不够理想，可以加调色剂 Cl-2。

3. 配方3是武汉材料保护研究所的产品。

4. 配方4是日本工业上村公司的产品。

5. 配方5是山西大学研制的产品。

6. 配方6是武汉风帆电镀技术公司的产品。

8. 银盐黑色钝化

银盐黑色钝化工艺见表6-43。

表 6-43 银盐黑色钝化工艺

配方和工艺条件	1	2	3	4	5	6
铬酐(CrO_3)/(g/L)	6~10	6~8	5.5~7.5	—	5~8	6~8
重铬酸钾($K_2Cr_2O_7$)/(g/L)	—	0.5~1	—			
硝酸银($AgNO_3$)/(g/L)	0.3~0.5	0.2~3	—		0.5~1.5	0.2~3
硫酸(H_2SO_4)/(g/L)	0.5~1	0.5~0.65	—			1.0~1.3
铬酸钾($K_2Cr_2O_4$)/(g/L)	—	—	—			0.5~1
醋酸(CH_3COOH)(体积分数,%)	4~5	0.3~3	—	—	—	3~30
YDZ-3(体积分数,%)	—	—	2.5~3			
ZB-82A(体积分数,%)	—	—	—	8~12	—	—
ZB-82B(体积分数,%)				0.8~1.2		
硫酸镍铵/(g/L)	—	—	—	—	10	
pH	1.0~1.8	1~2	1~1.3	1.1~1.2	—	1~2
钝化温度/℃	20~30	—	—	20~30	室温	—
钝化时间/s	120~180	>30	45~60	60~120	10~60	>30

注：表中所有原料均为化学纯级。

9. 铜盐黑色钝化

铜盐黑色钝化工艺见表 6-44。

表 6-44　铜盐黑色钝化工艺

配方及其操作规范	1	2	3
铬酐(CrO_3)(化学纯)/(g/L)	4~6	15~30	—
硫酸铜($CuSO_4 \cdot 5H_2O$)(化学纯)/(g/L)	6~8	30~50	—
CK-846A(体积分数,%)	—	—	20
CK-846B(体积分数,%)	—	—	20
添加剂/(g/L)	3~5	—	—
甲酸钠($HCOONa \cdot 2H_2O$)(化学纯)/(g/L)	—	20~30	—
乙酸(CH_3COOH)(96%,$\rho = 1.049g/cm^3$)(体积分数,%)	—	7~12	—
pH	1.2~1.4	2~3	2~3
钝化温度/℃	15~30	20~30	15~30
钝化时间/s	120~180	120~180	120~300

6.5.2　锌镀层的无铬钝化

虽然低铬钝化与高铬钝化相比,六价铬的污染量要小一两个数量级,但铬毕竟还是一种有毒害的元素,于是在试验低铬钝化工艺的同时,也开展了对无铬钝化工艺的研究。从钛酸盐钝化配方中获取的蓝白色钝化膜色泽很好,其蓝色还要优于低铬蓝白色钝化;但彩色钝化膜色彩比较淡,且耐蚀性也没有铬酸盐钝化膜的好,因此该工艺未得到大规模的推广和应用。

除钛酸盐外,有人对钼酸盐、锆酸盐、钨酸盐和钒酸盐等一些无机盐以及有机化合物作为锌镀层表面处理剂进行了研究。另外还有人对稀土元素在处理锌镀层表面中的应用也进行了研究,结果表明,某些稀土,如铈、镧和镨盐,对提高锌镀层的耐蚀性是有效的,它们比经过钼酸盐处理的锌镀层耐蚀性要好。

1. 有机化合物对锌镀层的钝化处理

研究表明,某些有机化合物可用于锌镀层表面的钝化处理,能有效地提高锌镀层的耐蚀性,如单宁酸(鞣酸)就是其中的一种。单宁酸是一种多元酚的复杂化合物,可溶于水,因而可用于锌镀层的表面处理。在钝化膜的形成过程中,单宁酸提供膜中所需的羟基和羧基。单宁酸浓度高,使成膜速度快,膜层变厚,但钝化膜的耐蚀性却没有显著提高。要提高单宁酸钝化溶液的耐蚀性,还需加入一些其他物质,如添加金属盐类、有机或无机缓蚀剂等。有人认为,最有希望替代铬酸盐的是一些特别的锌螯合物,因为它们在锌层表面形成一层不溶性的有机金属化合物,因而具有极好的耐蚀性。

2. 锌层表面的钛盐钝化

锌镀层与铬酸形成钝化膜的反应是一种氧化还原反应,钛元素可以形成各种不同的氧化态,锌在钛盐溶液中也能发生氧化还原作用。钛的氧化物稳定性远高于铝及不锈钢氧化膜的稳定性,而且在机械损伤后能很快得到自修复,故它对许多活性介质是很耐腐蚀的。

钛盐钝化工艺见表 6-45。

表 6-45 钛盐钝化工艺

配方和工艺操作条件	1	2	3	4
硫酸氧钛/(g/L)	3～6	2～6	2～5	2～5
双氧水/(g/L)	50～80	50～80	50～80	50～80
硝酸(体积分数,%)	0.4～0.8	0.3～0.6	0.8～1.5	—
磷酸(体积分数,%)	0.8～1.2	1.2～2	—	1～2
六偏磷酸钠/(g/L)	6～15	—	—	—
柠檬酸/(g/L)	—	—	5～10	5～10
单宁酸或聚乙烯醇/(g/L)	2～4 或 1～2	2～4	—	—
pH	1.0～1.5	1.0～1.5	0.5～1.0	0.5～1.0
温度	室温	室温	室温	室温
钝化时间/s	10～20	10～20	8～15	8～15
空气中停留时间/s	5～15	5～15	5～10	5～10

注: 1. 配方 1 和配方 2 是彩色钝化,配方 3 和配方 4 是白色钝化。

2. 配方 1 可以是单宁酸,也可用聚乙烯醇,但两者不可同时使用,用单宁酸生成的膜带金黄色,类似铬酸盐钝化膜,用聚乙烯醇则生成均一蓝紫色膜。

3. 配方 3 和配方 4 是白色钝化,具有溶液组成简单、一次能生成白色钝化膜的优点。配方 3 适用于碱性无氰镀锌层和氧化物镀锌层,可获得银白色的外观;如果要使膜层带微蓝色可以在 1～3g/L 的硫酸氧钛($TiOSO_4 \cdot 2H_2O$)和双氧水溶液中浸渍 5～20s,浸的时间切勿过长,否则会出现彩虹色。配方 4 号适用于氧化物镀锌层,能一次性获取微蓝色的白钝化膜。

3. 硅酸盐钝化

硅酸盐钝化工艺见表 6-46。

表 6-46 硅酸盐钝化工艺

材料名称	1	2	3	4
硅酸钠/(g/L)	40	40	40	40
硫酸/(g/L)	5	3	3	2.5
双氧水/(g/L)	40	40	40	40
硝酸/(g/L)		5	5	5
磷酸/(g/L)				5
TMTUP/(g/L)			5	5
pH	2～2.5	2～2.8	2	1.8～2

6.6 其他金属的钝化

6.6.1 镉的钝化

1. 镉的防护作用

镉与锌是目前应用最广泛的防护层。一般来说,锌更适合工业大气中的防护,镉则适合海洋环境中的防护。

隔的毒性比较大，对人体有害，而锌则比较安全。因此，在防护工程中能用锌的场合绝对不用镉，并且千方百计寻找能替代镉的金属。但至今问题没有彻底解决，在很多情况下还需要镀镉，尚未有能够完全替代镉的金属出现。

镉除抗海洋环境性能优于锌之外，其抗潮湿性能也优于锌，并且镉的焊接、接插等电气特性也比锌好，白粉状的锈也没有锌多，而且镉镀层比较柔软，比锌更适合做螺纹紧固件和一些精密的工件，也适合做湿热气候条件下工作的精密仪器、仪表和电器组件。镉镀层的渗氢性也比锌小，并且除氢的效果也比锌好，对一些高强钢来说镀镉比镀锌更安全。镉的抗热水性能也比锌好，可以用于接触热水的工件及设备。因此，尽管镉有毒性，但在工业上还在使用。

2. 镉镀层的钝化工艺

由于锌与镉比较相似，因此两种镀层的钝化也有许多相似的地方，镉的钝化也大多采用铬酸盐法。一些锌镀层的钝化配方及工艺甚至可以直接用于镉的钝化处理。镉镀层钝化工艺见表6-47。

表6-47 镉镀层钝化工艺

溶液成分及工艺条件	1	2	3
铬酐(CrO_3)/(g/L)	150~250	150~200	—
重铬酸钾($K_2Cr_2O_7$)/(g/L)	—	—	200
硫酸(H_2SO_4)	5~25	15~20mL/L	10mL/L
硝酸(HNO_3)	1~10	3~5mL/L	—
醋酸(CH_3COOH)	3~5	—	—
溶液温度/℃	20~30	15~30	20~30
处理时间/s	5~15	表面光亮为止	10~15

6.6.2 铜及铜合金的钝化

1. 铜及铜合金特性

铜是人类最早使用的金属，至今也是应用最广的金属材料之一。纯铜通常呈紫红色，具有良好的导电、导热性，耐蚀，可焊，并可冷、热加工成管、棒、线、板、带等各种形状的半成品，工业上广泛用于制作导电、导热、耐蚀的器材。

黄铜指以锌为主要合金元素的铜合金。如果只是由铜、锌组成的黄铜称为普通黄铜。如果是由两种以上的元素组成的黄铜合金就称为特殊黄铜，如由铅、锡、锰、镍、铁、硅组成的铜合金。黄铜有较强的耐磨性能。特殊黄铜又叫特种黄铜，它强度高、硬度大、耐化学腐蚀性强，加工性突出。由黄铜所制成的无缝管，质软、耐磨性能强。黄铜无缝管可用来制作热交换器和冷凝器、低温管路、海底运输管，制造板料、条材、棒材、管材，铸造工件等。

青铜是指除黄铜、白铜之外的所有铜合金的统称。按成分可分为锡青铜——其主要成分是锡；无锡青铜（特殊青铜）——其主要合金成分没有锡，而是铝、铍等其他元素。锡是少而贵的金属，因而目前国内外广泛采用价格便宜、性能更好的特殊青铜或特殊黄铜来代替锡青铜。

青铜按主要添加元素分别命名为锡青铜、铝青铜、铍青铜等。锡青铜耐大气和淡水、海水腐蚀，耐冲击腐蚀，不产生应力腐蚀开裂（SCC）和脱"锡"腐蚀。用于制造泵、齿轮、轴承、旋塞等要求耐磨损和腐蚀的工件，即广泛用作铸件和加工产品。

铜及铜合金有优良的导电、导热性能，被广泛应用于各种电器及传热设备上。铜及铜合金有很好的装饰性能，所以很早就被人类用于装饰及制造各种日常用具和工艺美术品。铜及铜合金很容易镀在其他金属上，特别是钢铁的表面上。铜镀层比较软，展延性能好，只要镀一定的厚度后，可以基本无气孔，而其他的金属也很容易镀在铜表面上。镀黄铜和青铜是较早实现工业生产的合金镀层。镀黄铜主要作为仿金的装饰，工业上则主要用于中温防护，因为锌、镉、锡等镀层都不适合在中温条件下工作。而黄铜镀层的耐蚀性及防护效果都较好。黄铜的强度、腐蚀后的表面状态也优于锌、镉、锡等镀层。青铜也可用于装饰，单纯用于装饰时，要调整合金成分，使其呈现金黄色，也是一种仿金镀层。

铜、铜合金及其镀层在大气环境中并不抗腐蚀，容易氧化而失去光泽。水分、硫、氯、二氧化碳等无机物质和有机物都可以使其产生腐蚀而变色。因此，铜及铜合金或其镀层不管是功能产品或装饰产品，特别是用于装饰时，一定要使表面钝化，以便提高其耐蚀性，以保持其功能及外观色泽。铜及铜合金钝化最常用的方法就是铬酸盐钝化。但钝化膜不耐磨，在需要耐磨的情况下，还需要涂上有机罩光漆。

2. 铜及铜合金钝化工艺

铜及铜合金虽然比钢铁的耐蚀性好，但其本身的耐蚀性仍不理想，尚不能满足使用的要求。为了提高其防护性能，除可采用电镀层或涂漆保护外，对在较好介质环境中使用的工件，广泛使用酸洗钝化的办法来提高耐蚀性。酸洗钝化的工艺特点是操作简便，生产率较高，成本低。质量良好的钝化膜层能使工件有一定的耐蚀性。

钝化膜的生成基本上与镀锌钝化相似。当铜及铜合金材料浸入钝化液中时，第一步是铜或铜合金的溶解，溶解过程消耗了工件与溶液接触面的酸，使在接触面处溶液的 pH 升高到一定数值（pH≈4）时，有碱式盐及水合物析出，覆盖在金属表面上形成膜层。同时溶液中的阴离子将穿过碱性区和膜层（扩散作用）继续发生对膜和金属的溶解，而使碱性区不断地扩大，pH 继续升高，因而使钝化膜的形成速度也加快，膜层逐渐加厚。当膜达到一定厚度以后形成保护层，使阴离子无法再穿过，此时膜的溶解与生成速度接近，膜不再增长，而金属的尺寸减小。

膜的生成速度及最大厚度与溶液配方和工作条件等因素有关。溶液中的铬酐或铬酸盐是主要成分，它的浓度高，氧化能力强，对金属的出光能力强，使钝化膜光亮。钝化膜的厚度和形成速度与溶液中酸度和阴离子种类有关。在仅有硫酸的钝化液中生成的膜很薄，防锈性能较差，只有在加入穿透能力较强的氯离子以后，才能得到厚度较大的膜层。溶液中的酸度即硫酸的含量的影响同镀锌钝化一样，当硫酸含量过高时，膜层疏松并得不到光亮及厚的钝化膜，含量过低时膜的生成速度较慢。温度对钝化的影响较大，温度较高时，应使硫酸的含量降低，反之则应提高其含量。合金成分也对溶液有不同的要求。

铜及铜合金钝化工艺流程如下：

铜工件→化学脱脂→热水洗→冷水洗→预活化→冷水洗→强活化→冷水洗→出光→冷水洗→弱腐蚀→冷水洗→钝化处理→冷水洗→吹干→烘干→检验→产品。

预活化在 10% HCl 或 10% H_2SO_4 中，在室温下浸渍 30s；强活化在 1L 的 H_2SO_4、1L 的

HNO_3 和 3g 的 NaCl 混合液中室温下浸 3~5s；出光在室温下 30~90g/L 的 CrO_3 和 15~30g/L 的 H_2SO_4 溶液中浸 15~30s；弱腐蚀在 10% 的 H_2SO_4 溶液中，在室温下浸 5~15s。

铜及铜合金铬酸盐钝化工艺以及电化学钝化工艺分别见表 6-48 和表 6-49。

表 6-48　铜及铜合金铬酸盐钝化工艺

工艺类别		重铬酸盐钝化	铬酸钝化		钛盐钝化	苯并三氮唑钝化（BTA）
组分浓度/(g/L)	重铬酸钠（$Na_2Cr_2O_7 \cdot 2H_2O$）	100~150	—	—	—	—
	重铬酸钾（$K_2Cr_2O_7$）	—	150	—	—	—
	铬酐（CrO_3）	—	—	80~100	90~150	—
	硫酸氧钛（$TiOSO_4$）	—	—	—	5~10	—
	苯并三氮唑（$C_6H_5N_3$）	—	—	—	—	0.05%~0.15%（质量分数）
	硫酸（H_2SO_4，$\rho=1.84g/cm^3$）	5~10	10mL/L	35~50	20~30	20~30mL/L
	氯化钠（NaCl）	4~7	—	1~3	—	—
	过氧化氢（H_2O_2，30%）	—	—	—	40~60mL/L	—
	硝酸（HNO_3，$\rho=1.42g/cm^3$）	—	—	—	10~30mL/L	—
工艺条件	温度	室温	室温	室温	室温	室温	50~60℃
	时间/min	3~8	2~8	15~30	2~5	20	2~3

表 6-49　电化学钝化工艺

工艺号		1	2	3
组分浓度/(g/L)	氢氧化钠（NaOH）	150~200	350~400	—
	仲钼酸铵〔$(NH_4)_6Mo_7O_{24} \cdot 4H_2O$〕	5~15	45~50	—
	重铬酸钠（$Na_2Cr_2O_7 \cdot 2H_2O$）	—	—	70~80
	醋酸（CH_3COOH）	—	—	用于调整 pH
工艺条件	溶液 pH	—	—	2.5~3.0
	溶液温度/℃	60~70	55~60	20~30
	电流密度/（A/dm^2）	2~3	3~5	0.3~2.0
	处理时间/min	10~30	10~15	3~10
适用范围		铜、黄铜	青铜	铜合金

注：配方 3 在配制溶液时先溶解重铬酸钠并搅拌均匀，然后再缓慢地加入醋酸使溶液的 pH 达到 2.5~3.0 即可，用铅板作为辅助电极。

3. 钝化处理的影响因素

（1）钝化膜的组成物质　铜及铜合金在铬酸盐溶液钝化中的主要成膜物质为铬酐及重铬酸盐，它们都是强氧化剂，而且浓度较高，氧化能力强，所得的钝化膜层光亮。

（2）钝化膜的成膜速度及厚度　钝化膜的成膜速度及厚度与溶液中的酸度和阴离子的种类有关，溶液中加入穿透能力较强的氯离子后，才能得到较厚的膜层。但是在硫酸含量过高时，膜层显得疏松、不光亮，容易脱落；而含量太低时，膜的生长速度太慢，膜层也较薄，所以要将硫酸控制在合理的范围。

4. 钝化膜的质量检验

钝化膜的质量可以用如下方法检验：

（1）膜层的外观　钝化膜应有均匀彩虹色到古铜色的外观，若呈现深褐色则不合格。

（2）结合力的检验　用滤纸或棉布轻擦时，膜层应不脱落，若脱落为不合格。

（3）膜层耐蚀性检验　用 $w(HNO_3) = 5\%$ 的溶液滴在工件表面上，然后观察产生气泡的时间，大于 6s 为合格。

不合格的膜层可在 10% HCl 或 $w(H_2SO_4) = 10\%$ 的溶液中浸泡去除。也可在加热的 300g/L 的 NaOH 溶液中褪除。

5. 铜合金钝化应用实例

华东地区某电镀总厂对黄铜仿金电镀产品采用了较为有效的钝化处理方法及必要的防护措施，取得了较好的效果和经济效益。具体做法如下：

（1）化学钝化　铜及铜合金的化学钝化主要有铬酸盐钝化和 BTA（苯并三氮唑）钝化。经过试验分析及对比后认为，BTA 钝化的效果优于铬酸钝化，而且对环境的影响比较小。经 BTA 钝化后的色泽更接近真金色，抗色变性能也优于铬酸钝化，但是钝化后要选择质优的有机透明漆覆盖，BTA 钝化工艺见表 6-50。

表 6-50　BTA 钝化工艺

BTA	镍离子（Ni^{2+}）	十二烷基硫酸钠	溶液温度	处理时间
3~5g/L	0.05g/L	0.01g/L	15~60℃	30~120s

（2）涂有机保护膜　仿金镀层用的有机涂料均含有 BTA、抗光蚀剂 UV-9 之类的物质，能与铜生成 Cu-BTA 络合物。此膜起到屏蔽作用，同时抑制氧的还原，使涂膜的耐蚀性提高。抗光蚀剂可以吸收很大波长范围的紫外线，保护有机涂料的极性基团不被紫外线触发分解，并增强耐蚀性。

该厂用的是一种高硬度有机涂料，它的耐水、防潮、抗变色能力十分优良，而且附着力及强度都很好，在仿金层上涂一层很薄的涂层即能达到在恶劣环境下长期保护的目的。

6.6.3　铝及铝合金的钝化

1. 概述

在纯铝中加入一些其他金属或非金属元素所熔制的合金，不仅仍具有纯铝的基本特性，而且由于合金化的作用，使铝合金获得了良好的综合性能。因为合金元素的加入主要是为了获得较高的力学、物理性能或较好的工艺性能，所以一般铝合金的耐蚀性很少能超过纯铝（单相组织的合金比多相合金更耐蚀）。配制铝合金的元素，主要有铜、镁、锌、锰、硅以及稀土元素等。根据工艺来分，铝合金可以分为铸造铝合金和变形铝合金两种。铸造铝合金包括 Al-Si 类合金 [$w(Si) \geqslant 5\%$]、Al-Cu 类合金 [$w(Cu) \geqslant 4\%$]、Al-Mg 类合金 [$w(Mg) \geqslant 5\%$]、Al-Zn 类合金、Al-RE 类合金；变形铝合金包括防锈铝合金、硬铝、超硬铝和锻铝等。

铝及铝合金在大气环境中有很好的耐蚀性。这是因为铝在有氧的条件下易生成氧化膜，这层膜随着放置时间的延长而加厚，另外也和大气的湿度有关，湿度越大膜层也越厚。根据合金成分和湿度不同，膜厚在 5~200nm 的范围内。这种自然生成的膜很薄，容易划破并造成腐蚀。另外也影响它的外观，所以为了提高铝及铝合金的耐蚀性，必须进行表面处理。表面处理的方法有化学氧化法及阳极氧化法，而不采用直接钝化的方法。因此，铝及铝合金的钝化主要是为了使经化学氧化或阳极氧化处理所得到的膜层更致密，耐蚀性、耐磨性和耐污性更高，进行的处理方法。

2. 铝及铝合金化学氧化后的钝化

铝及铝合金化学氧化后钝化工艺见表 6-51 和表 6-52。

重铬酸盐钝化工艺见表 6-51。

表 6-51 重铬酸盐钝化工艺

重铬酸钾（$K_2Cr_2O_7$）	纯水（H_2O）	溶液温度	处理时间
30~50g/L	余量	90~95℃	5~10min

钝化后在 80~90℃ 下烘干，此法适用于酸性氧化后钝化。

铬酸钝化工艺见表 6-52。

表 6-52 铬酸钝化工艺

铬酐（CrO_3）	纯水（H_2O）	溶液温度	处理时间
20~25g/L	余量	20~30℃	5~15s

钝化处理后在 40~50℃ 下烘干，此法适用于碱性氧化后的钝化。

3. 铝及铝合金阳极氧化后钝化

铝及铝合金阳极氧化后钝化处理工艺见表 6-53。

表 6-53 铝及铝合金阳极氧化后钝化处理工艺

	溶液成分及工艺条件	1	2
组分浓度 /（g/L）	铬酸钾（K_2CrO_4）	45~55	—
	重铬酸钾（$K_2Cr_2O_7$）	—	40~70
工艺条件	溶液温度/℃	75~85	85~95
	处理时间/min	18~22	13~20

6.6.4 银及银合金的钝化

1. 概述

银及镀银层在潮湿、含有硫化物的环境中表面很易变色，发黄甚至变黑，不仅影响美观，同时也影响其性能，如焊接性及导电性，对于银的电子产品十分不利。因此，无论是银或镀银工件在表面进行清洗处理后，必须马上进行钝化，使其表面生成一层保护膜，以防表面被腐蚀而变色。

防止银及镀银层变色的方法很多，配方及工艺的不同，得到的保护膜性能也不同。应根据产品的性能及用途而选择方法，既要使防护的效果显著，又要操作简便，生产率高，成本低，经济实用。目前较常用的防银变色法有化学钝化法、电化学钝化法以及有机保护膜涂覆法等。

2. 银及银镀层化学钝化

（1）铬酸盐钝化处理　银铬酸盐钝化处理工艺流程比较复杂，它主要由成膜、去膜、中和及化学钝化四个步骤组成。前面的成膜、去膜及稀硝酸中和称为预处理，也即先使银表面浸亮，最后才是化学钝化。其工艺流程如下：

银制品→铬酸成膜→水洗→去膜→水洗→浸稀酸→中和→水洗→化学钝化。

铬酸成膜工艺见表6-54。

表 6-54　铬酸成膜工艺

铬酐	溶液 pH	氯化钠（NaCl）	溶液温度	处理时间
30~50g/L	1.5~1.9	1.0~2.5g/L	20~30℃	10~15s

去膜（又称脱膜）主要是把前面所得到的膜褪除，其工艺见表6-55。

表 6-55　去膜工艺

重铬酸钾（$K_2Cr_2O_7$）	硝酸（HNO_3）	溶液温度	处理时间
10~15g/L	5~10mL/L	20~30℃	10~20s

银表面经去膜后，在稀硝酸溶液中浸泡，使表面的残留液中和，微量的灰粉去除，使表面洁净光亮。中和工艺见表6-56。

表 6-56　中和工艺

硝酸（HNO_3）	纯水（H_2O）	溶液温度	处理时间
10%~15%	余量	15~25℃	3~5s

银表面经铬酸成膜、去膜、浸泡的处理后，表面已洁净光亮，可以进行化学钝化处理，使其生成钝化保护膜，其工艺见表6-57。

表 6-57　化学钝化工艺

重铬酸钾（$K_2Cr_2O_7$）	硝酸（HNO_3）	溶液温度	处理时间
10~15g/L	1%~1.5%（体积分数）	0~15℃	20~30s

（2）有机化合物处理　银或镀银层在含硫、氮活性基团的直链或杂环化合物钝化液中，与有机物作用生成一层很薄的银络合物保护膜。这层薄膜起到隔离银与腐蚀介质，使它们不发生接触和反应的作用，并达到了防止银表面变色的目的。试验结果表明，络合物保护膜的抗潮湿性和抗硫性能要比铬酸盐钝化膜好。但是抗大气环境（例如日照辐射等）的性能则比铬酸盐膜差。这种络合物钝化膜适用于室内环境。有机化合物钝化处理工艺见表6-58。

表 6-58　有机化合物钝化工艺

	工　艺　号	1	2	3	4
组分浓度/（g/L）	苯并三氮唑（BTA）	2~4	0.1~0.15	2~3	—
	苯并四氮唑	—	0.1~0.15	—	—
	磺胺噻唑代甘醇酸	—	—	—	1~2
	1-苯基-5-硫基四氮唑	0.4~0.6	—	—	—
	碘化钾	1~3	—	1~3	2

（续）

工艺号		1	2	3	4
工艺条件	溶液 pH	5~6	—	5~6	5~6
	溶液温度/℃	20~30	90~100	20~30	20~30
	处理时间/min	2~5	0.5~1.0	2~5	2~5

（3）电化学钝化　银及镀银层的电化学钝化可以在化学钝化后再进行电化学钝化，也可以在光亮镀银后直接进行。具体做法是将银或镀银工件作为阴极，用不锈钢辅助电极作为阳极，通过电解处理，使银表面生成更为致密的钝化膜。这种钝化膜的耐蚀性好并能保持其外观色泽，又不会改变工件的焊接性能，是一种功能性与装饰性均好的钝化方法。银及银镀层电化学钝化工艺见表 6-59。

表 6-59　银及银镀层电化学钝化工艺

工艺号		1	2	3	4	5
组分浓度/(g/L)	重铬酸钾($K_2Cr_2O_7$)	25~35	8~10	45~65	—	—
	铬酸钾(K_2CrO_4)	—	—	—	6~8	—
	铬酐(CrO_3)	—	—	—	—	40
	碳酸钾(K_2CO_3)	—	6~10	—	8~10	—
	碳酸铵[$(NH_4)_2CO_3$]	—	—	—	—	60
	硝酸钾(KNO_3)	—	—	10~15	—	—
	氢氧化铝[$Al(OH)_3$]	0.5~0.8	—	—	—	—
	明胶	2~3	—	—	—	—
工艺条件	溶液 pH		10~11	7~8	11~12	8~9
	溶液温度/℃	20~30	20~30	10~35	20~30	20~30
	阴极电流密度/(A/dm^2)	0.1	0.5~1.0	2.0~3.5	2~5	3.5~4.0
	处理时间/min	3~10	10~50	1~3	3~5	5~10
	阳极材料	不锈钢	不锈钢	不锈钢	石墨、不锈钢	不锈钢

6.6.5　锡及锡合金的钝化

1. 概述

以锡为基材加入其他合金元素组成的合金，主要合金元素有铅、锑、铜等。锡合金熔点低，强度和硬度均低，它有较高的导热性和较低的热膨胀系数，耐大气腐蚀，有优良的减摩性能，易于与钢、铜、铝及其合金等材料焊合，是很好的焊料，也是很好的轴承材料。

锡及镀锡层的钝化处理是将锡制品或镀锡钢铁件浸泡在重铬酸钾或铬酸盐的溶液中进行，也可以用阴极电解处理生成钝化膜。这类钝化膜对锡表面具有一定的保护作用，对镀锡制品的钢板基底也有良好的保护作用。但是由于六价铬的毒性比较大，对生产操作的人员健康不利，也不利于环境保护。而且镀锡钢板大多数用于制造罐头食品盒或者饮料食品的包装，更不能使用含六价铬的工艺生产处理。为此，各国都在研究钝化膜性能好，对人体无害、对环境污染较小的锡镀层钝化工艺。目前有不少关于使用钼酸盐代替铬酸盐钝化的报道，因为钼与铬一样，也可以形成 2~6 价的各种化合物，三价和六价的化合物比较稳定。钼酸盐的毒性很低，至今尚未有人提出疑问，而且还是一种良好的缓蚀剂。已有许多关于用钼酸盐代替铬酸盐钝化锌及锌合金或铝及铝合金的报道。近年来也有人研究开发用于钝化锡及镀锡层的研究，特别是和植酸组合后，钝化的效果较理想，下面做简单介绍。

2. 钝化操作工艺

（1）钝化溶液配方及工艺　锡及镀锡钢件的钼酸盐钝化工艺见表 6-60。

表 6-60　锡及镀锡钢件的钼酸盐钝化工艺

钼酸钠(Na_2MoO_4)	无机添加剂	植酸($C_6H_{18}O_{24}P_6$)	硝酸(HNO_3)	溶液温度	处理时间
8~12g/L	1.0~2.0g/L	3~8g/L	少量	25~35℃	60~90s

（2）钝化处理的影响因素　钝化溶液成分的影响对钝化影响很大。其中钝化溶液中的植酸与无机添加剂对钝化膜耐蚀性有较大的影响。

钝化液中植酸浓度会影响膜层的耐蚀性。图 6-15 为镀锡钢板在含不同质量浓度植酸钝化液中，室温情况下处理后的耐蚀性测定。随着植酸浓度的增加，硫酸铜点滴变黑的时间 t 先增大，后减小。植酸浓度为 1.3g/L、3.0g/L 和 5.0g/L 时，耐蚀时间分别为 50s、90s 和 120s，几乎呈线性增加，但随后浓度再增加时，耐蚀的时间反而缩短。

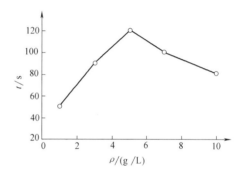

图 6-15　植酸浓度对钝化膜耐蚀性的影响

图 6-16 为室温情况下不同浓度无机添加剂对钝化膜耐蚀性的影响。当浓度为 1.5g/L 时，钝化膜的耐蚀时间为 90s，达到最大值，继续增加无机添加剂的浓度，耐蚀时间反而缩短。添加剂还能显著改善钝化膜的均匀性。加入适量的硝酸以后，钝化膜更加致密，表面色泽也更加均匀，耐蚀性也明显增加。硫酸铜点滴变黑的时间增加到 115s，表明耐蚀性增强。

除了钝化液成分的影响之外，钝化工艺对钝化膜的耐蚀性也有一定影响。

钝化液的温度和时间与钝化膜的耐蚀性有很大关系。试验结果表明随着钝化温度升高，为保证耐蚀性和外观，必须缩短钝化的时间。但如果钝化时间太短，则钝化膜不连续，耐蚀性差，色泽不均匀，试样周边呈现深蓝色，中部为深紫色，钝化膜的耐蚀性也下降。因此，必须根据钝化温度选择钝化时间，一般来说温度高则钝化时间可以短些，钝化温度低则钝化时间长些。例如钝化温度 35℃时，钝化时间 60s，当钝化温度为 25℃时，钝化时间需要 90s；

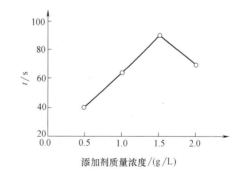

图 6-16　无机添加剂质量浓度对
钝化膜耐蚀性的影响

3. 钝化膜的交流阻抗测试

由于镀锡钢板大多数用于罐头等食品包装盒的制作，长期与有机物接触，因此有必要对镀锡钢板在有机酸溶液中的性能进行测试。图 6-17 为未钝化镀锡板和镀锡板在 25℃钝化 90s、在 35℃钝化 60s 后，在柠檬酸-柠檬酸钠溶液中的交流阻抗谱。从图中可以看出，钝化镀锡钢板的阻抗远大于未钝化镀锡钢板的阻抗，钝化温度较高的试样阻抗大于温度低的试样阻抗，这与用硫酸铜点滴试验的结果一致。

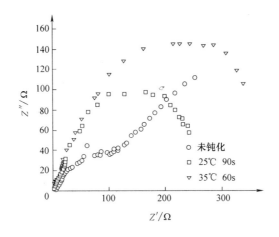

图 6-17　锡板在柠檬酸-柠檬酸钠溶液中的交流阻抗图

第7章　着色膜和染色膜

7.1　概述

金属表面彩色化是近年来表面科学技术研究与应用最活跃的领域之一。我国自 20 世纪 70 年代后期以来相继在化学染色和电解着色等方面开展工作，虽然和工业发达的国家还有差距，但经过科技工作者的努力，在铝、铜及其合金和不锈钢的表面着色方面已积累了大量经验，并均已形成规模生产。随着装饰行业的不断发展，对彩色金属的需求量也必将越来越大，金属的表面着色技术也将得到越来越多的应用。经过氧化和着色的铝制品如图 7-1 所示。

所谓金属表面着色是金属通过化学浸渍、电化学法和热处理法等在金属表面形成一层带有某种颜色，并且具有一定耐蚀能力的膜层。生成的化合物通常为化学稳定性较高的氧化物、硫化物、氢氧化物和金属盐类。这些化合物往往具有一定的颜色，同时由于生成化合物厚度不同及结晶大小不同等原因，对光线有反射、折射、干涉等效应而呈现不同的颜色。

图 7-1　经过氧化和着色的铝制品

作为表面处理技术的一个分支，金属表面着色技术已经得到了广泛应用，成为表面科学技术中一个研究非常活跃的领域。广义而言，所有的表面覆盖层都可以赋予金属表面以不同的色彩。金属着色不仅改善了制件的外观，而且也提高了制件的耐蚀性。

常用的金属表面着色技术包括化学着色技术和电解着色技术两大类。

化学着色主要利用氧化膜表面的吸附作用，将染料或有色粒子吸附在膜层的空隙内，或利用金属表面与溶液进行反应，生成有色粒子而沉积在金属表面。使金属呈现出所要求的色彩，这类技术对设备要求不高、操作简便、不耗电、成本低，适用于一般的室内装饰装潢产品以及美化要求和耐磨性要求不高的仪器、仪表的生产。

电解着色技术是将被着色的金属制件置于适当的电解液中，被着色制件作为一个电极，当电流通过时，金属微粒、金属氧化物或金属微粒与氧化物的混合体，便电解沉积于金属的表面，从而达到金属表面着色的目的，其实质是将金属或其合金的制品放在热碱液中进行处理。电解着色方法很多，有直流阴极电流法、交直流叠加法、脉冲氧化法、直流周期换向法等。优点是颜色的可控性好，受制品表面状况的影响较小，而且处理温度低，有些工艺可以在室温下进行，污染程度较低。

1. 钢铁表面着色技术

钢铁是应用最广泛的金属之一，随着国民经济的发展，得到了越来越广泛的应用。随着科学技术的进步和人们生活水平的提高，人们已经厌倦了长期以来制品外观单一的颜色，渴望制品外观呈现各种鲜艳的颜色。同时，为了提高制品的耐蚀、耐磨性能，需对钢铁表面进行着色处理。目前已有的着色工艺多为不锈钢着色或普通钢铁的发黑、发蓝。

钢铁表面着色处理是提高产品装饰性、改善性能、延长使用寿命的工艺手段。一般采用仿金电镀、化学镀铜后着色真空镀、加热着色法、碱性黑色氧化着色法、阳极氧化法、常温着色法、达克罗技术等。其中应用最广泛的是碱性黑色氧化着色法。

另外，为了减轻环境对钢铁的腐蚀，常在钢铁表面镀上一层锌或锌铝合金，对锌镀层的着色处理成为了着色研究的一个热点。

钢铁材料的着色主要包括以下几种。

（1）铁的着色 铁的着色从1929年开始研究，史洛戴斯有过专门论述。远藤彦造完成磷化法，对钢坯耐蚀性有很大提高。此外，布劳宁、谭泼和卡勒等研究成功对光学仪器中铁工件着黑色，主要使用氢氧化钠、氰化钠、亚硝酸钠混合液。

（2）不锈钢着色 在近几十年间，不锈钢的出现和大量使用，推动了不锈钢工业的发展进程。不锈钢由于具有优良的性能和银光闪闪的外表，而备受人们的青睐。不锈钢具有优越的耐蚀性、耐磨性、强韧性和良好的可加工性，在生产生活的诸多领域得到广泛的应用。随着对不锈钢应用范围的扩大，人们对其表面色彩的要求也在不断提高。彩色不锈钢的生产和应用，已进入高潮并不断向高级化和多样化发展。

不锈钢着色膜的显色机理不同于铝合金着色膜。不锈钢不是用染料着色形成有色的表面层，而是在不锈钢表面形成无色透明的氧化膜，通过其对光干涉显示出色彩，其色泽历久弥新。不锈钢表面所着色泽主要取决于表面膜的化学成分、组织结构、表面粗糙度、膜的厚度和入射光线等因素。通常薄的氧化膜显示蓝色或棕色，中等厚度膜显示金黄色或红色，厚膜则呈绿色，最厚的膜则呈黑色。目前不锈钢着色主要采用的方法有化学着色法和电化学着色法。

彩色不锈钢主要应用于建筑行业中。长期以来，对于彩色建材的应用，主要都是采用阳极氧化的铝型材，铝材着色膜与彩色不锈钢膜相比，金属光泽差，耐蚀性、耐磨性都不如彩色不锈钢。

（3）锌镀层染色在我国起步较迟，但发展很快。1981年上海首先试验成功锌镀层染色工艺。该工艺比上述工艺更进一步，经化学处理出来的膜是无色的，吸附力强，能染几十种颜色。并提出了新的染色机理，为其他金属发展染色工艺找到了理论依据。随后又在镉镀层上染上各种色彩。"荧光电镀"是金属染色的一个新领域，1981年由日本林忠夫试验成功。

锌层钝化膜是非常薄的，彩色钝化膜层的厚度一般不超过 $0.5\mu m$，白色和蓝白色钝化膜更薄，用一般方法无法检测出其真实厚度。锌镀层经彩色钝化处理后，其耐蚀性要比未经钝化处理的提高 $6\sim8$ 倍。经钝化处理后，锌镀层外观变得丰富多彩了，有的呈彩虹色，有的呈白色或蓝白色，有的呈军绿色，有的呈金黄色，有的呈黑色，还有的呈咖啡色。这样，锌镀层除了本身有较好的耐蚀性外，还提高了其装饰效果，从而大大地拓宽了锌镀层的应用领域。

锌镀层的着色有铬酸盐法、硫化物法和置换法三种。铬酸盐法实际上是锌镀层的钝化处理；在锌层上形成一层铬酸盐或铬酸盐与磷酸盐的转化膜，起到保护锌层的作用。硫化物法和置换法通常不是形成保护膜层，主要是使锌镀层的表面改观。

2. 非铁金属材料（有色金属）着色技术

非铁金属材料可分为以下四类：

（1）重金属　一般密度在 $4.5g/cm^3$ 以上，如铜、铅、锌等。

（2）轻金属　密度小（$0.53 \sim 4.59g/cm^3$），化学性质活泼，如铝、镁等。

（3）贵金属　地壳中含量少，提取困难，价格较高，密度大，化学性质稳定，如金、银、铂等。

（4）稀有金属　如钨、锗、镧、铀等。由于稀有金属在现代工业中具有重要意义，有时也将它们从有色金属中划分出来，单独成为一类，而与黑色金属、有色金属并列，成为金属的第三大类别，但是本书中沿用传统分类方法，将稀有金属归入非铁金属材料。

目前主要的非铁金属材料着色技术包括以下几种。

（1）铝的着色　铝是一种轻金属，在汽车、飞机和造船等领域广泛应用。由于铝的着色方法较为简便，表面易于美化，在钟表、制笔、化妆品包装、打火机外壳及工艺美术品等方面都被广泛采用。

铝在空气中很快就形成一层氧化膜。这层膜虽有一定保护作用，但很薄，不能有效阻挡大气的腐蚀作用，也不能染色。因此工业上一般都要把铝表面进行化学或电解氧化，使之产生一层厚而质量好的氧化膜。由于氧化膜是在基体上直接生成的，与基体结合很牢固，但氧化膜硬而脆，经受较大负荷冲击或变形时，会成网状裂纹裂开，因此氧化过的工件不应再承受较大变形加工，否则会降低氧化膜的防护能力。经过氧化的工件，氧化膜上的大量微孔可以吸附各种染料，可起表面装饰作用。

将铝及铝合金置于适当的电解液中作为阳极进行通电处理，此处理过程称为阳极氧化。经过阳极氧化，铝表面能生成厚度为几微米至几百微米的氧化膜。这层氧化膜的表面是多孔蜂窝状的，比起铝合金的天然氧化膜，其耐蚀性、耐磨性和装饰性都有明显的改善和提高。采用不同的电解液和工艺，就能得到不同性质的阳极氧化膜。

早在 1896 年，Pollak 就提出了在硼酸或磷酸溶液中直流电解，可得到"堡垒"型氧化膜的专利。到 20 世纪 20 年代，这个工艺在工业上用于制造电解电容。

阳极氧化最初的商业应用是铬酸阳极氧化。G. D. Bengough 和 J. M. Stuart 在研究铝上镀铬时，因接错线发现了铝表面生成了阳极氧化膜。当时的电解液的组成是 250g/L 铬酸，2.5g/L 硫酸。后来人们进一步研究发现，这种氧化膜可以被墨水或染料染色，氧化膜厚度为 $3 \sim 5\mu m$，工作电压约 50V。这种工艺首先用于飞机制造业，用于涂层的底层，防止裂纹和提高耐蚀性。

1927 年，日本的 Kujirai 和 Ueki 首先采用草酸电解液阳极氧化，可以得到 $15\mu m$ 以上的氧化膜，但工作电压比硫酸阳极氧化高。这种工艺先在日本普及，后来传到德国，逐步被欧洲人采用，用于店面和建筑物的装饰。

1927 年，Partner 发表了硫酸阳极氧化的专利、氧化的电流密度为 $0.7 \sim 1.3A/dm^2$，这种电流密度一直沿用到现在。硫酸阳极氧化与草酸和铬酸阳极氧化相比，工作电压更低，电解液成本更低，操作更简单，氧化膜装饰性更强，所以这种工艺很快得到完善和普及。目前

95%以上的阳极氧化是在硫酸中进行的，阳极氧化如果没有特别指明，通常是指硫酸阳极氧化。

铝的着色方法主要包括自然发色法、电解着色法、染色法以及其他一些着色方法。随着铝的广泛应用，作为铝表面防护与装饰的铝氧化工艺也得到不断发展和更广泛的应用。

（2）铜的着色　铜及其合金着色多半利用化学或电化学过程且以浸渍水溶液法使其与一些无机物反应，在表面形成一层致密的着色层，兼有装饰和防腐的双重作用。而本工艺是利用无机物在高温工件表面发生化学分解、氧化还原反应而形成致密的着色层，其耐磨性、耐蚀性好，封闭后颜色优雅古朴。

（3）其他非铁金属材料着色　铝、铜在有色金属中是最常用的，除此之外非铁金属材料着色技术还包括在金、银、铍、钴、锡、镁等表面着色。

（4）表面仿金处理　金色自古以来就受到人们的喜爱，通过表面镀金可以满足人们的需求。但由于成本较高，资源有限，而受到极大的限制。因此，成本低廉又有金色效果的仿金着色工艺在产品的装饰上得到了广泛的重视。

目前国内外仿金色一般采用镀铜合金：铜-锌、铜-锡或铜的三元合金，铝制品采用阳极氧化染金色；非金属表面可化学镀上银层或真空蒸镀铝，再涂一层黄色透明仿金漆；不锈钢可采用化学或电化学法着金色。近来发展了干法电镀，如阴极溅射、离子镀等，镀出的氮化铁色泽很接近18K金，耐磨性又好，工艺过程中基本没有三废，已在一定范围内得到应用。

7.2　钢铁的着色

1. 铁的性质与用途

真正的纯铁在空气中不起变化。普通的铁都含有一定的杂质，在潮湿空气中很快生锈，而且铁锈是疏松的，对底层基材无保护作用，会导致基体逐渐锈蚀。铁溶于大多数无机酸中，不溶于浓硫酸。

铁是人类社会生活中不可缺少的金属。$w(C) > 1.7\%$ 的为生铁，$w(C) < 0.2\%$ 的为熟铁，$w(C) = 0.2\% \sim 1.7\%$ 的称为钢。

钢铁是工业的重要支柱。在轻工业、重工业、日用品上都得到大规模的应用。根据各种不同需要，有几千种牌号的合金钢，这些钢分别具有耐高温、耐高压、耐腐蚀和特硬等特性，如钨钢、锰钢、工具钢和不锈钢等。

2. 钢铁的着色处理

（1）钢铁的"发蓝"　钢铁在大气下，表面易形成一层氧化物，这层氧化物叫铁锈。自然形成的氧化膜是疏松的，并且与基体结合不牢。若在一定溶液中，用人工方法使钢铁表面生成一层紧密而连续、磁性氧化铁（Fe_3O_4）组成的氧化膜，它与基体结合较牢。由于钢铁成分不同，氧化膜色泽也不同。如碳素钢和低合金钢呈黑色或蓝黑色；铸钢和含硅的特种钢呈褐色至黑褐色，因而此工艺又称"发黑"或"发蓝"。钢铁的这层氧化膜，色泽美观，没有"氢脆"，有弹性，不影响精度。在机械工件、枪炮武器、弹簧工件及仪器仪表等方面都广泛地在应用。此工艺在工业上已应用了几十年，是钢铁表面加工的一个重要方法。

常用的发蓝液由氧化剂（亚硝酸钠）与氢氧化钠组成，在一定时间和一定温度下，生成亚铁酸钠与铁酸钠，这两者再相互作用生成磁性氧化铁（Fe_3O_4），即氧化膜。

发蓝处理前应按常规脱脂去锈。

此工艺分"一次氧化"和"二次氧化"两个操作方法。一次氧化操作简便；二次氧化效果好，能得到膜层较厚和耐蚀能力较高的氧化膜。

1）一次氧化。氢氧化钠 600g/L；亚硝酸钠 220g/L；温度 142~146℃；时间 10~20min。

其染色质量若用 3% 中性硫酸铜溶液点滴测试，要 3min 才出现红色，符合一般使用要求。

2）二次氧化。第一槽：氢氧化钠 600g/L；亚硝酸钠 100~150g/L；硝酸钾 50~100g/L；温度 140~150℃；时间 30min。第二槽：氢氧化钠 700~800g/L；亚硝酸钾 100~150g/L；硝酸钾 50~100g/L；温度 150~160℃；时间 30min。从第一槽取出可直接放入第二槽，不用清洗。

在氧化合金钢时，温度应升到 150~155℃，时间也要延长些。

氢氧化钠含量偏高，膜会出现红褐色，若再高则不能成膜；含量偏低，氧化膜薄，并容易发花。

氧化剂亚硝酸钠或硝酸钾在一定限度内含量越高，反应速度越快，膜也越致密和牢固，过高，则氧化膜厚而疏松。

温度升高氧化速度加快，过高由于碱溶解氧化膜速度也加快，使氧化速度减慢。所以，在开始氧化时温度应在下限，氧化结束前温度应在上限。

新配槽液应加些铁屑或旧溶液，因铁离子对氧化膜的生成有影响，能使膜层紧密细致。

普通碳素钢基体含碳量高，容易氧化，时间可短些，合金钢含碳量低，不易氧化，时间要长些。

为提高氧化膜的耐蚀能力，氧化过的工件清洗后浸入质量分数 3%~5% 的重铬酸钾进行钝化处理，温度 90~95℃，时间为 10~15min；或用质量分数 3%~5% 的肥皂溶液进行皂化处理，温度 80~90℃，时间为 3~5min。

钝化或皂化过的工件用流动温水洗净，烘干。浸入 105~110℃ 的锭子油里处理 5~10min，取出抹净。

3）快速发蓝。本法又称无碱氧化法，可用工件发黑或局部修补。硫酸铜 2~3g/L；氯化亚铁 4~6g/L；亚硒酸 8~10g/L；室温；时间 5~40s。溶液配好后有褐色沉淀，但并不影响使用。

（2）褐色着色法 钢铁表面着褐色的方法很麻烦。使用下列方法能生成结实的膜，操作方法如下。

先用常规方法使表面净化，再浸入着色溶液处理。褐色着色法着色液配方见表 7-1。

表 7-1　褐色着色法着色液配方　　　　　　　　　　　　　　　　（单位：g/L）

硫酸铜	氯化汞	三氯化铁	硝酸	工业乙醇
20	5	30	150	700

取出后在 80℃ 放置 30min，移至潮湿处，在 60℃ 下生成红锈，干燥后用钢丝刷刷平。

以上操作要重复三次，最后浸油或浸蜡。

（3）蓝色着色法　常用的配方见表7-2~表7-6。

表7-2　蓝色着色法着色液配方1

三氯化铁	硝酸汞	盐酸	乙醇	水	温度	时间
57g	57g	57g	230g	230g	室温	20min

表7-3　蓝色着色法着色液配方2

硫代硫酸钠	乙酸铅	温度
60g/L	15g/L	沸腾

表7-4　蓝色着色法着色液配方3

无水亚砷酸	盐酸	水	温度
450g	3.8L	2L	室温

表7-5　蓝色着色法着色液配方4

氧化汞	氯酸钾	乙醇	水	温度
4份	3份	8份	85份	室温

表7-6　蓝色着色法着色液配方5

氢氧化钠	无水亚砷酸	氰化钠	电流密度	时间
37.5g/L	37.5g/L	7.5g/L	$0.2A/dm^2$	2~4min

（4）碳素钢着色法　下面的着色液都是得到黑色膜。

1）常用碳素钢着色配方见表7-7。

表7-7　碳素钢着色配方　　　　　　　　　　（单位：g）

成分	标准含量	1	2	3	4	5	6
三氯化铁	525	438	477	583	656	750	875
硫酸铜	150	125	134	150	150	150	150
硝酸	220	182	200	244	220	220	367
硝基乙烷	100	83	90	111	100	100	167
乙醇	375	319	341	417	375	375	625
水	17900	17900	17900	17900	17900	17900	17900

夏天采用表中配方1~3，冬天采用表中配方4~6。

操作是先在工件表面薄薄涂布一层着色液，在温度20~26℃，经过15~22h自然干燥后，表面就生成氧化铁的红锈，用刷子刷平。然后再涂第二次，经5~8h自然放置，则褐色更深。再在此溶液中煮沸30~60min，然后取出再用刷子刷平，即得到墨黑色的耐蚀、耐磨的膜。

用涂布法易于区别着色与非着色处。缺点在于时间长，操作麻烦，不利于连续生产。

2）其他着色配方见表7-8~表7-14。

表 7-8 碳素钢着色法着色液其他配方 1 （单位：g）

三氧化铁	硝酸	盐酸	锑	水
5	2.5	3	2	170

注：配制方时先注入盐酸，放置 4h 后加入硝酸，1h 后加水，再加三氯化铁，涂布后，在温度 20℃ 左右放置 3~6h，得到四氧化三铁的黑色膜。此外，若把产品在 60℃ 处理液中浸渍 15min，刷净，可得到防锈能力与前法相似的膜，可缩短时间，但最后都要涂油。

表 7-9 碳素钢着色法着色液其他配方 2

氯酸钾	硫酸铵	水
50g	10g	500mL

表 7-10 碳素钢着色法着色液其他配方 3

过硫酸铵	稀盐酸	水	温度	时间
10g	25g	500mL	90℃	4~6h

注：把铁槽中的处理液加热到 90℃ 左右，工件浸入 20~30min，然后擦去工件表面红褐色氧化铁。再在 1% 氧化钠中煮沸 20~30min，残留的氧化铁就完全被除去，取出水洗，用刷子刷净即可。此溶液随温度的变化，着色结果也不同。若液温在 90℃ 以上，则膜层表面粗糙，得到带红褐色的膜。要得到耐蚀、耐热性好的膜，处理时间要短。

表 7-11 碳素钢着色法着色液其他配方 4

氯化钠	硫酸钠	硫酸亚铁	三氯化铁	硝酸钾	温度
100g/L	50g/L	80g/L	50g/L	20g/L	90℃

注：将此液先涂布在工件表面，待全部干燥后再在溶液中煮沸 5~10min，水洗，反复多次，最后用钢丝刷刷平即可。本法适合部分氧化膜的修补。

表 7-12 碳素钢着色法着色液其他配方 5

硫代硫酸钠	三氯化铁	氯酸钠	温度
200g/L	170g/L	220g/L	80~90℃

注：工件要预热，用刷子涂布，干燥。反复操作，最后生成氧化铁的红锈，经过抛光即可。色调较前几种方法稍差。

表 7-13 碳素钢着色法着色液其他配方 6

氯化钠	硫酸钠	硫酸亚铁	温度
100g/L	40g/L	70g/L	90℃

注：表面涂布后，干燥。在液中煮沸，开始生成的是红锈，不牢固，要除去。再生成的膜红锈越来越少，再除去，直至得到牢固的着色膜。这样反复几次，完成。

表 7-14 碳素钢着色法着色液其他配方 7

氢氧化钠	磷酸氢二钠	亚硝酸钠	氰化钠	温度	时间
9 份	10 份	1 份	0.1 份	160℃	30~40min

注：此液可着成有光泽黑色膜，若需要无光泽黑色膜时，需添加氯化钾。

7.3 不锈钢的着色

　　不锈钢经过各种氧化处理在表面形成对光的干涉，呈现出不同的颜色。因此，氧化膜的成分改变或厚度改变都会引起色调的变化。不锈钢着色分着黑色和着彩色两大类，着黑色主要用于光学仪器的消光处理。

7.3.1 着色原理

不锈钢着色膜实际上是在各种不同条件下形成的化学转化膜，这种转化膜大体可以分两大类：一类是不锈钢表面形成的无色透明的氧化物膜；另一类是某种有色化合物膜。不同类型的转化膜成色机理并不相同，前者所显示出的各种色彩并非氧化物本身的色彩，而是无色透明的氧化膜对不同频率光的干涉显现的色彩；而后者则是化合物本身的色彩。

不锈钢的着色原理是不锈钢表面经着色处理后，形成一层无色透明的氧化膜，对光干涉产生色彩的变化。即不锈钢氧化膜表面的反射光线与通过氧化膜折射后的光线干涉，而显示出色彩，如图 7-2 所示。

从图 7-2 中可以看出，入射光 L 从空气中以入射角 i 照射到氧化膜表面的 A 点处。一部分成为反射光 L_1，反射回空气中；另一部分成为折射光 L_2，在氧化膜中以折射角 i' 沿 AA' 方向前进。当折射光 L_2 遇到光亮不锈钢基体的表面 A' 点发生全反射，成为反射光 L_3。在氧化膜中沿 $A'B$ 方向前进。在氧化膜表面 B 点上，反射光 L_3 一部分成为折射光 L_4 进入空气中，另一部分为仍在氧化膜中反射的反射光 L_5，反射光 L_1 和折射光 L_4 之间存在着光程差。当这两束光相遇时，会产生光的干涉现象，显示出干涉色彩。当不锈钢表面氧化膜的折射率 n 一定时，干涉色彩主要取决于氧化膜的厚度 d 和自然光的入射角 i。当氧化膜的厚度 d 固定时，入射角 i 改变，不锈钢表面的色彩会随之变化。而当入射角 i 固定时，对不同的厚度，不锈钢表面也会显示出不同的色彩。一般来讲，氧化膜的厚度较薄时，会显示出蓝色或棕色，中等厚度时会显示出黄色，而氧化膜较厚时会呈现出红色或绿色、加上中间色则可显示出十几种色彩。图 7-3 所示为 INCO 工艺处理时的电位-时间曲线及色泽的变化关系。随着着色时间的延长，氧化膜的厚度越来越厚，此时膜层色泽变化顺序为：蓝色→金黄色→红紫色→绿色→黄绿色。

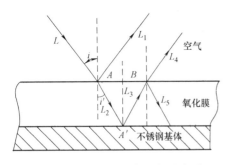

图 7-2　不锈钢表面着色的光干涉原理

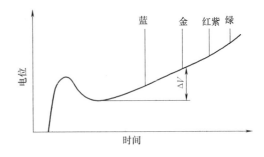

图 7-3　INCO 工艺处理时的电位-时间曲线及色泽的变化关系

7.3.2 着色工艺

在不锈钢表面形成彩色的技术有很多种，主要有以下 6 种：化学着色法、电化学着色法、高温氧化法、有机物涂覆法、气相裂解法及离子沉积法。表 7-15 列出不锈钢着色液成分及着色工艺。

表 7-15　不锈钢着色液成分及着色工艺

颜色	序号	着色液成分	含量 /(g/L)	温度 /℃	时间 /min	备注
黑色	1	重铬酸钾($K_2Cr_2O_7$) 硫酸(H_2SO_4) ($\rho=1.84g/cm^3$)	300~350 300~350mL/L	95~102 (镍铬不锈钢) 100~110 (铬不锈钢)	5~15	着色膜为蓝色、深蓝色或藏蓝色,经抛光后为黑色,膜厚 $1\mu m$,适于海洋舰艇,高热潮湿环境下使用的零件
黑色	2	草酸[(COOH)$_2$·$2H_2O$]	10%质量分数	室温	根据着色程度而定	零件经着色后,冲洗干净并烘干,用质量分数为 1%的硫代硫酸钠溶液浸渍后即成黑色
黑色	3	重铬酸钾($K_2Cr_2O_7$) 重铬酸钠($Na_2Cr_2O_7$·$2H_2O$)	1 份 1 份	204~235 熔盐	20~30	
黑色	4	重铬酸钠[$Na_2Cr_2O_7$·$2H_2O$]	按实际调整用量	198~204	20~30	
仿金色	1	偏矾酸钠($NaVO_3$) 硫酸(H_2SO_4) ($\rho=1.84g/cm^3$)	130~150 1100~1200	80~90	5~10	零件需先经电解抛光后方可着色,提高着色液温度,可使着色时间缩短,铁离子和镍离子对着色有干扰
仿金色	2	铬酐(CrO_3) 硫酸(H_2SO_4) ($\rho=1.84g/cm^3$)	250~300 500~550	70~80	9~10	适于纯度较高的不锈钢,在着色液中加入钼酸铵可改善光亮性与色泽,加硫酸锰可加快反应速度,挂具一般为不锈钢丝
巧克力色	1	铬酐(CrO_3) 硫酸(H_2SO_4) ($\rho=1.84g/cm^3$)	100 700	100	18	以 SUS304BA 不锈钢为宜
电解着各种色	1	铬酐(CrO_3) 硫酸(H_2SO_4) ($\rho=1.84g/cm^3$)	250 500	75	9~10	以 SUS304BA 不锈钢为宜。着色电位在 5mV 时为青色;11mV 时为金色;16mV 时为赤色;19mV 时为绿色

1. 化学着色法

（1）工艺流程　脱脂→清洗→机械抛光→脱脂→电解抛光→清洗→活化→清洗→着色→清洗→固膜→清洗→封闭→清洗→烘干。

（2）化学着色工艺　化学着色工艺见表 7-16。

表 7-16　化学着色工艺

着色液组成及工艺条件	1	2	3	4
偏钒酸钠($NaVO_3$)/(g/L)	130~150			
铬酐(CrO_3)/(g/L)		100		250
重铬酸钠($Na_2Cr_2O_7$·$2H_2O$)/(g/L)			80	
硫酸(H_2SO_4)/(g/L)	1100~1200	700	600	500
温度/℃	80~90	100	105~110	75~85
时间/min	5~10	18	15~22	7~13
膜层颜色	仿金色	巧克力色	黑色	蓝色→金黄色→紫红色→绿色→黄绿色

（3）其他工序的要求　其内容主要包括以下几个方面。

1）脱脂。为得到均匀的着色膜，应强化脱脂工序。通常采用有机溶剂脱脂和碱脱脂方法联合使用，将影响化学或电化学反应的不纯物清除干净，以获得干净的表面。

2）抛光。对着色膜影响很大。经抛光后使工作表面平滑细致，在着色时才能容易上色。生产中多采用电解抛光，其工艺见表7-17。

表 7-17　不锈钢着色膜的抛光工艺

成分	含量/(mL/L)	工艺	规格
磷酸（H_3PO_4）	600	温度	$50 \sim 70℃$
硫酸（H_2SO_4）	300	电流密度	$20 \sim 50A/dm^2$
甘油［$C_3H_5(OH)_3$］	30	时间	$4 \sim 5min$
水	70		

3）活化。是在酸溶液中除去不锈钢表面薄氧化膜的过程，目的是提高膜层的附着力和色彩均匀性。活化可在质量分数为10%的硫酸或盐酸溶液中室温浸渍$5 \sim 10min$。

4）固化。不锈钢着色膜是疏松多孔且不耐磨的，需要进行固膜处理，其处理工艺见表7-18。

表 7-18　不锈钢着色膜的固膜处理工艺

溶液组成及工艺条件	化学法	电解法
重铬酸钾（$K_2Cr_2O_7$）/(g/L)	15	—
氢氧化钠（NaOH）/(g/L)	3	—
铬酐（CrO_3）/(g/L)	—	250
硫酸（H_2SO_4）/(g/L)	—	2.5
pH	$6.5 \sim 7.5$	—
温度	$60 \sim 80℃$	室温
阴极电流密度/(A/dm^2)	—	$0.2 \sim 1.0$
时间/min	$2 \sim 3$	$5 \sim 15$

5）封闭。经固膜处理后，着色膜的硬度、耐磨性及耐蚀性均能得到改善，但表面仍多孔而易被污染，此时可用下列方法进行封闭处理：硅酸钠（Na_2SiO_3）$10g/L$，沸腾$5min$。

2. 电解着色

（1）不锈钢电解着色工艺　不锈钢电解着色工艺见表7-19。

表 7-19　不锈钢电解着色工艺

溶液组成及工艺条件	1	2	3
重铬酸钠（$Na_2Cr_2O_7 \cdot 2H_2O$）/(g/L)	60	$20 \sim 40$	—
硫酸锰（$MnSO_4$）/(g/L)	—	$10 \sim 20$	—
硫酸铵［$(NH_4)_2SO_4$］/(g/L)	—	$20 \sim 50$	—
铬酐（CrO_3）/(g/L)	—	—	250
硫酸（H_2SO_4）/(g/L)	$300 \sim 450$	—	490
硼酸（H_3BO_3）/(g/L)	—	$10 \sim 20$	

（续）

溶液组成及工艺条件	1	2	3
pH	—	3~4	—
温度/℃	70~90	≤30	—
阳极电流密度/(A/dm²)	0.05~0.1	0.15~0.30	55
电压/V	—	2~4	0.2、0.4(AC 方波)
时间/min	5~40	10~20	—
膜层颜色	黑色	黑色	不同色彩

（2）工作注意事项　各个配方工艺所需注意事项如下：

1）配方 1，若电解开始阶段以 8A/dm²电流密度冲击，则能得到无光泽的黑色膜。

2）配方 2，该配方中重铬酸钠可用重铬酸钾取代。处理时应带电下槽、出槽。电解的初始电压用下限值，以后逐步升至上限值，以保持电流恒定，电解终止前 5min 左右应控制电压恒定。

3）工艺 3，该配方以交流方波作为电源。所得膜层颜色重现性好，出色范围宽，颜色种类多。研究结果表明，膜层颜色由电流密度 J、方波周期 T 及通电周期数 N 来控制。1Cr18Ni9Ti 不锈钢上所得膜层颜色与 J、T、N 的关系见表 7-20。

表 7-20　1Cr18Ni9Ti 不锈钢上所得膜层颜色与 J、T、N 的关系

电流密度 J/(A/dm²)	方波周期 T/s	通电周期数 N/次	通电量 $J×T×N$(C/cm²)	膜层颜色
0.2	60	4	48	浅茶色
	60	8	96	茶色
	80	9	144	茶-蓝色
	160	5	160	深蓝色
	400	2	160	蓝-黄色
	160	9	288	暗紫色
0.4	60	4	96	深茶色
	60	6	144	深茶色
	180	2	144	浅蓝色
	80	6	192	蓝色
	160	3	192	青黄色
	180	3	216	黄色
	160	4	256	亮黄色
	180	4	288	紫红色
	400	2	320	红色
	60	14	336	灰黑色
	60	16	384	黄色
	60	18	432	橙红色
	60	20	480	玫瑰红色
	160	9	576	红-绿色
	180	8	576	绿色
	180	9	648	血青色

3. 其他着色工艺

（1）热处理法　将经抛光处理后的不锈钢件在大气气氛中，400~450℃下进行热处理，

使其表面形成数十纳米厚的金黄色氧化膜。然后室温下在 0.1~1mol/L 的盐酸或硫酸溶液中，将外表面的氧化膜溶解除去，以获得具有金属光泽的金黄色膜层。XPS 分析结果表明，经过高温处理后，不锈钢氧化膜外表面主要是铁的氧化物，而内表面主要是铬的氧化物。当用酸把外表面的铁的氧化物溶解之后，就会出现钝态铬的氧化物膜。

（2）熔盐法 在重铬酸钠熔融盐（198~204℃）或重铬酸钠和重铬酸钾熔融盐（1∶1，204~235℃）中进行 20~30min 浸渍处理。工件取出后冷却并用水冲洗干净，即可获得耐用的黑色着色膜。

（3）阳阴极钝化处理法 在重铬酸铵 10%（质量分数，下同）、硫酸铬 2%、柠檬酸铁铵 2%、溶液（室温）中，先阳极后阴极处理，处理条件分别为 2A/dm² 、5min。阳极处理时，硫化物等掺杂物优先溶解出去；阴极处理时，表面可能生成 $Cr(OH)_3$ 等氢氧化物干涉膜。所得膜层颜色和膜层厚度有关。

7.3.3 化学氧化着色

不锈钢化学氧化着色工艺见表 7-21。

表 7-21 不锈钢化学氧化着色工艺

颜色	工艺号	配方		温度/℃	时间/min	备 注
		成分	质量浓度/(g/L)			
黑色	1	重铬酸钾（$K_2Cr_2O_7$）	300~350	镍铬不锈钢 95~102 铬不锈钢 100~110	5~15	一般零件氧化后为蓝色、深蓝色、藏青色，经抛光处理的零件为黑色，零件经除油清洗后，在钝态下直接浸入此液着色
		硫酸（$H_2SO_4,\rho=1.84g/cm^3$）	300~350mL/L			
	2	铬酐（CrO_3）	200~250	95~100	2~10	
		硫酸（$H_2SO_4,\rho=1.84g/cm^3$）	250~300mL/L			
	3	草酸（$H_2C_2O_4$）	10%（质量分数）	室温		工件以草酸着色后，冲洗干净并烘干，用 1%硫代硫酸钠浸渍即呈黑色
彩色	4	铬酐（CrO_3）	200~400（250 最佳）	70~90	依要求颜色而定	随着色时间延长得不同色调，如 80~90℃，处理 15~17min 为深蓝色，18min 为金色，20~25min 为紫红色为主的彩虹干涉色，>25min 为绿色
		硫酸（H_2SO_4）	350~700（490 最佳）			
仿金色	5	偏钒酸钠（$NaVO_3$）	130~150	80~90	5~10	每 100mL 溶液，可着色 4.5dm²，限制铁和镍离子，提高着色温度，可缩短着色时间
		硫酸（H_2SO_4）	1100~1200			
	6	铬酐（CrO_3）	550	70	12~15	加入 20g/L 以下的 $MnSO_4$，可加快反应速度
		硫酸（$H_2SO_4,\rho=1.84g/cm^3$）	70mL/L			

7.3.4 低温着色

低温着色法又分为碱性化学着色法和酸性化学着色法。酸性化学着色法不常用。碱性化学着色法是将不锈钢在含有氢氧化钠和氧化剂与还原剂的水溶液中进行着色。着色前不锈钢表面的氧化膜不必除去，在自然生长的氧化膜上面再生成氧化膜。随着氧化膜的增厚，表面颜色发生变化，由黄色→黄褐色→蓝色→深藏青色；另一个碱性化学法是硫化法，不锈钢表面经过活化后，再浸入含有氢氧化钠和硫化物的溶液中硫化生成黑色、美观的硫化膜，但耐蚀性差，需涂罩光涂料。不锈钢碱性化学着色配方及工作条件见表 7-22。

表 7-22　不锈钢碱性化学着色配方及工作条件

溶液成分及工艺条件	氢氧化钠着色
高锰酸钾（$KMnO_4$）/（g/L）	50
氢氧化钠（NaOH）/（g/L）	375
氯化钠（NaCl）/（g/L）	25
硝酸钠（$NaNO_3$）/（g/L）	15
亚硫酸钠（Na_2SO_3）/（g/L）	35
硫氰酸钠（NaCNS）/（g/L）	—
硫代硫酸钠（$Na_2S_2O_3$）/（g/L）	—
温度/℃	120

7.3.5　高温着色

高温氧化着色法是采用回火法。一是在空气中，在一定的高温下使不锈钢表面氧化为金黄色；二是在熔融的重铬酸盐中氧化得到黑色膜。如在重铬酸钠（$Na_2Cr_2O_7$）或重铬酸钠和重铬酸钾（$K_2Cr_2O_7$）各 1 份的混合物中，在 320℃时开始熔融，在 400℃时放出氧气而分解。新生的氧原子活性强，不锈钢浸入后表面被氧化成黑色无光但牢固的膜层。操作温度为 450~500℃，时间为 20~30min。

工艺流程：1Cr18Ni9Ti 不锈钢→化学脱脂→清洗→化学抛光→清洗→中和→清洗→缓冲→干燥→加热氧化着色。

7.3.6　有机物涂覆着色

在不锈钢上进行涂覆着色的方法，是使用透明或不透明着色涂料涂覆在不锈钢上。过去由于钢板与涂料的密着性不好而使其在用途上受到限制。直至 20 世纪 80 年代，随着涂覆技术的提高，钢板的涂覆已成为可能，因而，涂覆不锈钢板与着色镀锌钢板、彩色铝合金板一样，在建筑材料等方面得到广泛应用。涂覆不锈钢板的重要因素有不锈钢的选择、确保密着性的预处理方法、耐蚀性高的涂料的选择及涂料的正确涂覆和烘烤。用作屋顶板应采用 SUS 304 及 SUS 430，用于涂覆不锈钢的涂料有寿命较长的硅改性聚酯树脂，或丙烯酸树脂与环氧树脂共用涂料，具有室外耐候性好，即具有保光、保色和耐水点腐蚀等特点。大多数在市场出售的产品，经过 2000h 的试验也没有发生起泡等异常现象，这显示出其优良的耐蚀性。

7.3.7　电化学着色

在酸性或碱性的电解质水溶液中，以不锈钢工件为阳极，铅板等为阴极进行电解着色，在工件表面形成不同厚度的氧化膜而显示不同的色彩。不锈钢电化学着色工艺见表 7-23。

表 7-23　不锈钢电化学着色工艺

颜色	工艺号	配方		电流密度 /(A/dm²)	温度 /℃	时间 /min	备　注
		成分	质量浓度 /(g/L)				
彩色	1	铬酐(CrO₃)	100~450	阴极 1~3	75~95	1~15	随时间延长,依次得到青、黄、橙、紫、蓝色
		硫酸(H₂SO₄)	200~700				
	2	氢氧化钠(NaOH)	200~350	阴极 1~3	80~95	1~20	
		水(H₂O)	800~950				
黑色	3	重铬酸钾(K₂Cr₂O₇)	20~40	电压 2~4V 阳极 0.15~0.3	≤30	10~20	阴极材料为不锈钢板,阴阳极面积比为(3~5):1,pH 为 3~4
		硫酸锰(MnSO₄)	10~20				
		硫酸铵[(NH₄)₂SO₄]	20~50				
		硼酸(H₃BO₃)	10~20				

7.3.8　固膜处理和封闭处理

不锈钢经着色处理后,所获得的转化膜层疏松、柔软、不耐磨,而且是多孔的,孔隙率为 20%~30%,膜层也很薄,容易被污染,无实用价值。因此还必须进行后处理,后处理主要包括固膜处理和封闭处理两个步骤。

1. 固膜处理工艺

固膜是阴极电解硬化的工程,实质上是通过电解法填充着色膜松散的表面,使之形成多孔性尖晶石型氧化膜,以达到硬化的目的,在固膜液体系中试样作为阴极,经过电解,氢气将转化膜细孔中的六价铬还原成三价铬,并沉淀埋入细孔中,使转化膜得到硬化,其耐磨性能和耐蚀性显著增加,可提高 10 倍以上。电解固膜装置如图 7-4 所示。

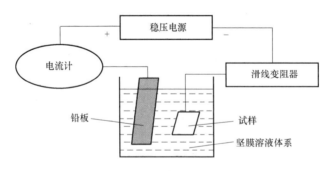

图 7-4　电解固膜装置

一般的电解固膜处理工艺见表 7-24。

表 7-24　一般的电解固膜处理工艺

成分和工艺条件	1	2	3	4	5
铬酐(CrO₃)/(g/L)	240~260	250	200~300	250	250
硫酸(H₂SO₄)/(g/L)	1~2.5	—	2~3	—	2.5
磷酸(H₃PO₄)/(g/L)	—	2.5	—	—	—

（续）

成分和工艺条件	1	2	3	4	5
钼酸钠(Na_2MoO_4)/(g/L)	—	—	$20\sim30$	—	—
三氧化硒(SeO_3)/(g/L)	—	—	—	2.5	2.5
阴极电流密度/(A/dm^2)	$2.4\sim2.6$	$0.2\sim1.0$	$0.2\sim2.5$	$0.3\sim0.4$	$0.5\sim1.0$
温度/℃	$25\sim40$	$30\sim40$	$10\sim40$	$40\sim45$	$45\sim55$
时间/min	$2\sim30$	10	$5\sim15$	$0.5\sim1.5$	$10\sim15$

固膜处理对色彩的影响：电解固膜处理后，实质上也能使氧化膜加厚，使色彩颜色发生变化，处理时间越长，颜色变化越大。因此，在达到固膜的效果后，应尽量缩短固膜处理时间。固膜处理前后着色膜颜色变化情况见表7-25。

表 7-25　固膜处理前后着色膜颜色变化

固膜前	茶色	蓝灰色	浅黄色	深黄色	金黄色	紫红色	紫色	蓝紫色	蓝绿色	绿色	黄绿色	橙色
固膜处理后	茶色	蓝灰色	深黄色	金黄色	紫红色	紫色	蓝紫色	蓝绿色	绿色	黄绿色	橙色	桃色

从表7-25可见，茶色至蓝灰色，固膜处理前后颜色基本不变，黄色由浅变深，从深黄色开始到橙色，固膜处理后比固膜处理前向后移了一种颜色，这是由于固膜增厚了着色膜，从而推后了一种颜色。为了得到所要求的颜色，在着这几种颜色时应提早一种颜色出槽，固膜处理后正好达到所需要的颜色。固膜处理后，对原来的色泽有加深作用。但色泽变化在整个表面上是均匀的，所以可以在着色时控制着色电位加以纠正。

钼酸钠加入固膜溶液中，对颜色无影响，可明显提高着色层的光亮度。

2. 封闭处理

固膜处理后的着色膜仍有少量孔隙存在，对固膜处理后的着色膜要进行封闭处理。封闭处理一般是在$10\%\sim15\%$的Na_2SiO_3和其他一些无机盐的沸腾溶液中浸泡$5\sim10min$。经封闭处理后的不锈钢氧化膜的色泽不变，而手痕可以完全消除，且其耐磨、耐蚀性也大有提高，效果比较理想。

7.3.9　不锈钢化学着色设备

（1）发黑用槽　一般可用厚度为5mm的不锈钢板焊接制成。但寿命不长，一是焊缝处易渗漏；二是槽壁会遭受溶液的腐蚀，缩短溶液的使用寿命。槽子要有密封盖，发黑完成后，应立即加盖，防止溶液中硫酸大量地吸收空气中的水分，浓度降低，影响工作。

对于小型工件的发黑，可用$3\sim5L$的玻璃烧杯作为容器，直接用电炉加热。这样可避免腐蚀发生，但溶液在冷却后会有结晶析出，再加热时，要用水浴加热溶解结晶。在短时停止工作时，最好保温在80℃以上，或者稍冷却至80℃后倒入塑料槽中保存溶液。

对于大型工件，可采用钛板用氩弧焊制成的槽。钛槽在含氧化性很强的发黑酸性溶液中耐蚀性很好。

（2）加热设备　一般可用钛管电加热器并配以温度自动控制仪，可以精确控制温度。也可以使用玻璃电加热管。如有高压蒸汽也可用钛管加热。

（3）挂具　挂具使用的材料必须与不锈钢的电位接近。如用镍铬丝、不锈钢、钛材制作挂具。不能使用铜、铁材料制作挂具，因为电位相差太大，挂具很快就会被腐蚀。

（4）预处理设备　在圆柱形工件表面出现发黑后，会出现棕色、紫色或无色的色环，这是由于工件在车削加工时受力、受热不均匀所致，引起材料表面局部晶格或化学组分改变，生成黑膜较困难或较薄。其解决办法是发黑前，表面用320目金刚砂喷砂，或采用化学抛光、电解抛光、机械抛光等工艺，达到较高的光洁度后再进行发黑处理。

（5）后处理设备　若工件在发黑后的表面上出现蓝色、深蓝色、蓝黑色，可在机械抛光机上进行抛光至黑色，再进行固化处理。

（6）膜层褪除设备　不合格的发黑膜可在褪膜槽中室温下褪除膜层。溶液成分为盐酸、水，体积比1:1，时间为褪除膜层为止。

7.3.10　不锈钢化学着黑色的常见故障及纠正方法

不锈钢化学着黑色的常见故障、可能原因及纠正方法见表7-26。

表7-26　不锈钢化学着黑色的常见故障、可能原因及纠正方法

常见故障	可能原因	纠正方法
在整个圆柱形零件蓝色表面上，出现棕色、紫色或无色环	车削时受热、受力不匀，引起材料表面局部晶格结构或化学组分改变，在车刀走动时尤为明显	用320目金刚砂喷砂，将发生变化的微薄表层除去，也可用电解抛光、研磨等非高热方法除去
表面产生玫瑰红、翠绿等干涉色	溶液温度过低或波动较大	溶液保温良好，在规定温度范围内进行处理
膜层颜色较浅	溶液长期暴露在空气中，溶液中硫酸吸收空气中的水分，降低了整个溶液浓度	加热蒸发多余的水分，恢复原来的溶液浓度
浅棕色不向深蓝色或黑色转变	着黑色最佳时间已经错过	褪除整个膜层后重新着黑色，注意经常取出零件查看

7.4　铝及铝合金的着色和染色

7.4.1　有机染料染色

有机染料染色牢度好，上色速度快，颜色种类多，色彩较鲜艳，操作简便，可得到均匀、再现性好、色调范围宽广的各种颜色，但其耐光保色性较差。常用有机染料染色工艺见表7-27。

表7-27　常用有机染料染色工艺

色别	工艺号	成分		温度/℃	时间/min	pH
黑色	1	酸性毛元ATT	10g	室温	10~15	4.5~5.5
		醋酸	0.8~1.2mL			
		水	至1L			

（续）

色别	工艺号	成　　分		温度/℃	时间/min	pH
黑色	2	酸性粒子元 NBL	12~16g	60~70	10~15	5~5.5
		醋酸	1.2mL			
		水	至 1L			
	3	酸性蓝黑 10B	10g	室温	5~10	4~5.5
		醋酸	1mL			
		水	至 1L			
	4	苯胺黑	5~10g	60~70	10~20	—
		水	至 1L			
红色	5	直接雪利桃红 G	2~5g	60~70	5~10	4.5~5.5
		水	至 1L			
	6	直接耐晒桃红 G	2~5g	60~70	5~10	4.5~5.5
		水	至 1L			
	7	酸性大红 GR	5g	室温	2~10	4.5~5.5
		醋酸	1mL			
		水	至 1L			
	8	酸性紫红 B	4~6g	15~40	15~30	4.5~5.5
		醋酸	1mL			
		水	至 1L			
	9	活性橙红	2~5g	70~80	2~15	—
		水	至 1L			
	10	茜素红 S	5~10g	60~70	10~20	4.5~5.5
		醋酸	1mL			
		水	至 1L			
蓝色	11	直接耐晒蓝	3~5g	15~30	15~20	4.5~5.5
		水	至 1L			
	12	直接耐晒翠蓝	3~5g	60~70	1~3	4.5~5.5
		水	至 1L			
	13	JB 湖蓝	3~5g	室温	1~3	5~5.5
		水	至 1L			
	14	活性橙蓝	5g	室温	1~5	4.5~5.5
		水	至 1L			
	15	酸性蓝	2~5g	60~70	2~15	4.5~5.5
		醋酸	0.5mL			
		水	至 1L			
金黄色	16	茜素黄 R(或 GC)	0.3g	70~80	1~3	4.5~5.5
		茜素红 S	0.5g			
		醋酸	1mL			
		水	至 1L			

（续）

色别	工艺号	成　　分		温度/℃	时间/min	pH
金黄色	17	活性艳橙	0.5g	70~80	5~15	4~5
		水	至 1L			
	18	活性嫩黄 X-6G	1~2g	25~35	2~5	—
		水	至 1L			
	19	铅黄 GLW	2~5g	室温	2~5	5~5.5
		水	至 1L			
	20	溶蒽素金黄-IGK[①]	0.035g	室温	1~3	4.5~5.5
		溶蒽素橘黄-IRK	0.1g			
		水	至 1L			
绿色	21	酸性绿	5g	70~80	15~20	—
		醋酸	1mL			
		水	至 1L			
	22	直接耐晒翠绿	3~5g	15~25	15~20	—
		水	至 1L			
	23	酸性墨绿	2~5g	70~80	5~15	—
		醋酸	1mL			
		水	至 1L			

① 此液染色后一定要在显色液中进行显色处理，显色液配方有两种：一种为高锰酸钾 4~7g/L，硫酸 20g/L，室温；另一种为亚硝酸钠 10g/L，硫酸 20g/L，室温。

7.4.2　无机染料染色

无机染料色泽鲜艳度较差，难以染成较深色泽，但耐晒，保色性能较好，在建材方面有一定应用，工艺见表 7-28。染色过程：阳极氧化后的工件经彻底清洗，先在溶液 I 中浸渍，清洗后放入溶液 II 中浸渍。如颜色欠深，清洗后可进行重复处理。染色后清洗干净，用热水封闭或在 60~80℃ 温度下烘干，再进行喷漆或浸蜡处理。

表 7-28　无机盐浸渍着色工艺

颜色	溶液 I				溶液 II				显色的生成物
	无机盐	浓度/(g/L)	温度/℃	时间/min	无机盐	浓度/(g/L)	温度/℃	时间/min	
红棕色	硫酸铜	10~100	60~70	10~20	铁氰化钾	10~15	60~70	10~20	铁氰化铜
金色	草酸铁铵	15	55	10~15	—	—	—	—	三氧化二铁
橙黄色	硝酸银	50~100	60~70	5~10	重铬酸钾	5~10	60~70	10~15	重铬酸铅
黄色	醋酸铅	100~200	60~70	10~15	重铬酸钾	50~100	60~70	10~15	重铬酸银
青铜色	醋酸钴	50	50	2	高锰酸钾	25	50	2	氧化钴
蓝色	亚铁氰化钾	10~50	60~70	5~10	氯化铁	10~100	60~70	10~20	普鲁士蓝
黑色	醋酸钴	50~100	60~70	10~15	硫化钠	50~100	60~70	20~30	硫化钴
白色	硝酸钡	10~50	60~70	10~15	硫酸钠	10~50	60~70	30~35	硫酸钡

7.4.3　消色法着色

消色法着色是将已染色尚未进行封闭处理的铝件进行不均匀的褪色处理：向铝件上喷洒消色液或蘸上消色液在表面作无规则、快速地揩抹。如染过黑色的铝件的表面与消色液接触的部位即呈现灰黑、灰白直至白色，多次重复染色（第二种、第三种……颜色）、消色处理，即可得到云彩状图案。

（1）工艺流程　按黑、黄、绿三色染色，其处理工艺流程是：机械抛光→脱脂→清洗→阳极氧化→清洗→中和→染黑色→清洗→褪色→清洗→染黄色→清洗→褪色→清洗→染绿色→清洗→封闭→机械光亮→成品。

（2）消色工艺　消色工艺见表 7-29。

表 7-29　消色工艺

	工艺号	1	2	3	4	5	6
组分浓度 /(g/L)	铬酐（CrO_3）	250~300	200~500	—	—	—	—
	草酸（$H_2C_2O_4$）	—	—	100~400	—	—	—
	硫酸镁（$MgSO_4$）	—	—	—	300	—	—
	高锰酸钾（$KMnO_4$）	—	—	—	—	100~500	—
	醋酸（CH_3COOH）	—	1~2mL/L	—	3~5mL/L	—	—
	次氯酸钠（NaClO）	—	—	—	—	—	50~200
	时间/s	—	—	—	—	5~10	10~20

（3）操作维护注意事项　包括以下几点：

1）阳极氧化采用硫酸阳极氧化或三酸瓷质阳极氧化，要求氧化膜较厚，孔隙率较高。

2）染色液浓度稍高一些，先染深色后染浅色。染色温度在 40~50℃，过高会导致局部氧化膜封闭，造成染不上色的现象。

3）染色后经过清洗立即褪色，褪色后立即浸水清洗。

7.4.4　套色染色

套色染色即在一次阳极氧化膜上获得两种或两种以上的彩色图案，一般采用漆膜掩盖法。

（1）工艺流程　硫酸阳极氧化→清洗→第一次染色（一般是浅色）→流动冷水清洗→干燥（50~60℃）→下挂具→印字或印花（丝印或胶印）→干燥→褪色→流动冷水清洗→中和→第二次染色→流动冷水清洗→揩漆→干燥→封闭。

（2）工艺　工艺见表 7-30。

表 7-30　套色染色工艺

工艺号	成　分	含量	褪色时间/min
1	磷酸三钠（Na_3PO_4）	50g/L	5~10
2	次氯酸钠（NaClO）	10g/L	5~10
3	硝酸（HNO_3）	300mL/L	5~10

（3）操作注意事项　包括以下内容：

1）第一次染色后，使用丝印法或胶印法，用透明醇酸清漆、石墨作印浆印上所需的图案。在进行褪色处理时，图案上的清漆就成为防染隔离层，保护下面图案的色彩。再染色清洗后，就得到双色图案花样。

2）阳极氧化后的工件放置不得超过 2h（冬天可延长至 6h）。

3）不能用手摸，应戴手套操作。

7.4.5　色浆印色

色浆印色是把色浆丝印在铝阳极氧化膜上染色。这种方法可印饰多种色彩，不需消色和涂漆，大大降低原料消耗，降低生产成本。色浆配方见表 7-31。

表 7-31　色浆配方

成　　分	质量分数（%）	成　　分	质量分数（%）
浆基 A（羧甲基纤维素 30g/L）	50	色基	30
浆基 B（海藻酸钠 40g/L）	15	山梨醇	4
六偏磷酸钠	0.6	甲醛	0.4

7.4.6　自然发色法

自然发色法是指某些特定成分（含硅、铬、锰等）的铝合金，在进行阳极氧化的同时，得到有颜色的氧化膜的方法，又称合金发色法，其工艺见表 7-32。

表 7-32　自然发色法工艺

工艺号	配方		工艺条件				
	成分	质量浓度/(g/L)	电流密度（DC）/(A/dm²)	电压/V	温度/℃	厚度/μm	颜色
1	磺基水杨酸	62~68	1.3~3.2	35~65	15~35	18~25	青铜色
	硫酸	5.6~6					
	铝离子	1.5~1.9					
2	磺基水杨酸	15%（质量分数）	2~3	45~70	20	20~30	青铜色
	硫酸	0.5%（质量分数）					
3	磺基钛酸	60~70	2~4	40~70	20	20~30	青铜色茶色
	硫酸	2.5					
4	草酸	5	5.2	20~35	20~22	15~25	红棕色
	草酸铁	5~80					
	硫酸	0.5~4.5					
5	磺基水杨酸	5%（质量分数）	1.3~3	30~70	20	20~30	青铜色
	马来酸	1%（质量分数）					
	硫酸	0.5					
6	酚磺酸	90	2.5	40~60	20~30	20~30	琥珀色
	硫酸	6					

（续）

工艺号	配方		工艺条件				
	成分	质量浓度/（g/L）	电流密度（DC）/（A/dm²）	电压/V	温度/℃	厚度/μm	颜色
7	钼酸铵	20	1～10	40～80	15～35	保持峰值电压至所需色泽	金黄色褐色黑色
	硫酸	5					
8	酒石酸	50～300	1～3	—	15～50	20	青铜色
	草酸	5～30					
	硫酸	0.7～2					

常用合金在自然发色处理时的色调见表 7-33。

表 7-33　常用合金在自然发色处理时的色调

合金系	典型合金	阳极氧化处理	
		硫酸法	草酸法
纯铝系	1050	银白色	金色、黄褐色
	1100		
Al-Cu 系	2017	灰白色	浅褐色、灰红色
	2014		
Al-Mn 系	3303	银白色、浅黄色	黄褐色
	3304		
Al-Si 系	4043	灰色、灰黑色	灰黑色、灰黄黑色
Al-Mg 系	5005	银白色、浅黄色	金黄色
	5052		
	5083		
Al-Mg-Si 系	6061	银白色、浅黄色	金黄色
	6083		
Al-Mn 系	7072	银白色	—

7.4.7　交流电解着色

交流电解着色是将经过阳极氧化处理之后的铝件，再次浸在含有重金属盐的溶液中进行电解处理，使金属离子被还原沉积在氧化膜孔隙的底部而着色。

1. 电解着色机理

电解着色的本质与电镀相似，是通过电解把金属盐溶液中的金属离子沉积在阳极氧化膜的针孔底部，光线射到此类金属离子上时发生漫散射，而使氧化膜呈现颜色。阳极氧化和电解着色的条件不同，所采用的金属盐及其析出金属离子的分布状态也不同，因而可使氧化膜呈现各种颜色。

（1）针孔中金属离子的析出　氧化膜的主要成分是氧化铝。纯净的氧化铝是不导电的绝缘体。但实际上氧化膜不是纯净的氧化铝，而是接近绝缘体的一种物质，或者是一种半导体。为使金属离子在氧化膜孔中进行电解析出，电子必须像如图 7-5 所示那样向阻挡层表面移动。实际上，是否能发生如图 7-5 所示的电子移动，目前尚无定论。当今解释金属离子析出的学说大体有五种。

1）双极学说。有人认为，氧化膜难以通电，所以在对氧化膜施加电压时，能引起如图7-6 所示的电介质极化，并在负电荷端析出金属，这种观点称为"双极学说"。电解极化与用布摩擦塑料所产生的静电现象相似。

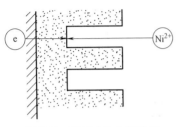

图 7-5　镍离子的电解析出

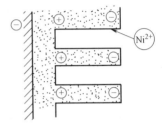

图 7-6　金属按双极学说沉积

2）裂口学说。阻挡层中存在如图 7-7 所示的缺陷，这种缺陷允许电子通过，引起金属沉积，这种观点被称为"裂口学说"。

3）金属杂质学说。在阻挡层中存在着未被氧化的金属杂质，电子可通过这部分金属迁移，使金属沉积于孔底，这种观点被称为"金属杂质学说"，如图 7-8 所示。

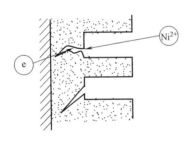

图 7-7　裂口学说引起金属沉积

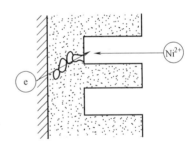

图 7-8　金属杂质学说沉积

4）半导体学说。如把氧化膜作为半导体，则电子可以通过如图 7-9 所示的隧道效应在阻挡层中移动。这种解释金属粒子沉积的见解称为"半导体学说"。半导体学说的另一种观点是，阻挡层是由数层半导体构成的，电子可以通过半导体的 n-i-p 结流动。

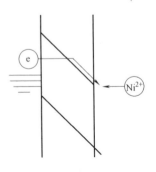

图 7-9　半导体学说

5）固体电解质学说。该学说认为，溶液中的金属离子借助于阻挡层中的阴离子而还原，沉积于孔底，如图 7-10 所示。

（2）针孔中金属粒子的析出与着色关系　电解着色时，氧化膜孔中的析出物究竟是金属化合物还是金属，许多科学家已研究过，但没有一致的看法。多数人认为针孔小的析出物是金属化合物。有的研究则表明，针孔中的析出物是金属。也有人认为，针孔中的析出物既有金属又有金属氧化物。也有研究结果表明，析出物中多半是金属粒子，但金属粒子的表面被氧化膜覆盖着。另外还有人认为，在钼酸盐、高锰酸钾盐类的金属含氧酸盐溶液中进行电解着色时，有金属氧化物和金属化合物析出。

除特殊着色液外，金属在针孔中沉积而能着色的原因，可用"金属胶态粒子的光反射"来说明。多数金属板具有银白色的金属光泽，但如果将该金属磨成微细粉末，则变成黑色；如果把无色透明的玻璃板制成微细粉末，则变成白色。由此可知，物体的颜色因其种类、状态或是否为胶体粒子而有所变化。人们很早就知道，分散胶体粒子的悬浮溶液，因粒子的大小不同而呈现各种颜色；天空的颜色有时是蓝的，有时是灰的，这也是由于大气中的胶体粒子造成的。

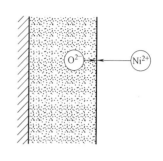

图 7-10　固体电解质学说

带色氧化膜的颜色不是原色，而是淡黄色、褐色甚至是黑色，其原因可用图 7-11 说明。通过用电子显微镜观察可知，阻挡层的厚度均匀，因此，析出金属的粒度分布如图 7-12 所示。正因为呈这样的粒度分布，所以使漫反射光具有较宽的波长分布，氧化膜呈褐色或黑色。

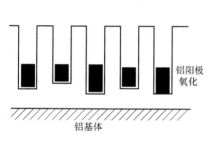

图 7-11　氧化膜中的金属析出

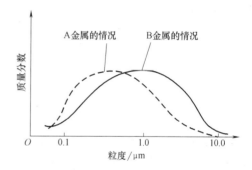

图 7-12　不同金属盐溶液中的金属
析出粒度分布状况

（3）原色系电解着色法　用电解着色法能获得红、蓝、绿等原色氧化膜。在硫酸液中进行低电压氧化处理时，形成的阻挡层很薄，所以其厚度差很小。此种材料在电解着色时，则如图 7-13 所示的那样，析出的金属粒度分布范围相当窄（见图 7-14），因此漫反射光的波长变窄，使氧化膜可着上红、蓝、绿等颜色。低电压硫酸阳极氧化膜着色后的颜色见表 7-34。

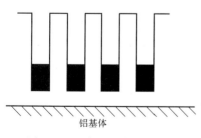

图 7-13　原色系着色氧化膜

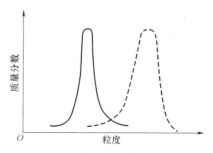

图 7-14　根据胶体分散学说推测的原色系
着色氧化膜金属析出粒度分布状况

表 7-34　　低电压硫酸阳极氧化膜着色后的颜色

二次电解(着色)电压(交流)/V	一次电解(阳极氧化)电压(直流电压)/V					
	3	4	8	10	12	13
4	不着色	不着色	不着色	不着色	不着色	不着色
6	粉红	粉红	粉红	不着色	不着色	不着色
8	绿色	金黄色	粉红	粉红	不着色	不着色
10	金黄色	金黄色	红绿色	粉红	不着色	不着色
12	绿色	蓝色	红绿色	粉红	粉红	青铜色
14	绿色	绿色	红绿色	红褐色	青铜色	青铜色
16	草绿色	深绿色	红褐色	红褐色	青铜色	青铜色
18	草绿色	深紫色	草绿色	草绿色	青铜色	青铜色
20	浅红色	浅绿色	浅绿色	浅红色	青铜色	青铜色
22	粉红	红紫色	浅粉红色	浅褐色	青铜色	青铜色

　　将硫酸液氧化膜在磷酸液中再次经阳极氧化后，放在金属盐水溶液中再进行交流电解，可以获得蓝、绿、灰等着色氧化膜，原理如图 7-15 所示。硫酸液氧化膜的阻挡层厚度虽不均匀，但通过在磷酸液中的再次阳极氧化后，阻挡层厚度趋于均匀。这样，可使电解着色中析出的金属粒度分布范围变窄，因而成为蓝、绿、灰等原色系氧化膜。

图 7-15　用中间处理法制得的原色系氧化膜

　　在低浓度的磷酸液或铬酸液中获得的氧化膜结构如图 7-16 所示，呈树枝状，这种氧化膜在镍盐溶液中电解着色时，可得到中间色调的蓝色氧化膜。由于金属在树枝状氧化膜上析出，使电解析出的金属具有特殊的分布，从而呈蓝色。

图 7-16　金属在树枝状氧化膜上的析出

2. 电解着色盐的种类和氧化膜色调

　　电解着色盐的种类和氧化膜色调见表 7-35。所用的盐类不同则得到的色调不同。交流电解着色方法很多，工艺见表 7-36。

表 7-35　　电解着色盐的种类和氧化膜色调

金属盐的种类	色　调
镍盐	青铜色
铅盐	茶褐色
钴盐	青铜色
银盐	鲜黄绿色
锡盐	橄榄色至青铜色至黑色

（续）

金属盐的种类	色　调
铝酸盐	金黄色
铜盐	粉红色至红褐色至黑色
铁盐	蓝绿色至褐色
亚硒酸盐	黄土色
锌盐	褐色

表 7-36　交流电解着色法工艺

工艺号	配方		电压、电流密度	pH	时间/min	温度/℃	颜色
	成分	质量浓度/(g/L)					
1	硫酸镍	25	10~17V 0.2~0.4A/dm²	4.4	2~15	20	青铜色→黑色
	硫酸镁	20					
	硫酸铵	15					
	硼酸	25					
2	硫酸亚锡	5~10	10~25V 0.1~0.4A/dm²		1~5	室温	古铜色
	硫酸镍	30~80					
	硫酸铜	1~3					
	硼酸	5~50					
	EDTA	5~20					
3	硫酸亚锡	10	8~16V	1~1.5	2.5	20	浅黄→深古铜
	硫酸	10~15					
	稳定剂	适量					
4	硫酸钴	25	17V	4~4.5	13	20	黑色
	硫酸铵	15					
	硼酸	25					
5	硝酸银	0.5	10V	1	3	20	金绿色
	硫酸	5					
6	硫酸亚锡	15	4~6V 0.1~1.5A/dm²	1.3	1~8	20	红褐色→黑色
	硫酸铜	7.5					
	硫酸	10					
	柠檬酸	6					
7	亚硒酸钠	0.5	8V	2	3	20	浅黄色
	硫酸	10					
8	硫酸镍	50	8~15V	4.2	1~15	20	青铜色→黑色
	硫酸钴	50					
	硼酸	40					
	磺基水杨酸	10					

（续）

工艺号	配方		电压、电流密度	pH	时间/min	温度/℃	颜色
	成分	质量浓度/(g/L)					
9	盐酸金	1.5	10~12V 0.5A/dm²	4.5	1~5	20	粉红色→淡紫色
	甘氨酸	15					
10	硫酸铜	35	10V	1~1.3	5~20	20	赤紫色
	硫酸镁	20					
	硫酸	5					
11	硫酸亚锡	20	6~9V	1~2	5~10	20	青铜色
	硫酸	10					
	硼酸	10					
12	硫酸镍铵	40	15V	4~4.5	5	室温	青铜色
	硼酸	25					
13	草酸铵	20	20V	5.5~5.7	1	20	褐色
	草酸钠	20					
	醋酸钴	4					

3. 电解着色的管理

电解着色的管理如图 7-17 所示。

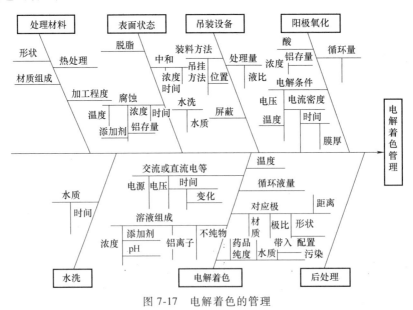

图 7-17　电解着色的管理

7.4.8　直接化学着色

1）铝直接化学着色工艺见表 7-37。

表 7-37 铝直接化学着色工艺

颜色	工艺号	配方		温度 /℃	时间 /min	备 注
黑色	1	钼酸铵[$(NH_4)_2MoO_4$]	15/(g/L)	82	—	也适于铝合金
		氯化铵(NH_4Cl)	30/(g/L)			
		硼酸(H_3BO_3)	8/(g/L)			
		硝酸钾(KNO_3)	8/(g/L)			
	2	高锰酸钾($KMnO_4$)	5~10/(g/L)	80~90	5~15	—
		硝酸(HNO_3,$\rho=1.42g/cm^3$)	0.2%~0.4% (体积分数)			
		硝酸铜[$Cu(NO_3)_2 \cdot 3H_2O$]	20~25/(g/L)			
	3	铬酐(CrO_3)	10/(g/L)	70~80	20~30	—
		碳酸钾(K_2CO_3)	25/(g/L)			
		硫酸铜($CuSO_4 \cdot 5H_2O$)	25/(g/L)			
		铬酸钠(Na_2CrO_4)	25/(g/L)			
蓝色	4	氯化铁($FeCl_3$)	5/(g/L)	66	—	—
		铁氰化钾[$K_3Fe(CN)_6$]	5/(g/L)			
红色	5	亚硒酸(H_2SeO_3)	10~30/(g/L)	50~60	10~20	红色为析出的硒
		碳酸钠(Na_2CO_3)	10~30/(g/L)			
灰色	6	碳酸钾(K_2CO_3)	25/(g/L)	80~100	30~50	若加入少量明矾,膜生成较快
		碳酸钠(Na_2CO_3)	25/(g/L)			
		铬酸钾(K_2CrO_4)	10/(g/L)			
	7	氟化锌(ZnF_2)	6/(g/L)	60~70	10~20	因析出锌而呈灰色
		钼酸钠(Na_2MoO_4)	4/(g/L)			

2)铝合金直接化学着色工艺见表 7-38。

表 7-38 铝合金直接化学着色工艺

色调	配方及工艺条件		备注
白—白褐色	碳酸钠(Na_2CO_3)	0.5~2.6g/L	适用合金:Al-Si、Al-Mg、Al-Zn、Al-Ni、Al-Cu-Si、Al-Cu-Mg
	重铬酸钠($Na_2CrO_7 \cdot 2H_2O$)	0.1~1.0g/L	
	温度	80~100℃	
	时间	10~20min	
随合金不同呈不同颜色	碳酸钠(Na_2CO_3)	46g/L	此法称 M.B.V 法,合金着色色调如下 Al-Mn:黄褐色 Al-Mn-Mg-Si:灰绿色 Al-Si:常绿黄褐色 M.B.V 法 2min,在 4g/L 的 $KMnO_4$ 溶液中染色
	铬酸钠(Na_2CrO_4)	14g/L	
	温度	90~95℃	
	时间	20~25min	

（续）

色调	配方及工艺条件		备注
随合金不同呈不同颜色	碳酸钠（Na_2CO_3）	46g/L	Al-Mn:红褐色 Al-Mn-Mg-Si:暗褐色 Al-Si:红铜色 M.B.V 法 10min,在 4g/L 的 $KMnO_4$ 溶液中染色 Al-Mn:红褐色 Al-Mn-Mg-Si:暗黄褐色 Al-Si:暗黄褐色 M.B.V 法 80min,在硝酸铜 25g/L,高锰酸钾 10g/L,硝酸（65%）0.4mL/L,80℃ 的溶液中浸 2min,Al-Mn、Al-Si、Al-Mn-Mg-Si:浓黑色
	铬酸钠（Na_2CrO_4）	14g/L	
	温度	90~95℃	
	时间	20~25min	
黄色等	硝酸钾（KNO_3）	25g	可着黄色、青铜色、黄褐色、红色等
	硫酸镍（$NiSO_4 \cdot 7H_2O$）	10g	
	氟硅酸钠（Na_2SiF_6）	5g	
	10%钼酸钠溶液（Na_2MoO_4）	1mL	
	水（H_2O）	4L	
	温度	60~70℃	

7.4.9　木纹着色

铝合金型材（6063A）可通过电化学处理得到木纹图样，耐磨、耐蚀性较好，广泛用于建筑、家具、柜台、汽车等。工艺流程为：预处理→水洗→形成转化膜→清洗→形成木纹→清洗→阳极氧化→清洗→着色→水封闭。各工序工艺见表 7-39。

表 7-39　铝合金木纹着色工艺

工序	配方		电流密度/（A/dm²）	温度/℃	时间/min	阴极	备　注
	成分	质量浓度/（g/L）					
形成壁垒型膜	磷酸钠（Na_3PO_4）	23~27	2~2.5	20~25	<5	不锈钢	电源采用硅整流器,两极间距 300mm,时间小于 5min,否则氧化膜会破裂
	磷酸（H_3PO_4）	6~9					
形成木纹	磷酸钠（Na_3PO_4）	23~27	3~3.5	20~25	<40	铝板	木纹形状可通过改变吊具、工具来得到。电解时间越长木纹痕迹越深,但不能超过 40min,否则会露出基体
	磷酸（H_3PO_4）	6~9					
	硝酸钠（$NaNO_3$）	3~5					
阳极氧化	硫酸（H_2SO_4）	150~190	2~2.5		<10	铝板	超过 10min 氧化膜不耐蚀
着色	草酸铵[$(NH_4)_2C_2O_4$]	23~27		45~50	2~15		色系为淡黄色、黄色、棕黄色、深棕色及纯铜色

7.4.10　一步电解着色

一步电解着色法是指一些合金在特定的电解液中进行阳极氧化处理，得到着色氧化膜的方法。这些电解液是以磺基水杨酸、马来酸或草酸等为主的有机酸。在以草酸为主的电解液中添加硫酸、铬酸等可形成黄色至红色的氧化膜；在以磺基水杨酸、氨基磺酸为主的电解液中添加无机酸等，可生成青铜至黑色以及橄榄色的氧化膜。

一步电解着色法着色范围较窄、操作工艺严格而复杂（要用离子交换方法净化电解液）、膜层厚度受基材及工艺影响、成本高，因此，应用受到一定的限制。

1）国外铝及铝合金一步电解着色法工艺见表 7-40。

表 7-40　国外铝及铝合金一步电解着色法工艺

着色方法	配方		电流密度/(A/dm²)	电压/V	温度/℃	膜厚/μm	颜色
	成分	质量浓度/(g/L)					
雷诺法	硫酸	0.5~45	5.2	20~35	20~22	15~25	红棕色
	草酸	5~饱和					
	草酸铁	5~80					
尼古考拉法	硫酸或草酸	10%①	2.5~5	—	>10	50~130	褐色
	添加二羧酸	10%①					
斯米顿法	酚磺酸	90	2.5	40~60	20~30	20~30	琥珀色
	硫酸	6					
卡尔考拉法	磺基水杨酸	62~68	1.3~3.2	35~65	15~35	18~25	青铜色
	硫酸	5.6~6					
	铝离子	1.5~1.9					
	磺基水杨酸	15%①	2~3	45~70	20	20~30	青铜色
	硫酸	0.5%①					
D-300 法	磺基钛酸	60~70	2~4	40~70	20	20~30	青铜色
	硫酸	2.5					
弗罗克赛尔法	磺基水杨酸	5%①	1.3~3.0	30~70	20	20~30	青铜色
	马来酸	1%①					
	硫酸	0.5%①					
	钼酸铵	20	1~10	40~80	15~35	保持峰值电压至所需色泽	金黄色褐色黑色
	硫酸	5					

① 质量分数。

2）国内铝及铝合金一步电解着色工艺见表 7-41。

表 7-41　国内铝及铝合金一步电解着色工艺

工艺号	配方		电流密度/(A/dm²)	温度/℃	时间/min	膜层颜色	备注
	成分	质量浓度/(g/L)					
1	草酸($H_2C_2O_4 \cdot 2H_2O$)	0.5%~10%①	4~5 直流	15±1	5~30	黄-红	
	硫酸(H_2SO_4)	0.05%~1%①					

（续）

工艺号	配方		电流密度/(A/dm²)	温度/℃	时间/min	膜层颜色	备注
	成分	质量浓度/(g/L)					
2	甲酚磺酸	0.5%~40%①	30~65(V) 2~2.5		20~40	蓝-黑	
	磺基水杨酸	0.5%~5%①					
	硫酸(H₂SO₄)	0.05%~3%①					
3	氨基磺酸(H₂NSO₂OH)	1~100	1~2	18~22		橄榄	
	硫酸(H₂SO₄)	0.1~10					
4	苯磺酸	0.5%~2.5%①	0.5~10			金	
	铬酸(H₂CrO₄)	0.5%~15%①					
	硫酸(H₂SO₄)	0.2%~10%①					
5	硫酸铜(CuSO₄·5H₂O)	10	0.15~0.4 直流			浅红-黑	用氨水调整 pH 至 8.2
	柠檬酸(C₆H₈O₇·H₂O)	15					
6	草酸(H₂C₂O₄·2H₂O)	1%①	2 直流	20	60	黄	
	硝酸铁[Fe(NO₃)₃]	0.05%①					
7	硫酸镍(NiSO₄·7H₂O)	90~100	0.7~1.5	20~35		琥珀-黑	
	硼酸(H₃BO₃)	45~55					
	硫酸铵[(NH₄)₂SO₄]	25~35					

① 质量分数。

7.4.11　封孔处理

对阳极氧化或电解着色生成的氧化膜进行处理，将其多孔质层加以封闭，从而提高氧化膜的耐蚀、防污染、电绝缘等性能的过程叫封孔处理。

封孔方法很多，有水合封孔（沸水封孔、常压蒸汽封孔和高压蒸汽封孔）和有机涂层封孔（电泳涂装、浸渍涂装、静电涂装）等。

目前常用的有沸水封孔法和电泳涂装封孔法。有机涂层封孔法除了具有封孔作用外，还能使铝材表面美观、耐磨且有防止擦伤的效果。

1. 水合封孔

水合封孔包括沸水封孔和蒸汽封孔，而沸水封孔又包括纯沸水封孔和无机盐封孔，而蒸汽封孔也包括常压蒸汽封孔和高压蒸汽封孔，其反应机理基本相同，即在高温下，氧化膜与水发生水合反应生成含水氧化铝 $Al_2O_3 \cdot H_2O$ 晶体。

由于 $Al_2O_3 \cdot H_2O$ 晶体的密度比氧化膜 Al_2O_3 密度小，体积增大约33%，堵塞了氧化膜针孔，使外界有害物质不能进入，从而提高了氧化膜的耐蚀性、防污染性能及电绝缘性能。封孔处理后的氧化膜断面如图 7-18 所示。

在水合封孔中，根据日本的 JIS 标准，将滴碱试验与 ASTM 污染法进行对比，认为蒸汽封孔比沸水封孔效果好，

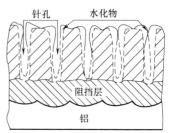

图 7-18　封孔处理后的氧化膜断面示意图

详见表 7-42 和表 7-43。但是蒸汽封孔需要用密闭大型高压釜，给连续流水生产带来困难。沸水封孔之所以强调用纯水，是因为普通水中的 Cl^-、SO_4^{2-}、PO_4^{3-}、Cu^{2+} 等离子对封孔有害，会降低氧化膜的耐蚀性，因此必须加以限制。封孔处理液中的不纯物允许量见表 7-44。

表 7-42　高压蒸汽封孔和沸水封孔的比较

合金		\multicolumn{4}{c}{6063-T5}			
膜厚		\multicolumn{2}{c}{$10\mu m$}		\multicolumn{2}{c}{$20\mu m$}	
试验方法		JIS（日本）滴碱试验/（s/μm）	ASTM 污染法/级	JIS（日本）滴碱试验/（s/μm）	ASTM 污染法/级
蒸汽	0.2MPa，20min	5.3	5	5.7	5
	0.2MPa，30min	5.8	5	5.9	4
	0.2MPa，45min	7.3	5	4.7	5
	0.4MPa，20min	8.5	5	5.7	4
	0.4MPa，30min	9.6	4	5.7	4
	0.4MPa，45min	10.2	4	5.8	4
脱盐沸水	20min	3.7	5	4.0	4
	30min	4.1	5	4.4	4~5
	45min	3.8	5	4.6	4~5
	60min	4.3	5	4.7	4
不处理		2.3	1	3.5	1

注：电解条件是 $w(H_2SO_4)=16.4\%$；直流 $1A/dm^2$；20℃，45min（$10\mu m$）或 100min（$20\mu m$）。

表 7-43　ASTM 污染法判别标准和级别

判别标准级别/级	着色情况	封孔效果
5	不着色	最好
4	着色极微	良好
3	有点着色	稍好
2	着色	不良
1	着色深	最差

表 7-44　封孔处理液中的不纯物允许量

不纯物	SO_4^{2-}	Cl^-	SiO_3^{2-}	PO_4^{3-}	F^-	NO_3^-
允许量（质量分数，%）<	2.5×10^{-4}	10^{-4}	10^{-5}	5×10^{-6}	5×10^{-6}	5×10^{-5}

在水合封孔处理时，一般采用去离子水效果较好。在沸水封孔过程中加入某些化学药剂能强化封孔效果，如加入氨、无水碳酸钠和三乙醇胺等。添加剂对封孔制品耐蚀性影响的比较见表 7-45。从表 7-45 中可知，就滴碱试验而言，加压蒸汽封孔和添加氨、无水碳酸钠、三乙醇胺等添加剂封孔处理，效果比单纯沸水封孔提高 1~3 倍。经封孔的氧化膜比不进行封孔处理的氧化膜，其滴碱性能提高了 1.6 倍，防污染性能则提高了 4 级。沸水的 pH 和沸水处理时间对氧化膜耐蚀性（质量损失）的影响如图 7-19 和图 7-20 所示。

表 7-45 添加剂对封孔制品耐蚀性影响的比较

处理方法	处理条件					氧化膜厚/μm	耐蚀性	
	pH		浓度或压力	温度/℃	时间/min		滴碱试验（K2）	卡斯试验（L2）
	前	后						
加压蒸汽	—	—	0.4MPa	—	20	6.1	64	9
					60	9.2	97	10
沸纯水	—	5.9	—	98	20	6.1	28	9
					60	9.2	40	9
沸纯水加氨中和[中和条件;20℃、3min;氨水(25%)0.5%(体积分数);pH,前11.2,后10.5]	—	7.7	—	98	30	6.1	63	10
						9.2	94	10
沸纯水加无水碳酸钠	9.6	8.3	0.002%	98	30	5.9	47	9
						9.0	70	9
沸纯水加氨	11	9.7	0.5(体积分数)	98	30	6.1	92	10
						9.1	101	10
沸纯水加三乙醇胺	10.3	9.4	0.5%(体积分数)	98	30	6.1	92	10
						9.1	115	10

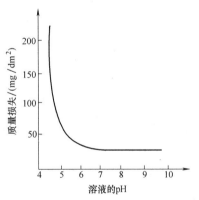

图 7-19 封孔沸水的 pH 和氧化膜
耐蚀性的关系

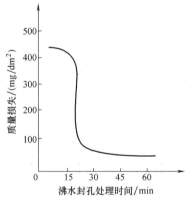

图 7-20 沸水封孔处理时间和
氧化膜耐蚀性的关系

从图 7-19 和图 7-20 可以看出，沸水 pH 为 5.5~6.5，封孔处理时间 20~30min 为最佳。水合封孔处理工艺见表 7-46。除用加压蒸汽和 100℃ 纯水封孔处理以外，也可添加无机盐，在高温水溶液中进行封孔，处理工艺见表 7-47。

表 7-46 水合封孔处理工艺

封孔方法	工艺条件	
	按 JJSH 9500	最佳值
加压蒸汽	压力 0.294~0.588MPa 时间 10min 以上	压力 0.392~0.490MPa 时间 20~30min

（续）

封孔方法	工艺条件	
	按 JJSH 9500	最佳值
沸纯水	温度 95℃ 以上 pH 取 5.5 以上 时间 10min 以上	温度 95℃ 以上 pH 取 8 时间 20~30min

表 7-47　添加无机盐进行封孔处理工艺

处理方法	处理液	pH	温度/℃	时间/min	特点
蒸汽法	加压蒸汽(0.2~0.5MPa)			15~30	耐蚀性最佳
沸纯水法	纯水	6~9	90~100	15~30	适用于大型制品
醋酸镍法	醋酸镍 5~5.8g/L,醋酸钴 1g/L,硼酸 8g/L	5~8	70~90	15~20	有机染料着色制品的封孔,稳定性良好
重铬酸盐法	重铬酸 15g/L,碳酸钠 4g/L	6.5~7.5	90~95	2~10	适合于 2000 系合金,金黄色氧化膜
硅酸钠法	硅酸钠 5%,Na$_2$O : SiO$_2$ = 1 : 3.3	8~9	90~100	20~30	耐碱性良好
重铬酸钾法	重铬酸钾 10%	6.5~7.5	90 以上	10~20	
磷酸盐法	磷酸氢二铵 0.02g/L,质量分数 98%的硫酸 0.02mL/L	5~7	90 以上	15~25	适用于大型制品
醋酸盐法	醋酸镍 4~5g/L,硫酸 0.7~2.0g/L	5.6~6.0	93~100	20	
钼酸盐法	钼酸钠或钼酸铵 0.1%~2%	6~8	90 以上	30	
醋酸镍法	醋酸镍 5g/L 硼酸 5g/L	5.5~6	75~80	65	

2. 有机涂层封孔

铝材阳极氧化,着色后涂覆有机涂料,不仅对氧化膜多孔质起封孔作用,而且还有装饰效果。为使铝材保持原色并使涂装容易,一般采用水溶性丙烯酸透明涂料进行封孔。

目前,最常用的涂装方法有电泳涂装、浸渍涂装以及静电涂装。

涂装使用材料大部分为水溶性树脂涂料。水溶性树脂涂料是 20 世纪 60 年代初期开始在工业上得到广泛应用的新型涂料,它与溶剂型树脂涂料不同,是用水作为溶剂的。

水溶性涂料与溶剂型涂料一样,可分为烘干型和常温干燥型两类,其中有的水溶性涂料可以用电沉积法进行涂装(即电泳涂装)。

（1）优点　水溶性涂料由于用水作为溶剂,因而具有如下优点:

1）水源易得,净化容易,成本低。

2）在施工过程中无火灾危险。

3）无苯类等有机溶剂挥发的毒性气体,可节省大量的有机溶剂。

4）工件表面经预处理后,可不待完全干燥即可施工。

5）涂装的工具,用水就可清洗干净。

6）电泳涂装，可实现自动化连续操作，劳动生产率高，并能减轻劳动强度。

7）电泳涂膜均匀，附着能力强，质量好，用一般涂装方法不易涂到或涂不好的部位（如内层、凹缘、锐边、焊缝等处）都能获得均匀、平整、光滑的涂膜。

8）涂料液的利用率高达95%以上，可降低成本。

水溶性涂装法应用范围较广。钢铁、铝等金属制件，如机械设备、自行车、缝纫机、汽车、拖拉机、电气开关的有些金属件均有应用。尤其是大批量的而且能进行自动化生产的制件，采用水溶性树脂涂料，以电泳涂装方法生产更为优越。

（2）缺点　水溶性涂料也有如下缺点：

1）对非金属及不能承受高温的合金制品，不适宜用电泳涂装，因电泳涂料目前均需进行高温烘干，几种或多种金属组成的构件，由于各种金属导电性不同，涂膜厚度和颜色深浅也不一致，因此不能应用。

2）电泳涂装目前限于底漆或涂一层面漆，因涂上一层涂料后已形成绝缘层，便无法再电泳涂装第二层涂料。

3）电泳预处理要求严格，电泳槽内涂料液要保持长期使用的稳定性，被涂工件入槽前的表面处理十分重要，要求比较严格，控制被涂工件不能带油类及酸酐等物质，否则会影响涂料液的稳定，造成涂料液因过早变质而报废。

7.5　铜及铜合金的着色

7.5.1　铜单质着色

铜单质着色工艺见表7-48。

表7-48　铜化学着色工艺

颜色	工艺号	配方		温度/℃	时间/min	备　注
		成分	质量浓度/(g/L)			
黑色或蓝色	1	硫化钾（K_2S）	$10 \sim 50$	<80	$4 \sim 6$	用加入适量 Na_2CO_3 的水溶解 K_2S，使溶液呈微碱性，调节浓度和温度，控制铜层呈现黑色的速度。若过快，黑色膜发脆，且结合不牢
	2	氢氧化钠（NaOH）	$50 \sim 100$	100	$5 \sim 10$	
		次氯酸钠（NaClO）	5～饱和			
	3	亚硫酸钠（Na_2SO_3）	124	$95 \sim 100$	$1 \sim 3$	
		醋酸铅[$Pb(CH_3COO)_2 \cdot 3H_2O$]	38			
蓝黑色	4	硫代硫酸钠（$Na_2S_2O_3 \cdot 5H_2O$）	160	60	至所需颜色	浸渍颜色变化过程：红→紫红→紫→蓝→蓝黑→灰黑
		醋酸铅[$Pb(CH_3COO)_2 \cdot 3H_2O$]	40			

（续）

颜色	工艺号	配方		温度/℃	时间/min	备注
		成分	质量浓度/(g/L)			
蓝色	5	硫酸铜（CuSO$_4$·5H$_2$O）	130	室温		浸渍后放置一定的时间
		氯化铵（NH$_4$Cl）	13			
		氨水（NH$_4$OH，28%）	3%[①]			
		醋酸（CH$_3$COOH，30%）	1%[①]			
	6	氯酸钾（KClO$_3$）	100	室温	数分钟	
		硝酸铵（NH$_4$NO$_3$）	100			
		硝酸铜［Cu(NO$_3$)$_2$·3H$_2$O］	1			
褐色	7	硫酸铜（CuSO$_4$·5H$_2$O）	6	95～100	5～15	
		醋酸铜［Cu(CH$_3$COO)$_2$·H$_2$O］	4			
		明矾［AlK(SO$_4$)$_2$·12H$_2$O］	1			
	8	硫酸铜（CuSO$_4$·5H$_2$O）	30	80	数十分钟	
		氯酸钾（KClO$_3$）	10			
古青铜色	9	硫化钾（K$_2$S）	10～50	室温～70		工件放入溶液中，至铜层呈紫红色取出冲洗，用干刷刷后即呈巧克力似的古青铜色
古铜色	10	碱式碳酸铜［CuCO$_3$·Cu(OH)$_2$·H$_2$O］	40～120	15～25	5～15	让铜件在溶液中先形成一层棕褐色或灰黑色的膜，然后用软填料擦光或滚光，使零件凸出部分膜层薄一些或露出铜的本色，而凹穴部分相对厚些，这样在一个制品上呈现深浅不同的色调，就得到了类似古铜的色泽
		氨水（NH$_4$OH，28%）	20%[①]			
	11	氢氧化钠（NaOH）	45～55	60～65	10～15	
		过硫酸钾（K$_2$S$_2$O$_8$）	5～15			
金黄色	12	硫化钡（BaS）	0.25	室温		
		硫化钠（Na$_2$S）	0.6			
		硫化钾（K$_2$S）	0.75			
	13	硫化钾（K$_2$S）	3	室温		
绿色	14	盐酸（HCl，ρ=1.19g/cm^3）	33%[①]	100	10～12	
		醋酸铜［Cu(CH$_3$COO)$_2$·H$_2$O］	400			
		碳酸铜（CuCO$_3$）	130			
		亚砷酸（H$_3$AsO$_3$）	65			
		氯化铵（NH$_4$Cl）	400			
	15	氯化钙（CaCl$_2$）	32	100	数分钟	
		硝酸铜［Cu(NO$_3$)$_2$·3H$_2$O］	32			
		氯化铵（NH$_4$Cl）	32			

（续）

颜色	工艺号	配方		温度/℃	时间/min	备　注
		成分	质量浓度/(g/L)			
红色	16	亚硫酸钠（Na_2SO_3）	100	160	数分钟	表面氧化铜很快剥落，底层成为红色
		氯化铵（NH_4Cl）	30			
	17	硫酸铜（$CuSO_4 \cdot 5H_2O$）	25	50	5~10	
		氯化钠（$NaCl$）	200			
仿金色	18	硫代硫酸钠（$Na_2S_2O_3$）	120	60~70	数秒	如时间过长，颜色将会由金黄转为浅红，紫色，蓝色至暗灰色
		醋酸铅［$Pb(CH_3COO)_2$］	40			

① 体积分数。

7.5.2　铜合金着色

铜合金着色工艺见表7-49。

表 7-49　铜合金着色工艺

颜色	工艺号	配方		温度/℃	时间/min	备　注
		成分	质量浓度/(g/L)			
黑色	1	硫酸铜（$CuSO_4 \cdot 5H_2O$）	25	80~90	数分钟	若加 16g/L 的氢氧化钾，可在室温下着色
		氨水（$NH_4OH,28\%$）	少量			
	2	碳酸铜（$CuCO_3$）	400	80	数分钟	
		氨水（$NH_4OH,28\%$）	35%①			
	3	亚砷酸（H_3AsO_3）	125	室温		溶液配制后放置24h再用
		硫酸铜（$CuSO_4 \cdot 5H_2O$）	62			
橄榄绿	4	硫酸镍铵［$NiSO_4 \cdot (NH_4)_2SO_4 \cdot 6H_2O$］	50	60~70	2~3	硫代硫酸钠要经常补充
		硫代硫酸钠（$Na_2S_2O_3 \cdot 5H_2O$）	50			
古绿色	5	氯化钙（$CaCl_2$）	125	40		涂布后放置
		氯化铵（NH_4Cl）	125			
	6	氯化铵（NH_4Cl）	12.5	100	数分钟	
		硫酸铜（$CuSO_4 \cdot 5H_2O$）	75			
灰绿色	7	硫化锑（Sb_2S_3）	12.5	70	数分钟	
		氢氧化钠（$NaOH$）	35			
		氨水（$NH_4OH,28\%$）	2.5			
褐色	8	硫化钡（BaS）	12.5	50	数分钟	
淡绿褐色	9	硫化钾（K_2S）	12.5	82	数分钟	
红色	10	硝酸铁［$Fe(NO_3)_3 \cdot 9H_2O$］	2	75	数分钟	
		亚硫酸钠（Na_2SO_3）	2			

（续）

颜色	工艺号	配方		温度/℃	时间/min	备注
		成分	质量浓度/(g/L)			
巧克力色	11	硫酸铜（$CuSO_4 \cdot 5H_2O$）	25	100	数分钟	
		硫酸镍铵［$NiSO_4 \cdot (NH_4)SO_4 \cdot 6H_2O$］	25			
		氯酸钾（$KClO_3$）	25			
蓝色	12	亚硫酸钠（Na_2SO_3）	6.25	75	数分钟	
		硝酸铁［$Fe(NO_3)_3 \cdot 9H_2O$］	50			
	13	氢氧化钠（NaOH）	25	60~75	数分钟	
		碳酸铜（$CuCO_3$）	50			

① 体积分数

7.5.3　铜及铜合金电解着色

铜及铜合金电解着色工艺见表 7-50。

表 7-50　铜及铜合金电解着色工艺

方法	配方		电压/V	电流密度/(A/dm²)	对极	温度/℃	时间/min	备注
	成分	质量浓度/(g/L)						
阳极电解氧化法	氢氧化钠（NaOH）	100~120	2~6	0.5	钢	铜 80~90 黄铜 60~70	20~30	
阴极电解还原法	三氧化二砷（As_2O_3）	119	2.2~4	0.32~2.2	钢	20~40		铜阴极颜色随时间延长依次得到紫红，淡黄，金黄，橙黄，粉红，草绿等色
	氢氧化钠（NaOH）	119						
	氰化钠（NaCN）	3.7						
	硫酸铜（$CuSO_4 \cdot 5H_2O$）	30~60	0.05~0.35		钢	室温		
	氢氧化钠（NaOH）	80~120						
	柠檬酸钠（$Na_3C_6H_5O_7 \cdot 2H_2O$）	60~120						
	乳酸（$C_3H_6O_3$）	8%~14%①						

① 体积分数。

7.6　镍及镍合金的着色和染色

7.6.1　镍及镍合金着色

镍及镍合金着色工艺见表 7-51。

表 7-51　镍及镍合金着色工艺

颜色	配方		电压/V	电流密度/(A/dm²)	温度/℃	时间/min	pH	备注
	成分	质量浓度/(g/L)						
黑色	硫酸镍铵[NiSO₄·(NH₄)₂SO₄·6H₂O]	62.5	2~4	0.5	室温	3~5		3~5min 为黑色膜,若电镀时间长,得普通镍色调
	硫酸锌(ZnSO₄·7H₂O)	78						
	硫氰酸钠(NaCNS)	156						
灰色	亚砷酸(H₃AsO₃)	32	3~4		室温	5		
	氢氧化钠(NaOH)	75						
	氰化钠(NaCN)	2						
蓝黑色	硫酸镍(NiSO₄·7H₂O)	25g						先用 100mL 盐酸溶解亚砷酸,然后依次加入其他药品,采用阴极电解
	硫酸铜(CuSO₄·5H₂O)	6g						
	盐酸(HCl,ρ=1.19g/cm³)	2000mL						
	亚砷酸(H₃AsO₃)	200g						
褐色	加热法				500~600	25~45s		在全损耗系统用油中急冷
彩色	氯化镍(NiCl₂·6H₂O)	75~80		0.1~0.2	20~25	3~5	5~6	彩色膜的色泽随时间的变化为:黄→橙→红→棕红→褐蓝→灰黑
	氯化锌(ZnCl₂)	30~35						
	氯化铵(NH₄Cl)	30~35						
	硫氰化铵(NH₄SCN)	13~15						
古铜色	硫酸镍(NiSO₄·7H₂O)	80		0.1	35	60	5.5	采用滚镀,镀后在木屑中滚动,摩擦中增着色效果,干燥后需涂罩光漆
	硫酸镍铵[NiSO₄·(NH₄)₂SO₄·6H₂O]	40						
	硫酸锌(ZnSO₄·7H₂O)	40						
	硫氰化钾(KSCN)	20						

7.6.2　电泳法镍层染色

电泳法镍层染色工艺见表 7-52。

表 7-52　电泳法镍层染色工艺

成　分	电压/V	时间/min	阳极	涂后处理
无色环氧系阳离子型涂饰液(不挥发成分 10%)	100	1	不锈钢	200℃,25min

7.6.3　光亮镍染色

荧光镀镍是光亮镍的染色,用此法得到染料分子与亮镍共析的复合镀层。表面呈现荧光染料粒子（2.5~5.5μm）的颜色,在紫外光的照射下粒子能发出强烈的荧光。

染色工艺流程为：镀底层→清洗→镀"荧光染料-亮镍"的复合镀层→清洗→镀薄亮镍→清洗→烘干。镀薄层亮镍是为了加固复合镀层。光亮镍染色工艺见表7-53。

表 7-53　光亮镍染色工艺

工艺号	配方		电流密度 /(A/dm²)	温度 ℃	备　注
	成分	质量浓度 /(g/L)			
1	硫酸镍（NiSO₄·7H₂O）	210	2~3	45~55	用机械搅拌；用不锈钢旋转阳极；采用三聚氰胺树脂系荧光染料，常用柠檬黄、橙黄及桃红等颜色
	氯化镍（NiCl₂·6H₂O）	48			
	硼酸（H₃BO₃）	31			
	萘二磺酸	6			
2	丁炔二醇	0.086			
	十二烷基硫酸钠	0.1~0.2			
	表面活性剂	少量			
	荧光染料	250			

7.7　锌及锌合金的着色和染色

锌及其合金的着色方法有铬酸盐法（即钝化）、硫化物法和置换法。此外，锌合金还可用间接方法着色。

锌镀层进行铬酸盐钝化处理后，在锌层表面生成一层稳定性高，组织致密的钝化膜。钝化膜主要成分是三价铬化合物，一般呈绿色，其次是六价铬化合物，一般呈黄色或橙色，两者一起形成彩虹色。随钝化膜厚度减薄，膜的色彩变化为红褐色→玫瑰红色→金黄色→橄榄绿色→绿色→紫红色→浅黄色→青白色。钝化工艺有彩色钝化，白色钝化，黑色钝化及五酸草绿色钝化。

7.7.1　锌着色

锌着色工艺见表7-54。

表 7-54　锌着色工艺

颜色	工艺号	配方		温度/℃	时间	备注
		成分	质量浓度 /(g/L)			
黑色	1	铬酐（CrO₃）	5~8	室温	0~60s	因有硝酸银，配制溶液要用蒸馏水。镀锌件要用3%硝酸浸亮后，经清洗再着色
		硫酸镍铵［NiSO₄·(NH₄)SO₄·6H₂O］	10			
		硝酸银（AgNO₃）	0.5~1.5			
	2	钼酸铵［(NH₄)₂MoO₄］	30	30~40	10~20min	要经常补充氨水
		氨水（NH₄OH，28%）	47mL/L			

（续）

颜色	工艺号	配方		温度/℃	时间	备注
		成分	质量浓度/(g/L)			
黑色	3	硫酸（H_2SO_4，$\rho = 1.84g/cm^3$）	168			先在稀盐酸中浸渍，再浸入着色液。生成带红色的黑膜
		氯酸钾（$KClO_3$）	80			
	4	硫酸铜（$CuSO_4 \cdot 5H_2O$）	45	室温		
		氯化钾（KCl）	45			
	5	硝酸锰［$Mn(NO_3)_2$］	5			必须反复浸渍
红色	6	酒石酸铜（$CuC_4H_4O_6$）	150	40		
		氢氧化钠（NaOH）	200			
	7	硫酸铜（$CuSO_4 \cdot 5H_2O$）	60			用毛刷涂覆，铜析出后干燥，然后抛光得到铜的红色
		酒石酸（$C_4H_6O_6$）	80			
		氨水（NH_4OH，28%）	60			
深红色	8	硫酸铜（$CuSO_4 \cdot 5H_2O$）	50			
		重酒石酸钾（$KHC_4H_4O_6$）	50			
		碳酸钠（Na_2CO_3）	150			
钢盔绿色	9	铬酐（CrO_3）	50	室温	10s	适用于氯化钾镀锌层。经硝酸浸亮后在此液中着色
		氯化钠（NaCl）	30			
		硫酸铜（$CuSO_4 \cdot 5H_2O$）	30			

7.7.2 锌合金着色

锌合金着色工艺见表 7-55。

表 7-55 锌合金着色工艺

颜色	工艺号	配方		温度/℃	时间	备注
		成分	质量浓度/(g/L)			
黑色	1	硫酸铜（$CuSO_4 \cdot 5H_2O$）	160	室温	数分	适用于 Cu-Mg-Al-Zn 合金
		氯酸钾（$KClO_3$）	80			
	2	铬酐（CrO_3）	150	20～25	数分	
		硫酸铜（$CuSO_4 \cdot 5H_2O$）	5			
	3	铬酐（CrO_3）	150	室温	10s	适用于 Mg-Zn 合金，用于光学仪器、枪械
		硫酸（H_2SO_4，$\rho = 1.84g/cm^3$）	0.5%[①]			
		硫酸铜（$CuSO_4 \cdot 5H_2O$）	2～3			
		硝酸（HNO_3，$\rho = 1.42g/cm^3$）	1.3%[①]			

（续）

颜色	工艺号	配方		温度/℃	时间	备注
		成分	质量浓度/（g/L）			
草绿色	4	重铬酸钾（$K_2Cr_2O_7$）	100	30～50	数十秒	适用于 Cu-Mg-Al-Zn 合金
		硫酸（H_2SO_4，$\rho=1.84g/cm^3$）	1.5%[1]			
		盐酸（HCl，$\rho=1.19g/cm^3$）	15%[1]			
	5	铬酐（CrO_3）	120	30～35	数秒	
		盐酸（HCl，$\rho=1.19g/cm^3$）	5%[1]			
		磷酸（H_3PO_4，$\rho=1.7g/cm^3$）	1%[1]			
灰色	6	硫酸铜（$CuSO_4\cdot5H_2O$）	20	20～25	数分钟	适用于 Cu-Mg-Al-Zr 合金
		氯化铵（NH_4Cl）	30			
		氨水（NH_4OH，28%）	5%[1]			
仿古铜色[2]	7	硫化钾（K_2S）	5～15	40～60	10～15s	先配制 K_2S 备用液，使用时取一定量溶液，按比例加入 NH_4Cl，搅拌均匀即可着色
		氯化钠（NaCl）或氯化铵（NH_4Cl）	3			
	8	多硫化钾（K_2S_x）	20～25	50	30s	溶液稳定性好
		氯化铵（NH_4Cl）	50			
仿古青铜色	9	碱式碳酸铜［$CuCO_3\cdot Cu(OH)_2\cdot H_2O$］	4	室温	2～15s	先用一定量氨水溶解一定量的碱式碳酸铜作为备用液，放置 24h 以上，使用时取计量的备用液用水稀释至规定体积，搅拌均匀即可使用
		氨水（NH_4OH，28%）	1.5%[1]			
	10	碱式碳酸铜［$CuCO_3\cdot Cu(OH)_2\cdot H_2O$］	60～120	室温	5～15s	
		氨水（NH_4OH，28%）	15%～30%[1]			

① 体积分数。
② 为锌合金间接着色方法。工艺过程是经滚光、脱脂、酸洗活化后的锌合金零件先预镀铜（氰化镀铜）或仿金处理（Cu60%，Zn40%）作为底层，然后着色，着色时边晃动，边观察。

7.7.3　锌镀层着色

1. 硫化物着色法

锌镀层硫化物着色工艺见表 7-56。

表 7-56　锌镀层硫化物着色工艺

配方和操作条件	1	2	3	4	5
硫酸镍铵/（g/L）	200	—	—	—	—
硫氰酸钠/（g/L）	100	—	—	—	100
氯化铵/（g/L）	5	—	—	—	—
氢氧化钠/（g/L）	—	20	—	—	—
硫酸镍/（g/L）	—	—	40	—	100

（续）

配方和操作条件	1	2	3	4	5
硫酸锌/(g/L)	—	—	20	—	—
硫代硫酸钠/(g/L)	—	—	12	—	—
硫酸铵/(g/L)	—	—	20	—	—
乙酸铅/(g/L)	—	—	5	—	—
钼酸铵/(g/L)	—	—	—	30	—
氨水/(mL/L)	—	—	—	600	—
硫酸铜/(g/L)	—	—	—	—	2
电流密度/(A/dm²)	—	6~12	—	—	—
温度/℃	30~50	40~45	20~25	30~40	10~20
时间/min	5~10	10	20~25	—	—

注：配方1和配方5的pH在5.0~5.5之间。

2. 置换着色法

锌镀层置换着色工艺见表7-57。

表7-57 锌镀层置换着色工艺

色泽	工艺号	成分	质量浓度/(g/L)	工艺条件
黑色	1	硫酸	168	先在稀盐酸中浸渍活化，再浸着色液，生成带红色的黑色膜
		氯酸钾	80	
	2	硝酸铜	6.25	先用刷子进行刷涂，再在40℃以下温度进行干燥，干燥后，用力进行擦拭，将工件放在70℃恒温烘箱中加热15min，冷却后，再用刷子擦或抛光至光洁为止
		氯化铵	6.25	
		氯化铜	6.25	
		盐酸	6.25	
	3	亚硒酸	6.5	在加热的溶液中，生成灰黑色膜层
		硫酸铜	12.5	
	4	硝酸	2	必须仔细浸渍，才能获得黑色膜层，暴露于空气中是氧化需要
		硝酸锰	5	
自然色	5	硝酸铜	38	用毛刷进行刷涂，生成碱式碳酸铜，呈青绿色沉淀
		砂糖	56	
		碳酸钠	400	
	6	铬明矾	30	加热至80℃，恒温浸渍
		硫酸钠	30	
		盐酸	50	
红色	7	酒石酸铜	150	着色在40℃左右的条件下进行，温度低，着色速度慢，但容易掌握；温度高，着色快，但不容易掌握，并容易生成黄褐色的膜，出现红、蓝和紫等不均匀色彩
		钠	200	
	8	硫酸铜	60	用毛刷涂覆，铜析出后，干燥，然后抛光得到如铜的红色
		酒石酸	80	
		氢氧化铵	60	

（续）

色泽	工艺号	成分	质量浓度/(g/L)	工 艺 条 件
深红色	9	硫酸铜	50	先配成 A、B 两种溶液，A 剂是 45g/L 的亚硫酸钠溶液，B 剂是加少量水的乙酸铅溶液；使用时，将 A、B 两剂进行混合，混合后，加水 500mL/L，并煮沸，此法耗能大
		重酒石酸钾	50	
		碳酸钠	150	
蓝色	10	亚硫酸钠	45	
		乙酸铅	（少量）	

7.7.4　锌镀层染色

镀锌层经过化学处理以后，产生了强烈的物理吸附或化学反应，能被溶液中的有机染料染色，其染色工艺流程一般为：钝化→清洗→漂白→清洗→染色→清洗→干燥→上漆→烘干。钝化、漂白、染色工艺见表 7-58。清洗用流动冷水，干燥时温度不宜太高，用热风吹或烘干上漆。选用无油氨基烘漆，温度与时间依据漆料而定。经染色后锌镀层有良好装饰性和耐蚀性，有广泛的应用。

表 7-58　锌镀层的染色工艺

工艺	配方		温度/℃	时间/s	pH
	成分	质量浓度/(g/L)			
钝化	铬酐（CrO_3）	200~250	10~30	15~30	
	硫酸（H_2SO_4，$\rho=1.84g/cm^3$）	1%~1.5%[1]			
	硝酸（HNO_3，$\rho=1.42g/cm^3$）	1.5%~3%[1]			
漂白	氢氧化钠（NaOH）	10~30	10~40	至漂白	
染色	染料	淡色 0.5~2 深色 5~10	15~80	一般 3~30 最长达 180	3.5~7

① 体积分数。

7.8　其他金属的着色和染色

7.8.1　铬着色

铬着色工艺见表 7-59。

表 7-59　铬着色工艺

颜色	工艺号	配方		温度/℃	时间/min	电流密度/(A/dm²)	备　注
		成分	质量浓度/(g/L)				
黑色	1	铬酐（CrO_3）	250~300	18~35	15~20	35~60	溶液中不能有硫酸根；着色后涂油。黑色膜层耐蚀性、耐磨性好，广泛用于精密仪器仪表
		硝酸钠（$NaNO_3$）	7~11				
		硼酸（H_3BO_3）	20~25				
		硅氟酸（H_2SiF_6，30%）	0.01%[1]				

（续）

颜色	工艺号	配方		温度/℃	时间/min	电流密度/(A/dm²)	备注
		成分	质量浓度/(g/L)				
黑色	2	铬酐(CrO₃)	270	20~35	15~30	4~6	
		硫酸钡(BaSO₄)	50				
		醋酸(CH₃COOH)	175				
		硒酸钠(Na₂SeO₄)	6				
		三价铬(Cr³⁺)	6				
	3	铬酐(CrO₃)	250~400	20~30	10~60	7~13	
		硼酸铵[(NH₄)₃BO₃]	10~30				
		氢氧化钡[Ba(OH)₂]	2.5~3				
	4	氰化钠(NaCN)	100g	400~550	20~30		比镀黑铬层耐蚀性差
		碳酸钠(Na₂CO₃)	50g				
		硫(S)	10g				
金色	5	铬酐(CrO₃)	15~75	10~15		5~60	
		硫酸(H₂SO₄)	0.1~0.3				
		磷酸(H₃PO₄)	5~50				
蓝灰色	6	铬酐(CrO₃)	110~450	15~38		5~60	
		一氯醋酸(CH₂ClCOOH)	75~265				
彩虹色	7	铬酐(CrO₃)	30~90	50~60		20~30	镀层有彩虹色,结合力好。此法系镀铬与形成彩色钝化膜同时进行。若先镀铬后在此槽中形成钝化膜,则电流密度为10~20A/dm²
		硫酸(H₂SO₄,ρ=1.84g/cm³)	0.3~0.9				
褐色	8	氮气流或空气		650	2~5		氮气流中加热比空气加热所得膜层结合力和色调要好。温度不同,色调也不同,成膜后要涂油,用于工艺美术品

7.8.2 银及银合金着色

银及银合金着色范围较窄,主要方法是在表面形成硫化物,多用在工艺美术装饰上,工艺见表7-60。

表 7-60　银及银合金着色工艺

颜色	工艺号	配方		温度/℃	时间/min	备注
黄褐色	1	硫化钡(BaS)	5g/L	室温	至所需的色调	

（续）

颜色	工艺号	配方		温度/℃	时间/min	备注
绿蓝色	2	醋酸铜［$Cu(CH_3COO)_2 \cdot H_2O$］	15g	90~100	至所需的色调	
		硫酸铜（$CuSO_4 \cdot 5H_2O$）	1.3g			
		醋酸（CH_3COOH,36%②）	1.2mL			
		水（H_2O）	4.5L			
	3	醋酸铜［$Cu(CH_3COO)_2 \cdot H_2O$］	3g	90~100	至所需的色调	
		硫酸铜（$CuSO_4 \cdot 5H_2O$）	2g			
		水（H_2O）	4.5L			
绿—灰绿色	4	盐酸（$HCl,\rho=1.19g/cm^3$）	30%①	室温	至所需的色调	
		碘（I_2）	100			
淡灰色—深灰色	5	硝酸铜［$Cu(NO_3)_2 \cdot 3H_2O$］	10	室温	至所需的色调	
		氯化铜（$CuCl_2$）	10			
		硫酸锌（$ZnSO_4 \cdot 7H_2O$）	30			
		氯化汞（$HgCl_2$）	15			
		氯酸钾（$KClO_3$）	25			
	6	硝酸铜［$Cu(NO_3)_2 \cdot 3H_2O$］	20	室温	至所需的色调	
		氯化汞（$HgCl_2$）	30			
		硫酸锌（$ZnSO_4 \cdot 7H_2O$）	30			
蓝黑色	7	硫化钠（Na_2S）	25~30	室温	10~14	电流密度为0.08~0.1A/dm²,阳极为不锈钢,黑化后涂油,用于波导管镀银的后处理
		亚硫酸钠（Na_2SO_3）	35~40			
		丙酮（C_3H_6O）	0.3%~0.5%①			
	8	硫化钾（K_2S）	1.5	80	至所需的色调	
	9	硫化钾（K_2S）	2	60~80	至所需的色调	
		氯化铵（NH_4Cl）	6			
	10	硫化钾（K_2S）	5	80	至所需的色调	浸渍时要摇动,必要时取出摩擦
		碳酸铵［$(NH_4)_2CO_3$］	10			
黑色	11	硫化钾碱	15			硫化钾碱可用1质量份硫黄与2质量份钾碱共溶10~20min制得
		氯化铵（NH_4Cl）	40			
	12	硝酸铵（NH_4NO_3）	30~50	室温	由着色要求而定	配制时,先将硝酸铵与硫酸混合,再加入硝酸银搅拌至完全溶解
		硝酸银（$AgNO_3$）	10~15	室温	由着色要求而定	硝酸银量决定着色时电流密度大小,含量10g/L,电流密度为0.8A/dm²;含量25g/L,电流密度为1.7A/dm²
		硫酸（H_2SO_4）	0.5%~1%①			
古代银	13	A液 硫化钾（K_2S）	25	室温	A中2~3s B中2~3s	按A、B次序浸渍,若是电镀银层,要有一定的厚度
		氯化铵（NH_4Cl）	38			
		B液 硫化钡（BaS）	2			
	14	硫代硫酸钠（$Na_2S_2O_3$）	5%~6%②	85~95	至所需的色调	

① 体积分数。

② 质量分数。

7.8.3　铍合金着色

铍合金着色工艺见表7-61。

表7-61　铍合金着色工艺

颜色	配方		温度/℃	时间/min	备　注
	成分	质量浓度 /（g/L）			
红色、灰绿 色、褐色、蓝 黑色	硫酸钾（K₂SO₄）	15	70～80	至所需的色调	工件在温水中洗净，用刷子 涂抹至所要求的颜色，然后彻 底干燥，并涂上清漆
	氢氧化钠（NaOH）	22.5			
灰黑色	盐酸（HCl）	26～28	82	至上色为止	用此液将表面润湿，抹去后 就成为鲜明的灰黑色
	砷（As）	113g			
黑色	硫化钾（K₂S）	10～15	38～40	10～15s	
	氯化铵（NH₄Cl）	1～2			

7.8.4　镉着色

镉是有光泽的灰色金属，有毒，主要用在化工、原子能工业、镶牙材料上。镀镉后经钝化处理可着彩色，其工艺同镀锌后钝化。其他着色方工艺见表7-62。

表7-62　镉着色工艺

颜色	工艺号	配方		温度/℃	时间/min	备注
		成分	质量浓度 /（g/L）			
黑色	1	硝酸铜［Cu（NO₃）₂·3H₂O］	30	60～80	数分	
		高锰酸钾（KMnO₄）	2.5			
	2	氯酸钾（KClO₃）	6	60～80	2～3	
		氯化铜（CuCl₂）	7			
	3	醋酸铅［Pb（CH₃COO）₂·3H₂O］	1.5	60～90	3～5	
		硫代硫酸钠（Na₂S₂O₃·5H₂O）	72			
	4	氯酸钾（KClO₃）	19	60～90	2～3	也可加入氯化钠（NaCl）19g/L
		硫酸铜（CuSO₄·5H₂O）	124			
褐色	5	高锰酸钾（KMnO₄）	160	50～70	5～10	以硝酸保持酸度
		硝酸镉［Cd（NO₃）₂］	60～250			
		硫酸亚铁（FeSO₄·7H₂O）	5～10			
	6	重铬酸钾（K₂CrO₇）	6.2	60～70	2～10	刚开始出现褐色就进行擦 刷，然后再次浸渍，使褐色加深
		硝酸（HNO₃，ρ=1.42g/cm³）	3.1			

7.8.5　锡着色

锡的着色有间接法和直接法两种。直接法是指在锡的表面着色；间接法是在锡的表面先镀上易着色的其他金属镀层，如铜、黄铜、锌、镉等再着色，也可以镀黑镍和彩色镍。锡着色工艺见表7-63。

表 7-63　锡着色工艺

颜色	工艺号	配方		温度/℃	时间	电压/V	备注
黑色	1	氧化亚砷（As_2O_3）	567g	室温			使用时按 1：1 加水稀释成溶液
		硫酸铜（$CuSO_4 \cdot 5H_2O$）	280g				
		氯化铵（NH_4Cl）	57g				
		盐酸（HCl，$\rho=1.19g/cm^3$）	3.8L				
	2	硝酸（HNO_3，$\rho=1.42g/cm^3$）	5%[①]	至表面发暗			用于锡基合金，产生古铜色表面
		硫酸铜（$CuSO_4 \cdot 5H_2O$）	3g/L				
	3	硝酸（HNO_3，$\rho=1.42g/cm^3$）	0.9%[①]	室温	数十分钟		可得到无光泽优雅黑色
		硫酸（H_2SO_4，$\rho=1.84g/cm^3$）	10%[①]				
	4	磷酸二氢钠（NaH_2PO_4）	200g/L	90	数十分钟	2	零件为阳极
		磷酸（H_3PO_4，$\rho=1.7g/cm^3$）	2%[①]				
	5	磷酸钠（Na_3PO_4）	100g/L	60~90		电流密度为 $4A/dm^2$	零件为阳极可得硬而易于抛光的黑色
		磷酸（H_3PO_4，$\rho=1.7g/cm^3$）	2%[①]				
	6	金属锑（Sb）	40~50g	<20			使用时用水稀释。涂布几秒钟后擦去，用干净布擦拭几次，干后涂油或树脂
		亚砷酸（H_3AsO_3）	17~20g				
		硫酸（H_2SO_4，$\rho=1.84g/cm^3$）	6~7mL				
		硝酸（HNO_3，$\rho=1.42g/cm^3$）	1~1.5mL				
		盐酸（HCl，$\rho=1.19g/cm^3$）	500~600mL				
		硫黄粉（S）	50~60g				
青铜色	7	硫酸铜（$CuSO_4 \cdot 5H_2O$）	50g/L				溶液涂覆在零件表面。干燥后抛光，着色后涂油
		硫酸亚铁（$FeSO_4 \cdot 7H_2O$）	50g/L				
褐色	8	硫酸铜（$CuSO_4 \cdot 5H_2O$）	62.5g/L	70	数分		着色后涂油
		硫酸亚铁（$FeSO_4 \cdot 7H_2O$）	62.5g/L				

① 体积分数。

7.8.6　钛及钛合金着色

　　钛及钛合金经阳极氧化处理，随电压和时间变化可以得到各种颜色的膜层。膜层颜色与不锈钢着色一样，都是由光的干涉形成的。

　　钛及钛合金的着色膜强度较高，化学稳定性较好，有较高装饰和实用价值。

　　钛及钛合金黑色及彩色阳极氧化法着色工艺见表 7-64，钛及其合金阳极氧化着彩色电压与颜色的关系见表 7-65，钛及其合金阳极氧化着黑色时间与膜的颜色关系见表 7-66。

表 7-64　钛及其合金黑色及彩色阳极氧化法着色工艺

颜色	配方		温度/℃	时间/min	pH	电流密度/(A/dm²)	电压/V	阴极与阳极面积比	阴极材料
	成分	质量浓度/(g/L)							
黑色	重铬酸钾（$K_2Cr_2O_3$）	20~30	15~28	15~30	3.5~4.5（用硼酸调整）	0.05~1	初始 3 终止 5	(3~5)：1	不锈钢
	硫酸锰（$MnSO_4 \cdot 5H_2O$）	15~20							
	硫酸铵[$(NH_4)_2SO_4$]	20~30							

（续）

颜色	配方		温度/℃	时间/min	pH	电流密度/(A/dm²)	电压/V	阴极与阳极面积比	阴极材料
	成分	质量浓度/(g/L)							
彩色	磷酸(H_3PO_4, $\rho=1.74g/cm^3$)	50~200	室温	20	1~2		由色调而定	10:1	不锈钢
	有机酸	20~100							

表 7-65　钛及其合金阳极氧化着彩色电压与颜色的关系

电压/V	5	10	20	25	30	40	60	80
颜色	灰黄	土黄	紫	蓝	青	淡青	金黄	玫瑰红

表 7-66　钛及其合金阳极氧化着黑色时间与膜的颜色关系

时间[①]/min	2~5	5~8	8~10	12~15 后
颜色	浅棕	深棕或褐色	深褐至浅黑	黑至深黑

① 时间自通电开始计算。

7.8.7　金着色

1. 金的性质与用途

金是金黄色的金属，原子序数 79，相对原子质量 197，质软、延展性好、易抛光。密度 19.3g/cm³，熔点 1063℃，沸点 2966℃，化合价为 +1、+3。在空气中极稳定，不氧化变色。不溶于酸，同硫化物也不起作用，仅溶于王水和氰化碱溶液中，是热和电的良导体。

金在贵金属中应用最广，如金饰物、金币、牙科材料及电子元件等。纯金多用于装饰，但由于金的价格昂贵，应用受到限制。

为适应不同的需要，改善金的性质，节约用金，往往用金的合金，如金-银合金、金-铂合金、金-铝合金、金-铜合金及金-铁合金等。

合金中金的含量（成色），习惯上用"K"表示。K 与含金量、色泽的关系见表 7-67。

表 7-67　K 与含金量、色泽的关系

K	24	22	18	14	12
含金量(质量分数,%)	100	91.7	75	58.3	50
色泽	黄略带青	柠檬黄	金黄	玫瑰红	桃红

金的粉末在反射光中呈棕色，透光时呈绿蓝色。镀金合金时，适当调整成分，可镀得赤金、黄金、青金、白金等各种色泽。金的化合物中：$AuCl_3$ 为黄色，$NaAuO_2$ 为黄色，Au_2S_3 为黑色。

2. 金的着色处理

金与金合金对着色膜的要求较高，一般采用电化学法。

（1）黄金色　金着金色工艺见表 7-68。

表 7-68　金着金色工艺

项目	氰化金钾	氰化银钾	氰化钾	电流密度	时间	温度
规格	6~48g/L	0.08~0.4g/L	10~200g/L	0.3~0.5A/dm²	0.5μm/min	室温

注：本工艺是光亮镀金，解决了金的抛光问题。

（2）红色　金着红色工艺见表 7-69。

表 7-69　金着红色工艺

项目	氰化金钾	氰化铜钾	氰化钾	电流密度	时间	温度
规格	6~15g/L	7~15g/L	10~100g/L	0.3~0.5A/dm²	10~15min	室温

注：此法镀出的红色，其深浅可通过调节铜含量来控制。

（3）桃红色　金着桃红色工艺见表 7-70。

表 7-70　金着桃红色工艺

项目	氰化金钾	氰化银钾	氰化铜钾	氰化钾	电流密度	时间	温度
规格	4~6g/L	0.05~0.1g/L	15~30g/L	10~100g/L	0.7~0.8A/dm²	5~10min	室温

注：因为铜含量高，镀层不够光亮，要用机械抛光。着色 5~10min。

（4）蔷薇色　金着蔷薇色工艺见表 7-71。

表 7-71　金着蔷薇色工艺

项目	氰化金钾	亚铁氰化钾	碳酸钾	氰化钾	电流密度	时间	温度
规格	4~6g/L	28g/L	30g/L	39g/L	0.1A/dm²	10min	80℃

（5）绿色　金着绿色工艺见表 7-72。

表 7-72　金着绿色工艺

项目	氰化金钾	氰化银	氰化钾	电流密度	温度
规格	4.1g/L	0.7~1.5g/L	7.5g/L	1~2A/dm²	40~50℃

（6）淡红色　金着淡红色工艺见表 7-73。

表 7-73　金着淡红色工艺

项目	氯化金	氯化钯	氰化钠	氰化铜钾	磷酸三钠	氰化镍钾	电流密度	温度
规格	0.25g/L	3g/L	3g/L	0.5g/L	60g/L	3g/L	0.7~0.8A/dm²	55~65℃

注：温度高时，铜易析出。若搅拌色调会变化。

（7）浅白色　金着浅白色工艺见表 7-74。

表 7-74　金着浅白色工艺

项目	氰化金钾	氰化镍钾	氰化钠	电流密度	温度
规格	3.5g/L	10g/L	7g/L	0.7~0.8A/dm²	80℃

7.8.8　钴着色

1. 钴的性质与用途

钴是有钢灰色光泽的金属，原子序数 27，相对原子质量 58.9，硬而有延展性，能被磁铁吸引，但磁性较弱，熔点1495℃，沸点2900℃，化合价为+2或+3，密度8.9g/cm³，化学性质稳定，与镍相似，与水和空气不起反应，在稀盐酸和硫酸中能缓慢溶解，易溶于硝酸。

钴应用于制造坚硬耐热合金钢、磁性合金、化工原料及灯丝等。

电镀一般不单纯镀钴，因为钴的价格较贵，多用作改善镀层质量的辅助金属，如镀镍-钴合金、铜-钴合金等，其中钴的质量分数不超过10%。钴的化合物中：$Co_3(AsO_4)_2 \cdot 8H_2O$ 为红色，$Co_3(PO_4)_2$ 为紫色，$Co(OH)_2$ 为玫瑰色，$Co_3[Fe(CN)_8]_2$ 为棕红色，CoO 为褐色，Co_3O_2 为黑色，CoS 为黑色，$K_3[Co(NO_2)_6]$ 为黄色，$CoSO_4$ 为蓝色，$Co(AlO_2)_2$ 为蓝色。

2. 钴的着色处理

钴的化学着色法较少，大多是高温氧化法。

（1）红色　先把钴的表面清洗干净，在600℃温度中保持数分钟，就成为红色。但是一定要注意，钴的表面绝对不能有水分，即使有很少的水分，也会使红色变成灰色。

（2）黑色　在700℃红热状态中，把雾状水蒸气喷在表面，生成四氧化三钴的黑色层，其膜厚，面结合力差。

（3）褐色　在氰化钠与黄丹混合溶液中，温度250℃，煮数分钟，表面即生成褐色膜。

7.8.9　镁合金着色

对于镁合金的着色技术，目前国内外的研究报道极少，相关的基础理论研究则更少。但鉴于镁合金阳极氧化膜与铝合金阳极氧化膜相似，故可借鉴铝合金的氧化膜着色技术来进行研究。前面提到，在工业上应用的铝及铝合金阳极氧化膜着色技术主要有化学染色法和电解着色法。化学染色法是使染料吸附在膜层的孔隙内，因此，配置不同的染色液，可以染成不同的色彩，具有良好的装饰效果，且设备简单，操作方便。但是膜的颜色耐光性较差，容易掉色。能进行化学染色的阳极氧化膜必须具备以下条件。

1）氧化膜必须有足够的厚度，具体的厚度取决于要染的色调，如深色需要较厚的膜层，而浅色则要求较薄的膜层。

2）氧化膜必须有足够的孔隙和吸附能力。

3）氧化膜应均匀，膜层本身的颜色应为无色或浅色，适于进行着色处理。因此，借鉴铝合金化学染色的经验，对镁合金进行阳极氧化后，再利用各种颜色的染色液对其进行化学染色，可以得到美观的表面，也将成为镁合金表面装饰性防护技术的一个重大突破。

电解着色的氧化膜具有古朴、典雅的装饰效果，与染色法相比，氧化膜又有很好的耐晒性，故广泛应用于建筑领域。电解着色分两步进行：第一步合金在硫酸溶液中进行常规阳极氧化；第二步阳极氧化后的多孔性氧化膜在金属盐的着色液中电解着色。氧化膜的颜色与合金的成分、电解液和阳极氧化条件都有关。电解着色工艺着色范围窄，操作工艺严格而复杂，膜层颜色受材料成分加工方法等因素的影响很大，因此，在应用上受到一定限制。

第8章　化学转化膜层性能检测技术

8.1　厚度测量

8.1.1　概述

1. 镀膜（层）厚度定义

所谓厚度一般是指两个不完全平整的平行平面之间的距离，这是个几何概念。理想的镀膜（层）厚度，简称"膜厚"，是指基片表面和镀膜表面之间的距离。在镀膜形貌的三维度量中，相对于膜厚来说，其他两维的度量可以说是无穷大。由于实际上存在的表面是不平整和不连续的，如图 8-1 所示。而且镀膜内部还可能存在着气孔、杂质、晶格缺陷和表面吸附分子等。所以，要严格地定义和精确地测量膜厚实际上是很困难的。镀膜厚度的定义应当根据测量的方法和测量的目的来决定。因此，同一镀膜厚度，使用不同测量方法会得到不同的结果。

在实际的膜厚测量中，所谓"表面"并不是一个几何的概念，而是一个物理概念，是指表面分子（原子）的集合。平均表面是指表面原子所有的点到这个面的距离的代数和等于零。平均表面是一个几何概念，图 8-2 为表面和平均表面的示意图。

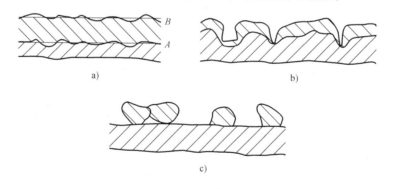

图 8-1　实际镀膜的可能情况

a）良好　b）一般　c）较差

通常将基片一侧的表面分子的集合 G_S 的平均表面称为基片表面 S_B（见图 8-3）。镀膜中不与基片接触的那一侧的表面的平均表面称为镀膜的形状表面 S_T；将所测量的镀膜分子重新排列，使其密度和大块状固体材料完全一样且均匀分布在基片表面上，

图 8-2　表面与平均表面示意图

G—表面　P—平均表面

这时的平均表面称为镀膜质量等价表面 S_M；根据所测量镀膜的物理性质等效为一种几何形状与所测量的镀膜的几何形状一样的块状固体材料，这时的平均表面 S_P 称为镀膜物性等价表面。据此可以定义：

1）形状膜厚 d_T 是 S_B 和 S_T 面之间的距离。

2）质量膜厚 d_M 是 S_B 和 S_M 面之间的距离。

3）物性膜厚 d_P 是 S_B 和 S_P 面之间的距离。

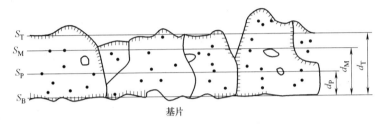

图 8-3　假想的薄膜剖面和各种膜厚定义的示意图

˙˙˙˙˙˙—吸附层、氧化层及其他气体分子的扩散层；

⬭—气孔；

●—空穴、凝聚等晶格缺陷；

〜—晶粒界面

图 8-3 是上述各种膜厚定义的示意图。形状膜厚 d_T 是最接近于直观形式的膜厚，通常以 μm 为单位；质量膜厚 d_M 反映了薄膜中包含物质的多少，通常以 $μm/cm^3$ 为单位；物性膜厚 d_P，在实际使用中比较容易测量。一般情况下三者关系为

$$d_T \geqslant d_M \geqslant d_P$$

由于实际表面并不平整，同时镀膜沉积过程中又不可避免地要产生各种缺陷、杂质和吸附分子等，所以不管用哪一种方法定义和测量膜厚，都是一个平均值，而且是包括了杂质，缺陷以及吸附分子在内的膜厚值。

2. 测量方法的分类

厚度是镀膜的最重要参数之一，因为它决定镀膜的各种性能。另一方面，几乎所有的镀膜性能都与其厚度有关，故它们都能用来进行膜厚的测量。

正因如此，膜厚的测量方法很多，且到目前为止其测量方法的分类各异。根据上述膜厚的定义，这里仍采用表 8-1 中的膜厚测量分类法。

表 8-1　膜厚测定法分类

膜厚类型	测定手段	测定法名称
形状膜厚	机械方法	触针法
	光学方法	多束光（反射）干涉法（MBI 法） 等色干涉法（FECO 法） 二束光干涉法
	其他	电子显微镜法 金相法

（续）

膜厚类型	测定手段	测定法名称
质量膜厚	质量测定	化学天平法 微量天平法 扭转天平法 水晶振子法
	原子数测定	比色法 X 射线荧光分析法 离子（或电子）探针法 放射分析法
物性膜厚	电气方法	电阻法 霍尔电压法 电容法 涡流法
	光学方法	干涉色法 椭圆偏光解析法 光吸收法
	磁、电磁学法	磁力测厚技术 电磁感应测厚法

8.1.2　膜厚测量方法

1. 射线荧光测厚法

X 射线荧光测厚法是在镀膜表面入射 X 射线后，在膜层中引起典型的次 X 射线，利用次 X 射线的强度来估算膜厚。这种方法只需要镀膜中不包含基材里的任何元素。多组分的镀膜也可用此方法测厚，其精度优于 2%。

（1）原理　X 射线荧光测厚仪测量膜厚原理如图 8-4 所示。放射源发出的初级辐射经准直后以 α 角入射到样品上，被物质吸收后激发出镀膜元素和基片元素的 X 射线荧光，荧光分别以 β_1 和 β_2 角反射，并被探测器接收。如果初级辐射在样品表面的强度为 I_0，探测器接收到的镀膜元素荧光强度为 I_1，接收到的基片元素的荧光强度为 I_2，镀膜厚度为 d，密度为 ρ_f，则有

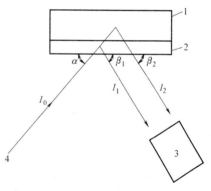

图 8-4　X 射线荧光测厚原理图
1—基底　2—薄膜　3—探测器　4—放射源

$$I_1 = \frac{A_1 I_0}{\mu_{01}\cos\alpha + \mu_{11}\cos\beta_1}\left[1 - e^{-(\mu_{01}\cos\alpha + \mu_{11}\cos\beta_2)\rho_f d}\right]$$

$$I_2 = \frac{A_2 I_0}{\mu_{02}\cos\alpha + \mu_{22}\cos\beta_2} \times e^{-(\mu_{01}\cos\alpha + \mu_{22}\cos\beta_2)\rho_f d}$$

式中　A_1——和镀膜上荧光元素的含量、荧光探测器的效率、原子序数及测量时几何位置等因素有关的常数；

A_2——和基片中荧光元素的含量、原子序数及测量时几何位置等因素有关的常数；

μ_{01}、μ_{02}——镀膜和基片对初级辐射的质量吸收系数；

μ_{11}——镀膜对镀膜元素荧光的质量吸收系数；

μ_{22}——镀膜和基片对基底元素荧光的质量吸收系数。

在实际测量中，一般是先测计数率，然后再计算出厚度值 d。d 可以表示为

$$d = K_1 \ln \frac{N_\infty - N_b}{N_\infty - N}$$

或

$$d = K_2 \ln \frac{N_0 - N_b}{N - N_b}$$

式中　N——镀膜厚度为 d 时的计数率；

N_0——镀膜厚度为 0 时的计数率；

N_∞——镀膜厚度为无穷时的计数率；

N_b——无试样时测得的本底计数率；

K_1、K_2——常数，可以通过试验标定而得到。

（2）应用说明　X 射线荧光法测厚是一种快速、高精度的非破坏性质量膜厚测定方法。它可以测量任何金属或非金属基体上的 $2nm \sim 1000\mu m$ 厚的各种金属镀膜，并可以对面积极小的试样和极薄、形状极复杂的试样进行测厚，其精度优于 2%。

X 射线荧光法也可以用于同时测量基体表面多层膜的厚度；还可以在测量二元合金（如 Pb-Sn 合金等镀膜）厚度的同时，测出合金镀膜的成分，所以是一种比较先进而且应用范围广泛的测量方法。

在测量过程中，当出现下列情况时，X 射线荧光测厚法的测量精度偏低。

1）当基片中存在着镀膜（金属）成分或镀膜中存在着基片的金属成分时，如测量钢铁基片上的铁镍合金、铁锌合金等镀膜；在镀膜与基片间有扩散带存在的情况下也会有此现象。

2）基片上覆盖层多于二层时，如目前出现的复合镀、多层镀的 PVD、CVD 等镀膜。

3）当被测镀膜的化学成分与标准样品成分有很大差异时。

X 射线荧光测厚仪的操作方法，可按其操作说明进行。操作时也应注意 X 射线对人体的伤害，采取一定的防护措施。

2. 金相法

金相法又称"断面直接观察法"。它是测量 $d \geqslant 1\mu m$ 以上的形状膜厚的方法，即在放大一定倍率下的光学显微镜（带有测微目镜的专用金相显微镜）上，直接测量镀膜的断面厚度。具有测量准确度高、判别直观等优点。但此法在试样制作时比较复杂，且需对试样进行破坏。一般多用于膜厚控制严格，或用其他测厚法对结果有争议时进行校验和仲裁时使用，还可作为厚度标样。

（1）原理　一般来说，基片和镀膜之间存在着分界，称为"界面"或"接触面"。无论是镀膜与基片的元素是否相同，它们之间总是存在着如下的差别：

1）结晶取向的差别。

2）杂质浓度的差别。

因此，用适当的腐剂液侵蚀试样断面或电镀，均可以将镀膜与基片的界面分开，判断出

其接触面的位置。再在一定放大倍率的光学显微镜下观察，即可测量出形状膜厚。

为了使镀膜的断面露出，可采用研磨法或剥离法。在研磨法中，除了采用垂直劈开膜面方法，还有角度研磨法、圆筒研磨法或球面研磨法等。而剥离法则有机械剥离与化学剥离。这里仅对适用于测量薄膜厚度的球面研磨法原理进行介绍。

图 8-5 所示为球面研磨法的研磨原理。试样研磨用的轴承 A 是选择球面度良好的直径为 $\phi10 \sim \phi15$mm 的球，通过连接转轴杆 C 和 B，使其高速旋转。在与运转轴平行的 x-y-z 可移动载物台上固定薄膜试样，并使其与高速旋转的轴承相接触而产生研磨作用。研磨剂通常使用氧化铝或金刚石微粉的悬浊液。从正上方观察被研磨的部分，可以看到膜的上边缘与薄膜和基片相连处形成两个同心圆，图 8-5b 是断面的模型示意图。设外圆和内圆的直径分别为 L、l，可由下式直接求出膜厚 d 值。

$$d = \sqrt{R^2 - \frac{l^2}{4}} - \sqrt{R^2 - \frac{L^2}{4}}$$

当 R 远远大于 L 和 l 时

$$d = \frac{(L+l)(L-l)}{8R}$$

上式中，R 是轴承半径，成立的条件是 $R \gg L$ 和 l。

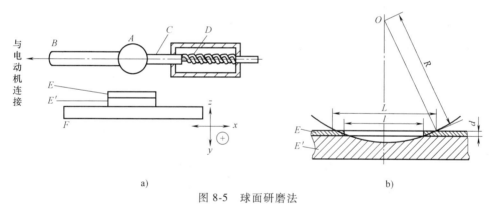

图 8-5 球面研磨法

a）球面研磨法原理 b）研磨后的断面图

A—研磨用的轴承（半径 R） B 轴承转动轴 C、D—分别为压紧轴承的压杆和弹簧

E、E′—分别为薄膜基片 F—试样用 x-y-z 可动载物台 L—研磨后薄膜上二表面形成的边缘（圆）的直径

l—膜和基片连接面的圆的直径 d—膜厚 O—轴承中心

（2）测量仪器 制作试样时一般采用专用的切割机、镶嵌机、研磨抛光机（单头或双头均可）等仪器。测量厚度所用的金相显微镜一般采用具有一定放大倍率并附有测微目镜（或照相装置）的测厚专用金相显微镜，且需进行校验。通常采用的放大倍率为 200 ~ 500 倍，特殊要求时也有采用 500 倍以上的倍率。

8.2 硬度测量

8.2.1 概述

对于镀膜硬度的定义，目前尚无统一的表达方式。可以定义它是材料（或镀膜）抵抗残余变形和破坏的能力，也可以是抵抗弹性变形、塑性变形或破坏的能力，总之是某一物体抵抗另一物体产生变形作用能力的度量。无论如何定义，在测量材料或镀膜的硬度时，总是用硬而不易变形的压头作用在试样上，通过形成接触应力的方法，将载荷传递给被测件。镀膜硬度值的获得，不仅与镀膜材料的弹性模量、屈服强度、脆性、抗拉强度及镀膜的沉积条件、分子结构和原子间结合力等微观结构有关，而且与测量仪器本身的测量条件有密切关系。

由于想获得镀膜的许多力学性能（如上面提到的弹性模量、屈服强度及抗拉强度等）是相当困难的，所以可以通过测量其硬度值来间接地得到镀膜其他的力学性能信息。可见，镀膜硬度测量是必不可少的。

硬度测量通常归纳为三种主要类型：静态压痕硬度、动态压痕或回弹压痕硬度及划痕硬度。

1）静态压痕硬度测量中，通过球体、金刚石锥体或其他锥体将力施加在被测材料上，使被测材料产生压痕（即发生塑性变形）；再根据总的施加力（载荷）与所产生的压痕面积和深度之间的关系，求出其硬度值。这种方法最广泛地应用于除高分子聚合材料外的其他材料的硬度测量。

2）动态压痕或回弹压痕硬度试验中，将一个具有标准重量和尺寸的物体从一定高度（具有一定的势能）下落在被测物体的表面并从其表面弹起，根据其回弹的高度来确定被测物体的硬度值。这种测量方法不如静态压痕硬度法应用得普遍。

3）划痕法则是一种最早的测量硬度的形式。它是通过被测物体去划同一种物体或用同一种物体在被测物体上划痕来评价其硬度。此法是半定量测量方法，也不如静态压痕法应用普通。

由于镀膜很薄，通常是从数十个纳米到几百微米，所以其硬度测量受到了压痕深度的限制。表 8-2 列出了常用的静态压痕硬度测量方法。由该表可知，适用于镀膜硬度测量的方法只有维氏硬度、努氏硬度。这类测量方法均属显微硬度或超显微硬度范围（见图 8-6）。该图将载荷低于 5~10N 的硬度称为显微硬度或超显微硬度。实际上这个界限的划分并不统一。日本、美国和前苏联等定为 10N 以下，而欧盟和国际标准机构则定为 2N。

表 8-2　常用静态压痕硬度测量方法比较

硬度试验	压头形状	压痕		载荷	测量方法	表面制备	应用范围	备注
		对角线或直径	深度					
布氏	$\phi 2.5mm$ 或 $\phi 10mm$ 球体	1~5mm	<1mm	钢铁用 30000N 软金属低于 1000N	显微镜下测压痕直径；换算表上读硬度值	为精确地测量直径，需精磨表面	块状金属	使用轻载荷的球形压头，使表面的破坏程度减至最小
洛氏	120° 金刚石锥体，或 $\phi 1.59mm$ 的球体	0.1~1.5mm	25~350μm	主载荷：600N、1000N、1500N 副载荷：10N	从显示屏上直接读取硬度值	通常不需要特殊制备表面	块状硬材料	从压痕深度测量看，可用于测量比布氏试验薄的材料

（续）

硬度试验	压头形状	压痕		载荷	测量方法	表面制备	应用范围	备注
		对角线或直径	深度					
维氏	对顶角为 136° 的正棱锥体	10μm~1mm	1~100μm	10~1200N，可低于 0.25N	显微镜下测压痕对角线，换算表上读取硬度值	光滑、清洁的表面（呈镜面）	用于表面层和薄至约 1μm 的薄试样	对于表面性能变化的，灵敏度低于努氏硬度试验
努氏	轴向棱边夹角为 172.5° 和 130° 的长棱锥体	10μm~1mm	0.3~30μm	2~40N，可低于 0.01N	显微镜下测压痕长轴对角线，换算表上读取硬度值	光滑、清洁的表面（呈镜面）	用于表面层和薄至约 1μm 的薄试样	实验室用于脆性材料或微观结构及组分的研究

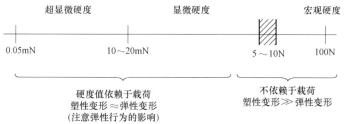

图 8-6　静态压痕硬度试验中的载荷范围

回弹或动态压痕硬度法因所施加的载荷过大，产生的压痕过深而不能采用；划痕硬度法因其结果为半定量的，故不用作精确测量。

表 8-3 列出了显微硬度试验类型。从理论上看，这两种方法均适用于镀膜的硬度测量。在实际应用中压头形状不同时，测量精度也不同，故适用范围有差异。从实际应用看，使用最普遍的是维氏显微硬度。

表 8-3　显微硬度试验类型

试验名称	压头和凹痕形状	硬度值计算方法
维氏显微硬度 HV	正四棱锥体，对面角为 136°	维氏硬度 = $\dfrac{2F\sin(136°/2)}{d^2}$
努氏硬度 HK	四棱锥体，棱角为 130°、172.5°	努氏硬度 = $\dfrac{F}{0.07028l^2}$

注：表中 F 为试验载荷。

8.2.2　显微硬度测量原理

1. 维氏显微硬度

维氏显微硬度的压头是两对面夹角为 136° 的金刚石正四棱锥体（见图 8-7）。当通过压头将力施加在被测物体的表面时，由于接触应力使物体表面产生永久性变形，即形成与该压头形状对应的凹坑，也就是通常所说的"压痕"。维氏硬度值是用压痕表面积上所承受的平

均力来表示的，即

$$维氏硬度 = 0.102 \times \frac{F}{S}$$

式中　F——作用在压头上的力，即所施加的载荷（N）；

　　　S——压头与被测物体的接触面，即压痕的表面积（mm^2）。

其中，由顶角 α 与对角线 d 的关系可得

$$S = \frac{d^2}{2\sin\dfrac{\alpha}{2}}$$

S 即为所要求的压痕表面积，再将 S 代入公式中得到：

$$维氏硬度 = 0.102 \times \frac{2F\sin\dfrac{\alpha}{2}}{d^2} = 0.189\,\frac{F}{d^2}$$

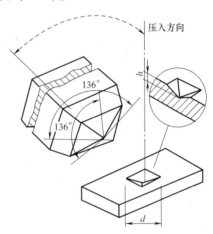

上式若已知施加的载荷 F 和测出压痕的对角线长度 d，即可求得其维氏硬度值。实际测量中，已有利用上式按所施加的各种不同载荷下所测得不同的压痕对角线长度与维氏硬度值的关系换算表格，这样便可迅速查出对应载荷下所测得的某一 d 值所换算出的维氏硬度值。

图 8-7　维氏压头及压痕示意图

维氏硬度的符号表示：如 $HV_{0.5}380$ 即表示所施加的载荷为 0.5kgf（4.903N），其维氏硬度值为 380HV，应该注意的是，由于不同的载荷所产生的压痕大小不同，测量误差也不同。而且对于薄膜而言，其硬度值对载荷的变化更敏感。故一定要标明所用的载荷。

2. 努氏显微硬度

努氏压头为长菱形金刚石压头，如图 8-8a 所示。其长棱的两面夹角为 172.5°，短棱的两面夹角为 130°。这种压头的优点是压痕的对角线长，其对角线与压痕深度之比约为 30:1，即在相同的载荷下，得到的压痕深度浅，但对角线长，易于测量，适合于测量薄膜的硬度。

努氏显微硬度值被定义为所施加的载荷与所得到的压痕投影面积之比，即单位压痕投影面积上所承受的载荷。

$$努氏硬度 = 0.102 \times F/S$$

式中　F——施加在压头上的载荷（N）；

　　　S——压头投影面积（mm^2）。

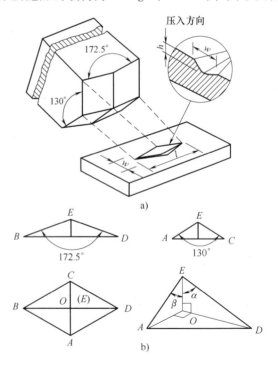

图 8-8　努氏压头及压痕示意图

a）压入状态　b）压头顶端投影

图 8-8b 所示努氏压头顶端投影面积示意图。根据此图可以计算出努氏压头所产生的压痕投影面积 S_{ABCD}。

在图 8-8b 的三棱锥 OADE 中，

ΔEOD：

$$\frac{h}{\frac{d}{2}} = \cot\alpha \rightarrow h = \frac{d}{2}\cot\alpha$$

ΔEOA：

$$\frac{h}{\frac{w}{2}}\cot\beta \rightarrow h = \frac{w}{2}\cot\beta$$

则：

$$\frac{w}{2} = \frac{d}{2}\cot\alpha\,\tan\beta$$

所以：

$$S_{ABCD} = 4\times\frac{1}{2}\times\frac{d}{2}\times\frac{d}{2}\cot\alpha\,\tan\beta$$

将称出的压痕投影面积 S_{ABCD} 代入公式，经整理得到：

$$努氏硬度 = \frac{F2\tan\alpha\cot\beta}{d^2}$$

$$= 1.45\frac{F}{d^2}$$

式中　F——施加在压头上的载荷（N）；

　　　α——压头长棱两面夹角的一半，即 172.5°/2；

　　　β——压头短棱两面夹角的一半，即 130°/2；

　　　d——压痕对角线长度（mm）。

如前所述，努氏压头优于维氏压头的主要原因是，在一定的压痕深度或一定的材料变形体积的条件下可以获得较长的对角线。对于测量相同的对角线长度，努氏压痕的深度和面积大约只是维氏压痕的 15%。因此，当薄试样或薄膜需测硬度时，努氏压头便显出这一优越性。

努氏压头也适合于脆性材料，如玻璃、金刚石或碳化物等非金属材料。这些材料的失效主要与其受力的面积有关。

8.2.3　显微硬度测量仪器

显微硬度计与一般硬度计一样都是由以下几个部分组成：加载机构、压痕测量装置、机体和工作台。

1. 加载机构

加载机构是硬度计的主要机构之一。它一般包括载荷形成机构、加载与卸载控制机构、变载及控制加载速度和保载时间的机构等。

载荷形成机构一般是由砝码、杠杆、弹簧、液压等装置组成，如图 8-9 所示。其中最常用的是杠杆加载式。它可使整个硬度计的体积和重量减少，而且便于实现自动控制，在自动加载、卸载机构中更显出其优越性。

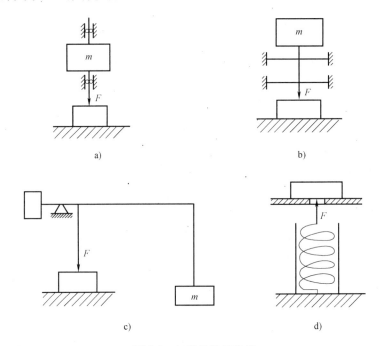

图 8-9　加载机构示意图

a）直接加载式（滚珠或轴承支承）　b）直接加载式（弹簧支承）　c）杠杆加载　d）弹簧加载

2. 测量机构

由硬度计算公式看出，无论是使用维氏压头还是努氏压头，所得硬度值均与压痕对角线 d 的平方成反比。这表明对角线的测量偏差直接影响硬度值。故要求显微硬度计的测量机构必须具有足够的测量精度。

显微硬度计的测量通常利用光学读数显微镜，近年来在此基础上也有采用摄像管将压痕影像投射在荧光屏上，通过螺旋显微镜进行读数。由于显微硬度所对应的对角线长度有时只有几微米或十几微米，故要求显微镜放大倍数一般不低于 400 倍。

光学显微镜对压痕对角线的瞄准测量方式很多，有内读数、外读数或内外读数兼有的。内读数式如图 8-10c 所示，即瞄准线和刻度尺均在视野内可见，在视野内读数。外读数式即刻度在目镜的测微鼓轮上，视野内只有瞄准线，瞄准压痕对角线后在鼓轮上读取读数（见图 8-10b）。内外读数兼有式即瞄准线和粗刻度在视野内可见，而细刻度则在目镜的鼓轮上，如图 8-10a、d 和 e 所示。若以对压痕对角线的瞄准方式区分，则有单线瞄准（见图 8-10c）、十字线瞄准（见图 8-10d）、点瞄准（见图 8-10a）和粗线瞄准（见图 8-10b）等。无论哪种瞄准形式，哪种读数形式，其刻度线都应均匀清晰；分度值不得大于 $0.5\mu m$；读数精度不得低于 $\pm 0.2\mu m$。

3. 机体及工作台

与一般硬度计机体一样，显微硬度计机体也是用来安装显微镜升降机构、加载机构及电气线路等部分的主体。如图 8-11 所示，可将机体分为固定式（见图 8-11a）和立柱式（又称

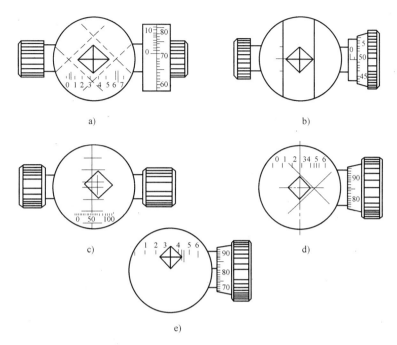

图 8-10　压痕测量方式

a）点瞄准　b）粗线瞄准　c）单线瞄准　d）十字线瞄准　e）读数

悬臂式，见图 8-11b）。在实际应用中，常见的是立柱式。

工作台按其运动形式分为上下运动式、平动式和固定式几种。它用来安放试样，是装在机体上的工件之一。较常用的是上下运动式工作台。

8.2.4　显微硬度测量试验条件

对于镀膜的硬度值除用上述的常规显微硬度计测量外，还必须注意如下两种测量途径，即直接法和间接法，如图 8-12 所示。

（1）直接法　它可以直接地获得膜本身真实的显微硬度值。它要求膜厚大于压痕所产生的塑性变形区及影响区的深度，如对于维氏

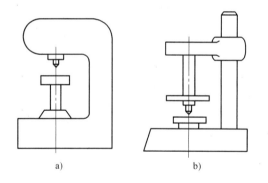

图 8-11　显微硬度计机体形式

a）固定式　b）立柱式

压头，压痕深度接近或小于 $t/10$ 条件（t 为镀膜厚度）。这种直接法测硬度可在膜表面也可在抛光后的膜断面上获得（见图 8-12a）。它会由于膜的微观结构的各向异性而导致硬度值的差异。

（2）间接法　当镀膜非常薄时，基片的硬度会影响膜的硬度。间接法则是一种模拟近似确定镀膜的硬度痕的尺寸效应，从而间接地得到硬度值（见图 8-12b）。

由于镀膜硬度测量的特殊性，其试验条件也比一般硬度测量试验条件苛刻。从试样的选择与制备、载荷选定到加载、卸载和保荷时间以及压痕测量均有一些特殊要求。

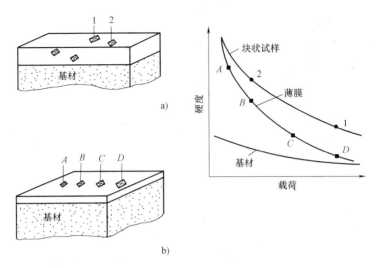

图 8-12　测量薄膜硬度的直接法和间接法示意图

a）直接法（厚膜和块状试样）　　b）间接法（薄膜）

1. 试样的选择与制备

镀膜试样的选择首先是膜厚的选择。被测试样表面经施加载荷的压头压入后形成压痕，其压痕的周围受到变形的影响范围包括弹性形变和塑性形变的区域。虽然对不同的被测材料，其压痕形变的影响区域有差别，但一般均如图 8-13 所示接近半球形。由图 8-13 可知，对于维氏硬度，深度方向的影响区域是压痕对角线的 1.5 倍以上。这就是说，为了排除压痕形变的影响，镀膜的厚度应为压痕对角线的 1.5 倍以上，即压痕的对角线长度应小于 $t/1.5$（t 为膜厚）。根据维氏硬度压痕深度与其对角线之比为 1:7 的关系来推算的话，则受压痕变形影响的深度为实际压痕深度的 10 倍以上。这就要求被测件的膜厚应为所产生压痕的深度 10 倍以上。符合这一条件，可以直接得到镀膜本身的显微硬度（如前所述的直接法）。

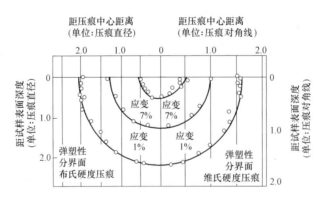

图 8-13　球形压头和维氏硬度压头的压陷变形区域

试样制备时被测试样需要有足够的测试表面积，其面积直径应不小于 5 倍的压痕对角线。试样表面应进行研磨抛光，使其光亮呈镜面。表面粗糙度应达到在测量显微镜视场中能够清晰地看到压痕为宜。一般在镀膜之前就对试样表面进行抛光处理，无特殊情况不必在镀膜后再进行抛光。如果是测试镀膜的断面硬度，可按膜厚测量的金相法中试样制备的方法制备供硬度测量用试样。

另外，由图 8-13 可知，为了不使已产生的压痕形变区对待测压痕有影响，应注意已产生的压痕与待测压痕之间的距离必须大于压痕直径 4 倍，压痕距试样边缘的距离应为压痕直径的 2.5 倍以上。

2. 载荷的选定

为了获得正确的镀膜显微硬度值，选择合适的载荷值是非常重要的。当所选载荷过小时，会因所产生的压痕微小而在显微镜的视野里模糊不清，导致测量偏差；当所选载荷过大时，使被测件表面所产生的压痕过大，以致膜层压痕引起的形变影响到基片，导致所测的硬度值产生较大的偏差。即使采用间接法，由图 8-14 的比较曲线可以看到，其所测的硬度值仍然较直接法所得结果偏低。

图 8-14 给出了使用维氏、努氏、别尔阔维契压头测量显微硬度时载荷大小与压痕深度的关系。为了获得正确的镀膜本身硬度值，应按图 8-14 中载荷与压痕深度的关系来选定载荷的大小（注意，膜厚应为压痕深度的 10 倍以上）。如测量显微硬度时，若测量硬度约为 800HV，镀膜厚度为 1μm 时，必须使用小于 $0.3×10^{-2}$N 的小载荷；当测量硬度约为 100HV，镀膜厚度为 1μm 时，则需要大于 $0.3×10^{-2}$N 的小载荷。

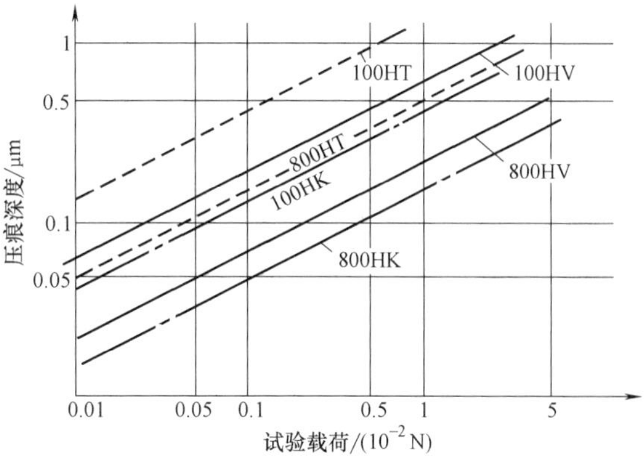

图 8-14　载荷与压痕深度的关系

HV—维氏硬度　HK—努氏硬度

HT—别尔阔维契硬度

测定镀膜硬度时，考虑用与被测镀膜硬度近似的值代入公式中，可确定出所选用载荷的范围。如 PVD-TiN 膜厚度为 3μm，其估计的硬度值为 2500HV 左右，代入公式计算后可确定其选用载荷为 5.4gf。于是可参考此值进行测定（注意，在实际应用中，所选载荷应不高于计算出的载荷值）。此式只是粗略估算，应经过实测调整，最终确定最佳的载荷值。

3. 加载卸载循环

如前所述，测量镀膜硬度时，其施加的载荷往往相当小，大多数都在几十毫牛到 9.8 牛（几克力到 1kgf）以下。把这么小的载荷静止地施加到试样上并不那么容易。假设显微硬度计上载荷机构可动部分的质量为 m，其平均移动速度为 v，压痕深度为 h，施加的载荷为 f，则由于外来的振动和冲击现象而引起的动载荷产生的动载荷误差 $(\Delta f/f)×100\%$，如图 8-15 所示。该图给出了加载机构可动部分的质量 m 为 1g，施加载荷为 0.098mN（10mgf）时，动载荷误差的计算结果。为了使动载荷误差小于 1%，在压痕深度为 0.1μm 时，压陷速度必须小于 10μm/s，这是在薄膜硬度测试时需要十分注意的问题。随着科学技术的发展，目前有一些自动加载卸载甚至自动测量压痕尺寸的显微硬度计出现，它可将上述动载荷误差限制到最小。

加载后要有一段时间保持所加载荷，称为保载（荷）时间。这段时间的长短，对压痕产生的变形大小是有影响的，对硬度值也有影响。有人曾以钢材在 2.942N（300gf）负荷下，用不同的保载时间进行比较试验，结果在保载时间 15s 和 25s 下所得的硬度值分别比在保载时间 5s 下所得的硬度值相应降低了 0.5% 和 1.0%。我国研究人员也对此做过试验，结果类似。

保载时间过长，容易受到外界条件的干扰，主要是振动和冲击的影响，同时也易出现蠕变现象，这些都影响试验结果的准确性。选取保载时间一定要根据试样材料（膜层材料）而定。国家标准试验法中对不同的试样都有具体规定，一般在 15~30s 的范围内。为了提高试验效率，也可适当缩短，但不得少于 15s，对非铁金属材料不能少于 30s。

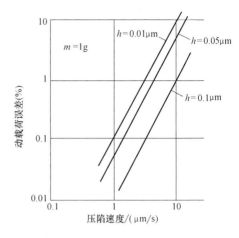

图 8-15　压陷速度与载荷误差的关系

载荷在被测试样上保持一段时间后要卸除，称为卸载。此时，注意千万不要冲撞和振动。应平稳、匀速地卸除。其原因与加载一样，是为了尽量减小动载荷误差。当然，对于目前出现的自动加、卸载的显微硬度计来说，可以避免上述问题。

4. 压痕的测量

关于显微硬度试验中压痕的测量方法已在测量机构中介绍过，这里不再复述。本节就对与镀膜显微硬度有关的显微硬度中微小压痕测量的发展现状作一介绍。

如前所述，镀膜硬度的测量由于受到膜厚的限制，要求所施加的载荷往往是微小的，甚至是超微小的。如日本计量所研制的超微小显微硬度计，其最小载荷为 9.807×10^{-5} N（0.01gf），不难理解，由如此微量的载荷所产生的压痕也是相当微小的。若仍用光学显微镜测量显然是困难的。目前比较成熟的测量方法中有：采用摄像仪摄像，用荧光屏输出图像；利用图像传感器或称为集光器进行显示；还有采用电子扫描自动对线，并利用激光干涉仪来进行位移测量，全部过程由计算机控制。

还有一些新开发的特殊的仪器，用于测量薄膜硬度而产生非常浅的压痕深度，现已有商品出售。它可以在加载、卸载过程中连续地测量载荷的变化和压头的位移，即压痕深度。典型的仪器和测量曲线如图 8-16 所示。它的优点是不需要测量压痕对角线而直接地获得镀膜的性能。采用此技术可大大地减小测量误差。已经知道，对于表面压痕，其测量的结果中往往包括弹性变形和塑性变形的共同贡献，但真实的硬度值应来源于精确的塑性变形的贡献，所以必须从测量结果中排除弹性变形的影响，该技术便可解决这一问题。由图 8-16b 中卸载曲线的初始斜率外推到零点所对应的深度值便为压痕的塑性变形深度，由此可以得到精确的硬度值。

还有人在做这样的试验，由于把硬度计压陷出的极小压痕的试样装到电子显微镜的试样室中进行测量是不容易的，因而把硬度计本身装入扫描电子显微镜的试样室中，以便试验后直接观察压痕和测量压痕的对角线长度。平行弹簧支承的轴下安装着的压头加载后，以极低的速度使压头压在试样表面上。载荷从 $1 \times 10^{-4} \sim 5 \times 10^{-2}$ N，共分 17 个载荷等级，一般试验载荷下限为 5×10^{-4} N。

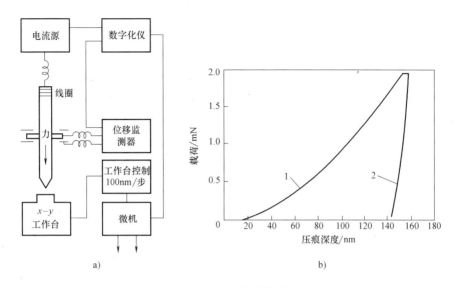

图 8-16　超显微硬度计

a）超显微硬度计示意图　b）所测载荷与位移曲线

1—加载曲线　2—卸载曲线

8.2.5　显微硬度的误差分析

与一般的试验误差来源一样，在测量显微硬度时，也同样存在着以下误差。

（1）硬度计的影响　载荷及加载机构，砝码质量超差；加载杠杆比或弹簧弹力的变化；加载机构运动故障。压头几何形状不对，锥角超差；表面质量不好；横刃尺寸过大；顶端轴线与压头柄不同心。测量显微镜的视野不清晰，照明不均匀；放大倍数有误；分划板或微分筒刻线不匀；测微计零位不对；测微丝杠精度不高。

（2）试样　试样表面状态不好，表面粗糙度不符合要求；材料特性的影响，结晶方向、弹性及塑性性能的影响。

（3）操作影响　载荷选择不当；制备方法不同，加工硬化的影响；加载速度与保载时间调节不当，控制不准；加载、卸载显微镜调焦不当；测量时瞄准及读数超差；试样安装不妥。

（4）试验环境的影响　室温不当或波动较大；冲击振动的影响。

8.3　大气腐蚀试验

关于大气腐蚀试验，要求应具有模拟性、加速性、重现性。

大气腐蚀模拟性，重要的不是现象的模拟，而是本质规律的模拟，评价模拟性的优劣程度，有下列 5 项要求：

1）腐蚀过程的电化学特性和机理一致。

2）腐蚀的二次过程及阻滞一致。

3）试样表观干湿循环过程特点一致。

4）腐蚀动力学规律一致。

5）不同试样间腐蚀顺序一致。

在此基础上还要求具有很高的加速效果和良好的重现性。

8.3.1 大气环境下的腐蚀试验

大气环境下的模拟试验是最贴近实际状态的腐蚀试验，其中包括曝晒试验、百叶箱试验、储存包装试验等。大气环境下的试验虽然有相对的可信性，也是研究大气腐蚀的基础，但毕竟试验周期太长，不少都以"年"计。

大气环境下的腐蚀试验是通过区域环境的合理布点，采用典型金属材料试件在大气中进行挂片，同时测定环境介质中的主要腐蚀因素，按一定试验周期取得数据后，运用相关分析、成分分析、模式识别及图形处理、网点加密、数据平滑等技术绘制出区域腐蚀图。

（1）工业大气环境 工业大气环境是指人们在生产中，排放的含有多种污染物的大气环境。在这种大气环境下，腐蚀速率明显加快。常见的污染物包括：CO_2、SO_2、HF、H_2S、NO_x、Cl_2、HCl、颗粒物等。原中国科学院腐蚀所（现中国科学院生属研究所）对典型的工业城市——沈阳进行了腐蚀调查，收集了沈阳市区两年的气象数据和大气污染数据，在市区 $164km^2$ 的范围内设置了大气腐蚀试验点36 处，以 Q235 钢为试片，进行了两年暴露试验。在两年多的现场挂片曝晒试验及环境因素的跟踪检测中，对所测数据进行了回归分析，结果表明仅 SO_2 与腐蚀有着明显的关系（见图 8-17），而与 NO_x、颗粒物等的关系不明显。因此，对腐蚀来说所谓的工业大气环境是指 SO_2 含量为主要特征的大气环境。在污染严重点的试片锈层分析中，发现有明显的 FeS_2 和 Fe_3S_4 颗粒存在，也证明了 SO_2 起着显著作用。

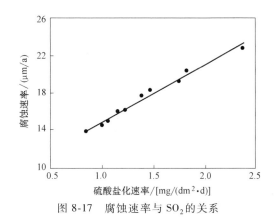

图 8-17 腐蚀速率与 SO_2 的关系

上述调查采用普查的方法，有的试点选在工厂集中、污染严重的地区，有的试点选在污染极轻微的郊区，从表 8-4 可看出：两个地点 SO_2 浓度相差较大，高浓度区 1 年的腐蚀速率是低浓度区的 2.49 倍，2 年是 1.76 倍。可以看出，SO_2 对腐蚀的影响随时间的推移而逐渐减弱。

表 8-4 不同污染地点的大气曝晒试验比较

试验地点	测试的 SO_2 浓度 /$[mg/(dm^2 \cdot d)]$	腐蚀速率/（μm/a）	
		1 年数据	2 年数据
铁西区工厂院内	3.00	32.94	20.72
大东区城郊	1.00	13.25	11.75

（2）海洋大气环境 海洋大气是指由于海水的蒸发，形成的含有大量盐分的大气环境。此种大气中盐雾含量较高，对金属有很强的腐蚀作用。这种腐蚀大多发生在海上的船只及沿岸码头设施上。我国许多海滨城市受海洋大气的影响，腐蚀现象非常严重。随着海岸线向内

陆的扩展，大气中盐雾含量逐渐降低，腐蚀也逐渐减弱，直至过渡到一般的大气腐蚀环境。

　　原中国科学院腐蚀所的试验人员在对海南岛的腐蚀调查中，结合实际户外挂片曝晒试验，在较大范围内，从不同的角度选择由海岸线向内陆延伸，在这条延伸线上，测试了距海岸线不同距离的碳钢试样的腐蚀速率，从而对海洋大气影响范围的界定有了初步的了解。腐蚀速率的测试结果如图 8-18 所示。若与各站的地理位置相对照可以看出：海南岛的东北部地区（如海口、文昌、琼海、临高）的腐蚀速率高，而西南部地区（如乐东、三亚、保亭、昌江）的腐蚀速率低。其中东方站的腐蚀速率特别高，属于反常，原因是该站的东墙外有大片盐田，同时有矿粉尘的污染。

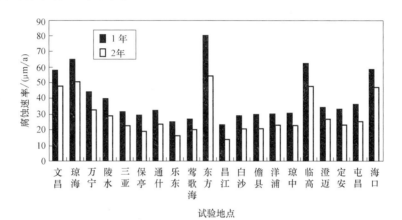

图 8-18　碳钢在海南各试验点的腐蚀速率

　　1）气象因素的影响。距海岸不同距离测试的腐蚀速率见表 8-5。从表中可看出：海口、文昌、临高、琼海等地距海岸线都在 15km 之内，其第 1 年腐蚀较高，平均值接近 62.5μm/a，而向内陆延伸后，在定安、澄迈、屯昌等地距海岸线最近处 25km，最远处达 55km，腐蚀普遍降低到一般大气环境的腐蚀速率，第 1 年平均值下降到 34μm/a 左右，第 2 年平均值下降到 24.5μm/a 左右。腐蚀速率的明显变化发生在距海岸线 15~25km 之间，因此，影响范围界定为 20km 左右较为合适。

表 8-5　Q235 钢试片距海岸不同距离测试的实际腐蚀速率值

序号	试验路线	距海岸线距离/km	腐蚀速率/（μm/a）		两地比值	
			1 年	2 年	1 年	2 年
1	海口→定安	4→40	65.22→32.74	46.48→23.18	1.99/1	2.00/1
2	文昌→定安	10→40	57.83→32.74	48.11→23.18	1.77/1	2.02/1
3	临高→澄迈	10→25	61.95→34.52	47.20→26.36	1.79/1	1.79/1
4	琼海→屯昌	15→55	65.05→35.88	50.90→25.05	1.81/1	2.03/1

根据海南地区的气候特点，选择温度（x_1）、相对湿度（x_2）、相对湿度大于 80%的天数（x_3）、日照时间（x_4）、降雨量（x_5）和结露时间（x_6）六项主要的气象参数进行记录，并统计了年平均值及年累积总量（统计结果略）。

　　将在各试验站测得的腐蚀速率 y（2 年结果）与各项环境因素值 x_i 进行对照比较，并寻求两者之间的关系，采用逐步回归法，删去了作用不显著的变量 x_1、x_4、x_6，得到回归方程：

$$y = -100.5789 + 1.7505x_2 + 3.3797x_3 - 8.9248x_5$$

这说明 Q235 钢腐蚀速率与相对湿度、相对湿度大于 80% 的天数及降雨量有较为紧密的关系。

2）Cl^- 浓度的影响。就环境污染而言，海南省基本上属于无污染区，大气中的 SO_2 和 NO_x 的浓度值都远远小于一级污染标准（SO_2 年日平均值 $0.02mg/m^3$，NO_x 年日平均值 $0.05mg/m^3$）。因此，只有 Cl^- 浓度对钢的腐蚀有影响。

表 8-6 列出了各试验站测试（累积法）结果，可看出：沿海各站都测出有一定的 Cl^-，而内陆站（如通什、乐东等）Cl^- 含量微乎其微，各试验站测得的腐蚀速率，也由沿海向内陆延伸时逐渐下降。由于全省各部分的地理特点和气候特点不同，其下降的幅度差别很大。东北部的地势平坦，东北季风较强，因而东北部沿海地区腐蚀速率高，与内陆的差别大；西南部多山，西南季风较弱，沿海地区腐蚀速率相对低些，而且与内陆的差别相对小得多。

表 8-6　不同试验站的 Cl^- 沉降率　　　[单位:$mg/(dm^2 \cdot d)$]

地点	琼海	万宁	三亚	东方	洋浦	通什	乐东	定安
Cl^-	0.0146	0.0363	0.0074	0.00251	0.0188	0.0028	0.0037	0.0025

（3）我国材料自然环境腐蚀试验工作　材料自然环境腐蚀是国家建设中一项必须长期坚持的重要基础工作，积累材料获取我国典型自然环境（大气、海水、土壤）腐蚀数据的主要任务。材料自然环境腐蚀数据是国家基本建设特别是重大工程建设中合理选用材料的科学依据，也是国家有关标准、规范制定的依据。它对国家新材料的研究开发，提高材料与产品质量，以及节省材料、节约能源、保护资源环境等方面都有重要的作用。

为了对我国各大地区的大气腐蚀性概况有所了解，对全国大气腐蚀试验网站及从事腐蚀研究的有关单位近年来所测得的腐蚀速率进行了分析比较。以常用的 Q235 钢为例，如图 8-19 和表 8-7 所示。

从图 8-19 可以看出各地腐蚀性由小到大的顺序如下：

1 年：包头—琼海—北京—万宁—沈阳—武汉—鞍山—广州—青岛—成都—江津。

2 年：包头—琼海—北京—沈阳—武汉—鞍山—万宁—广州—青岛—成都—江津。

4 年：包头—北京—沈阳—琼海—鞍山—武汉—广州—成都—青岛—江津—万宁。

8 年：包头—沈阳—鞍山—北京—武汉—广州—江津—成都—青岛—琼海—万宁。

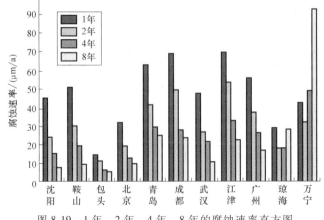

图 8-19　1 年、2 年、4 年、8 年的腐蚀速率直方图

表 8-7　我国各地区大气腐蚀速率测试结果

试验地点	地理位置		环境类型	腐蚀速率/(μm/a)			
	北纬	东经		1 年	2 年	4 年	8 年
沈阳	41°46′	123°26′	温带亚湿润区城市大气	45.30	24.50	15.80	8.25
鞍山	41°08′	123°59′	中温带亚湿润区工业大气	51.25	30.06	19.50	9.69
包头	40°40′	109°55′	温带干燥区城市大气	14.84	11.52	6.76	5.80
北京	39°59′	116°16′	南温带亚湿润区城市大气	31.70	18.90	12.40	9.90
青岛	36°06′	120°25′	南温带湿润区海洋大气	62.80	40.50	29.50	24.90
成都	30°48′	104°05′	中亚热带湿润区城市大气	68.30	48.84	27.59	22.91
武汉	30°38′	114°04′	北亚热带湿润区城市大气	47.00	26.40	21.10	10.30
江津	29°19′	106°17′	中亚热带湿润区工业大气	69.00	52.80	32.40	21.70
广州	23°08′	113°19′	南亚热带湿润区城市大气	56.50	36.60	25.50	16.50
琼海	19°02′	110°05′	北热带湿润区城市大气	28.70	17.50	17.60	27.30
万宁	18°58′	110°05′	北热带湿润区海洋大气	42.00	31.30	48.30	91.40

从图 8-19 和表 8-7 的统计资料可以得出以下结论：

1）11 个城市腐蚀速率的排序中，包头一直处在腐蚀速率最低的位置，由于其大气平均相对湿度为 52% 左右，可以代表气候干燥区的大气腐蚀状况。

2）试验初期，腐蚀速率排序没有明显规律，海南岛的琼海腐蚀速率低于北京，万宁低于武汉和广州，但到 8 年期，腐蚀速率的排序发生了明显的变化，即由北向南，以沈阳、鞍山、北京、武汉、广州、琼海的顺序按各试点所处的地理位置的纬度高低排列，腐蚀速率也呈现出由低向高的规律排列。

3）典型环境对大气腐蚀有较明显的影响。其中，工业大气在试验初期影响较大，随着时间的延长，影响力逐渐减弱；海洋大气随着时间的延长，影响力却急剧增加。这从下述排列变化规律上可得到证实：鞍山（中温带亚湿润区工业大气）在试验初期排序较靠后，到试验后期，鞍山逐渐前移，并排到了北京（中温带亚湿润区城市大气）之前。青岛（南温带湿润区海洋大气）在试验初期排在成都（中亚热带湿润区城市大气）之前，试验后期排在成都之后。万宁（热带湿润区海洋大气）在试验初期排在武汉（北亚热带湿润区城市大气）之前，试验后期排在最后，成为腐蚀最严重的地区。

由于我国各区域大气环境不同，大气腐蚀特点有以下四个方面：

1）我国西部广大地区（占国土面积的 1/2 左右）是较干旱的区域，大气相对湿度常年低于 60%，腐蚀非常轻微，年平均腐蚀速率低于 8.0μm/a，为微腐蚀区。

2）我国东部地区有较明显的大气腐蚀现象，其腐蚀速率高低分布随地区的纬度不同而不同，其大概的趋势是由北向南随着纬度的降低腐蚀速率逐渐增高。

3）我国东部地区以长江为界大致分为南、北两部分。北部虽有腐蚀现象，但多属于轻微级别，即轻腐蚀区；南部广大地区多属于中等腐蚀级别，即中腐蚀区；仅最南端的少部分地区腐蚀稍重，为较重腐蚀区。

4）典型气候环境中，海洋大气对腐蚀的影响最大，因此沿海城市的腐蚀明显超过内地城市，但这种影响在距海岸线 20km 以外逐渐减弱；工业大气对腐蚀的影响次之，随着时间的延长，这种影响也逐渐减弱。

8.3.2 室内加速腐蚀试验

近年来，人工模拟加速腐蚀试验装置已由过去的单一型向复合型、综合型方向发展。为了满足整机、整车、整弹试验的需要，各国都致力于大型模拟试验装置的建造，各种仓式环境试验装置应运而生。例如，美国空军麦金利气候试验室建造的一座试验设施，其内部尺寸为宽 75m，深 61m，中心高 21m，可进行温度、湿度、太阳辐射、降雨、风、雪、冰雨等项环境试验，并可按一定选择程序进行复合试验。我国自 20 世纪 60 年代以来，为了满足兵器、飞机、人造卫星和汽车等研制和生产的需要，自力更生建造了相当数量的各类不同规模的环境模拟试验装置。近年来，更建成了一些达到国际先进水平，具有自己特色的各种模拟装置，如 KM 系列整机和工件空间环境模拟装置、"小太阳"空间环境模拟装置、高空环境模拟装置、兵器大型环境模拟装置、工兵装备环境室、汽车环境试验室、内燃机环境试验室和机车低温试验室等外层空间、空中和地面环境模拟装置。有的稍经改造，就可以用于大气腐蚀试验和研究。如多因素综合气候环境模拟试验装置中，已可完成温度、湿度、太阳辐射、风、雨、雪、冰等多项气候环境模拟。若在此基础上增加大气腐蚀成分因素，就完全可用于大气腐蚀试验和研究，甚至可实现综合全天候大气腐蚀模拟。如果加强这一领域的研究，可能会成为大气腐蚀模拟加速试验装置的又一发展途径。

环境模拟试验包括以下几种类型：

（1）单一环境模拟　早期的大气腐蚀模拟试验装置多数是单一环境模拟，如目前在国内仍大量使用的盐雾箱、湿热箱、工业气体腐蚀试验机等。单一环境模拟试验具有一些特点，如：易于找出单一环境因素对材料（或产品）的影响规律；参数控制较容易，只对选定的参数进行调整；模拟装置较简单，设备投资及试验费用相对较少。这些特点决定了单一环境模拟试验是室内加速试验中常用而又重要的试验方法。在国际和国内都建立了大量的试验方法，制定了相关标准，其试验装置仍是研究的重点。就大气腐蚀而言，目前已有模拟高温、低温、湿热、雨雪、工业气体、盐雾、太阳辐射、霉菌等环境的室内加速腐蚀试验装置。装置逐步向高精度、轻量化、大型化和自动化发展。

由于大气环境复杂多变，用各种单一模拟装置来模拟世界上各个不同地区的大气环境，就会显得过于简单，其结果很难与大气暴露试验的结果相符，但自 MIL-STD-810D 引入剪裁方法以来，使环境试验技术产生了质的飞跃。剪裁方法已广泛应用于各类试验标准和规范中，尤其在武器装备的研制中用得更为广泛，有效地提高了材料（或产品）的环境适应性和可靠性。剪裁方法强调任何环境试验（包括大气腐蚀试验）应根据试验目的、材料（或产品）寿命期所经历的实际环境和环境条件，对原来通用试验方法标准中规定的试验项目、试验条件、试验程序等方面进行适度剪裁，使这些方法标准具有较大灵活性，使试验结果可信度大大提高。显然，在大气腐蚀试验方法和装置的研究中，引入剪裁方法，是今后发展的方向，应尽早引起关注。国内在这方面的研究已开始起步，曾有人在金属材料大气腐蚀与人工模拟加速腐蚀试验相关性评价方法研究中，以通用大气腐蚀标准为基础，根据相关的自然环境和环境条件，经适度剪裁，建立了模拟海洋性大气腐蚀的加速试验方法和模拟酸雨地区的加速试验方法，求出了相应的加速倍率公式。

（2）复合环境模拟　在实际的大气条件下暴露的材料（或产品）要经受温度、湿度的变化以及风吹、日晒、雨淋等多种气象因素交替变化的影响，又受大气中腐蚀性成分及降尘物的作用，这些复杂因素的模拟是单一环境模拟试验装置难以实现的。20 世纪 80 年代以来，国外开始研究多因素复合模拟技术。复合模拟技术是将材料（或产品）实际所经受的各种环境因素，无论是单独作用在材料（或产品）上的，还是同时作用在产品上的，均化解成单一环境因素，然后以一定顺序（根据试验目的的不同）依次轮流作用到产品上。起初，复合模拟是将多台单一环境模拟试验装置组合起来，试样按一定程序在各机之间传递进行。由于试样的传递，给模拟试验造成了很多困难，而且重现性也很难保证，这是因为不同单一环境试验装置有它们各自的特点和具体情况，传递中试件放置的位置也很难统一规定。于是世界各国都开始对复合模拟试验装置进行研究，经国内外腐蚀工作者的努力，已开发出多种复合试验装置。该类装置一般都是在单一环境模拟试验装置的基础上发展起来的，就模拟大气腐蚀而言，国内外的试验装置有以下几类。

1）以间浸为主体的周期间浸复合腐蚀试验机。可进行间浸、潮热、干燥等试验，或气温、相对湿度、干湿频率、湿润剂成分、SO_2、风速等 6 个可控环境因子的间浸式多因子复合试验。

2）以光老化为主体的复合循环试验机。可进行光照、酸雨、干燥、结露、低温，或光照、低温、盐雾（或 SO_2）、O_3 等复合的气候老化试验。

3）以盐雾试验为主体的复合循环试验机。可进行盐雾（NSS、ASS、CASS）、腐蚀膏、湿热、工业气体，或盐水喷雾、盐水浸渍、干燥、低温等腐蚀试验。

4）以工业气体腐蚀为主体的复合循环试验机。可进行工业气体、O_3、盐雾等试验。多因子复合腐蚀试验机是今后发展的方向，我国也正在进行这方面的研究。现已研制出一台多因素复合腐蚀试验机，该机的试验条件以周期降雨—潮湿—干燥为核心，可提供影响金属材料大气腐蚀的降雨、凝露、湿度、气温、光照、风速和 SO_2 等 8 项可控环境因子，并可按设定程序周期循环进行试验。该机是一种多功能、多用途模拟大气腐蚀的复合加速腐蚀（老化）的人工气候环境试验机。目前正对试验方法进行研究，以期在加速腐蚀试验方面有所突破，进而研究模拟加速腐蚀试验与实际大气腐蚀试验的相关性，预测材料的大气腐蚀寿命。

（3）综合环境模拟　众所周知，材料（或产品）在实际使用中，会遇到各种环境因素的同时作用，各种环境因素随时随地都在发生变化，各种不同的环境因素之间存在着相互影响。在许多情况下，几种环境因素共同作用的综合环境比其中任何一种单一环境因素对产品的影响都为严重。几种环境因素共同作用的试验结论不等于其中各单一环境试验结论的简单叠加。因此，近年来在复合模拟的基础上向综合模拟发展。显然，综合环境模拟多个环境因素同时作用于材料（或产品）上的模拟试验得出的结果更符合实际。

综合环境模拟目前主要用于军事装备的环境试验和可靠性试验，在大气腐蚀试验中尚属少见。目前常见的综合环境模拟试验装置有以下三种：综合气候环境模拟装置、综合气候和力学环境模拟试验装置、综合环境可靠性试验装置。

（4）多因子循环复合腐蚀试验　近年来，为了模拟更多的大气腐蚀影响因素，人们还进行了多因子循环复合腐蚀试验研究，如日本通产省制品研究所用由 CASS 试验机改装的复合试验机进行了大气腐蚀加速试验方法的研究。试验开始加热到干燥温度，稳定 30min 后，通 12min SO_2（92mL/min），再经 30min，湿润开始，以 CASS 溶液喷雾 18min，使湿润和干燥时间各保持 120min。即该方法是采用干燥、SO_2、喷雾、湿热的环境试验。研究铜合金在工业气候环境中的大气腐蚀时，采用降雨 [$w(NaHSO_3) = 0.05\%$，$pH = 4.75$]、湿热、干燥的循环试验方法，干湿交替频率为每小时 4 次。在每 1 周期内，先下 4min 含亚硫酸氢钠的雨，随后用一组蛇形管通 11min 50℃ 的热空气，使试片干燥。研究表明，此方法与实际大气环境中暴露情况十分吻合。此外，第五届欧洲腐蚀会议曾经发表了气温、相对湿度、干湿频率、湿润剂成分、SO_2、风速 6 个可控环境因子，并可按设定程序周期循环进行间浸式复合试验。

8.3.3　重量分析法

重量分析法是用以评估金属大气腐蚀最为直观、可靠的方法，能够真实地反映金属的大气腐蚀动力学。一般说来，重量分析法有两种：腐蚀失重法和腐蚀增重法。根据腐蚀情况的不同，可选取不同的分析方法。

1. 腐蚀失重法

腐蚀质量损失指单位面积的腐蚀失重（简称腐蚀失重）。对于均匀腐蚀类型的金属材料，可以用失重法来评价其腐蚀动力学行为。首先轻刷样品，去除附着的不牢固的块状腐蚀产物，然后将样品浸在三次蒸馏水中去除可溶性的盐。一般采用化学方法去除金属表面的腐蚀产物，为弥补清除腐蚀产物过程中因基体金属被腐蚀溶解掉而造成的误差，可以用空白样品来校正。该方法一般应采取多个平行样品计算腐蚀速率。用游标卡尺测量样品的长、宽、高，并记录每个样品的总表面积。对于钢来说，腐蚀产物容易脱落，钢的腐蚀失重一般遵循幂函数规律。

研究钢的腐蚀失重时，将样品在加有有机缓蚀剂的盐酸中清除腐蚀产物，即在室温下将样品浸入除锈液中（除锈液为 500mL 盐酸 + 500mL 蒸馏水 + 20g 六次甲基四胺）。清洗干净，干燥后再次测重。每周期准备 3 个未腐蚀的空白样品进行失重校正。最后依据公式计算腐蚀失重。

腐蚀失重测量起来比较简单，计算也比较方便，但是腐蚀失重方法有其局限性：它只能评价均匀腐蚀的腐蚀速率，不能评价非均匀腐蚀的现象，而且不能对不同种类的金属腐蚀速率进行比较。

2. 腐蚀增重法

当金属表面的腐蚀产物具有较好的稳定性，并且不易从基体表面脱落时，也可以采用增重法。该方法也应采取多个平行样品做分析，可以不使用空白样品。用游标卡尺测量样品的长、宽、高并记录每个样品的总表面积。

腐蚀增重测量起来特别简单，计算也比较方便，但是对于大多数金属来说，腐蚀产物容易脱落，并不适合采用腐蚀增重法来评价金属的腐蚀速率。另外，这种方法也不能表征非均匀腐蚀的现象，也不能对不同种类的金属腐蚀速率进行比较。

8.3.4　形貌分析法

1. 扫描电子显微镜

扫描电子显微镜（SEM）是金属表面形貌分析的最常用的仪器，可给出金属在不同时期的表面形貌，观察金属表面的局部腐蚀行为。扫描电子显微镜不仅可以对各种固体样品的表面进行高分辨率形貌观察，而且可以观察切开的断面，可以很方便地研究氧化物表面、晶体的生长或腐蚀的缺陷。

扫描电子显微镜的工作原理是利用二次电子成像法：从电子枪灯丝发出的电子束，受到阳极高压的加速作用后射向镜筒，经过聚光镜和物镜的汇聚作用，缩小成狭窄电子束射到样品上，电子束与样品相互作用将产生包括二次电子在内的多种信号。通过控制显像管的电子束的扫描，形成样品的图像。扫描电镜像的分辨率取决于电子束斑的直径、电子枪亮度、样品的性质、相互作用的方式以及扫描速度等因素。扫描电子显微镜具有很多优异的性能：相对于光学显微镜而言，它具有较大的景深，即使对于粗糙的样品表面，也可得到清晰的图像；能在较大的放大倍数范围工作，从几十倍到几十万倍；可对微区进行无损检测等。

但是扫描电镜也有一些局限性：必须在高真空环境下进行样品检测；只能研究样品表面的形貌，不能获得样品内部结构的信息等。

2. 聚焦离子束系统

双束聚焦离子束系统是材料纳微米级尺度结构加工、修改、分析和成形的重要工具。利用该仪器的离子束微加工功能，可以实现微尺度样品的制备和成形。结合电子束显微表征方法，进而在纳微米尺度获得材料三维缺陷结构及分布信息、成分信息和三维微观形态信息。结合相应微控和成分、晶体取向分析装置，在微加工样品上施加相应的耦合环境场（力、电/磁、温度），原位观察材料在实际环境中的显微或微观晶体结构演化。目前该设备已在传统材料、先进新材料、生物/医用材料、半导体材料、纳米科技、磁性材料、陶瓷材料、催化材料和高分子复合材料等方面获得广泛的应用，并在新材料、环境、能源和化学等领域显现出了极大的潜力。

双束聚焦离子束系统在金属的腐蚀与防护领域也有着极为重要的作用。以前由于技术的限制，对于金属局部腐蚀的孔内观察一直难以进行，只能提出可能的腐蚀形貌。如果利用聚焦离子束的微束加工功能，不仅可以利用成像系统进行电镜观察，使用能谱仪进行成分分析，通过气体注入系统进行 Pt、SiO_2 沉积和金属、非金属刻蚀，还可以结合样品微操作系统对纳微米级样品进行取出和移动操作，测量器件及其局部的电学性能，利用微力测量系统实现对样品的微力测试。虽然聚焦离子束能直接观察腐蚀样品的形貌，并能对样品各个部位进行剥离，进而分析各层的元素组成及腐蚀的发展趋势，但是它不能判断具体的腐蚀产物结构。

3. 原子力显微镜

原子力显微镜是在微观上观察材料表面形貌的显微镜。相对于扫描电子显微镜而言，原子力显微镜具有许多优点。电子显微镜只能提供二维图像，而原子力显微镜能够提供三维立体的表面形貌图，可以在纳米尺度上直观地描绘出金属材料在大气腐蚀过程中的表面形貌，且可进行原位测量。对于不导电的样品，如果利用电子显微镜观察样品的表面，就必须喷金或喷碳，但是利用原子力显微镜就不需要对样品进行喷金或喷碳的预处理，避免了对样品原始状态的不可逆的损伤。另外，样品在电子显微镜下进行观察时，需要在较高真空条件下进行，而原子力显微镜在常压下就可以进行。但是原子力显微镜的成像区域较小，成像速度较慢，对样品的平整度要求极高。

4. 激光扫描共聚焦显微镜

激光扫描共聚焦显微镜是一种进行非接触性的表面显微观察的显微镜。用激光作为扫描光源，逐点、逐行、逐面快速扫描成像，扫描的激光与荧光收集共用一个物镜，物镜的焦点即扫描激光的聚焦点，也是瞬时成像的物点。由于激光束的波长较短，光束很细，所以共焦激光扫描显微镜有较高的分辨力，大约是普通光学显微镜的 3 倍。激光共聚焦扫描显微镜系统经一次调焦，扫描限制在样品的一个平面内。调焦深度不一样时，就可以获得样品不同深度层次的图像。因此激光扫描共聚焦显微镜能够同时提供三维形貌和表面粗糙度的测试。

对样品采取不同粒径的水磨砂纸研磨，使其表面具有不同的表面粗糙度。使用激光扫描共聚焦显微镜进行表面粗糙度的测试，在波长为 543nm 的激光作用下进行扫描。选取 $100\mu m \times 100\mu m$ 的区域进行激光扫描，每条扫过的线段长度上面有 512 个扫描点。表面粗糙度可以近似用每个扫描面上的不规则峰谷的平均高度和平均长度来表示。

8.3.5　结构分析法

由于表面形貌分析方法在研究腐蚀产物的结构方面具有一定的局限性，因此可借助于 X 射线衍射仪（XRD）、红外光谱、拉曼光谱、光电子能谱（XPS）和俄歇电子谱（AES）来鉴定腐蚀产物。X 射线衍射仪能获得具有一定含量晶型物质的信息。拉曼光谱和红外光谱可用于部分产物的鉴定，有些非晶型物质如非晶型 $FeOOH$ 也很容易由红外光谱鉴别。应用光电子能谱对腐蚀产物的元素组成和化学状态进行分析，并可进行半定量分析。

1. 红外光谱法

红外光谱仪是对元素已知但化合物未知时鉴定其结构的一种强有力的工具。尤其近几年来，各种取样技术和联用技术的迅速发展，使得它成为分析化学中最广泛的仪器之一。

红外光谱主要用于研究原子间化学键振动、晶格振动能级跃迁对红外辐射所产生的共振吸收，也就是红外光谱主要反应物质分子中振动能级的变化，因此也称振动光谱。对某一确定的化合物而言，内振动的频率主要决定于振动原子的性质。对于给定的原子基团，其吸收谱带总是出现在一个相当恒定的范围内，具有一定的特征性，这样的吸收谱带成为特征吸收谱带（或特征吸收峰）。这些频率只与特定的基团有关，而与该基团所在的位置无关。但如果一种物质中同时含有多个基团，则多个基团同时分别对红外辐射产生特征吸收。由于物质内部多个基团之间还存在一定的相互作用与影响，对于特定的物质还将出现特征的红外光谱，在一定的波长产生吸收峰，也称指纹频率。指纹频率是整个分子或分子的一部分振动产生的，而不只是源于某个基团的振动。指纹频率对分子结构的微小变化具有较大的灵敏性，对于特定化合物，其指纹频率是一定的。因此，指纹频率成为鉴定具有特定结构和组成的物质的有效手段之一。

化合物红外光谱图的特征吸收谱带的频率、强度、形状与被测定样品的状态和样品制备方法密切相关。要想得到一张高质量的红外光谱图，必须根据样品的状态和性质选择适当的制样方法，否则就得不到预期的效果。由于溴化钾当波数在 $400 \sim 5000cm^{-1}$ 的范围内时具有非常优良的透光性，一般选用溴化钾对粉体材料进行压片测试。

溴化钾压片法：约 1mg 样品和约 100mg KBr 研磨，施加一定的压力，压成透明的薄膜。KBr 压片法简单可行，是红外光谱实验室常用的制样方法。但它存在如下两个致命的缺点：

1）无机和配位化合物通常都含有离子，样品和 KBr 研磨，尤其是施加压力，会发生离子交换，使样品的谱带发生位移和变形。

2）无机和配位化合物通常都含有结晶水，用 KBr 压片法当波数在 3400cm^{-1} 和 1640cm^{-1} 左右时会出现水的吸收峰，这可能有三个原因：首先是由于存在吸附水，可用低温烘烤或真空干燥的方法除去；其次样品本身含有结晶水；另外，KBr 和样品一起研磨时也可能吸附空气中的水蒸气。

因此在做试验时不仅要了解测样品的化学组成，还要保证样品腔内具有干燥的环境。

2. X 射线衍射法

X 射线衍射法是利用波长很短的 X 射线对样品进行轰击，测量所产生的衍射 X 射线强度的空间分布，以确定样品的微观结构。

X 射线衍射的基本原理是 1912 年由德国物理学家劳厄提出的，其基本思想是由于 X 射线的波长和晶体内部原子间的距离（10^{-8}cm）相近，所以晶体可以作为 X 射线的空间衍射光栅。当一束 X 射线通过晶体时将会发生衍射，衍射波叠加的结果将使 X 射线的强度在某些方向上出现增强的现象，而在其他方向上出现减弱的现象。后来英国物理学家布拉格在劳厄思想的基础上，不仅成功地测定了 NaCl、KCl 等的晶体结构，并提出了布拉格定律，这一定律为晶体衍射的基础。

当 X 射线以布拉格角入射到某一点阵平面间距为 d 的原子面上时，在满足布拉格方程时，会在反射方向上获得一组因叠加而加强的衍射线。通过分析衍射波叠加的衍射花样，根据布拉格定律，可以计算得到晶格点阵参数，如点阵平面间距 d、晶胞大小和晶胞类型，从而可以确定晶体的结构。

X 射线衍射法有很多应用，如进行物相分析、点阵参数分析、晶体取向分析、晶粒尺寸分析、微观应力分析、宏观应力分析、晶体缺陷分析以及点阵类型、对称性、原子位置等晶体学数据的分析等。

X 射线衍射法在金属的大气腐蚀中的应用主要是进行物相分析的定性和定量的分析。定性分析是把待测腐蚀产物的衍射数据（如点阵平面间距及衍射强度）与《粉末衍射卡片集》中标准物相的 PDF 衍射数据卡片的标准值进行比较，用以鉴定金属的腐蚀产物中存在的物相；定量分析则根据待测腐蚀产物衍射花样的强度，确定待测腐蚀产物中各相的比例和含量。

3. X 射线光电子能谱法

X 射线光电子能谱（XPS）分析方法是研究材料表面化学状态的技术，是由瑞典皇家科学院院士、Uppsala 大学物理研究所所长 K. Siegbahn 教授创立的。该分析方法为现代分析化学的发展开拓了一个全新的领域，为鉴别化学状态、进行结构分析建立了一种新的分析手段。该方法不仅可以给出元素的组成和含量，而且还可给出该化合物的价态、状态、结构，以及化学键、电荷分布的信息；不仅能给出样品本体的结果，而且还能给出表面、微区、纵深的信息。

X 射线光电子能谱的基本原理是用 X 射线辐照样品的表面，使样品表面的原子内层电子或价电子受激而发射出来，被激发出来的电子一般也称为光电子。测量样品表面层逸出电子的数量和能量（即束缚能），从而获得样品的有关信息。这种方法可以用于金属、合金、无机化合物、有机化合物等各种材料的结构测试。

在进行光电子能谱结果分析时除了要了解纯元素，也要了解合金或化合物的谱线，即元素不同化学状态的彼此接近的谱线互相重叠在一起的合成谱线。为了认定存在元素的化学状态和所对应的含量，必须进行分峰处理或解谱，把这些重叠在一起的谱线分开。

但是 X 射线光电子能谱也有一定的局限性，如只能在超高真空环境中测试，而且不能检测出氢和氦两种元素。

8.3.6　电化学分析法

金属材料腐蚀一般是在恒温恒压条件下进行的，运用吉布斯自由能判据可判断电化学腐蚀（或化学腐蚀）能否自发进行，还可用电极电位作为判据来判断电化学反应是否可以自发进行。当阳极电位低于阴极电位时，金属才能自发发生电化学腐蚀。在除氧的还原性酸溶液中，只有阳极电位低于该溶液中氢的电极电位时，析氢腐蚀才能发生；而在含氧的溶液中，只有阳极电位低于该溶液中氧的电极电位时，吸氧腐蚀才能发生。当两种金属相互接触，形成电偶对，这时电位较低的金属作为阳极，失去电子发生腐蚀，而电位较高的金属则不发生腐蚀。

金属材料的电极电位与其本性、溶液成分、温度和压力有关。在某些情况下，金属材料的电极电位不易测量，这时可利用标准电极电位标准状态下，电极反应中各物质的活度为 1 时的平衡电势来判断其电化学腐蚀的倾向。但是，金属材料在热力学上的稳定性，不仅取决于其本性，还与腐蚀介质有关。例如，即使在热力学上完全稳定的 Au，在含络合剂的氧化性介质中的电极电位也变为负值，处于不稳定的状态。又如，在不含水分的干燥室温空气中和不含氧的液态饱和烃中，即使活泼金属也有可能处于完全稳定的状态，不发生腐蚀反应。

众所周知，金属材料在潮湿大气环境腐蚀的本质是电化学腐蚀，因此应用电化学评价方法分析金属大气腐蚀动力学及腐蚀机制显然具有一定的合理性。随着薄液膜下电化学测试技术的不断发展，金属大气腐蚀速率的电化学评价方法也进一步趋向多元化。

金属大气腐蚀的电化学评估方法有很多，包括大气腐蚀传感器、电化学工作站、扫描开尔文探针测量技术等。但是，由于金属大气腐蚀并不完全等同于溶液中的电化学腐蚀，所以有时电化学的测量数据很难完全反映真实大气腐蚀情况，通常还是应以暴露试验后的测试（如重量法和恒电流阴极还原法）作为最直接的参照方法。

1. 大气腐蚀传感器

大气腐蚀研究中，润湿时间是一个重要的参数，它是指一定时间内，电偶电流超过某一预定值的累积时间。Sereda 测量润湿时间的方法正是基于大气条件下锌/铂之间电偶电流的测量。在此方法基础上研制了一种新型的传感器，不仅可以用于润湿时间的测量，而且能用于检测大气腐蚀速率。

2. 电化学工作站

电化学工作站是电化学研究常用的测试设备，一般内含快速数字信号发生器、高速数据采集系统、电位电流信号滤波器、多级信号增益、IR 降补偿电路以及恒电位仪、恒电流仪，可直接用于超微电极上的稳态电流测量。常见的电化学工作站包括 4 个电极：参比电极、辅助电极、工作电极以及反馈电极。通常进行电化学测试时将反馈电极与工作电极相连。根据待测体系的特点，可以选择两电极、三电极甚至四电极系统进行测量。

辅助电极的作用是组成一个串联回路，保持研究电极上电流通过。工作电极的反向电流应能流畅地通过辅助电极，因此一般要求辅助电极本身的电阻小，并且不容易腐蚀，通常选用铂片或铂网作为辅助电极。

参比电极是测量各种电极电位时作为参照比较的电极。参比电极的电极电位是已知的。将工作电极与参比电极组成原电池。测定原电池的电动势，就可计算出工作电极的电位。不同的参比电极对于同一个被测体系测出的电位值是不同的。但可以通过不同参比电极之间的电位差相互换算得到所需的电位值。在多种参比电极中，选出标准氢电极（SHE）作为标准，定义标准氢电极的电位为零。

根据电化学反应体系的特点，可以通过不同的电化学参量对腐蚀体系进行评价。

（1）电偶电流 当腐蚀反应的阴极过程由氧的扩散控制时，阳极金属的电偶电流正比于氧还原的极限扩散电流密度。

（2）极化电阻 Gonzalez 等人分别使用 Al、Cu、Fe、Zn 等设计了三电极电化学电池型 ACM，通过测量金属在不同湿度和硫酸浓度时的极化电阻，来计算腐蚀速率。

（3）交流阻抗 交流阻抗法是用小幅度正弦交流信号扰动电解池，并观察体系在稳态时对扰动的跟随情况。通过分析阻抗数值，计算金属溶液界面的等效电路的参数值。Chung 等通过非原位电化学阻抗谱（EIS）技术研究了锌初期大气腐蚀产物的形成及保护性。他们认为甲醇溶液中的 EIS 能较好地反映不同大气暴露后腐蚀产物的阻滞性。暴露在相对湿度 100%条件下 48h 后锌的阻抗值是暴露在相对湿度 95%条件下的阻抗值的 3 倍。过 EIS 分析所得结果与腐蚀失重分析相吻合。目前还可使用三电极电化学电池型 ACM 测量金属在薄液膜下的阻抗值，以评价金属在大气中的腐蚀性。

（4）极化曲线 极化曲线也是一种研究金属大气腐蚀动力学的有力手段，利用它可以更好地解释金属大气腐蚀的机理。Mansfeld 等曾采用三电极电化学电池型 ACM 研究了钢、锌、铜和铝等金属在薄液膜下的腐蚀。所得阴极极化曲线表明：阴极斜率随液膜厚度的降低而急剧增加，阳极斜率随薄液膜厚度的降低而呈缓慢降低趋势。故极化曲线测量结果表明：随着薄液膜厚度的降低，大气腐蚀机理从扩散控制转化为电荷迁移控制。

（5）电化学恒电流阴极还原方法 腐蚀量可以用法拉第定律来计算，计算时需要腐蚀电流的值。针对铜和银大气腐蚀产物的特点，可以采用电化学阴极还原方法（也叫库仑还原方法）对暴露后的铜和银的腐蚀产物进行还原电荷的测定，依据还原电荷的大小进行动力学分析。

将铜或银在大气环境中暴露试验后作为工作电极在电化学工作站进行阴极还原。阴极还原所用的工作电极的面积固定为 $1cm^2$。用铂网作为辅助电极，饱和硫酸汞电极（MSE）作为参比电极，电解液为 0.1mol/L 的硫酸钠溶液（pH=10）。首先将电解液用氮气除氧至少 1h，然后引入电解池中。通过电化学工作站，在工作电极上施加一定电流密度的阴极电流，对样品表面的腐蚀产物进行阴极还原。监控工作电极的电位，当电位达到 $-1.7V_{MSE}$（相对于 MSE 的电位，也是氢气的还原电位）后，停止阴极还原的试验，得到阴极还原曲线。从阴极还原曲线上能够得到两个信息：还原电位和还原电荷。还原曲线上电位不变部分的中间点为还原电位，可以利用该电位鉴别腐蚀产物的化学结构。在某一还原电位所对应的还原电荷可以用来计算该还原电位所对应的腐蚀产物的数量。也就是说，如果假设腐蚀产物是一个理论上致密的结构，腐蚀厚度可以通过还原电荷计算出来。通过电化学阴极还原技术不仅可以得到铜或银等金属的腐蚀动力学特征，而且可以鉴别腐蚀产物的结构。

3. 扫描开尔文探针技术

扫描开尔文探针技术是一种非接触的无损振荡电容装置，用于测量导体材料的功函数（work function）或半导体、绝缘材料的表面势。扫描开尔文探针显微镜是对经典开尔文探针在纳米领域应用的延伸。在针尖和样品之间施加直流和交流两种电压，应用锁相放大技术可以获得样品表面的功函数变化和表面形貌图像。扫描开尔文探针技术用于薄液膜下金属腐蚀电位的测定，能为待研究金属的大气腐蚀规律提供必要的信息。开尔文探针方法测定大气腐蚀电位是 20 世纪 90 年代初德国的科研人员提出的一种非接触性的用于测量金属表面微小区域的电位分布的新技术。由于它能够不接触腐蚀体系测定气相环境中极薄液层下金属的腐蚀电位，所以为大气腐蚀的研究提供了一种新的途径，成为研究大气腐蚀过程机理和评价防护措施性能的强有力工具。

扫描开尔文探针技术的工作原理为：通过移动垂直样品表面的铂探针。使其靠近至待测金属表面上方微小的距离，并按一定的频率和一定大小的振幅进行上下往复振动，从而使探针和金属表面形成的电容变化，进而在回路中感生出交变电流。通过移动平台在 X 方向和 Y 方向的精密移动，对金属表面设定区域进行扫描，就可以测定金属表面整个区域的表面功函数。

目前对大气腐蚀的研究已经呈现出新的发展趋势，出现了多种技术的联合使用，开启了研究金属大气腐蚀的一个新领域，进一步拓展了大气腐蚀研究的新方法。如原位傅里叶红外光谱（FTIR）可以提供形成腐蚀产物组成方面的信息，而原子力显微镜（AFM）可以在纳米尺度上对金属材料样品大气腐蚀过程中的表面形貌进行实时观察。结合多种原位技术手段，可以实现对腐蚀过程更全面的认识。FTIR 数据不仅可以用作腐蚀产物的定性分析判断，也可利用产物中某一特征物质的特征波数强度进行定量或半定量分析研究。

8.4 耐蚀性试验

金属表面上化学转化膜的耐蚀性试验，除了铝及铝合金阳极氧化膜在封闭处理后可以采用盐雾试验、潮湿试验之外，其他的化学转化膜通常采用试验液的点滴试验或浸渍试验。点滴试验就是在洁净的试样膜层上滴一滴腐蚀溶液，从滴上溶液到出现腐蚀变化所需要的时间作为耐蚀性的判断及考核标准。

8.4.1 钢铁化学转化膜的耐蚀性试验

1. 钢铁化学转换膜的点滴试验

（1）氧化膜的点滴试验 具体方法如下：

1）硫酸铜溶液点滴法 I。试验液为 $w(CuSO_4) = 2\%$ 的溶液。试验标准为 30s 试样表面无变化，允许在 $1cm^2$ 内有 $2 \sim 3$ 个接触析出的红点。

2）硫酸铜溶液点滴法 II：试验液为 $w(CuSO_4) = 3\%$ 的溶液。试验标准为 20s 试样表面无变化，允许在 $1cm^2$ 内有 $2 \sim 3$ 个接触析出的红点。

3）草酸溶液点滴法。试验液为 $w(H_2C_2O_4) = 5\%$ 的溶液。试验标准是 1min 试样表面无明显变化为合格；1.5min 内试样表面无明显变化为良好。

（2）磷化膜点滴试验 具体方法如下：

1）硫酸铜、氯化钠溶液点滴法。试验液成分为 0.25mol/L 硫酸铜溶液 40mL 和 w（NaCl）= 10% 的溶液 20mL。试验标准为 3min 以上出现玫瑰红斑点，作为油漆底层的快速磷化和冷磷化，以 30s 以上为合格。

2）硫酸铜、盐酸液点滴法。试验液成分为 41g/L 硫酸铜和 35g/L 氯化钠，0.013 mol/L 盐酸，溶液温度为 15~25℃。试验标准终点为出现淡红色，合格时间由供需双方商定。该方法适用于稳定生产中工序间的磷化膜耐蚀性快速试验。

2. 钢铁化学转化膜的浸渍试验

（1）钢铁氧化膜的浸渍试验　浸渍试验液为 w（CuSO₄）= 2% 的溶液。试验标准将洁净的试样浸渍于试液中，20s 试样表面无变化。

（2）钢铁磷化膜的浸渍试验　浸渍试验液为 w（NaCl）= 3% 的溶液，溶液温度为 15~25℃。试验标准为将洁净的试样浸渍于试液中，1h 后试样表面无变化，同时基体金属不应出现锈蚀（棱边、孔角及焊缝处除外）。

3. 不锈钢钝化膜的质量检验

（1）不锈钢钝化膜的外观　不锈钢钝化处理之后，其表面应该均匀一致、无色，光亮度比处理之前略有下降，无过腐蚀、点蚀、黑灰或其他污迹。

（2）不锈钢钝化膜的耐蚀性测试　具体试验如下：

1）浸水试验试样：在去离子水中浸泡 1h，然后在空气中干燥 1h，这样交替处理最少 24h，试样表面应无明显的锈和腐蚀。

2）高潮湿试验：试样放在潮湿箱中，相对湿度为（97±3）%，温度为（37.8±2.8）℃，时间为 24h，试样表面应该无明显的锈和腐蚀。

3）盐雾试验：不锈钢钝化膜必须能够在质量分数为 5% 的中性盐雾试验中 2h 而无明显腐蚀。

4）硫酸铜点滴试验：测试 300 系列奥氏体镍铬不锈钢时，可以用硫酸铜点滴试验代替盐雾试验。硫酸铜试验溶液的配制方法是将 8g 五水硫酸铜试剂溶于 500mL 蒸馏水中，加 2~3mL 浓硫酸。新配的溶液只能使用两周，超过两周的溶液要废弃，并重新配制。将硫酸铜溶液数滴滴在不锈钢试样的表面上，通过补充试液的方法，保持试样表面始终处于润湿的状态 6min，然后小心地将试液用水洗去并干燥。观察试样表面的液滴处，如果无置换铜出现，则说明钝化膜合格，如果有置换铜出现，则说明钝化膜不合格。

5）铁氰化钾-硝酸溶液试验：将 10g 化学纯的铁氰化钾溶于 500mL 的蒸馏水中，加入 30mL 化学纯的硝酸 $[w(HNO_3) = 70\%]$，用蒸馏水稀释至 1000mL。试液配制后要当天使用，否则要重新配制。

滴数滴试液在不锈钢试样的表面上，如果试液 30s 以内变成黑色，说明不锈钢的表面有游离铁存在，钝化膜不合格。如果试液无反应，试样表面的试液可以用温水彻底洗净。如果表面有反应，试样表面的试液可以用质量分数为 10% 的醋酸、质量分数为 8% 的草酸溶液和热水将其彻底洗净。

8.4.2　有色金属化学转化膜的耐蚀性试验

1. 铜及铜合金钝化膜的点滴试验

1）试验液为质量分数为 50% 的硝酸溶液。

2）试验标准为将试验液滴在洁净的试样表面，观察产生气泡的时间，超过 6s 才产生气泡的为合格。

2. 铜工件上的钝化膜点滴试验

1）试验液为质量分数为 25% 的氨水溶液。

2）试验标准为在洁净的试件表面上滴一滴试液，1min 后用棉球擦干，以表面不呈暗色为合格。

3. 铝及铝合金化学转化膜的点滴试验

1）试验液成分：盐酸（$\rho = 1.19\text{g/cm}^3$）25mL，重铬酸钾 3g，蒸馏水 75mL。

2）终点颜色：液滴变成绿色（氧化封闭处理后 3h 内进行试验）。

3）点滴试验时间标准见表 8-8。

表 8-8　点滴试验时间标准

阳极化使用的方法	材　料	不同温度下点滴试验时间标准/min				
		11~13℃	14~17℃	18~21℃	22~26℃	27~32℃
硫酸法	包铝材料（膜厚 > 10μm）	30	25	20	17	14
	裸铝材料（膜厚 5~8μm）	11	8	6	5	4
铬酸法	包铝材料	—	—	12	8	6
	裸铝材料	—	—	4	3	2
瓷质阳极化法	ZL104	10	8	5	4	3
	2A12	10	8	5	3.5	2.5

4. 镁合金氧化膜的点滴试验

（1）试验液成分　镁合金氧化膜的点滴试验液有以下两种配方：

配方 1：用质量分数为 1% 的氯化钠溶液与质量分数为 0.1% 酚酞乙醇溶液的混合液。

配方 2：高锰酸钾 0.05g；硝酸（$\rho = 1.42\text{g/cm}^3$）0.25%（体积分数）；蒸馏水 100mL。

（2）终点颜色　配方 1 的试验液，液滴呈现玫瑰红色；配方 2 试验液，液滴呈红色。

（3）时间标准　配方 1 的时间标准见表 8-9。配方 2 试验液的时间标准是 3min 红色不消失为合格。

表 8-9　镁合金氧化膜点滴试验时间标准（配方 1 适用）　　　（单位：min）

合金牌号	在不同温度下点滴试验时间标准				
	20℃	25℃	30℃	35℃	40℃
MBS	2	1.33	1.05	0.86	0.66
MB1	2	1.33	1.05	0.86	0.66
ZM5	1	0.66	0.58	0.43	0.33

8.5　耐磨性试验

8.5.1　钢铁氧化膜的耐磨性试验

将表面粗糙度 $Ra \leqslant 3.2\mu m$ 的试样，用乙醇除去油污后，置于落砂试验仪上（见图

8-20），将粒度为 0.5~0.7mm 的石英砂 100g（定期部分更换）放在漏斗中，石英砂经内部直径为 $\phi5mm$~$\phi6mm$、高 500mm 的玻璃管自由下落，冲击试验表面。石英砂落完后，用脱脂棉擦去试片上的灰尘，并在冲击部位滴一滴质量分数为 0.5% 的硫酸铜溶液，经 30s 后，将液滴用水冲去或用脱脂棉擦去，直接目测观察。如果无置换铜出现，则说明氧化膜的耐磨性合格；如果有置换铜出现，则说明氧化膜的耐磨性不合格。

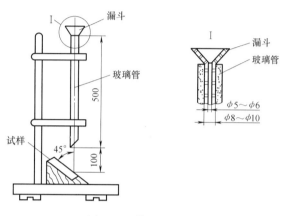

图 8-20　落砂试验仪

8.5.2　有色金属氧化膜的耐磨性试验

将图 8-20 所示落砂试验仪稍加改装，用一根内径为 5mm、长度为 110cm、中间带控制阀的玻璃管代替落砂试验仪玻璃管。把厚度为 0.5~1mm 的试样固定在距玻璃管末端 50mm 的试样架上，称取 100~200gF80 磨料（GB/T 2480）倒入漏斗内，磨料约占其容积的一半。试验时打开控制阀，磨料自由落下冲击试样表面，漏斗中磨料的水平面不断补加新磨料保持不变，当磨料冲击处呈现基体的瞬间，关闭控制阀，所落下磨料的质量（g）作为耐磨性衡量标志。反复试验三次，其算术平均值作为最终结果。

该试验方法适用于检测铝、镁、铜和锌及其合金上氧化膜的耐磨性，也可用于检测磷化膜的耐磨性。

第9章　化学转化膜新技术

9.1　绿色磷化技术

磷化是将金属浸入磷化液，在其表面发生化学反应，形成磷酸盐转化膜的工艺过程。磷化后金属表面微孔结构丰富，比表面积增大，可显著提高涂层和基体的附着力。

目前绿色磷化技术的工业发展及研究进展主要集中在以下几个方面：

1）亚硝酸盐是目前磷化技术上使用最广泛、最有效的促进剂。但是亚硝酸盐有毒、易分解，因此人们正致力于无亚硝酸盐磷化工艺的开发。

2）脱脂剂一般为强碱液加入表面活性剂，磷酸盐是传统脱脂剂的主要成分。基于环保的需要，无磷无氮脱脂剂是未来发展方向。

3）表调目前普遍采用的是胶体磷酸钛表调剂。未来发展趋势是取消表调，简化工艺。如研究对弱碱性脱脂剂进行改进，使脱脂表调同时完成。

4）过去采用的钝化剂大多是铬酸盐，对环境污染很大。新型钝化封闭剂不含 Cr^{6+}、Cr^{3+}、NO_2^-，由多种无毒无害的无机物和有机物复配而成，与磷化膜有很好的吸附作用，能显著提高有机涂层与金属基体的结合力。此外，可以通过提高磷化膜的致密性和耐蚀性，取消钝化，国内很多企业已采用这种工艺。

9.2　硅烷化处理技术

硅烷化处理是以有机硅烷水溶液为主要成分对金属进行表面处理的过程。金属工件经硅烷化处理后，表面吸附了一层类似于磷化晶体的三维网状结构的超薄有机纳米膜层，同时在界面形成结合力很强的 Si—O—Me 共价键，可将金属表面和有机涂层耦合，具有很好的附着力。

9.2.1　成膜机理

硅烷化处理剂的主要成分是有机硅，化学式为：$R'—(CH_2)_n—Si(OR)_3$，OR 是在水中可水解基团，具有与玻璃、陶土、某些金属键合以及自聚合的能力。R′是有机官能团，可以提高硅烷与涂料树脂的反应性和相容性。

正由于硅烷分子中存在两种官能团，从而在无机和有机材料界面之间架起"分子桥"，形成"无机相-硅烷链-有机相"的结合层，增加了树脂基料和无机材料间的结合力。硅烷化处理的成膜原理可分为 4 步：

（1）水解反应　硅烷化处理剂水解形成足量的活性基团 SiOH（硅羟基）。

（2）缩聚反应　SiOH 之间脱水缩合成低聚硅氧烷（带活性硅羟基）。

（3）交联反应　低聚物中的 SiOH 与金属表面的羟基形成氢键。

（4）脱水成膜　SiOH 与金属表面的羟基进一步脱水聚合，在界面上形成 Si—O—Me 共价键，使硅烷膜紧密结合在金属表面，剩余的硅烷分子则通过 SiOH 之间的缩聚反应在金属表面形成具有 Si—O—Si 三维网状结构的硅烷膜。

9.2.2　工艺流程及优缺点

（1）工艺流程　以电泳涂装预处理为例，工艺流程为：预脱脂→脱脂→水洗→纯水洗→硅烷化处理→纯水洗→水分烘干→电泳。硅烷化处理无须表调和钝化，但对金属表面和槽液清洁性要求很高，处理前的最后一道水洗必须用纯水洗。这是因为硅烷成膜需脱水，需水分烘干处理。

（2）工艺优缺点　硅烷化处理技术具有常温操作、无磷无渣无毒、工艺简单、成本低等磷化技术无法实现的优点。硅烷化处理适用范围广，适用于多种金属底材的防护，能与各类涂料匹配。但是，硅烷化处理技术也存在应用上的缺陷，如单独使用对金属的防护效果有限，处理过程需高温烘干，时间长，能耗大，硅烷化处理溶液存放时间相对较短，易发生缩聚而失效，使工业上大规模应用受限。

9.2.3　工业现状和发展方向

1）硅烷化处理工艺与现有磷化生产线可兼容，只需增设纯水系统。目前硅烷化处理技术在欧美一些涂装企业已开始应用，正在逐步取代磷化。

2）硅烷化处理溶液在使用前要进行水解预处理，水解预处理时间控制较困难。开发较为稳定的混合水解硅烷化处理溶液是目前研究热点。

3）硅烷化处理的主要成膜过程是在烘干阶段，选择何种脱水方式，对成膜质量以及能否与后续电泳涂装较好匹配很重要。

4）硅烷膜是在脱水过程中成膜的，这增加了预处理后密封室体的长度。发展水中成膜技术是今后研究的方向。

5）研究发现，与完全浸渍成膜法相比，电沉积硅烷膜层更厚，且均匀、致密，涂层的防护性能更好。

9.3　锆盐陶化技术

锆盐陶化技术是一种以氟锆酸为基础，在清洁的金属表面形成一层纳米陶瓷膜的技术。该纳米陶瓷膜由无定形氧化锆组成，结构致密，阻隔性强，与金属表面和后续的有机涂层具有良好的附着力，能显著提高金属涂层的耐蚀性。

9.3.1　成膜机理

锆盐转化膜一般采用溶胶-凝胶法生成。处理液以含氟锆盐为主剂，配合促进剂、调整剂，使金属表面溶解，析氢引起金属工件与溶液界面附近 pH 升高，并在促进剂的作用下，含氟锆盐溶解形成胶体。主要反应式为：

$$H_2ZrF_6 + M + 2H_2O \Longrightarrow ZrO_2 + M^{2+} + 4H^+ + 6F^- + H_2 \quad （其中 M 为 Fe、Zn 等金属）$$

上述反应形成一种 "ZrO_2-M-ZrO_2" 结构的溶胶粒子，随着反应的进行，溶胶结构交联密度增大，不断凝聚沉积，直至产生 ZrO_2 纳米陶瓷膜。

9.3.2　工艺流程及优缺点

（1）典型工艺流程　以电泳涂装预处理为例，其工艺流程为：预脱脂→脱脂→水洗→纯水洗→锆盐处理→纯水洗→电泳。锆盐处理不需要表调和钝化处理。因处理槽液比磷化槽液易被污染，处理前的清洗更严格，需用纯水洗。

（2）工艺优缺点　锆盐陶化技术在室温下操作，处理时间短，不需要表调和钝化处理，无重金属排放，无磷、少渣，水耗和能耗低。锆盐技术运作成本比磷化低，膜层薄（处理面积大），耐蚀性与磷化相当，膜层颜色易与底材颜色区分。但存在以下缺陷：体系中含氢氟酸，有危害；处理的工件比磷化处理的更易被侵蚀；膜层薄，不易遮盖底材缺陷，对底材的表面状态要求较高；适用范围比磷化技术窄。

9.3.3　工业现状和发展方向

1）锆盐陶化技术可沿用磷化处理设备，处理前只需增加一道水洗工序，可将原表调槽更换为水洗槽。2007 年，德国汉高公司和美国 PPG 公司分别推出面向汽车涂装的锆系预处理材料 Tectalis 和 Zircobond，其他全球主流的预处理厂商也相继开发出相关技术。这一系列产品的开发及应用标志着锆系薄膜预处理正式成为汽车预处理的标准工艺，并将逐步取代传统磷化工艺。

2）锆盐处理槽液 pH 要求精确控制在 3.8~4.5。pH 低于 3.8，工件表面会出现发黄、锈蚀现象；pH 高于 4.5，工件表面也会出现发黄现象，并且槽液出现浑浊。如何扩大 pH 的适用范围，是目前该领域的研究热点。

3）锆系薄膜电阻非常小，易导致电泳漆泳透力下降，因此选用的涂料品种和电泳施工控制参数需做相应调整。如何配套使用涂料品种并进行相应的工艺改进，是广大科技工作者努力的方向。

9.4　锡酸盐转化膜技术

锡酸盐转化液成本低、污染小，其转化膜层几乎透明，外观均匀平整，厚度通常为 1~5μm，且表面富有光泽，装饰效果较好。GONZALEZ-NUNEZ 等和霍宏伟等分别研究了镁合金 ZC71 和 AZ91D 锡酸盐转化膜。结果表明，经过锡酸盐化学转化处理的镁合金表面形成厚 2~5μm 的膜层，膜层由水合锡酸镁（$MgSnO_3 \cdot H_2O$）颗粒组成，膜层耐蚀性较基体有明显提高。通常采用的锡酸盐处理工艺为：10g/L 的 NaOH 、50g/L 的 $K_2SnO_3 \cdot 3H_2O$、10g/L 的 $NaC_2H_3O_2 \cdot 3H_2O$ 和 50g/L 的 $Na_4P_2O_7$，溶液温度为 82℃，转化处理时间为 10min。

镁合金化学转化预处理过程中酸洗溶液对镁合金表面转化膜质量有重要影响。ELSEN-TRIECY 等讨论了酸洗对 AZ91D 镁合金锡酸盐转化处理的影响。研究发现，用不同的酸溶液清洗，镁合金基体溶解的部位不同，所得膜层的质量也不同。研究表明：预处理前后镁合金表面相组成基本不变，质量减少主要发生在酸洗阶段，但变化不大。膜的主要成分为 $MgSnO_3 \cdot H_2O$。

化学镍镀层作为防腐、耐磨的功能性镀层在镁合金的防护方面备受关注，如果能将镁合金的化学转化和化学镀镍结合在一起，不但可以解决化学转化膜防护能力稍差的问题，还可解决镁合金化学镀镍预处理过程存在的一些难题和提高合金的耐蚀性。霍宏伟等采用碱性的锡酸盐对 AZ91D 镁合金进行化学转化处理，然后再进行化学镀镍处理，最终得到的 Ni-P 镀层在质量分数为 3.5 % 的 NaCl 溶液中表现出良好的耐蚀性。ELSENTRIECY 等运用恒电位，仪施加阳极极化电位，以改善 AZ91D 镁合金表面锡酸盐转化处理性能。研究表明，在转化处理期间，阳极极化作用会加速镁的溶解，促进膜层的形成。在 −1.1V（相对于 Ag/AgCl 电极）时，试样表面膜层的均匀性得到显著改善，膜层的耐蚀性明显提高。

锡酸盐膜层具有良好的导电性，因而在 3C 电子产品中的应用具有特殊意义。但因膜层的性能不佳（如柔韧性、抗摩擦性和耐蚀性较差）使材料得不到有效的防护，通常还需要其他的防护措施。

9.5　钛锆盐转化膜技术

钛锆盐转化层是应罐头工业无铬涂层的需要发展起来的，该工艺由美国 Amchem Products Inc 于 20 世纪 90 年代初首先提出，随后德国汉高和日本的公司也开展了大量的研究。目前，这种处理工艺已部分应用于工业生产。

钛与铬性质非常相似，在几乎所有的自然环境中都不腐蚀。其极好的耐蚀性源于在其表面上所形成的连续稳定、结合牢固和具有保护性能的氧化膜层。含锆溶液用于铝基表面的预处理，可增加涂层与基体的结合力，提高耐蚀性，同时氧化膜本身也具有一定的耐蚀性。Schra 等研究了铝表面的含锆氧化膜的组成和结构，Deck 也分析了非水洗钛盐处理方法所成膜的组成，发现钛、锆盐生成的转化膜是由 Al_2O_3、$Al_2O_3nH_2O$、$Al(OH)_3$、Zr 或 Ti 与 F 络合物等组成的混合物膜，涂层与基体的结合力强，耐蚀性与铬酸盐转化膜接近，但钛锆盐高昂的价格限制了其大规模的应用。

9.6　钼酸盐转化膜技术

钼和铬化学性质较为相近，钼酸盐广泛用作钢铁及有色金属的缓蚀剂和钝化剂。钼酸盐对钼的缓蚀作用并不十分明显，但它与其他缓蚀剂有很好的协同作用，在钼合金表面生成金黄色带蓝色的钼酸盐转化膜。

钼酸盐钝化液处理金属表面，大多数是利用单一的钝化液试剂（钼酸盐）处理金属表层，这种工艺反应时间长，所得转化膜膜层薄，且耐蚀性和耐磨性不是太好。随着钝化研究的深入，人们开始研究利用钼酸盐与多种组分复合配方，借分子间协同缓蚀作用来提高转化膜的使用性能。用钼酸盐-磷酸盐体系处理锌电镀层表面，在无添加剂的情况下可以产生与深黄色铬酸盐钝化相似的耐蚀效果，而有添加剂时，则可缩短最佳钝化时间使之小于 5min。

目前钼酸盐转化层与钼基的附着力及与有机涂层结合力的研究较少，然而用钼酸盐对其他类型的转化膜进行封闭处理却可以明显提高钼件的耐蚀性和耐磨性。

钼酸盐与铬酸盐钝化工艺的比较见表 9-1。

从表 9-1 中可见，钼酸盐钝化同铬酸盐钝化相比，在某些方面有一定的优势，但是也存在着先天的不足，仍需要改进。

表 9-1　钼酸盐与铬酸盐钝化工艺比较

工艺	耐蚀性	强度	耐磨性	膜层自修复	涂层附着性	毒性	成本
铬酸盐	好	好	好	可以	好	剧毒	低
钼酸盐	一般	好	很好	无	很好	无	较高

9.7　锂酸盐转化膜技术

　　锂酸盐法是以锂酸盐作为处理液，在铝合金表面生成无铬化学转化膜的处理方法。铝合金在碱性溶液中一般会剧烈溶解，但当铝合金浸于含锂盐的碱性溶液中时却出现异乎寻常的钝化现象。

　　Bucheit 等人对铝合金在碱式碳酸锂（$pH = 11.5 \sim 13.5$）溶液中形成的碳酸锂转化膜进行了研究，他们认为转化膜的结构是 $Li_2[Al_2(OH)_6]_2 \cdot CO_2 \cdot 3H_2O$。这种膜的防护性良好，可抑制阴极反应和点蚀。但锂盐转化膜处理工艺较为繁琐，锂盐转化处理的容许范围比较小，铝合金的成分、热处理状态等都对成膜效果有较大的影响。

9.8　钒酸盐转化膜技术

　　近年来，有些科技工作者把钒酸盐的化合物溶液涂覆在铝合金表面上，并在钒酸盐转化膜上施涂氟树脂，所生成的涂膜可在多种环境工况下使用，并获得了极好的耐蚀性。

　　还有人把钒酸盐的溶液涂覆在镁合金上，所获得的转化膜为镁及镁合金提供了优异的附着力和耐蚀性。据介绍，它可以与铬酸钝化膜相媲美。冷轧钢表面钒酸盐转化膜与磷酸铁转化膜的性能对比见表 9-2。

表 9-2　钒酸盐转化膜与磷酸铁转化膜的性能对比

涂料	钒酸盐转化膜	磷酸铁转化膜	t(暴露)/h
聚酯粉末涂料	0.3mm 划痕蠕变	4.3mm 划痕蠕变	504
混合粉末涂料	2.5mm 划痕蠕变	>4mm 划痕蠕变	504
阴极电泳涂料	0.6mm 划痕蠕变	3.2mm 划痕蠕变	504
阳极电泳涂料	0.2mm 划痕蠕变	6.3mm 划痕蠕变	1000

　　1）对基材为冷轧钢的表面进行钒酸盐转化膜处理，然后再涂覆混合粉末涂料，其暴露试验实际可以达到 888h。

　　2）聚酯粉末涂料涂在磷酸铁转化膜上，要求其盐雾试验是在暴露 504h 后，划痕蠕变应小于 4.67mm（磷化膜为 4.33mm，钒化膜为 0.3mm）。由表 9-2 中可知，钒酸盐转化膜优于磷酸铁转化膜。

　　3）来自高压交流电元件及系统制造厂的试验表明，钒酸盐转化膜与氯酸盐加速的磷酸铁转化膜相比，阴极电泳涂装后盐雾暴露 504h，钒酸盐转化膜性能优于磷酸铁转化膜。

9.9　氟锆酸盐转化膜技术

　　对金属进行氟锆酸盐转化处理也有了实际应用的可能性。与铬相似，锆在水溶液中被认为形成连续的三维聚合体金属或氧化物矩阵,这些膜层可以作为基体与环境之间的屏障而起到保护作用。因此有人采用含有锆离子的有机或无机阴离子所稳定的酸性水溶液作为转化处理液,在镁合金上形成转化膜。通过干燥,一层连续的聚合体锆氧化物膜层形成在基体表面。

采用氟锆酸盐加某种金属离子,溶液 pH 控制在 3.5,化学转化温度为 75~80℃,化学转化时间为 30min。用这种工艺生产出来的转化膜表面均匀、平整、呈白色。用正交试验法优选了转化液组分含量、pH 及转化时间等工艺参数,用点滴法和盐水浸泡法对膜层耐蚀性进行了评价,并与铬酸盐转化膜进行了比较,二者耐蚀性相当,有进一步的研究价值和较好的应用前景。

这种转化处理方法的不足之处就是处理液对硬水或前水处理液所引起的污染比较敏感,因此在转化处理之前必须用去离子水清洗。表 9-3 中列举了几种典型的稀土盐、氟锆酸盐转化膜配方及工艺,氟锆酸钾浓度对膜层质量的影响见表 9-4。

表 9-3　典型稀土盐、氟锆酸盐转化膜配方及工艺

序号	配方及含量		工　艺
1	$CeCl_3$	10mg/L	室温,浸渍 30~180s,去离子水冲洗,热风吹干
	H_2O_2	5%①	
2	$Ce(NO_3)_3$	3g/L	40℃,浸渍 20mins,去离子水冲洗,热风吹干
	$CeCl_3$	3g/L	
	$Ce(SO_4)_2$	3g/L	
	$La(NO_3)_3$	3g/L	
	$Nd(NO_3)_3$	3g/L	
3	Zr^{4+}	0.01~0.5g/L	25~60℃,pH = 2.5,浸渍,水洗,干燥
	Ca^{2+}	0.08~0.13g/L	
	F^-	0.01~0.6g/L	

① 体积分数。

表 9-4　氟锆酸钾浓度对膜层质量的影响

氟锆酸钾浓度/(g/L)	实验现象与结果	$CuSO_4$ 点滴结果/s
0	吹干后表面没有膜层生成	6
0.5	所形成膜层呈淡黄色、疏松较均匀、光泽较差	25
1	所形成膜层呈浅金黄色带蓝色、致密均匀、光泽好	300
1.5	所形成膜层呈浅金黄色带蓝色、致密均匀、光泽好	298
2	所形成膜层呈浅金黄色带蓝色、致密均匀、光泽好	350
2.5	所形成膜层呈深黄色偏蓝色、致密均匀、光泽好	180
3	所形成膜层偏紫有发黑现象、疏松不均匀、光泽差	100

9.10　钴酸盐转化膜技术

SchrieverL2 引用三价钴的配合物溶液处理镁及镁合金,配合物的组成为 $X_3[Co(NO_2)_6]$,其中 X = Na、K、Li。用该溶液处理得到的氧化膜有三层结构:最外层是 Co_3O_4 和 Co_2O_3;最内层靠近镁基体的主要成分为镁的氧化物；中间层为镁的氧化物、CoO、Co_3O_4 和 Co_2O_3 的混合物。该钴酸盐转化膜封闭处理后耐蚀性较好，可耐中性盐雾试验 168 h。

9.11 硅酸盐-钨酸盐转化膜技术

钨酸盐在酸性条件下具有氧化性，是一种缓蚀剂，钨酸根被还原后生成钨的化合物，其缓蚀作用属于阳极抑制型缓蚀机理，对镁合金基体起到保护作用。

硅酸盐资源丰富，无毒，价廉，抗菌，也是一种对环境友好的缓蚀剂。

硅酸盐-钨酸盐转化膜反应过程中，可观察到金属试片周围的溶液变成蓝色，并有气泡析出，这表明发生了氢气的析出和钨酸根离子的还原。硅酸盐-钨酸盐转化膜是非晶态结构，主要成分为钨的化合物，镁、铝及锰的氧化物，形成的转化膜提高了金属的耐蚀性。SEM照片显示膜层的微观结构呈现干涸河床状的龟裂纹，这种微观形态有利于提高转化膜与涂层的附着力。

钨酸盐可提高膜层性能，但要控制钨酸盐的量，否则过多的钨酸盐反而会影响膜层对基体的保护。

9.12 植酸转化膜技术

植酸（肌醇六磷酸）是从粮食等作物中提取的天然无毒有机磷酸化合物，它是一种少见的金属多齿螯合物。当其与金属络合时，易形成多个螯合环，且所形成的络合物稳定性极强。同时，该膜表面富含羟基和磷酸基等有机官能团，这对提高金属表面涂装的附着力，进而提高其耐蚀性具有非常重要的意义。采用植酸对金属表面进行转化处理，其转化膜覆盖度高，无开裂现象，成膜后自腐蚀电流密度降低 6 个数量级，可以明显地提高金属的耐蚀性。这是由于植酸中的磷酸基与镁合金表面的镁离子络合形成稳定的螯合物，在表面形成了一层致密的保护膜。

植酸处理后，金属表面形成的化学转化膜具有网状裂纹结构，合金的电化学性能和耐蚀性都有较大提高。植酸分子中的 6 个磷酸基中只有 1 个磷酸基处在 α 位，其他 5 个均在 β 位上，其中又有 4 个磷酸基共处于同一平面上。其在水溶液中发生离子反应，植酸溶液中存在 H_3O^+。当金属与溶液接触时，金属易失去电子而带正电荷；同时由于溶液中具有 6 个磷酸基，每个磷酸基中的氧原子都可以作为配位子与金属离子进行螯合，因此极易与呈正电性的金属离子结合，在金属表面发生化学吸附，形成植酸盐转化膜。它能有效地阻止侵蚀性阴离子进入金属表面、金属基体与腐蚀介质，从而减缓金属的腐蚀。

然而，植酸转化膜处理与磷酸盐转化膜处理一样，处理液消耗过快，pH 对其影响很大，成膜质量不易控制。金属在植酸溶液中制备植酸转化膜的过程中，植酸溶液存在一个临界pH（pH = 8）。该条件下转化膜生长速度最快，完整性最好，致密度最高，且其耐蚀性最好；pH 高于临界值时，由于金属的溶解速度减缓，转化膜生长速度降低，其耐蚀性稍差；pH 低于临界值时，金属-溶液界面难以达到生成难溶物的条件，转化膜生长速度最低，且有裂纹，其耐蚀性最差，但仍然高于未处理试样。

因此，植酸转化膜对金属的防护可以起到一定的保护作用。植酸体系具有绿色环保、耐蚀性好、颜色可调、膜层平整及与顶层有机涂层的附着力优异等优点，是化学转化膜的一个重要研究方向。

9.13 单宁酸转化膜技术

单宁酸是一种多元苯酚的复杂化合物，水解后溶液呈酸性，用单宁酸盐处理金属也能在其表面形成一层钝化膜。单宁酸盐处理工艺低毒、低污染、用量少、形成的膜色泽均匀、鲜艳，兼具装饰与耐蚀性。

单宁酸盐体系中单宁酸本身对改善金属耐蚀性的作用并不大，需要与金属盐类、有机缓蚀剂等添加剂联合使用。国外专利中关于单宁酸钝化配方很多。有人用单宁酸对铁锰合金表面进行处理，取得了较好的效果。也有人以单宁酸溶液处理 Q235 钢，在其表面获得了具有耐蚀性的化学转化膜。该处理方法也同样适用于铝合金。

9.14 生化膜技术

生化膜（生物化学转化膜）与植酸转化膜有着非常相近的性质。它是利用多种生物酸在酶的作用下，与金属表面的金属离子形成一层配合物薄膜。该薄膜非常致密牢固，可有效提高基体表面的耐蚀性。

据某生物技术有限公司所提供的数据，生化膜的厚度在 $0.3 \sim 0.5 \mu m$ 时，其生化膜层附着力（划圈法）为 1 级，中性盐雾试验为 $12 \sim 24h$。在生化膜涂上有机涂层后，其中性盐雾试验可达到 380 h 无脱落。生化膜可耐高温，经过 800℃以上的高温处理，30min 内生化膜层无脱落。

以生化膜处理后的工件涂覆有机涂料，其涂膜的耐蚀性提高，耐高温性能也有较大的提高。

9.15 双色阳极氧化

双色阳极氧化是指在一个产品上进行阳极氧化并赋予特定区域不同的颜色。双色阳极氧化的工艺复杂，成本较高。但通过双色之间的对比，更能体现出产品的高端、独特外观。

参 考 文 献

[1] 郦振声，杨明安. 现代表面工程技术［M］. 北京：机械工业出版社，2007.

[2] 关成，蔡珣，潘继民. 表面工程技术工艺方法 800 种［M］. 北京：机械工业出版社，2016.

[3] 蒋银方. 现代表面工程技术［M］. 北京：化学工业出版社，2006.

[4] 李鑫庆，陈迪勤，余静琴. 化学转化膜技术与应用［M］. 北京：机械工业出版社，2005.

[5] 刘敬福. 材料腐蚀及控制工程［M］. 北京：北京大学出版社，2010.

[6] 李丽波，国绍文. 表面预处理实用手册［M］. 北京：机械工业出版社，2014.

[7] 王保成. 材料腐蚀与防护［M］. 北京：北京大学出版社，2012.

[8] 温鸣，武建军，范永哲. 有色金属表面着色技术［M］. 北京：化学工业出版社，2007.

[9] 李异. 金属表面转化膜技术［M］. 北京：化学工业出版社，2009.

[10] 朱祖芳. 铝合金阳极氧化与表面处理技术［M］. 北京：化学工业出版社，2010.

[11] 高自省. 镁及镁合金防腐与表面强化生产技术［M］. 北京：冶金工业出版社，2012.

[12] 宣天鹏. 表面工程技术的设计与选择［M］. 北京：机械工业出版社，2011.

[13] 徐滨士，刘世参. 表面工程技术手册［M］. 北京：化学工业出版社，2009.

[14] 黄红军，谭胜，胡建伟，等. 金属表面处理与防护技术［M］. 北京：冶金工业出版社，2011.

[15] 曾荣昌，兰自栋，陈君，等. 镁合金表面化学转化膜的研究进展［J］. 中国有色金属学报，2009，19（3）：397-404.

[16] 谢洪波，江冰，陈华三，等. 化学镀镍规律及机理探讨［J］. 电镀与精饰，2012，34（2）：26-30.

[17] 方震. 化学转化膜的发展动态［J］. 电镀与涂饰，2009，28（9）：30-34.

[18] 陈频，王昕. 金属表面化学转化膜相关技术的现状分析［J］. 金陵科技学院学报，2013，29（4）：24-27.

[19] 肖鑫，易翔，许律. 铝及铝合金无铬化学转化膜处理技术研究［J］. 材料保护，2011，44（4）：101-104.

[20] 张建刚，刘渝萍，陈昌国. 镁合金表面化学转化处理的研究进展［J］. 材料导报，2007，21（5）：324-327.

[21] 王桂香，张密林，董国君，等. 镁合金表面化学转化膜的研究进展［J］. 材料保护，2008，41（1）：46-49.

[22] 董春艳，安成强，郝建军，等. 镁合金无铬化学转化膜的研究进展［J］. 电镀与精饰，2011，33（3）：17-21.

[23] 赵立新，顾云飞，邵忠财，等. 镁合金无铬化学转化膜的研究现状及发展趋势［J］. 电镀与涂饰，2009，28（1）：33-36.

[24] 曾昌荣，胡艳，张芬，等. AZ31 镁合金表面铈掺杂锌钙磷酸盐化学转化膜的腐蚀性能［J］. 中国有色金属学报，2016，26（2）：472-483.

[25] 刘俊瑶，李锟，雷霆，等. AZ31 镁合金表面钼酸盐转化膜的制备与耐蚀性［J］. 粉末冶金材料科学与工程，2016，21（1）：137-145.

[26] 崔建红，吴志生，弓晓圆，等. AZ31 镁合金磷酸盐化学转化膜的研究［J］. 电镀与环保，2016，36（4）：30-32.

[27] 陈泽民，高梦颖，杨红贤. 铝合金无铬化学转化膜工艺研究［J］. 电镀与涂饰，2015，34（7）：391-395.